पाई के पहले दस लाख अंक (π)

डेविड ई. मैकएडम्स द्वारा संपादित

अधिक जानकारी के लिए http://www.piday.org देखें।
संपादक की वेबसाइट http://www.demcadams.com है।

डेविड ई. मैकएडम्स की अन्य पुस्तकें

तोते के रंग - तोते के अद्भुत चित्रों का उपयोग करके रंगों की अवधारणा का परिचय। प्रीस्कूलर के लिए।

फूलों के रंग - फूलों के अद्भुत चित्रों का उपयोग करके रंगों की अवधारणा का परिचय। प्रीस्कूलर के लिए।

ब्रह्मांड के रंग - नासा से छवियों का उपयोग करके रंगों की अवधारणा का परिचय। प्रीस्कूलर के लिए।

आकृतियाँ - आकृतियों का परिचय। प्रीस्कूलर के लिए।

संख्याएँ - संख्याओं की अवधारणा का परिचय। कक्षा K-2 के लिए।

किसी चीज़ से भी बड़ा क्या है? (इन'फ़िनिटी) - इनफिनिटी की अवधारणा का परिचय। कक्षा 1-3 के लिए।

स्विंग सेट (सेट सिद्धांत) - सेट सिद्धांत का परिचय। ग्रेड 2-4 के लिए।

One Penny, Two (अंग्रेजी में) - अगर जैरी का पैसा हर दिन दोगुना हो जाता है, तो उसे एक गहरे हरे रंग की स्पोर्ट्स कार खरीदने में कितना समय लगेगा? ग्रेड 3-6 के लिए।

प्ले मनी एक्टिविटी किट के साथ सीखना - $1,000,000 से ज़्यादा के प्ले मनी के साथ बड़ी संख्याएँ और गिनती सिखाएँ।

मेरे पसंदीदा फ़्रैक्टल्स (खंड 1 और 2) - बेहतरीन फ़्रैक्टल्स की पिक्चर बुक हाई रेज़ोल्यूशन इमेज के रूप में प्रस्तुत की गई है। सभी उम्र के लिए।

Monster Creatures of the Deep Sea (अंग्रेजी में) - गहरे समुद्र में पर्यावरण का अन्वेषण करें, और 44 गहरे समुद्री जीवों के बारे में जानकारी प्राप्त करें।

All Math Words Dictionary (अंग्रेजी में) - प्री-एलजेब्रा, बीजगणित, ज्यामिति और प्री-कैलकुलस के छात्रों के लिए एक गणित शब्दकोश।

पाई के पहले दस लाख अंक (π) - पाई के पहले मिलियन डिजिट्स। सभी उम्र के लिए।

e के पहले दस लाख अंक - यूलर के स्थिरांक e के पहले दस लाख अंक। सभी उम्र के लिए।

2 के वर्गमूल के पहले दस लाख अंक - 2 के वर्गमूल के पहले दस लाख अंक। सभी उम्र के लिए।

प्रथम सौ हजार अभाज्य संख्याएँ - पहले सौ हज़ार अभाज्य संख्याएँ। सभी उम्र के लिए।

Geometric Nets Project Book (अंग्रेजी में) - 3 आयामी पॉलीहेड्रा में कॉपी करने, काटने और एक साथ टेप करने के लिए 80 ज्यामितीय जाल। 9 वर्ष और उससे अधिक उम्र के लिए।

Geometric Nets Mega Project Book (अंग्रेजी में) - 3 आयामी पॉलीहेड्रा में कॉपी करने, काटने और एक साथ टेप करने के लिए 253 ज्यामितीय जाल। 9 वर्ष और उससे अधिक आयु के लिए।

अद्यतित सूची के लिए, https://www.DEMcAdams.com देखें।

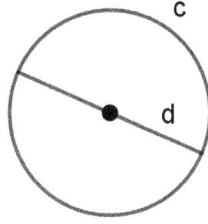

$$\Pi = \frac{c}{d}$$

$$\Pi = \frac{\text{परिधि}}{\text{व्यास}}$$

$\Pi \approx$ 3.1415926535897932384626433832795028841971693993751058209749445923078164062862089986280348253421170679821480865132823066470938446095505822317253594081284811174502841027019385211055596446229489549303819644288109756659334461284756482337867831652712019091456485669234603486104543266482133936072602491412737245870066063155881748815209209628292540917153643678925903600113305305488204665213841469519415116094330572703657595919530921861173819326117931051185480744623799627495673518857527248912279381830119491298336733624406566430860213949463952247371907021798609437027705392171762931767523846748184676694051320005681271452635608277857713427577896091736371787214684409012249534301465495853710507922796892589235420199561121290219608640344181598136297747713099605187072113499999983729780499510597317328160963185950244594553469083026425223082533446850352619311881710100031378387528865875332083814206171776691473035982534904287554687311595628638823537875937519577818577805321712268066130019278766111959092164201989380952572010654858632788659361533818279682303019520353018529689957736225994138912497217752834791315155748572424541506959508295331168617278558890750983817546374649393192550604009277016711390098488240128583616035637076601047101819429555961989467678374494482553797747268471040475346462080466842590694912933136770289891521047521620569660240580381501935112533824300355876402474964732639141992726042699227967823547816360093417216412199245863150302861829745557067498385054945885869269956909272107975093029553211653449872027559602364806654991198818347977535663698074265425278625518184175746728909777727938000816470600161452491921732172147723501414419735685481613611573525521334757418494684385233239073941433345477624168625189835694855620992192221842725502542568876717904946016534668049886272327917860857843838279679766814541009538837863609506800642512520511739298489608412848862694560424196528502221066118630674427862203919494504712371378696095636437191728746776465757396241389086583264599581339047802759009946576407895126946839835259570982582262052249442256353716435056896879469830559634681748324411251507606947945109659609402522887971089314566913686722874894056010150

```
3086179286680920874760917824938589009714909675985261365549781893129
7848216829989487226588048575640142704775551323796414515237462343 64
5428584447952658678210511413547357395231134271661021359695362314 42
9524849371871101457654035902799344037420073105785390621983874478 08
4784896833214457138687519435064302184531910484810053706146806749 19
2781911979399520614196634287544406437451237181921799839101591956 1
8146751426912397489409071864942319615679452080951465502252316038 81
9301420937621378559566389377870830390697920773467221825625996615 01
4215030680384477345492026054146659252014974428507325186660021324 34
0881907104863317346496514539057962685610055081066587969981635747 36
3840525714591028970641401109712062804390397595156771577004203378 69
9360072305587631763594218731251471205329281918261861258673215791 98
4148488291644706095752706957220917567116722910981690915280173506 71
2748583222871835209353965725121083579151369882091444210067510334 67
1103141267111369908658516398315019701651511685171437657618351556 50
8849099898599823873455283316355076479185358932261854896321329330 89
8570642046752590709154814165498594616371802709819943099244889575 71
2828905923233260972997120844335732654893823911932597463667305836 04
1428138830320382490375898524374417029132765618093773444030707469 21
1201913020330380197621101100449293215160842444859637669838952286 84
7831235526582131449576857262433441893039686426243410773226978028 07
3189154411010446823252716201052652272111660396665573092547110557 85
3763466820653109896526918620564769312570586356620185581007293606 59
8764861179104533488503461136576867532494416680396265797877185560 84
5529654126654085306143444318586769751456614068007002378776591344 01
7127494704205622305389945613140711270004078547332699390814546646 45
8807972708266830634328587869830523580893306575740679545716377525 4
2021149557615814002501262285941302164715509792592309907965473761 25
5176567513757182966645477917450112996148903046399471329621073404 3
7518957359614589019389713111790429782856475032031986915140287080 85
9904801094121472213179476477726224142548545403321571853061422881 37
5850430632175182979866223717215916077166925474873898665494945011 4
6540628433663937900397692656721463853067360965712091807638327166 41
6274888800786925602902288471040317211860820419000422966117119637 792
1337575114959501566049631862947265473642523081770367515906735023 50
7283540567040386743513622224771589150495309844489333096340878076 93
2599397805419341447377441842631298608099886874132604721569516239 6
5864573021631598193195167353812974167729478672422924654366800980 67
6928238280689964004824354037014163149658979409243237896907069779 42
2362508221688957383798623001593776471651228935786015881617557829 73
5233446042815126272037343146531977741603199066554187639792933441 9
5215413418994854444734567383162499341913181480927771038638773431 77
2075456545322077709212019051660962804909263601975988281613323166 63
6528619326686336062735676303544776280350450777235547105859548702 79
0814356240145171806246436267945612753181340783303362542327839449 75
3824372058353114771199260638133467768796959703098339130771098704 08
5913374641442827726346594704745878477872019277152807317679077071 5
7213444730605700733492436931138350493163128404251219256517980694 11
3528013147013047816437885185290928545201165839341965621349143415 95
6258658655705526904965209858033850722426482939728584783163057777 56
0688764462482468579260395352773480304802900587607582510474709164 3
9613626760449256274204208320856611906254543372131535958450687724 60
2901618766795240616342522577195429162991930645537991403734043287 5
2628889639958794757291746426357455254079091451357111369410911939 32
5191076020825202618798531887705842972591677813149699009019211697 17
3727847684726860849003377024242916513005005168323364350389517029 89
3922334517220138128069650117844087451960121228599371623130171144 48
```

पाई के पहले दस लाख अंक (π)

464090389064495444006198690754851602632750529834918740786680881833
851022833450850486082503930213321971551843063545500766828294930413
776552793975175461395398468339363830474611996653858153842056853386
218672523340283087112328278921250771262946322956398989893582116745
627010218356462201349671518819097303811980049734072396103685406643
193950979019069963955245300545058068550195673022921913933918568034
490398205955100226353536192041994745538593810234395544959778377902
374216172711172364343543947822181852862408514006660443325888569867
054315470696574745855033232334210730154594051655379068662733379958
511562578432298827372319898757141595781119635833005940873068121602
876496286744604774649159950549737425626901049037781986835938146574
126804925648798556145372347867330390468838343634655379498641927056
387293174872332083760112302991136793862708943879936201629515413371
424892830722012690147546684765357616477379467520049075715552781965
362132392640616013635815590742202020318727760527721900556148425551
879253034351398442532234157623361064250639049750086562710953591946
589751413103482276930624743536325691607815478181152843667957061108
615331504452127473924544945423682886061340841486377670096120715124
914043027253860764823634143346235189757664521641376796903149501910
857598442391986291642193994907236234646844117394032659184044378051
333894525742399508296591228508555821572503107125701266830240292952
522011872676756220415420516184163484756516999811614101002996078386
909291603028840026910414079288621507842451670908700069928212066041
837180653556725253256753286129104248776182582976515795984703562226
293486003415872298053498965022629174878820273420922224533985626476
691490556284250391275771028402799806636582548892648802545661017296
702664076559042909945681506526530537182941270336931378517860904070
866711496558343434769338578171138645587367812301458768712660348913
909562009939361031029161615288138437909904231747336394804575931493
140529763475748119356709110137751721008031559024853090669203767192
203322909433467685142214477379393751703443661991040337511173547191
855046449026365512816228824462575916333039107225383742182140883508
657391771509682887478265699599574490661758344137522397096834080053
559849175417381883999446974867626551658276584835884531427756879002
909517028352971634456212964043523117600665101241200659755851276178
583829204197484423608007193045761893234922927965019875187212726750
798125547095890455635792122103334669749923563025494780249011419521
238281530911407907386025152274299581807247162591668545133312394804
947079119153267343028244186041426363954800044800267049624820179289
647669758318327131425170296923488962766844032326092752496035799646
925650493681836090032380929345958897069536534940603402166544375589
004563288225054525564056448246515187547119621844396582533754388569
094113031509526179378002974120766514793942590298969594699556576121
865619673378623625612521632086286922210327488921865436480229678070
576561514463204692790682120738837781423356282360896320806822246801
224826117718589638140918390367367222088832151375560037279839400415
297002878307667094447456013455641725437090697939612257142989467154
357846878861444581231459357198492252847160504922124247014121478057
345510500801908699603302763478708108175450119307141223390866393833
952942578690507643100638351983438934159613185434754649556978103829
309716465143840700707360411237359984345225161050702705623526601276
484830840761183013052793205427462865403603674532865105706587488225
698157936789766974220575059683440869735020141020672358502007245225
632651341055924019027421624843914035998953539459094407046912091409
387001264560016237428802109276457931065792295524988727584610126483
699989225695968815920560010165525637567856672279661988578279484885
583439751874454551296563443480396642055798293680435220277098429423

253302257634180703947699415979159453006975214829336655566156787364
005366656416547321704390352132954352916941459904160875320186837937
023488868947915107163785290234529244077365949563051007421087142613
497459561513849871375704710178795731042296906667021449863746459528
082436944578977233004876476524133907592043401963403911473202338071
509522201068256342747164602433544005152126693249341967397704159568
375355516673027390074972973635496453328886984406119649616277344951
827369558822075735517665158985519098666539354948106887320685990754
079234240230092590070173196036225475647894064754834664776041146323
390565134330684495397907090302346046147096169688688501408347040546
074295869913829668246818571031887906528703665083243197440477185567
893482308943106828702722809736248093996270607472645539925399442808
113736943388729406307926159599546262462970706259484556903471197299
640908941805953439325123623550813494900436427852713831591256898929
519642728757394691427253436694153236100453730488198551706594121735
246258954873016760029886592578662856124966552353382942878542534048
308330701653722856355915253478445981831341129001999205981352205117
336585640782648494276441137639386692480311836445369858917544264739
988228462184490087776977631279572267265556259628254276531830013407
092233436577916012809317940171859859993384923549564005709955856113
498025249906698423301735035804408116855265311709957089942732870925
848789443646005041089226691783525870785951298344172953519537885534
573742608590290817651557803905946408735061232261120093731080485485
263572282576820341605048466277504500312620080079980492548534694146
977516493270950493463938243222718851597405470214828971117779237612
257887347718819682546298126868581705074027255026332904497627789442
362167411918626943965067151577958675648239939176042601763387045499
017614364120469218237076488783419689686118155815873606293860381017
121585527266830082383404656475880405138080163363887421637140643549
556186896411228214075330265510042410489678352858829024367090488711
819090949453314421828766181031007354770549815968077200947469613436
092861484941785017180779306810854690009445899527942439813921350558
642219648349151263901280383200109773868066287792397180146134324457
264009737425700735921003154150893679300816998053652027600727749674
584002836240534603726341655425902760183484030681138185510597970566
400750942608788573579603732451414678670368809880609716425849759513
806930944940151542222194329130217391253835591503100333032511174915
696917450271494331515588540392216409722910112903552181576282328318
234254832611191280092825256190205263016391147724733148573910777587
442538761174657867116941477642144111126358355387136101102326798775
641024682403226483464176636980663785768134920453022408197278564719
839630878154322116691224641591177673225326433568614618654522268126
887268445968442416107854016768142080885028005414361314623082102594
173756238994207571362751674573189189456283525704413354375857534269
869947254703165661399199968262824727064133622217892390317608542894
373393561889165125042440400895271983787386480584726895462438823437
517885201439560057104811949884239060613695734231559079670346149143
447886360410318235073650277859089757827273130504889398900992391350
337325085598265586708924261242947367019390772713070686917092646254
842324074855036608013604668951184009366860954632500214585293095000
090715105823626729326453738210493872499669933942468551648326113414
611068026744663733437534076429402668297386522093570162638464852851
490362932019919968828517183953669134522244470804592396602817156551
565666111359823112250628905854914509715755390024393153519090210711
945730024388017661503527086260253788179751947806101371500448991721
002220133501310601639154158957803711779277522597874289191791552241
718958536168059474123419339842021874564925644346239253195313510331

147639491199507285843065836193536932969928983791494193940608572486
396883690326556436421664425760791471086998431573374964883529276932
822076294728238153740996154559879825989109371712621828302584811238
901196822142945766758071865380650648702613389282299497257453033283
896381843944770779402284359883410035838542389735424395647555684095
224844554139239410001620769363684677641301781965937997155746854194
633489374843912974239143365936041003523437770658886778113949861647
874714079326385873862473288964564359877466763847946650407411182565
837887845485814896296127399841344272608606187245545236064315371011
274680977870446409475828034876975894832824123929296058294861919667
091895808983320121031843034012849511620353428014412761728583024355
983003204202451207287253558119584014918096925339507577840006746552
603144616705082768277222353419110263416315714740612385042584598841
990761128725805911393568960143166828317632356732541707342081733223
046298799280490851409479036887868789493054695570307261900950207643
349335910602454508645362893545686295853131533718386826561786227363
716975774183023986006591481616404944965011732131389574706208847480
236537103115089842799275442685327797431139514357417221975979935968
525228574526379628961269157235798662057340837576687388426640599099
350500081337543245463596750484423528487470144354541957625847356421
619813407346854111766883118654489377697956651727966232671481033864
391375186594673002443450054499539974237232871249483470604406347160
632583064982979551010954183623503030945309733583446283947630477564
501500850757894954893139394489921612552559770143685894358587752637
962559708167764380012543650237141278346792610199558522471722017772
370041780841942394872540680155603599839054898572354674564239058585
021671903139526294455439131663134530893906204678438778505423939052
473136201294769187497519101147231528932677253391814660730008902776
896311481090220972452075916729700785058071718638105496797310016787
085069420709223290807038326345345203802786099055690013413718236837
099194951648960075504934126787643674638490206396401976668559233565
463913836318574569814719621084108096188460545603903845534372914144
651347494078488442377217515433426030669883176833100113310869042193
903108014378433415137092435301367763108491351615642269847507430329
716746964066653152703532546711266752246055119958183196376370761799
191920357958200759560530234626775794393630746305690108011494271410
093913691381072581378135789400559950018354251184172136055727522103
526803735726527922417373605751127887218190844900617801388971077082
293100279766593583875890939568814856026322439372656247277603789081
445883785501970284377936240782505270487581647032458129087839523245
323789602984166922548964971560698119218658492677040395648127810217
991321741630581055459880130048456299765112124153637451500563507012
781592671424134210330156616535602473380784302865525722275304999883
701534879300806260180962381516136690334111138653851091936739383522
934588832255088706450753947395204396807906708680644509698654880168
287434378612645381583428075306184548590379821799459968115441974253
634439960290251001588827216474500682070419376158454712318346007262
933955054823955713725684023226821301247679452264482091023564775272
308208106351889915269288910845557112660396503439789627825001611015
323516051965590421184494990778999200732947690586857787872098290135
295661397888486050978608595701773129815531495168146717695976099421
003618355913877781769845875810446628399880600616229848616935337386
578773598336161338413385368421197893890018529569196780455448285848
370117096721253533875862158231013310387766827211572694951817958975
469399264219791552338576623167627547570354699414892904130186386119
439196283887054367774322427680913236544948536676800000106526248547
305586159899914017076983854831887501429389089950685453076511680333

732226517566220752695179144225280816517166776672793035485154204023
817460892328391703275425750867655117859395002793389592057668278967
764453184040418554010435134838953120132637836928358082719378312654
961745997056745071833206503455664403449045362756001125018433560736
122276594927839370647842645676338818807565612168960504161139039063
960162022153684941092605387688714837989559999112099164646441191856
827700457424343402167227644558933012778158686952506949936461017568
506016714535431581480105458860564550133203758645485840324029871709
348091055621167154684847780394475697980426318099175642280987399876
697323769573701580806822904599212366168902596273043067931653114940
176473769387351409336183321614280214976339918983548487562529875242
387307755955595546519639440182184099841248982623673771467226061633
643296406335728107078875816404381485018841143188598827694490119321
296827158884133869434682859006664080631407775772570563072940049294
030242049841656547973670548558044586572022763784046682337985282710
578431975354179501134727362577408021347682604502285157979579764746
702284099956160156910890384582450267926594205550395879229818526480
070683765041836562094555434613513415257006597488191634135955671964
965403218727160264859304903978748958906612725079482827693895352175
362185079629778514618843271922322381015874445052866523802253284389
137527384589238442253547265309817157844783421582232702069028723233
005386216347988509469547200479523112015043293226628272763217790884
008786148022147537657810581970222630971749507212724847947816957296
142365859578209083073323356034846531873029302665964501371837542889
755797144992465403868179921389346924474198509733462679332107268687
076806263991936196504409954216762784091466985692571507431574079380
532392523947755744159184582156251819215523370960748332923492103451
462643744980559610330799414534778457469999212859999939961228161521
931488876938802228108300198601654941654261696858678837260958774567
618250727599295089318052187292461086763995891614585505839727420980
909781729323930106766386824040111304024700735085782872462713494636
853181546969046696869392547251941399291465242385776255004748529547
681479546700705034799958886769501612497228204030399546327883069597
624936151010243655535223069061294938859901573466102371223547891129
254769617600504797492806072126803922691102777226102544149221576504
508120677173571202718024296810620377657883716690910941807448781404
907551782038565390991047759414132154328440625030180275716965082096
427348414695726397884256008453121406593580904127113592004197598513
625479616063228873618136737324450607924411763997597461938358457491
598809766744709300654634242346063423747466608043170126005205592849
369594143408146852981505394717890045183575515412522359059068726487
863575254191128887737176637486027660634960353679470269232297186832
771739323619200777452212624751869833495151019864269887847171939664
976907082521742336566272592844062043021411371992278526998469884770
232382384005565551788908766136013047709843861168705231055314916251
728373272867600724817298763756981633541507460883866364069347043720
668865127568826614973078865701568501691864748854167915459650723428
773069985371390430026653078398776385032381821553559732353068604301
067576083890862704984188859513809103042359578249514398859011318583
584066747237029714978508414585308578133915627076035639076394731145
549583226694570249413983163433237897595568085683629725386791327505
554252449194358912840504522695381217913191451350099384631177401797
151228378546011603595540286440590249646693070776905548102885020808
580087811577381719174177601733073855475800605601433774329901272867
725304318251975791679296996504146070664571258883469797964293162296
552016879730003564630457930884032748077181155533090988702550520768
046303460865816539487695196004408482065967379473168086415645650530

```
0498816164905788311543454850526600698230931577765003780704661264  70
6021457505793270962047825615247145918965223608396645624105195510  52
2357239739512881816405978591427914816542632892004281609136937773  72
2299983327082082969955737727375667615527113922588055201898876201  14
1680054687365580633471603734291703907986396522961312801782679717  28
9822936070288069087766605932527463784053976918480820410219447197  1
3869256084162451123980620113184541244782050110798760717155683154  07
8865439041210873032402010685341947230476667217498698685470767812  0
5124736792479193150856444775379853799732234456122758432968466475  1
3336573692387201464723679427870042503255899268843495928761240075  5
8756946413705625140011797133166207153715436006876477318675587148  78
3989081074295309410605969443158477539700943988394914432353668539  20
9946879645066533985738887866147629443141041049888993160051207678  103
5886116602029611936396821349607501116498327856353161451684576956  87
1090029997698412632665023477167286573785790857466460772283415403  11
4415294188047825438761770790430001566986776795760909966936075594  96
5152736349811896413043311662774712338817406037317439705406703109  67
6765748695358789670031925866259410510533584384656023391796749267  84
4763708474978333655579007384191473198862713525954625181604342253  72
9962863267496824058060296421146386436864224724887283434170441573  48
2481833301640566959668866769563491416328426414974533349999480002  66
9987588815935073578151958890053951208535103572613736403436753471  4
1048360175464883004078464167452167371904831096767113443494819262  68
1110739948250607394950735031690197318521195526356325843390998224  98
6240670310768318446607291248747540316179699411397387765899868554  17
0318847788675929026070043212666179192235209382278788809886335991  16
0819235355570464634911320859189796132791319756490976000139962344  45
5350143464268604644958624769094347048293294140411146540923988344  43
5159133201077394411184074107684981066347241048293582740194493566  5
1610884631256785297769734684303016462418035852931593734503845541  
0337010916767763742762102137013548544509263071901147318485749233  18
1672072137279355679528443925481560913728128406333093735624200160  4
5664557414588166052166608738748047243391212955877763906969037078  82
8527753894052460758496231574369171131761347838827194168606625721  03
6851321566478001476752310393578068961112599602818393095487090590  7
3861351914591819510297327875571049729011487171897180046961697770  01
7913919613791417162707018958469214343696762927459109940060084983  56
8425201915593703701011049747339493877885989417433031785348707603  22
1982970579751191440510994235883034546353492349826883624043327267  41
5540301619505680654180934099820206099941402168909007082133072308  9
6621197755306659188141191577836272927461561857103721724710095214  23
6964830864102592887457999322374955191221951903424452307535133806  85
6807354464995127203174487195403976107308060269906258076020292731  45
5252078079914184290638844373499681458273372072663917670201183004  64
8190002413083508846584152148991276106513741539435657211390328574  91
8769094413702090517031487773461652879848235338297260136110984514  84
1823808120540996125274580881099486972216128524897425555516076371  67
5054896173016809613803811914361143992106380050832140987604599309  32
4851025168294467260666138151745712559754953580239983146982203613  38
0828499356705575524712902745397762140493182014658008021566536067  76
5508783804304134310591804606800834591136640834887408005741272586  70
4792258319127415739080914383138456424150940849133918096840251163  99
1936853225557338966953749026620923261318855891580832455571948453  87
5628786128859004106006073746501402627824027346962582171749415823  3
1749239683530136178653673760642166778137739951006589528877427662  63
6841830680190804609849809469763667335662282915132352788806157768  27
8159588669180238940333076441912403412022316368577860357276941541  77
```

882643523813190502808701857504704631293335375728538660588890458311
145077394293520199432197117164223500564404297989208159430716701985
746927384865383343614579463417592257389858800169801475742054299580
124295810545651083104629728293758416116253256251657249807849209989
799062003593650993472158296517413579849104711166079158743698654122
234834188772292944633517865385673196255985202607294767407261676714
557364981210567771689348491766077170527718760119990814411305864557
791052568430481144026193840232247093924980293355073184589035539713
308844617410795916251171486487446861124760542867343670904667846867
027409188101424971114965781772427934707021668829561087779440504843
752844337510882826477197854000650970403302186255614733211777117441
335028160884035178145254196432030957601869464908868154528562134698
835544456024955666843660292219512483091060537720198021831010327041
783866544718126039719068846237085751808003532704718565949947612424
811099928867915896904956394762460842406593094862150769031498702067
353384834955083636601784877106080980426924713241000946401437360326
564518456679245666955100150229833079849607994988249706172367449361
226222961790814311414660941234159359309585407913908720832273354957
208075716517187659944985693795623875551617575438091780528029464200
447215396280746360211329425591600257073562812638733106005891065245
708024474937543184149401482119996276453106800663118382376163966318
093144467129861552759820145141027560068929750246304017351489194576
360789352855505317331416457050499644389093630843874484783961684051
845273288403234520247056851646571647713932377551729479512613239822
960239454857975458651745878771331813875295980941217422730035229650
808917770506825924882232215493804837145478164721397682096332050830
564792048208592047549985732038887639160199524091893894557676874973
085695595801065952650303626615975066222508406742889826590751063756
356996821151094966974458054728869363102036782325018232370845979011
154847208761821247781326633041207621658731297081123075815982124863
980721240786887811450165582513617890307086087019897588980745664395
515741536319319198107057533663373803827215279884935039748001589051
942087971130805123393322190346624991716915094854140187106035460379
464337900589095772118080446574396280618671786101715674096766208029
576657705129120990794430463289294730615951043090222143937184956063
405618934251305726829146578329334052463502892917547087256484260034
962961165413823007731332729830500160256724014185152041890701154288
579920812198449315699905918201181973350012618772803681248199587707
020753240636125931343859554254778196114293516356122349666152261473
539967405158499860355295332924575238881013620234762466905581643896
786309762736550472434864307121849437348530060638764456627218666170
123812771562137974614986132874411771455244470899714452288566294244
023018479120547849857452163469644897389206240194351831008828348024
924908540307786387516591130287395878709810077271827187452901397283
661484214287170553179654307650453432460053636147261818096997693348
626407743519992868632383508875668359509726557481543194019557685043
724800102041374983187225967738715495839971844490727914196584593008
394263702087563539821696205532480321226749891140267852859967340524
203109179789990571882194939132075343170798002373659098537552023891
164346718558290685371189795262623449248339249634244971465684659124
891855662958932990903523923333364743520370770101084388003290759834
217018554228386161721041760301164591878053936744747205998502358289
183369292233732399948043710841965947316265482574809948250999183300
697656936715968936449334886474421350084070066088359723503953234017
958255703601693699098867113210979889707051728075585519126993067309
925070407024556850778679069476612629808225163313639952117098452809
263037592242674257559989289278370474445218936320348941552104459726

188380030067761793138139916205806270165102445886924764924689192461
212531027573139084047000714356136231699237169484813255420091453041
037135453296620639210547982439212517254013231490274058589206321758
949434548906846399313757091034633271415316223280552297297953801880
162859073572955416278867649827418616421878988574107164906919185116
281528548679417363890665388576422915834250067361245384916067413734
017357277995634104332688356950781493137800736235418007061918026732
855119194267609122103598746924117283749312616339500123959924050845
437569850795704622266461900010350049018303415354584283376437811198
855631877779253720116671853954183598443830520376281944076159410682
071697030228515225057312609304689842343315273213136121658280807521
263154773060442377475350595228717440266638914881717308643611138906
942027908814311944879941715404210341219084709408025402393294294549
387864023051292711909751353600092197110541209668311151632870542302
847007312065803262641711616595761327235156666253667271899853419989
523688483099930275741991646384142707798870887422927705389122717248
632202889842512528721782603050099451082478357290569198855546788607
946280537122704246654319214528176074148240382783582971930101788834
567416781139895475044833931468963076339665722672704339321674542182
455706252479721997866854279897799233957905758189062252547358220523
642485078340711014498047872669199018643882293230538231855973286978
092225352959101734140733488476100556401824239219269506208318381454
698392366461363989101210217709597670490830508185470419466437131229
969235889538493013635657618610606222870559942337163102127845744646
398973818856674626087948201864748767272722206267646533809980196688
368099415907577685263986514625333631245053640261056960551318381317
426118442018908885319635698696279503673842431301133175330532980201
668881748134298868158557781034323175306478498321062971842518438553
442762012823457071698853051832617964117857960888815032960229070561
447622091509473903594664691623539680920139457817589108893199211226
007392814916948161527384273626429809823406320024402449589445612916
704950823581248739179964864113348032475777521970893277226234948601
504665268143987705161531702669692970492831628550421289814670619533
197026950721437823047687528028735412616639170824592517001071418085
480063692325946201900227808740985977192180515853214739265325155903
541020928466592529991435379182531454529059841581763705892790690989
691116438118780943537152133226144362531449012745477269573939348154
691631162492887357471882407150399500944673195431619385548520766573
882513963916357672315100555603726339486720820780865373494244011579
966750736071115935133195919712094896471755302453136477094209463569
698222667377520994516845064362382421185353488798939567318780660610
788544000550827657030558744854180577889171920788142335113866292966
717964346876007704799953788338787034871802184243734211227394025571
769081960309201824018842705704609262256417837526526335832424066125
331152942345796556950250681001831090041124537901533296615697052237
921032570693705109083078947999900499939532215362274847660361367769
797856738658467093667958858378879562594646489137665219958828693380
18360119323685785585819555604215625088365020332202451376215820461
810670519533065306060650105488716724537794283133887163139559690583
208341689847606560711834713621812324622725884199028614208728495687
963932546428534307530110528571382964370999035694888528519040295604
734613113826387889755178856042499874831638280404684861893818959054
203988987265069762020199554841265000539442820393012748163815853039
643992547020167275932857436666164411096256633730540921951967514832
873480895747777527834422109107311135182804603634719818565557295714
474768255285786334934285842311874944000322969069775831590385803935
352135886007960034209754739229673331064939560181223781285458431760

556173386112673478074585067606304822940965304111830667108189303110
887172816751957967534718853722930961614320400638132246584111115775
835858113501856904781536893813771847281475199835050478129771859908
470762197460588742325699582889253504193795826061621184236876851141
831606831586799460165205774052942305360178031335726326705479033840
125730591233960188013782542192709476733719198728738524805742124892
118347087662966720727232565056512933312605950577772754247124164831
283298207236175057467387012820957554430596839555568686118839713552
208445285264008125202766555767749596962661260456524568408613923826
576858338469849977872670655519185446869846947849573462260629421962
455708537127277652309895545019303773216664918257815467729200521266
714346320963789185232321501897612603437368406719419303774688099929
687758244104787812326625318184596045385354383911449677531286426092
521153767325886672260404252349108702695809964759580579466397341906
401003636190404203311357933654242630356145700901124480089002080147
805660371015412232889146572239314507607167064355682743774396578906
797268743847307634645167756210309860409271709095128086309029738504
452718289274968921210667008164858339553773591913695015316201890888
748421079870689911480466927065094076204650277252865072890532854856
143316081269300569378541786109696920253886503457718317668688592368
148847527649846882194973972970773718718840041432312763650481453112
285099002074240925585925292610302106736815434701525234878635164397
623586041919412969769040526483234700991115424260127343802208933109
668636789869497799400126016422760926082349304118064382913834735467
972539926233879158299848645927173405922562074910530853153718291168
163721939518870095778818158685046450769934394098743351443162633031
724774748689791820923948083314397084067308407958935810896656477585
990556376952523265361442478023082681183103773588708924061303133647
737101162821461466167940409051861526036009252194721889091810733587
196414214447865489952858234394705007983038853886083103571930600277
119455802191194289992272235345870756624692617766317885514435021828
702668561066500353105021631820601760921798468493686316129372795187
307897263735371715025637873357977180818487845886650433582437700414
771041493492743845758710715973155943942641257027096512510811554824
793940359768118811728247215825010949609662539339538092219559191818
855267806214992317276316321833989693807561685591175299845013206712
939240414459386239880938124045219148483164621014738918251010909677
386906640415897361047643650006807710565671848628149637111883219244
566394581449148616550049567698269030891118568798692947051352481609
174324301538368470729289898284602223730145265567989862776796809146
979837826876431159883210904371561129976652153963546442086919756737
000573876497843768628768179249746943842746525631632300555130417422
734164645512781278457777245752038654375428282567141288583454443513
256205446424101103795546419058116862305964476958705407214198521210
673433241075676757581845699069304604752277016700568454396923404171
108988899341635058515788735343081552081177207188037910404698306957
868547393765643363197978680367187307969392423632144845035477631567
025539006542311792015346497792906624150832885839529054263768766896
880503331722780018588506973623240389470047189761934734430843744375
992503417880797223585913424581314404984770173236169471976571535319
775499716278566311904691260918259124989036765417697990362375528652
637573376352696934435440047306719886890196814742876779086697968852
250163694985673021752313252926537589641517147955953878427849986645
630287883196209983049451987439636907068276265748581043911223261879
405994155406327013198989570376110532360629867480377915376751158304
320849872092028092975264981256916342500052290887264692528466610466
539217148208013050229805263783642695973370705392278915351056888393

```
8113249757070713310295044303467159894478868471116438328050690692507766274
5001220035262037094660234146489983902525888301486781621967751945
8316771876275720050543979441245990077115201546199305098386982542842
640725554092740313257163264079293418334214709041254253352324802193
227707353554679587163835875018159338717423606155117101312352563348
582036514614187004920570437201826173319471570086757853933607862273
955818579758725874410254207710547536129404746010000940954449596628
148691590389907186598056361713769222729076419775517772010427649694
961105622059250240201770426962215495872645398922769766031052498085
575947163107587013320886146326641259114863388122028440694169488266
152957762532501987035987067438046982194205638125583343642194923227
593722128905642094308235254408411086454536940496927149400331978286
131818618881111840825786592875742638445005994229568586460481033014
538891149948693543603022181094346676400002236255057363129462629609
619876056425996394613869233083719626595473923462413459779574852464
783798079569319865081597767535055391899115133525229873611277918274
854200868953965835942196333150286956119201229888988700607999279541
118826902307891310760361763477949432032102773359416908650071932800
401716384064498787175375678118532132840821657110754952829497493621
460821558320568723218557406516109627487437509809223021160998263303
391546949464449100451528092508974507489676032409076898365294065792
019831526541065813682379198409064571246894847020935776119313998024
681340520039478194986620262400890215016616381353838151503773502296
607462795291038406868556907015751662419298724448271942933100485482
445458071889763300323252582158128032746796200281476243182862217105
435289834820827345168018613171959332471107466228508710666117703464
535283957762599774467218571581612641114327179434788599089280848669
491413909771673690027775802686646540565950394867841110790116104000
857274456293842549416759460548711723594642910585090995021495879311
219613590831588262068233215615306883730838173279328196983875087080
348388046388478441884003184712697453709373298362402875197920802322
187874488287284372737801782700805878241074935751488997891173974612
932035108143270325140903048746226294234432757126008664250833318768
865075642927160552528954492153765175149219636718104943531785838345
386525556664065725136357506435323650893679043170259787817719031486
796384082881020946149007971513771709906195496964007086766710233004
867263147551053723175711432231741141168062286420638890621019235522
354671166213749969326932173704310598722503945657492461697826097025
335947502091383667377289443869640002811034402608471289900074680776
484408871134135250336787731679770937277868216611786534423173226463
784769787514433209534000165069213054647689098505020301504488083426
184520873053097318949291642532293361243151430657826407028389840984
160295030924189712097160164926561341343342229882790992178604267981
245728534580133826099587717811310216734025656274400729683406619848
067661580502169183372368039902793160642043681207990031626444914619
021945822969099212278855394878353830564686488165556229431567312827
439082645061162894280350166133669782405177015521962652272545585073
864058529983037918035043287670380925216790757120406123759632768567
484507915114731344000183257034492090971243580944790046249431345502
890068064870429353403743603262582053579011839564908935434510134296
961754524957396062149028872893279252069653538639644322538832752249
960598697475988232991626354597332444516375533437749292899058117578
635555562693742691094711700216541171821975051983178713710605106379
555858890556885288789084750915764639074693619881507814685262133256
247383765119299015610918977792200870579339646382749068069876916819
749236562422608715417610043060890437797667851966189140414492527048
088197149880154205778700652159400928977601330756847966992955433365
```

613984773806039436889588764605498387147896848280538470173087111776
115966350503997934386933911978988710915654170913308260764740630571
141109883938809548143782847452883836807941888434266622207043872288
741394780101772139228191199236540551639589347426395382482960903690
028835932774585506080131798840716244656399794827578365019551422155
133928197822698427863839167971509126241054872570092407004548848569
295044811073808799654748156891393538094347455697212891982717702076
661360248958146811913361412125878389557735719498631721084439890142
394849665925173138817160266326193106536653504147307080441493916936
326237376777709585031325599009576273195730864804246770121232702053
374266705314244820816813030639737873664248367253983748769098060218
278578621651273856351329014890350988327061725893257536399397905572
917516009761545904477169226580631511102803843601737474215247608515
209901615858231257159073342173657626714239047827958728150509563309
280266845893764964977023297364131906098274063353108979246424213458
374090116939196425045912881340349881063540088759682005440836438651
661788055760895689672753153808194207733259791727843762566118431989
102500749182908647514979400316070384554946538594602745244746681231
468794344161099333890899263841184742525704457251745932573898956518
571657596148126602031079762825416559050604247911401695790033835657
486925280074302562341949828646791447632277400552946090394017753633
565547193100017543004750471914489984104001586794617924161001645471
655133707407395026044276953855383439755054887109978520540117516974
758134492607943368954378322117245068734423198987884412854206474280
973562580706698310697993526069339213568588139121480735472846322778
490808700246777630360555123238665629517885371967303463470122293958
160679250915321748903084088651606111901149844341235012464692802880
599613428351188471544977127847336176628506216977871774382436256571
177945006447771837022199910669502165675764404499794076503799995484
500271066598781360380231412683690578319046079276529727769404361302
305178708054651154246939526512710105292707030667302444712597393995
051462840476743136373997825918454117641332790646063658415292701903
027601733947486696034869497654175242930604072700505903950314852292
139257559484507886797792525393176515641619716844352436979444735596
426063339105512682606159572621703669850647328126672452198906054988
028078288142979633669674412480598219214633956574572210229867759974
673812606936706913408155941201611596019023775352555630060624798326
124988128819293734347686268921923977783391073310658825681377717232
831532908252509273304785072497713944833389255208117560845296659055
394096556854170600117985729381399825831929367910039184409928657560
599359891000296986446097471471847010153128376263114677420914557404
181590880006494323785583930853082830547607679952435739163122188605
754967383224319565065546085288120190236364471270374863442172725787
950342848631294491631847534753143504139209610879605773098720135248
407505763719925365047090858251393686346386336804289176710760211115
982887553994012007601394703366179371539630613986365549221374159790
511908358829009765664730073387931467891318146510931676157582135142
486044229244530411316065270097433008849903467540551864067734260358
340960860553374736276093565885310976099423834738222208729246449768
456057956251676557408841032173134562773585605235823638953203853402
484227337163912397321599544082842166663602329654569470357718487344
203422770665383738750616921276801576618109542009770836360436111059
240911788954033802142652394892968643980892611463541457153519434285
072135345301831587562827573389826889852355779929572764522939156747
756667605108788764845349363606827805056462281359888587925994094644
604170520447004631513797543173718775603981596264750141090665886616
218003826698996196558058720863972117699521946678985701179833244060

181157565807428418291061519391763005919431443460515404771057005433
900018245311773371895585760360718286050635647997900413976180895536
366960316219311325022385179167205518065926351803625121457592623836
934822266589557699466049193811248660909979812857182349400661555219
611220720309227764620099931524427358948871057662389469388944649509
396033045434084210246240104872332875008174917987554387938738143989
423801176270083719605309438394006375611645856094312951759771393539
607432279248922126704580818331376416581826956210587289244774003594
700926866265965142205063007859200248829186083974373235384908396432
614700053242354064704208949921025040472678105908364400746638002087
012666420945718170294675227854007450855237772089058168391844659282
941701828823301497155423523591177481862859296760504820386434310877
956289292540563894662194826871104282816389397571175778691543016505
860296521745958198887868040811032843273986719862130620555985526603
640504628215230615459447448990883908199973874745296981077620148713
400012253552224669540931521311533791579802697955571050850747387475
075806876537644578252443263804614304288923593485296105826938210349
800040524840708440356116781717051281337880570564345061611933042444
079826037795119854869455915205196009304127100727784930155503889536
033826192934379708187432094991415959339636811062755729527800425486
306005452383915106899891357882001941178653568214911852820785213012
551851849371150342215954224451190020739353962740020811046553020793
286725474054365271759589350071633607632161472581540764205302004534
018357233829266191530835409512022632916505442612361919705161383935
732669376015691442994494374485680977569630312958871916112929468188
493633864739274760122696415884890096571708616059814720446742866420
876533479985822209061980217321161423041947775499073873856794118982
466091309169177227420723336763503267834058630193019324299639720444
517928812285447821195353089891012534297552472763573022628138209180
743974867145359077863353016082155991131414420509144729353502223081
719366350934686585865631485557586244781862010871188976065296989926
932817870557643514338206014107732926106343152533718224338526352021
773544071528189813769875515757454693972715048846979361950047772097
056179391382898984532742622728864710888327017372325881824465843624
958059256033810521560620615571329915608489206434030339526226345145
428367869828807425142256745180618414956468611163540497189768215422
772247947403357152743681940989205011365340012384671429655186734415
374161504256325671343024765512521921803578016924032669954174608759
240920700466934039651017813485783569444076047023254075555776472845
075182689041829396611331016013111907739863246277821902365066037404
160672496249013743321724645409741299557052914243820807609836482346
597388669134991978401310801558134397919485283043673901248208244481
412809544377389832005986490915950532285791457688496257866588599917
986752055455809900455646117875524937012455321717019428288461740273
664997847550829422802023290122163010230977215156944642790980219082
668986883426307160920791408519769523555348865774342527753119724743
087304361951139611908003025587838764420608504473063129927788894272
918972716989057592524467966018970748296094919064876469370275077386
643239191904225429023531892337729316673608699622803255718530891928
440380507103006477684786324319100022392978525537237556621364474009
676053943983823576460699246526008909062410590421545392790441152958
034533450025624410100635953003959886446616959562635187806068851372
346270799732723313469397145628554261546765063246567662027924520858
134771760852169134094652030767339184114750414016892412131982688156
866456148538028753933116023229255561894104299533564009578649534093
511526645402441877594931693056044868642086275720117231952640502309
977456764783848897346431721598062678767183800524769688408498918508

614900343240347674268624595239589035858213500645099817824463608731
775437885967767291952611121385919472545140030118050343787527766440
276261894101757687268042817662386068047788524288743025914524707395
054652513533945959878961977891104189029294381856720507096460626354
173294464957661265195349570186001541262396228641389779673332907056
737696215649818450684226369036784955597002607986799626101903933126
376855696876702929537116252800554310078640872893922571451248113577
862766490242516199027747109033593330930494838059785662884478744146
984149906712376478958226329490467981208998485716357108783119184863
025450162092980582920833481363840542172005612198935366937133673339
246441612522319694347120641737549121635700857369439730597970971972
666664226743111776217640306868131035189911227133972403688700099686
292254646500638528862039380050477827691283560337254825579391298525
150682996910775425764748832534141213280062671709400909822352965795
799780301828242849022147074811112401860761341515038756983091865278
065889668236252393784527263453042041880250844236319038331838455052
236799235775292910692504326144695010986108889991465855188187358252
816430252093928525807796973762084563748211443398816271003170315133
440230952635192958868069082135585368016100021374085115448491268584
126869589917414913382057849280069825519574020181810564129725083607
035685105533178784082900004155251186577945396331753853209214972052
660783126028196116485809868458752512999740409279768317663991465538
610893758795221497173172813151793290443112181587102351874075722210
012376872194474720934931232410706508061856237252673254073332487575
448296757345001932190219911996079798937338367324257610393898534927
877747398050808001554476406105352220232540944356771879456543040673
589649101761077594836454082348613025471847648518957583667439979150
851285802060782055446299172320202822291488695939972997429747115537
185892423849385585859540743810488262464878805330427146301194158989
632879267832732245610385219701113046658710050008328517731177648973
523092666123458887310288351562644602367199664455472760831011878838
915114934093934475007302585581475619088139875235781233134227986650
352272536717123075686104500454897036007956982762639234410714658489
578024140815840522953693749971066559489445924628661996355635065262
340533943914211127181069105229002465742360413009369188925586578466
846121567955425660541600507127664176605687427420032957716064344860
620123982169827172319782681662824993871499544913730205184366907672
357740005393266262276032365975171892590180110429038427418550789488
743883270306328327996300720069801224436511639408692222074532024462
412115580435454206421512158505689615735641431306888344318528085397
592773443365538418834030351782294625370201578215737326552318576355
409895403323638231921989217117744946940367829618592080340386757583
411151882417743914507736638407188048935825686854201164503135763335
550944031923672034865101056104987272647213198654343545040913185951
314518127643731043897250700498198705217627249406521461995923214231
443977654670835171474936798618655279171582408065106379950018429593
879915835017158075988378496225739851212981032637937621832245659423
668537679911314010804313973233544909082491049914332584329882103398
469814171575601082970658306521134707680368069532297199059990445120
908727577622535104090239288877942463048328031913271049547859918019
696783532146444118926063152661816744319355081708187547705080265402
529410921826485821385752668815558411319856002213515888721036569608
751506318753300294211868222189377554602722729129050429225978771066
787384000061677215463844129237119352182849982435092089180168557279
815642185819119749098573057033266764646072875743056537260276898237
325974508447964954564803077159815395582777913937360171742299602735
310276871944944491793978514463159731443535185049141394155732938204

854212350817391254974981930871439661513294204591938010623142177419
918406018034794988769105155790555480695387854006645337598186284641
990522045280330626369562649091082762711590385699505124652999606285
544383833032763859980079292284665950355121124528408751622906026201
185777531374794936205549640107300134885315073548735390560290893352
640071327473262196031177343394367338575912450814933573691166454128
178817145402305475066713651825828489809951213919399563324133655677
709800308191027204099714868741813466700609405102146269028044915964
654533010775469541308871416531254481306119240782118869005602778182
423502269618934435254763357353648561936325441775661398170393063287
216690572225974520919291726219984440964615826945638023950283712168
644656178523556516412771282691868861557271620147493405227694659571
219831494338162211400693630743044417328478610177774383797703723179
525543410722344551255558999864618387676490397246116795901810003509
892864120419516355110876320426761297982652942588295114127584126273
279079880755975185157684126474220947972184330935297266521001566251
455299474512763155091763673025946213293019040283795424632325855030
109670692272022707486341900543830265068121414213505715417505750863
990767394633514620908288893493837643939925690060406731142209331219
593620298297235116325938677224147791162957278075239505625158160313
335938231150051862689053065836812998810866326327198061127154885879
809348791291370749823057592909186293919501472119758606727009254771
802575033773079939713453953264619526999659638565491759045833358579
910201271320458390320085387888163363768518208372788513117522776960
978796214237216254521459128183179821604411131167140691482717098101
545778193920231156387195080502467972579249760577262591332855972637
121120190572077140914864507409492671803581515757151405039761096384
675556929897038354731410022380258346876735012977541327953206097115
450648421218593649099791776687477448188287063231551586503289816422
828823274686610659273219790716238464215348985247621678905026099804
526648392954235728734397768049577409144953839157556548545905897649
519851380100795801078375994577529919670054760225255203445398871253
878017196071816407812484784725791240782454436168234523957068951427
226975043187363326301110305342333582160933319121880660826834142891
041517324721605335584999322454873077882290525232423486153152097693
846104258284971496347534183756200301491570327968530186863157248840
152663983568956363465743532178349319982554211730846774529708583950
761645822963032442432823773745051702856069806788952176819815671078
163340526675953942492628075696832610749532339053622309080708145591
983735537774874202903901814293731152933464446815121294509759653430
628421531944572711861490001765055817709530246887526325011970520947
615941676872778447200019278913725184162285778379228443908430118112
149636642465903363419454065718354477191244662125939265662030688852
005559912123536371822692253178145879259375044144893398160865790087
616502463519704582889548179375668104647461410514249887025213993687
050937230544773411264135489280684105910771667782123833281026218558
775131272117934444820144042574508306394473836379390628300897330624
138061458941422769474793166571762318247216835067807648757342049155
762821758397297513447899069658953254894033561561316740327647246921
250575911625152965456854463349811431767025729566184477548746937846
423373723898192066204851189437886822480727935202250179654534375727
416391079197295295081294292220534771730418447791567399173841831171
036252439571615271466900581470000263301045264354786590329073320546
833887207873544476264792529769017091200787418373673508771337697768
349634425241994995138831507487753743384945825976556099655595431804
092017849718468549737069621208852437701385375768141663272241263442
398215294164537800049250726276515078908507126599703670872669276430

837722968598516912230503746274431085293430527307886528397733524601
746352770320593817912539691562106363762588293757137384075440646896
478310070458061344673127159119460843593582598778283526653115106504
162329532904777217408355934972375855213804830509000964667608830154
061282430874064559443185341375522016630581211103345312074508682433
943215904359443031243122747138584203039010607094031523555617276799
416002039397509989762933532585557562480899669182986422267750236019
325797472674257821111973470940235745722227121252685238429587427350
156366009318804549333898974157149054418255973808087156528143010267
046028431681923039253529779576586241439270154974087927313105163611
913757700892956482332364829826302460797587576774537716010249080462
430185652416175665560016085912153455626760219268998285537787258314
514408265458348440947846317877737479465358016996077940556870119232
860804113090462935087182712593466871276669487389982459852778649956
916546402945893506496433580982476596516514209098675520380830920323
048734270346828875160407154665383461961122301375945157925269674364
253192739003603860823645076269882749761872357547676288995075211480
485252795084503395857083813047693788132112367428131948795022806632
017002246033198967197064916374117585485187848401205484467258885140
156272501982171906696081262778548596481836962141072171421498636191
877475450965030895709947093433785698167446582826791194061195603784
539785583924076127634410576675102430755981455278616781594965706255
975507430652108530159790807334373607943286675789053348366955548680
391343372015649883422089339997164147974693869690548008919306713805
717150585730714881564992071408675825960287605645978242377024246980
532805663278704192676846711626687946348695046450742021937394525926
266861355294062478136120620263649819999949840514386828525895634226
432870766329930489172340072547176418868535137233266787792173834754
148002280339299735793615241275582956927683723123479898944627433045
456679006203242051639628258844308543830720149567210646053323853720
314324211260742448584509458049408182092763914000854042202355626021
856434899414543995041098059181794888262805206644108631900168856815
516922948620301073889718100770929059048074909242714101893354281842
999598816966099383696164438152887721408526808875748829325873580990
567075581701794916190611400190855374488272620093668560447559655747
648567400817738170330738030547697360978654385938218722058390234444
350886749986650604064587434600533182743629617786251808189314436325
120510709469081358644051922951293245007883339878842933934243512634
336520438581291283434529730865290978330067126179813031679438553572
629699874035957045845223085639009891317947594875212639707837594486
113945196028675121056163897600888009274611586080020780334159145179
707303683519697776607637378533301202412011204698860920933908536577
322239241244905153278095095586645947763448226998607481329730263097
502881210351772312446509534965369309001863776409409434983731325132
186208021480992268550294845466181471555744470966953017769043427203
189277060471778452793916047228153437980353967986142437095668322149
146543801459382927739339603275404800955223181666738035718393275707
714204672383862461780397629237713120958078936384144792980258806552
212926209362393063731349664018661951081158347117331202580586672763
999276357907806381881306915636627412543125958993611964762610140556
350339952314032311381965623632719896183725484533370206256346422395
276694356837676136871196292181875457608161705303159072882870071231
366630872275491866139577373054606599743781098764980241401124214277
366808275139095931340415582626678951084677611866595766016599817808
941498575497628438785610026379654317831363402513581416115190209649
913354873313111502270068193013592959597164019719605362503355847998
096348871803911161281359596856547886832585643789617315976200241962

155289629790481982219946226948713746244472909345647002853769495885
959160678928249105441251599630078136836749020937491573289627002865
682934443134234735123929825916673950342599586897069726733258273590
312128874666045146148785034614282776599160809039865257571726308183
349444182019353338507129234577437557934406217871133006310600332405
399169368260374617663856575887758020122936635327026710068126182517
291460820254189288593524449107013820621155382779356529691457650204
864328286555793470720963480737269214118689546732276775133569019015
372366903686538916129168888787640752549349424973342718117889275993
159671935475898809792452526236365903632007085444078454479734829180
208204492667063442043755532505052752283377888704080403353192340768
563010934777212563908864041310107381785333831603813528082811904083
256440184205374679299262203769871801806112262449090924264198582086
175117711378905160914038157500336642415609521632819712233502316742
260056794128140621721964184270578432895980288233505982820819666624
903585778994033315227481777695284368163008853176969478369058067106
482808359804669884109813515865490693331952239436328792399053481098
783027450017206543369906611778455436468772363184446476806914282800
455107468664539280539940910875493916609573161971503316696830992946
634914279878084225722069714887558063748030886299511847318712477729
191007022758889348693945628951580296537215040960310776128983126358
996489341024703603664505868728758905140684123812424738638542790828
273382797332688550493587430316027474906312957234974261122151741715
313361862241091386950068883589896234927631731647834007746088665559
873338211382992877691149549218419208777160606847287467368188616750
722101726110383067178785669481294878504894306308616994879870316051
588410828235127415353851336589533294862949449506186851477910580469
603906937266267038651290520113781085861618888694795760741358553458
515176805197333443349523012039577073962377131603024288720053732099
825300897761897312981788194467173116064723147624845755192873278282
512718244680782421521646956781929409823892628494376024885227900362
021938669648221562809360537317804086372726842669642192994681921490
870170753336109479138180406328738759384826953558307739576144799727
000347288018278528138950321798634521611106660883931405322694490545
552786789441757920244002145078019209980446138254780585804844241640
477503153605490659143007815837243012313751156228401583864427089071
828481675752712384678245953433444962201009607105137060846180118754
312072549133499424761711563332140893460915656155060031738421870157
022610310191660388706466143889773631878094071152752817468957640158
104701696524755774089164456867771715850058326994340167720215676772
406812836656526412298243946513319735919970940327593850266955747023
181320324371642058614103360652453693916005064495306016126782264894
243739716671766123104897503188573216555498834212180284691252908610
148552781527762562375045637576949773433684601560772703550962904939
248708840628106794362241870474700836884267102255830240359984164595
112248527263363264511401739524808619463584078375355688562231711552
094722306543709260679735100056554938122457548372854571179739361575
616764169289580525729752233855861138832217110736226581621884244317
885748879810902665379342666421699091405653643224930133486798815488
662866505234699723557473842483059042367714327879231642240387776433
019260019228477831383763253612102533693581262408686669973827597736
568222790721583247888864236934639616436330873013981421143030600873
066616480367898409133592629340230432497492688783164360268101130957
071614191283068657732353263965367739031766136131596555358499939860
056515592193675997771793301974468814837110320650369319289452140265
091546518430993655349333718342529843367991593941746622390038952767
381333061774762957494386871697845376721949350659087571191772087547

```
7107189937960894774512654757501871194870738736785890200617373321 07
5693302221632062843206567119209695058576117396163232621770894542621
4609858410237813215817727602222738133495410481003073275107799 94899
1977963883530734443457532975914263768405442264784216063122769 64696
7156473999043715903323906560726644116438605404838847161912109 00870
1019130726071044114143241976796828547885524779476481802959736 04943
9700479596040292746299203572099761950140348315380947714601056 33344
6998820822120587281510729182971211917876424880354672316916541 85225
6729234442918712816323259696541354858957713320833991128877591722611
5273379010341362085614577992398778325083550730199818459025958 35598
9260553299673770491722454935329683300002230181517226575787527 52405883
2249085821280089747909326100762578770428656006996176212176845 47899
6440705066241710213327486796237430229155358200780141165348065 64748
8230615003392068983794766255036549822805329662862117930628430 17049
2402301985719978948836897183043805182174419147660429752437251 68343
5411217038631379411422095295885798060152938752753799030938871 68357
2095760715221900279379292786303637268765822681241993384801660 2160
3722154710143007377537792699069587121289288019052031601285861 82549
4413353820784883465311632650407642428390701210151942319616522 6842
2003711230464300673442064747718021353070124098860353399152667 92387
1101706221865883573781210935179775604425634694999787251125440 85452
2274810914874307259869602040275941178942581281882159952359658 97918
1144077653354321757595255536158128001163846720319346507296807 99079
3963714961774312119402021297573125165253768017359101557338153 77200
1952444543620071848475663415407442328621060997613243487548847 43453
9665981338717466093020535070271952983943271425371155766600025 78442
3031073429551533945060486222764966687624079324353192992639253 73107
6892135352572321080889819339168668278948281170472624501948409 70097
5760920983724090074717973340788141825195842598096241747610138 25264
3955135253911885045636241883003385396524359974169313228947198 7830
8427600401368074703904097238473945834896186539790594118599310 35616
8436869219485382055780395773881360679549900085123259442529724 48666
6766834641402189915944565309423440650667851948417766779470472 04195
8822043295380326310537494883122180391279678446100139726753892 19511
9117836587662528083690053249004597410947068772912328214304635 33728
3519953648274325833119144590178096077828835837301118575436599 5898
2724531925310588115026307542571493943024453931870179923608166 61130
5426253995833897942971602070338767815033010280120095997252222 28080
1423571094760351925544434929986767817891045559063015953809761 87592
0358937341978962358931125983902598310267193304189215109689156 22506
9659119828323455503059081730735195503721665870288053992138576 03703
5377105178021280129566841984140362872725623144287543022109094 7272
1073474134975514190737043318276626177275996888826027225247133 68335
3452816692779591328861381766349857728936900965749562287103024 36259
0772412219094300871755692625758065709912016659622436080242870 02454
7362036394841255954881727272473653467783647201918303998717627 03751
5724649922289467932322693619177641614618795613956699567783068 29031
6589699430767333508234990790624100202506134057344300695745474 68217
5690441651540636584680463692621274211075390421887161276177870 1425
8864825775223889184599523376292377915585744549477361295525952 22657
8636462118377598473700347971408206994145580719080213590732269 23310
0831759510659019121294795408603640757358750205890208704579670 00705
5262505811420663907459215273309406823649441590891009220296680 52332
5266198911311842016291631076894084723564366808182168657219688 26835
8402785500782804043453710183651096951782335743030504852653738 07353
1074185917705610397395062640355442275156101107261779370634723 80499
0666922161971119425912044508464174638358993823994651739550900 085947
```

पाई के पहले दस लाख अंक (π)

9990136026674261494290066467115067175422177038774507673563742154782
905911012619157555870238957001405117822646989944917908301795475876
76016809410013583761357859135692445564776446417866711539195135769
610486492249008344671548638305447791433009768048687834818467273375
843689272431044740680768527862558516509208826381323362314873333671
476452045087662761495038994950480956046098960432912335834885999029
452640028499428087862403981181488476730121675416110662999555366819
312328742570206373835202008686369131173346973174121915363324674532
563087134730279217495622701468732586789173455837996435135880095935
087755635624881049385299900767513551352779241242927748856588856651
324730251471021057535251651181485090275047684551825209633189906852
761443513821366215236889057878669943228881602837748203550601602989
400911971385017987168363374413927597364401700701476370665570350433
812111357641501845182141361982349515960106475271257593518530433287
553778305750956742544268471221961870917856078393614451138333564910
325640573389866717812397223751931643061701385953947436784339267098
671245221118969084023632741149660124348309892994173803058841716661
307304006758838043211155537944060549772170594282151488616567277124
090338772774562909711013488518437411869565544974573684521806698291
104505800429988795389902780438359628240942186055628778842880212755
388480372864001944161425749990427200959520465417059810498996750451
193647117277222043610261407975080968697517660023718774834801612031
023468056711264476612374762785219024120256994353471622666089367521
983311181351114650385489502512065577263614547360442685949807439693
233129712737715734709971395229118265348515558713733662912024271430
250376326950135091161295299378586468130722648600827088133353819370
368259886789332123832705329762585738279009782646054559855513183668
884462826513379849166783940976135376625179825824966345877195012438
404035914084920973375464247448817618407002356958017741017769692507
781489338667255789856458985105689196092439884156928069698335224022
563457049731224526935419383700484318335719651662672157552419340193
309901831930919658292096965624766768365964701959575473934551433741
370876151732367720422738567427917069820454995309591887243493952409
444167899884631984550485239366297207977745281439941825678945779571
255242682608994086331737153889626288962940211210888442737656862452
761213037101730078513571540453304150795944777614359743780374243664
697324713841049212431413890357909241603640631403814983148190525172
093710396402680899483257229795456404270175772290417323479607361878
788991331830584306939482596131871381642346721873084513387721908697
510494284376932502498165667381626061594176825250999374167288395174
406693254965340310145222531618900923537648637848288134420987004809
622717122640748957193900291857330746010436072919094576799461492929
042798168772942648772995285843464777538690695014898413392454039414
468026362540211861431703125111757764282991464453340892097696169909
837265236176874560589470496817013697490952307208268288789073019001
825342580534342170592871393173799314241085264739094828459641809361
413847583113613057610846236683723769591349261582451622155213487924
414504175684806412063652017038633012953277769902311864802006755690
568229501635493199230591424639621702532974757311409422018019936803
502649563695586642590676268568737211033915679383989576556519317788
300024161353956243777784080174881937309502069990089089932808839743
036773659552489130015663329407790713961546453408879151030065132193
448667324827590794680787981942501958262232039513125201410996053126
069655540424867054998678692302174698900954785072567297879476988883
109348746442640071818316033165551153427615562240547447337804924621
495213325852769884733626918264917433898782478927846891882805466998
230368993978341374758702580571634941356843392939606819206177333179

173820856243643363535986349449689078106401967407443658366707158692
452118299789380407713750129085864657890577142683358276897855471768
718442772612050926648610205153564284063236848180728794071712796682
006072755955590404023317874944734645476062818954151213916291844429
765106694796935401686601005519607768733539651161493093757096855455
938151378956903925101495326562814701199832699220006639287537471313
523642158926512620407288771657835840521964605410543544364216656224
456504299901025658692727914275293117208279393775132610605288123537
345106837293989358087124386938593438917571337630072031976081660446
468393772580690923729752348670291691042636926209019960520412102407
764819031601408586355842760953708655816427399534934654631450404019
952853725200495780525465625115410925243799132626271360909940290226
206283675213230506518393405745011209934146491843332364656937172591
448932415900624202061288573292613359680872650004562828455757459659
212053034131011182750130696150983551563200431078460190656549380654
252522916199181995960275232770224985573882489988270746593635576858
256051806896428537685077201222034792099393617926820659014216561592
530673794456894907085326356819683186177226824991147261573203580764
629811624401331673789278868922903259334986179702199498192573961767
307583441709855922217017182571277753449150820527843090461946083521
740200583867284970941102326695392144546106621500641067474020700918
991195137646690448126725369153716229079138540393756007783515337416
774794210038400230895185099454877903934612222086506016050035177626
483161115332558770507354127924990985937347378708119425305512143697
974991495186053592040383023571635272763087469321962219006426088618
367610334600225547747781364101269190656968649501268837629690723396
127628722304114181361006026404403003599698891994582739762411461374
480405969706257676472376606554161857469052722923822827518679915698
339074767114610302277660602006124687647772881909679161335401988140
275799217416767879923160396356949285151363364721954061117176738737
255572852294005436178517650230754469386930787349911035218253292972
604455321079788771144989887091151123725060423875373484125708606406
905205845212275453384800820530245045651766951857691320004281675805
492481178051983264603244579282973012910531838563682120621553128866
856495651261389226136706409395333457052698695969235035309422454386
527867767302754040270224638448355323991475136344104405009233036127
149608135549053153902100229959575658370538126196568314428605795669
662215472169562087001372776853696084070483332513279311223250714863
020695124539500373572334680709465648308920980153487870563349109236
605755405086411152144148143463043727327104502776866195310785832333
485784029716092521532609255893265560067212435946425506599677177038
844539618163287961446081778927217183690888012677820743010642252463
480745430047649288555340906218515365435547412547615276977266776977
277705831580141218568801170502836527554321480348800444297999806215
790456416195721278450892848980642649742709057912906921780729876947
797511244730599140605062994689428093103421641662993561482813099887
074529271604843363081840412646963792584309418544221635908457614607
855856247381493142707826621518554160387020687698046174740080832434
366538235455510944949843109349475994467267366535251766270677219418
319197719637801570216993367508376005716345464367177672338758864340
564487156696432104128259564534984138841289042068204700761559691684
303899934836679354254921032811336318472259230555438305820694167562
999201337317548912203723034907268106853445403599356182357631283776
764063101312533521214199461186935083317658785204711236433122676512
996417132521751355326186768194233879036546890800182713528358488844
411176123410117991870923650718485785622102110400977699445312179502
247957806950653296594038398736990724079767904082679400761872954783

596349279390457697366164340535979221928587057495748169669406233427
261973351813662606373598257555249650980726012366828360592834185584
802695841377255897088378994291054980033111388460340193916612218669
605849157148573356828614950001909759112521880039641976216355937574
371801148055944229873041819680808564726571354761283162920044988031
540210553059707666636274932830891688093235929008178741198573831719
261672883491840242972129043496552694272640255964146352591434840067
586769035038232057293413298159353304444649682944136732344215838076
169483121933311981906109614295220153617029857510559432646146850545
268497576480780800922133581137819774927176854507553832876887447459
159373116247060109124460982942484128752022446259447763874949199784
044682925736096853454984326653686284448936570411181779380644161653
122360021491876876946739840751717630751684985635920148689294310594
020245796962292456664488196757629434953532638217161339575779076637
076456957025973880043841580589433613710655185998760075492418721171
488929522173772114608115434498266547987258005667472405112200738345
927157572771521858994694811794064446639943237004429114074721818022
482583773601734668530074498556471542003612359339731291445859152288
740871950870863221883728826282288463184371726190330577714765156414
382230679184738603914768310814135827575585364359772165002827780371
342286968878734979509603110889919614338666406845069742078770028050
936720338723262963785603865321643234881555755701846908907464787912
243637555666867806761054495501726079114293083128576125448194444947
324481909379536900820638463167822506480953181040657025432760438570
350592281891987806586541218429921727372095510324225107971807783304
260908679427342895573555925272380551144043800123904168771644518022
649168164192740110645162243110170005669112173318942340054795968466
980429801736257040673328212996215368488140410219446342464622074557
564396045298531307140908460849965376780379320189914086581466217531
933766597011433060862500982956691763884605676297293146491149370462
446935198403953444913514119366793330193661766365255514917498230798
707228086085962611266050428929696653565251668888557211227680277274
370891738963977225756489053340103885593112567999151658902501648696
142720700591605616615970245198905183296927893555030393468121976158
218398048396056252309146263844738629603984892438618729850777592879
272206855480721049781765328621018747676689724884113956034948037672
703631692100735083407386526168450748249644859742813493648037242611
670426687083192504099761531907685577032742178501000644198412420739
640013960360158381056592841368457411910273642027416372348821452410
134771652960312840865841978795111651152982781462037913985500639996
032659124852530849369031313010079997719136223086601109992914287124
938854161203802041134018888721969347790449752745428807280350930582
875442075513481666092787935356652125562013998824962847872621443236
285367650259145046837763528258765213915648097214192967554938437558
260025316853635673137926247587804944594418342917275698837622626184
636545274349766241113845130548144983631178978448973207671950878415
861887969295581973325069995140260151167552975057543781024223895792
578656212843273120220071673057406928686936393018676595825132649914
595026091706934751940897535746401683081179884645247361895605647942
635807056256328118926966302647953595109712765913623318086692153578
860781275991053717140220450618607537486630635059148391646765672320
571451688617079098469593223672494673758309960704258922048155079913
275208858378111768521426933478692189524062265792104362034885292626
798401395321645879115157905046057971083898337186403802441751134722
647254701079479399695355466961972676325522991465493349966323418595
145036098034409221220671256769872342794070885707047429317332918852
389672197135392449242617864118863779096281448691786946817759171715

066911148002075943201206196963779510322708902956608556222545260261
046073613136886900928172106819861855378098201847115416363032626569
928342415502360097804641710852553761272890533504550613568414377585
442967797701466029438768722511536380119175815402812081825560648541
078793359892106442724489861896162941341800129513068363860929410008
313667337215300835269623573717533073865333820484219030818644918409
372394403340524490955455801640646076158101030176748847501766190869
294609876920169120218168829104087070956095147041692114702741339005
225334083481287035303102391969997859741390859360543359969707560446
013424245368249609877258131102473279856207212657249900346829388687
230489556225320446360263985422525841646432427161141981780248259556
354490721922658386366266375083594431487763515614571074552801615967
704844271419443518327569840755267792641126176525061596523545718795
667317091331935876162825592078308018520689015150471334038610031005
591481785211038475454293338918844412051794396997019411269511952656
491959418997541839323464742429070271887522353439367363366320030723
274703740712398256202466265197409019976245205619855762576000870817
308328834438183107005451449354588542267857855191537229237955549433
341017442016960009069641561273229777022121795186837635908225512881
647002199234886404395915301846400471432118636062252701154112228380
277853891109849020134274101412155976996543887719748537643115822983
853312307175113296190455900793806427669581901484262799122179294798
734890186847167650382732855205908298452980625925035212845192592798
659350613296194679625237397256558415785374456755899803240549218696
288849033256085145534439166022625777551291620077279685262938793753
045418108072928589198971538179734349618723292761474785019261145041
327487324297058340847111233374627461727462658241532427105932250625
530231473875925172478732288149145591560503633457542423377916037495
250249302235148196138116256391141561032684495807250827343176594405
409826976526934457986347970974312449827193311386387315963636121862
349726140955607992062831699942007205481152535339394607685001990988
655386143349578165008996164907967814290114838764568217491407562376
761845377514403147541120676016072646055685925779932207033733339891
636950434669069482843662998003741452762771654762382554617088318981
086880684785370553648046935095881802536052974079353867651119507937
328208314626896007107517552061443378411454995013643244632819334638
905093654571450690086448344018042836339051357815727397333453728426
337217406577577107983051755572103679597690188995849413019599957301
790124019390868135658553966194137179448763207986880037160730322054
742357226689680188212342439188598416897227765219403249322731479366
923400484897605903795809469604175427961378255378122394764614783292
697654516229028170110043784603875654415173943396004891531881757665
050095169740241564477129365661425394936888423051740012992055685428
985389794266995677702708914651373689220610441548166215680421983847
673087178759027920917590069527345668202651337311151800018143412096
260165862982107666352336177400783778342370915264406305407180784335
806107296110555002041513169637304684921335683726540030750982908936
461204789111475303704989395283345782408281738644132271000296831194
020332345642082647327623383029463937899837583655455991934086623509
096796113400486702712317652666371077872511186035403755448741869351
973365662177235922939677646325156202348757011379571209623772343137
021203100496515211197601317641940820343734851285260291333491512508
311980285017785571072537314913921570910513096505988599993156086365
547740355189816673353588004821466509974143376118277772335191074121
757284159258087259131507460602563490377726337391446137703802131834
744730111303267029691733504770163210661622783002726928336558401179
141944780874825336071440329625228577500980859960904093631263562132

```
8162071453406104224112083010008587264252112262480142647519426184328
585338675387405474349107271004975428115946601713612259044015899160
022982780179603519408004651353475269877760952783998436808690898919
783969353217998013913544255271791022539701081063214304851137829149
851138196914304349750018990681644412123273328307192824362406733190
655469267785119315277511344646890550424811336143498460484905125834
568326644152848971397237604032812660253516693914082049947320486020
162775979177123475109750240307893575993771509502175169355582707253
391189233407022382077585802137174778378778391015234132098489423450
961369234049799827930414446316270721479611745697571968123929191374
098292580556195520743424329598289898052923336641541925636738068949
420147124134052507220406179435525255522500874879008656831454283516
775054229480327478304405643858159195266675828292970522612762871104
013480178722480178968405240792436058274246744307672164527031345135
416764966890127478680101029513386269864974821211862904033769156857
624069929637249309720162870720019893542369036414927023696193854737
248032985504511208919287982987446786412915941753167560253343531062
674525450711418148323988060729714023472552071349079839898235526872
395090936566787899238371257897624875599044322889538837731734894112
275707141095979004791930104674075041143538178246463079598955563899
188477378134134707024674736211204898622699188851745625173251934135
203811586335012391305444191007362844756751416105041097350585276204
448919097890198431548528053398577784431393388399431044446566924455
088594631408175122033139068159659251054685801313383815217641821043
342978882611963044311138879625874609022613090084997543039577124323
061690626291940392143974027089477766370248815549932245882597902063
125743691094639325280624164247686849545532493801763937161563684785
982371590238542126584061536722860713170267474013114526106376538339
031592194346981760535838031061288785205154693639241088467632000956
708971836749057816308547861336169688222204750437590614338040720585
386208356517699842677452319582418268369827016023741493836349662935
157685406139734274647089968561817016055110488097155485911861718966
802597354170542398513556001872033507906094642127114399319604652742
405088222535977348151913543857125325854049394601086579379805862014
336607882521971780902581737087091646045272797715350991034073642502
038638671822052287969445838765294795104866017139022932745542678566
977686593992341683412227466301506215532050265534146099524935605085
492175654913483095890653617569381763747364418337897422970070354520
666317092960759198962773242309025239744386101426309868773391388251
868431650102796491149773758288891345034114886594867021549210108432
808078342808941729800898329753694064496990312539986391958160146899
522088066228540841486427478628197554662927881462160717138188018084
057208471586890683691939338186427845453795671927239797236465166759
201105799566396259853551276355876814021340982901629687342985079247
184605687482833138125916196247615690287590107273310329914062386460
833337863825792630239159000355760903247728133888733917809696660146
961503175422675112599331552967421333630022296490648093458200818106
180210022766458040027821333675857301901137175467276305904435313131
903609248909724642792845554991349000518029570708291905255678188991
389962513866231938005361134622429461024895407240485712325662888893
172211643294781619055486805494344103409068071608802822795968695013
364381426825217047287086301013730115523686141690837567574763723976
318575703810944339056456446852418302814810799837691851212720193504
404180460472162693944578837709010597469321972055811407877598977207
200968938224930323683051586265728111463799698313751793762321511125
234973430524062210524423435373290565516340666950616589287821870775
679417608071297378133518711793165003315552382248773065344417945341
```

5395202424449703410120874072188109388268167512042299404948179449473
2732894770111574139441228455521828424922240658752689172272780607116
7540469730080370396187877966948825556146743843925701158295466613586
7867189766129731126720002971553613027503556167817765442287442114729
8816148027052438068176535732755786025058470840132088379328160087690
8130049249147368251703538221961903901499952349538710599735114347829
2339499187936608692301375596368532373806703591144243268561512109400
4259582639301678017128669239282310576588517140202111969570647998140
3150563304514156441462316376380990440281625691757648914256971416359
8439317433270237812336938043012892626375382667795034169334323607500
2481757418087503884750949394548962097404854426356371649959499209808
8429479036366629752600324385635294584472894454716620929749549661687
7414120882130477022816116456044007236351581149729739218966737382647
2047226422124201656015028497130633279581430251601369482556701478093
5790889657134926158161346901806965089556310121218491805847922720691
8716963163300448580201028606578585912699746376617414639341595695395
5420331462802651895116793807457331575984608617370268786760294367778
0500244673391332431669880354073232388281847501051641331189537036488
4226902704780527424906034920829547550540034571601840725745369381455
3117535421072655783561549987444748042732345788006187314934156604635
2979779455075359304795687209316724536547208381685855606043801977030
7642460834898761013457093948770029461757920619525492557571090385251
7148852526567104534981341980339064152987634369542025608027761442191
4318921393908834543131769685101840103844472348948869520981943531906
5065553546173358140455448378847525262539496658699920584176527801253
4103389646981864243003414679138061902805960785488801078970551694621
5228773090104467462497979992627120951689477956848258334140226647721
0843362437593741610536730401954738964197895425335036301861400951534
7669614766516377583782329246854735693580289601153679178730355315937
8363082248615177770541577576561759358512016692943111138863582159667
6188303261041646517148469793854226216871614001223782137797741312689
7726671299202592201740877007695628347393220108815935628628192856357
1893384958850603853158179760679479840878360975960149733420572704603
5217906056476032855692762734951822032361441125841824262477120120357
7638889597431823282787131460805353357449429762179678903456816988955
3518504478325616380709476951699086247100019748809205009521943632378
7197648703392238115403634754886268459561597551937654101150140670012
2692747493888589943859730245414801061235908036274585288493563251585
3843832424932526660875889083187007091002373771065769850564339288543
3765834259675065371500533351448990829388773735205145933304962653141
5141386124437935885070944688045486975358170212908490787347806814366
3233228194158273456713564431715379678180581958524648400840329099819
4378171817730231700398973305049538735611626102399943325978012689343
2605584710278764901070923443884634011735556865903585244919370181041
6262085042992586974358170981338940459344719374938776242324098528327
6226660494238512970945324558625210360082928664972417491914198896612
9558076770979594795306013119159011773943104209049079424448868513086
8444937059090260061206494257447103535476578594270813041061854621988
1830090634588187038755856274911587375421064667951346487586771543838
0185213482819158124625993351601989355951679689328522058247994210345
1271587716334522299541883968044883552975336128683722593539007920166
6941339091168758803988288692160023732573615882071635162713328105181
8760210485218067552664867390890090719513805862673512431221569163790
2277328705410842037841256832887180469879525130732663402785190594173
3892035854039567703561132935448258562828761061069822972142096199350
933131217118789107876687204458876089410174798647137882462153955933
33327556

20094395804345379197822805903959599274369137937786694096404877784
17483364326840262829324062600819080818043909145563519368560 6304508
91422896452199877988493474777291327972660276584016678901364 9050874
11421268619698620441269652829810870454798615595453380212011 5564697
99767857389201862435993267776894540605082188382279098336271 6712449
00267611784982643770330020818445900097172352043319947082420 9877151
44497510170556430295428218196700092025156158441742059336581 4813490
26931115170938722600264586305613256057925609273322655793462 8080568
34439213736884056504343073965740610177793701414246154930707 4136080
54421002956000956635889778992676305177187819437067614982175 6418659
01161608654086353915130392013168057690341725964536923508064 1744656
23515239290504094799531840748621512105618338545661766526063 9371365
88025216662235761322019417013726649660732520107719479312652 8276330
24138051649071745659648537483546691945235803153019691604809 9460681
49040378198297323609300871357607986214254220964190043679054 7904993
00783724215819545354183711293686584305538427176280352791288 2112930
83515756565999447417884383815651484342298587042455924346932 9523282
18035083337268379183021659183618155421715744846577842013432 998259
45668845582661719790121808494803324487872581837748055222681 5101137
17453684178702802744524429054745182346749195641885512444213 3778352
14238659799259882032870851093383868299065719946149062902574 2768603
88505110326385445404191849586653854504057123629681069146814 84786
96591668618427567984600418687622980555629630459532279230516 1672159
19686758495236352989357885077460815373214546429847923105116 7635774
94946229525694976603594739624309953433104049942096778838270 0271447
84940690370732491064441516960532565605867787574174721108274 3577431
51940607579835636291433263978122189462874477981198072256467 1466405
48501310096567863148800903037493388753641831651349823534693 1611
81233648543976493250261795493572043054021829748712511074040 1161140
58999110930624923128131163405492625713567218186289327861388 3371802
85350565035919527414008695109261675414767926680321092374670 8721360
62783329223864136195941213392780361182763241060047409711110 4814000
36233427145144833346416754663546997314947566434236594934968 4588455
15241507563766050866328274247941360628760412906449138285194 5640264
31532258586240431418386659063324506300039221319264762596269 151090
44576953014440546180378575030366862124622786397527466678701 2100339
29848733750144756003221006223580293437749550320370127384681 6306102
65703008722754629667968808905871276763610662257223522297392 0644309
35243272281008599730951325286306011054979156447918450046180 4676240
89289256809129305929606423570210615246462050232489665939873 2493396
73769520239917608984745718435319366465291258480644801965201 6283879
51894993367592414856261369959453072872545324632915291101287 6377060
55706095313775277518679232921349552451330898679691651290738 4130216
75732386375758200803635757280027544903279530799007994425411 0872569
31880146679355958346764328688769666100973957499678365933978 4634695
99489506104903836474095046952260638580467580730699122904740 8987916
68721171475276447116044019527181695082897335371485309289370 4638442
08932997711258568408466083399340456890267875160087754612679 8801546
58565220612109534907967073655397025761994313766399606060611 0640695
93308281718764260435734253617569437848484952501082664883951 5970049
05983808121052211110919433239511360514464598342107990580820 9371646
45231277040231600721385437234612672609978703856570919950759 563461
32484601884098501942876790226873455650051912154654406382925 385127
63176639220509383452043007730170299403626154340013227639109 1298832
78639204123004455516840548898090807791746360924393491264116 424009
38807463566072623366958427645836982687348158819610585718357 6746200
96505260659292635482914990457683072108932458570737016607173 9819448

```
5028842603963660746031184786225831056580870870305567595861341700 74
5402965687634774176431051751036732869245558582082372038601781739 40
5175130437994868822300443780431031709210342616749980000730160948 1
4586374488778522273076330495383944345382770608760763542098445008 30
6247630253572781032783461766970544287155315340016497076657195985 04
1748199087201490875686603778359199471934335277294728553792578768 483
2301101859365800172911869676176550537750302930338307064489128114 1
2025506150896411007623824574488655182581058140345320124754723269 08
7547507078577659732542844459353044992070014538748948226556442223 69
6365544194225441338212225477497535494624827680533336983284156138 69
2363443358553868471111430498248398991803165458638289353799130535 22
2833430137953372954016257623228081138499491876144141322933767106 56
3492528814528239506209022357876684650116660097382753660405446941 65
3422239052108314585847035529352219982727605748212660652913855303 4
5549744551470344939486634294596584310241907859236802245607639367 8
4166270518555178702904073557304620639692453307795782245949710420 18
8043000183881429008173039450507342787013124466860092778581811040 91
1511729374873627887874907465285565434748886831064110051023020875 10
7768918781525622735251550379532444857787277617001964853703553167 65
5209119339343762866284619844026295252183678522367475108809781507 09
8978413086245881522660963551401874495836926917799047120726494905 73
7264286005211403581231076006699518536124862746756375896225299116 49
6066876508261734178484789337295056739007878617925351440621045366 25
0640463728815698232317500596261080921955211150859302955654967538 86
2612972339914628358476048627627027309739202001432248707582337354 91
5246085608210328882974183906478869923273691360048837436615223517 05
8437705545210815513361262142911815615301758882573594892507108877 26
2128641924430938379138380786013179523731526677382085802470143352
7009243803266951742119507670884326346442749127558907746863582162 16
6042741315170212458586056233631493164646913946562497471741958354 21
8607748711057338458433689939645913740603382159352243594751626239 18
8685307822817639832373061802024465604775279431047961897242995330 2
9792497481684052893791044947004590864991872727345413508101983881 86
4673609392571930511968645601855782450218231065889437986522432050 67
7379966196955472440585922417953006820451795370043472451762893566 77
0508490213107736625751697335527462302943031203596260953423574397 24
9659211010657817826108745318874803187430823573699195156340957162 70
0992444929749105489851519658664740148225106335367949737142510229 34
1882585117371994499115097583746130105505064197721531929354875371 19
1630262030328588658528480193509225875775597425276584011721342323 64
8084027143356367542046375182552524944329657043861387865901965738 80
2868401894087672816714137033661732650120578653915780703088714261 51
9075001492576112927675193096728453971160213606303090542243966320 67
4323582797889332324405779199278484633339777376559018705748068286 7
8347965624146102899508487399692970750432753029972872297327934442 98
8646412725348160603779707298299173029296308695801996312413304939 35
0493325412355071054461182591141116454534710329881047844067780138 07
7131465400099386306481266614330858206811395838319169545558259426 89
5769841428893743467084107946318932539106963955780706021245974898 29
3564613560788983472419979478564362042094613412387613198865352358 31
2996862268948608408456655606876954501274486631405047353517468730 0
9806322780468912246821460806727627708402402266155485024008952891 65
7117617439020337584877842911289623247059191874691042005848326140 67
7333751027195653994697162517248312230633919328707983800748485726 51
6123434933273356664473358556430235280883924348278760886164943289 39
9166399210488307847777048045728491456303353265070029588906265915 49
8509407972767567129795010098229476228961891591441520032283878773 48
```

पाई के पहले दस लाख अंक (π)

51309790810191929267227103778890539641563623641691549857684083984 6
88616843754070651210390625061281076637990479088796747780697384731 7
04752534421563903872012388063236880370179493089549007763315230635 4
83742568166533616066419800301882871237674818983302468363714883092 5
92833759022789425880600872860388591688497306939480205112217663591 3
82515242786700944069423551202015683777788518246700256517085092496 2
37477268136942843500629388144299879053010562173754591826799732177 3
50293689280652100253962688074980926434580116557158867004435039765 0
53234782873273688408635400027406767838219635222265392909398073673 9
13640828987220177767471681181958561337215831190546829360832369761 1
34502817578302029348459829250008956826302712632958662921476531422 3
33517930933879513570953463771836840924442209631933129562030557551
73400679737406141621079236334238056468500920371671526425563718538 8
95714164197723874226105966673969971731681694154350952831935564177 0
56686222152179911513556397071433128936575538446483262012064243380 1
69558626985610224606460693307938478588143674070005997697036490192 7
33288261353293631124036506986521606389872502672380740339674439783
02582968942568967418643361347947524552629142652284241924308338810
35800537870239995421721136865502753413622116931406946695131869281 0
25747959856051450050217159133177516099578655519818861932112821107 0
94422872404442481153406055895958355815232012184605820563592699303 47
88511320686266275887714460359966561084307256965005630644891875994 6
65967728471715395736121081808415472731426617489331341746326623542 2
20726001460127012069346395205644455432916629866607830890681187900 9
08152950636267820756143888157813511346953663038784120923469428687 3
08393204323338727754968052103028215443247233888452153437272501285 8
97476914608083144041258681815400491877722878698018534545370065266 5
56491709154295227567092222174741120627206566229989060328916720687 4
36549482461086973672255474048128892424718543236050573341167285075755
20571311566979545848873987422281358879858407831350605482905514827 8
52948911219053831956242287194847594078593980479010941940706717644 3
90327307121358873850499936388382055016834027774960702768448802819 1
22206368886368110435695293006521955282615269912716372773884189932 8
71305634646882273982887631986457098363089177864870866761854856800 4
76725526754147428510281458074031529921978145577568436811101853174 9
81670164266478840902626828244482580275320945499151045185177165463 1
18049045679857132575281179136562781581112888165622858760308759749 6
38494352756766121689592614850307853620452740775295063101248034180
45840594329260798544356200937080918215239203717906781219922804960 6
97382387433126267303067959439609549571895772179155973005886936468 4
55766760924509060882022122357192545367151918348725874239194108904 4
41159599327600445065562064611646556654875942473692523369559930303 5
50958176261762318495619064948396730020377638743693439982943020914
70736189479326927624451865602395590537051289781634554233201149759 9
48962784243274837880327014186769526211809750064051497558896502930 0
48676052080104915378854139094245316917199876289412772211294645682 9
48602814931815602496778879498137772162293594378110044480607976724 2
92762495107841534464291508427645200020427694706980417758322090970 2
02916573472515829046309103590378429775726517208772447409522671663 0
60054697163879431711968734846873818665675127929857501636341131462
75304990191356468238043299706957701507893377286580357127909137674 2
08056554936246464126002437968454377733902647251281941632007684873 6
25176406596754069362175887930785591647877727473927200291034294956 2
44766130820072925073452917076422662104767303786316995423745511745 6
52202278332409680352466766319086101120674585628731741351116229207 8
86513294124481547162818207987716834634132236223411778823102765982 5
10935889235916205510876329807993165172528938001237817434896832151

```
5905624933473702068322321001186373957705674738671021732123752243 25
2416263580343762536068086691635715945515278178039217743228234366 33
7728111863905118930759016666507429527583840085446354193171905313 63
6597249051584091065822018147347990223590671381469051160519223012 69
4823161134174399447148330408624842691395023367134124251238640266 57
2581309439676219396554073865242298978797821986379182997095579247 47
3203032391164104459069079778623155183495930353059237898175158914 57
6504080251094791234217584828418819501385461656803017550355800549 44
8948848713516053755934023457489795166024423383214060300959371055 88
4570525157042662846000354402823678768550982678161765520375795655 481
6778960389274983556087915411777494235734007641610932940038999821 99
2672570869573260687749742248020233075251876502559684207606932299 88
5875798988964607443817881700815488952265167228340452772191069914 15
7646394852311267947308658031950764551976756289574288179681209002 6
3871452578583152776151090886317402436956805678730152354278047934 14
2664952223833707117511265375503942372098784668049139473446530714 079
6225972871305030772587148755705025825734668666138023514260561161 97
4055434365486980054448792959702875903522584097826835986664465860 45
6942413907290952662499329029734405681606838057266260527708840707 3
4714960600645614540707344327825140874742755067223048453570060922 14
3900029929816082117170479176145051910081326703752149307405678533 11
1060583529127810073917499491978451129159136811073940551752080196 30
5393507402485095537725003670546651623304304250874423242624046321 15
0789973369299854070416562610419767002024150948924118560924096376 04
4296120023645907064497706272079190192359648070489236369798601982 83
0872842285647523531628827913242955248144475055219096720460806895 45
1817122049303218537406272474215197403057690436026863607807920047 76
2324295513294735220272443763390277213920877670657162416397517858 59
2544269234285327432885633685078965196207251941655606168703705502 18
4628454342578503830000953745182929584404649188368579348396115129 7
1605816657450967036774958366666931218817636796449436171304160372 43
0506584851317492640558551940180051809084752118682246169761492432 38
3194864344159085580110730703112015022434160731579295287529368358 20
3970033891121141706852193665897894595031543895890153038271430019 29
5890741499435928940830970770783628759144840370450386189669758112 01
8523192318686599680385838123703291562075788359487809416882055316 05
1281901526475928075749581545642213414593781670569928682998956119 82
3538371578804804787045841753946654976901732203108900703033629117 67
3084484503721456696444014695451738573431578101586187838392785526 09
3991305702555755590609470514980934877733200727975730382459894668 09
6808222213484858738229992817940908256652095816554724752445667436 97
5944746863763324289042697761067919339109833004223102937282987989 03
2093910926828363061736101738781236798986451493117024371282858826 30
4862988844922074156406071470591374055246657569718702173552872454 39
4277148091793644376506378618613243486357974112585208634599278036 88
7924983543632984576876501650651153450086957212395075447856831736 31
5571535270465242352597375134088254616096614407466755142268360319 59
8010721524635510691718713357316854856312808578344356236709596509 49
9469688206611851180860342028213318012494109915026014354500174327 30
7936251130702982504994179942844511464793291545995559095878076216 36
6685917910654359660652535253202736507259891212556868428020772464 87
7220109966318295595529033933122843648644759735608598407609472983 89
5424339326231532399189818522641808312963335463568748288634656185 04
8106322888055967378445620009414656034992807940511531005758712955 2
5719641115068503407737106043803712595755969859493620584775120263 54
9473475347481892622541903526716144292848998575367406921652716300 86
0606543737368235565886264863436891532180955722044567771373683104 58
```

पाई के पहले दस लाख अंक (π)

```
0755845296128328326063196297285279666743629748008213186279218690044
2843426307357607039996694307895081472697302538173756949227517953544
3261569120405948328609499923664122788122641914850485632807206641885
5570595203750303229168944894275783060909108524106014006832742055833
9697738231507349961087587637042555649640868550719422563449667324300
6562592504745817627332818160170196981665424263787636014530359465385
4503254766749997373408356651381860251565202836373891710165454148826
6744480091057041861626268379711208861413572796110908829297022969212
1809787989513915042709367864449831964201345668339077594300644248562
3012124614511697219396344095080832292812942704365991464827499843759
4211302041829730841717881309037955854560324717081919530277146579455
5475447542844344081393889086097760178573893075186619065050180771650
0184074432585402418436050111824299702323417243674525365349594790633
3454075437181269939983371921848541873597984534893459226851506818266
2490078029335012658824974226241885352526636702827662499349829488748
3310617642084290169230528996089786041300651090281798050405871076711
7904113021748279668235300196022025318557678984331758686063783599687
9160153892220236575765581586611409199394861599209159917553341783033
3476431316350127053906970793265678124159064342847213602352182367412
1473312449994433415591527431593168747788253315509277033620290122597
7948098553922000645271622808553982789065842334475528212765176505726
6326769114107503484587189699643487577513847914818363510062146681858
5096348887081456976722020167991199462417776688907917136865945960726
4685388107787830021613682766970262234594187374767335379988440342704
6803042551694127158739320398444374604547816113056625176412759821181
9396611018505628805559425566060032312116180994622129301002470913347
1506822684304586803009042826002255621409460879000651910994557081581
6505828983340739466084457565780636690272843462018587328252924796505
2866814080503538519837523637451925622795490290557907030283950104854
8359298345428144873043580470533150815105030015214281171753936491331
6617262123540552786330800208317705563029496359420165433309409417719
6326234119387105161570101798053551167937086029136675698609712412036
8583812957695307798141365700174761356966986146068491439699573837631
6958246025133421080726217136019430180872098885514150241638183259752
5959316553186583311712685794152720661221842266141182515465748487831
2610347834546749258308729985447421206445095233245050877431496166555
2517971680209917200264093749219075699368963302813916472089635817717
3555584859270652450486251641954055080134351032338913378302497701822
7549063814999647233340796130414697394763726508692733471084156856084
3092131624043462986392084166005590459850649124350526476607600344441
6181864036700837741141010943205889555986586700778636718969440896223
2137403411359719913313594655368544669236765258901210841377743248219
1812747847892287264892970032371873456157981599834839100412601050746
9645994303319788106349139238124905030614334079183280040639070986725
9619709831126596014747372533052685371774214655400587392462372761736
4905198713368067723952570781360686683261395014329509474851594724667
5272016843165866088075127685847555411843811690116220055521134844889
6066825922743131900796301158708467011765493539304656335622531124472
7796669005831190616101972663073970542531439818457379449486780134618
2178759390769996020290839656772878469057364015640150476964489939475
4147460833991869688927115694234549265124664550779255402810503762203
5967530558601856492056062879090769453339208808494778288948511221547
4323019138324556299388102061449026687601020775321091568497783074085
9649857967152617010039475494539917698791323546550106407355816999409
7562481499674432784292027626441897939181583945627081733015821602255
19659
898769376164019861207466755048861110855726764507052622446130222335
```

```
8520722736204850572892388158849387545352291863997143808840461757286
2209501225065158631042588413435543197372985621775307202262947555?
4830444453404348888785811703413453425223543194078779728467601815?
2270977451809293421931898158124828326589500407048552060998937839?0
3419141630446391638805496587865013750463416956551566182988786307?5
8423069676602540530248114710078997842118304890104640568965397028?5
5955309255586360521589573751140895649058441567749371058596480143?5
8746144912505492531911646538215851973700932801945303205726284526?8
0460463378166314299330766466530760590548962888724189716060225882
6175775399220551315093772006248630855628204935757527249955670892?1
6342339836025653287310291940070411769192208500151167356701019589?1
0017970195781208929109694177543690043682025630240548226254019056?6
5077105815742407214963395603652702833344073057500736745622605846?9
8861151016896121811190584717144610687197610174565873737967406971?7
4232387538390303172002002072059284887851239117464716737437379232?3
8819662016876221913462338937625995270256721386221124589802121305?1
4072889043003225355040958668187241393699381930691487447171866461?3
1119426031616640703773164870018647996002430440032422418094022785?3
3090115098880706782688353172007675225531380088187804316901900728?4
8317992874141254761230896068330958283776676882875786886830929760?1
0119745338983319525886196301329170943858166153741717944963191771?4
3125069598534812856846193776698942774591709188025200127499055594?7
2896965947933316722436215678967769667080352290390184857308062756?0
8676586271047694092035655930253527434189659270022270492331868299?1
5609364137570049885373045963961527346293969749517480626964517930?8
7199867885375814159757993148066085572325683743052827641756700502?8
0404894298995809481035348339341449278859252621924155472319971433?5
0866373209968237243514933640704589683852354624744361175256766987
7675972234392063575074715529181027626140129924804228399029787992?
4185174991296302839907296355885798905933177959087690739056460256?3
5335672215522594688382984528829229662751371624221729546786707158?0
9241840841475575825393852409633020513497047406953995678979817278?0
9204622868397357798151118681526598846069497589654813146511503926?6
3777495137615572481951161198772503445647107385134359273555387124?2
3755981938132142384415819290700463897716838872079163617414324970?9
1096581627464297170728717251427458983568970955346268201690853561?8
9448984071005819203021769451207717745887955195104733841847399807?6
3067678858451675757299043069715426423834980098708699336709121083?4
4535062459224323123482785496603746571880148929379451478705406079?4
5759006012196221239287200172155886663457349714095337215165598575?7
9417244198890261670161016115578343150254603287811984240274846085?0
7224066767787608552476177738330895026100643883505502054563243461?7
8594519417956698749685152448838475136181806671083161655642093692?0
5206118985172926171417144346555087063060635510129494003097591677?9
1584260491971209543227026784326542965724032720887143219996453132?2
5871096771651285496699625526986073117637182074988273997706019913?2
0930823230736838206455732563765982912578131492224204279712414416?9
9512659456397927593803838047826231604243253991328511230322470375?1
9423217330478540785762440132917179929792407833907157579814268168?4
6553829468473992058886316559349198678969628404473449680240770928?1
3764081033522552427174041076735654244410044833474401017264410529?4
7879634589864050120360802445119035099497449397361718157527709378?0
2092366681358416362683192634067141827974213425462207054156000509?9
6740456168404517717479527903532549325891204833857465900967817304?6
0005210889346107687540042419778030828851812001733695591271377141?5
0113613044097532791905048915832463991434835316486815485791786329?5
1239255525102111827885736960602769313014696614334496423021143824?3
```

पाई के पहले दस लाख अंक (π)

```
70563353279385889526767207668897127443581563208810665014956814355879657690985776590276870745365927636497555344961730807816098710324801379513617036776345759497568620801399637455176242514778062872226597145548290676929571364357215267446898788941882075129222575650914355282887461419509786242752788157156640076372103780319404309584427254926998716923433189002214150311399876526068876156674021019720171960239086108297492763956954115303227546017387079562599357978530244347671639959146231793123998998692843797570249236955158729768385400522765149561444710597196288988157109415171701518114743513643854005116246202131174800791983749700100471363432523281578911355450453371905275068229156185003328469567926226208190442473340362503892792071585960039363153368842724375366799698647934741133198328619441460653922784099903143840354565047056789552024827176011874335643690243503085631309559055250390492731613311734922584644609024535079190184411299321699770451832853586480428556822208737213616490586303256368913084103760215679927020005322355439804653119339775459044045078568021398465009693429547310269249947586466058091669984160684646087293943808274308285817479694172879903110131926755738979840913642534796949434803777033646349584768629825901034707278612186230019866079877826842459338356389195702068535216032116352300649887446002001704130569853651546687520238593751832803728511432748116996836928492204473805706334966187112409478359158696268586435891413598542535776887749327436345147544886408688180303696524317556883002058607732569597160864854158344684324899630770113713446751569302448854820771241335577323069494580672678452359436315078727281579015730700331787968544362795257190236232746142628687327380094977411228562376632149046532940720261975390717404222595392428881645597965700309571413891069368450362682310539867437532400527015347458933256795149418543578088270634572959621690853835353703814181155738163782090325615198697453576464121254980760051561417072980469948135934831505681166427932193352798227147157673401860887215187996693502527007575560997198828630642854481282751392806947027501481632897273143473485285295046048832716739789815636788047804436021090073207273697493446304997314425715604331336903876181009488731207134827108158889574832658542075100779531183268617080370709359276149367825308583404823510036321663789574262025503501168615434073790451648289675569835893552202017367954807578190950269798127114870343119036311224612829530382051287043092947197459469082102563478899543177152437969621128122450342606639926885213307919637027778044885792057304699080092344018663811325209712309647605989894792575985100817303960682221997532730160658262852758257669507854726034938298133582528178670608512656002268871781125359782933734779141273628418865617592083287944741096970387985473698402545806329483502235939354358748022398976091629625011047393116944910066690723063469313016971182063253526924404384009372428442820970936485690946892008737175325255703054353982872781230113980809386701547488580344563187131960267854879389331620500767526411204439023758334272429869965478636853410284885737025472550236566341868091903838867078790720840361940216467012153483797815183282647257862881520710108149955898033811896156944175676134071704653851217090212377788433364965187211990540758187739439752836414395304424591390317881300418879188711455314826746998705558793104024038884083850687341625071657274185134952084963670955542450439483948045979156228282483787934152720362263369561805556371076814888893619275742659935823559431530887933052767558747512365065843969475604297192002319868024351719937868100361102312568364256079597410574153628297180046497748573718378639037039015397374911654685499716453941611216417610717145401765190565052520662277883129045719693205990241375395983861982603205495839501675552509644
```

```
1371182225614960140030230354078992096986775078672000380742679705303
0716793229601564862280851840335235017060858951291222324611783025316
3628943946073652771336511631646461990990212249224123151689927678558
6373631552600250348848781323300191018939961670273141699962651194574
2636761965002434737172729028462209798394871065982270009954918877696
1885054326532118022194442822284251255614118743401804194614139451471
2872527592391255964437356833972896331267678234910356332961294719101
5157143115795490933903261411918654752376247215311020793691158487422
0582274734320173558507712243796985796549158062795027409771688611480
7616315161855306856692457171769220443668433127398933794111629722451
6999854685622157024175947117699529165502116855001089857619346394559
0882627077531146577522388463435193765397349848024549760760244030808
4489010683876972612370978357824516680117148598367940552904619826216
5666917202742628548239339600182545994092543081696910329784112340228
8560019054934275022318529471282960969397681373419770427812130014732
8677605719405969979275512461718434956985641712872481183465420642318
7145518241528676305675131162677177350617511245463387994265291270105
7899567180571436557918350691777930704075732904397494995822410623810
5149176502385041827300966201717509405908054089572837554063551522199
6582075735131570759236153986394592111558640009880975526105383825689
9272158478504174606516151133788336097601211484870055601658124924706
8256844272045472896309420306650445298646223594226008554991589149953
6064984280345794927570094979594506023787750194706246323949549578230
8228306684081880252107663907423097372091628533717680621644693543231
7917855305833171420847988630340846572642693955700268576057539347888
5870946005827232305191081175142349126873336585960799891732928158960
0185091816337400806035475200051511751029012299487096154592802620607
6169827218102916731554892942374085196743307916607849905578210193571
3662435990883613859808516156417476946054785540081953530670803089697
6304529468682332105328782374389441156851762717116363094014799096494
5634592950130739003626821007326370082356150691269643183351716254390
3046989893142615442635951136346605737865495124457475262167895470362
8904830484996804037722513431937373441236618586944588064018584073147
6337929403863404359194198723552630156546080518686760680431608451284
5916042441326987912538560299159967278766195195053176488313469325736
6894644382558139108486209663742674579813301222343872583124422033094
5714575414704792938758582389977385152135237238955966431223564326262
8601147489086817159281066872708400820337718692153523526926347226809
0825989889840026208152178282611229131182086600709968603654098183268
0755824776706950410997586143624355216194535302920025466736799648504
3373133495208210751199258926638995647569858707901856123791578864374
4690378715095001125502100388453119236529655994619004748466206423479
4232967000605290037091755781887081935221468714272352776325598980869
4872111384598001412384216382782441273654244674888333816797162011288
6191415401936712909478990264666443156098372961501968624228250672306
1667209435465714251493086424887785986827595887490650772602509518295
3676518118236861694472436078376429476246922631949892196464406831692
8766116150605081384631941511620257790786307180123115945860389656252
6554223346234454507394788690268159497513116885143694521021688319044
6168629763325229863851818850049286935727647668238555646365544964006
3176482855757858666102285515648599088209586894443625469867952382268
6115969910056366082926791533753816066112247869531326158531871763885
9893779291889029987938798100036973078489592706254104848593158543233
9568310423902990702634437978756918554340897644076013084448197862650
7947644083013494243583428188591525929347143631753374958970107287350
1270788980481635045676667693207553051840432446100740321676471836083
708475
```

पाई के पहले दस लाख अंक (π)

```
0651269307076608498252990003178503058536821395127350386382460564 25
1033777558098646433980171862081426630741725922260005110913426810 74
6701290143016541010649332122837908275150010035300156545975083237 72
9654396973820477416265710657408216499606262274961879533479070659 88
9748717795643340648417456457479069251701494998100953534135489087 54
8363275795224072069862910246717035792514417667038866099069857262 60
5812408253362252189920004189757457653151230000644457159317017716 88
6354833330519215820559461173577163211322339319653203861990051161 78
1713340010705766526899197081690221946470432379535641186606392055 8
6090344570641517977821450547222788529872101978588460700474200284 68
8737958442289499743336562718779917211379161644925413297156528795 29
5326397595385359209501386333805075613695308995475848830242619627 58
9859415137805158050257675404017857958524488311721050892770892272 73
4319738238846873071682302487868858551010807352278140537140652075 8
1072708481672639770987314551626469114232861030369329843303003236 76
1627142640675878067318839715150027981633747790787750383079867594 04
5910739210345874042196170349258081899072059612915864202028857340 09
1149552388651079113714953346397639881839488045300750747403722809 36
8205354304949519483328334700751619790086872854399629815756058916 37
6247230691628711111376760864803237524596649304117539461364643378 04
6711650555046706718362212857950480671656304276267114299991134876 98
4470503706379001810968886297217579517324338027806174704963020424 92
9166191718864335559928209324391944571188632155632016165424705537 5
9386966246565633412154101403228699093015913288580883124124288287 6373
8727428380385907102927486333515030904453280525977956589205545624 34
2979827941348917563824007716121733247364285401606100443376414572 20
7859217155914010378320201321338330963807789040957238105588293927 96
3743816606868351950592770195153616017221589042878567848206829194 41
6987181928627308270444163039625471305328438833791337476758326122 1
1625836027289616245590418967702474353875839665522993712351630489 833
0124214174557885915942560597924277218199085562798486056174536844 78
9237969079755945551546468531630244623256740348958454622567448582 02
0424573919942530942642245042026890381501526836024125598075975236 48
1628093048912746151196231546114008220563967806585354076686882275 42
6503812259991620760170895567474465242344520176616503259456659129 66
7863246213799192229614586714224824928806476803210864779941004100 60
0339067927523736254602774296007347880383566875220034824576949084 56
8626960577157019191748922606352081297387974438354832861369395624 50
3929768057832234021716765559177668403757234844094617629312884926 89
9368713898388222710602790379900190455833600797392774109266557392 33
1470259092338906543884223513241153880185592349561399302239196450 50
4503693529270115663051533519186418648234424999192702729534595990 6
3048723608041595760029668121116831723660381105428035914457202482 56
4561057140554624208213435209481084171582895724450720635468160023 05
1201408480543587425261710176818538835575587174154247754497722214 19
2613155252691091755633319323222432185254221827291491598105836897 02
5035228130021411924860142480680797536996477719394906804683552808 34
7327610306049409733091690316783097934636611832784531868716462680 73
8833656704566010423768505801395074436479639222841126979451347730 04
9249878649656367949099291327125289776519181754279628060849323755 20
8153611132403397131655043918879601983821385850007732424617788491 87
5814596426423378897933308194881600401131265256356932446593984006 36
8903152547229239914144743770696338935761926039189247936317800831 02
6114195485436051577871600495578865657970665885510428824663630572 07
7789022667770425126815719795332251076389036819762844028610258805 39
2339329474672024088541276492386447602161162620824212991660362299 18
4923782236300983478119522913821847326342285759120979805478285250 59
```

183798336801787411242644746002256241498069140074097972102327853957
561512834580616541111792671042799057939449713494632895045651286884
784187175802050458328387485313736911351025506201027753458094391050
010218339732456504728894768792989259450198750767122363791875864720
121496606115128048709648863056228440839369443872169212084920085155
838125107074195518720809374694245973117281172105192890389637039423
577686212766821093182763664984041249381440979598631142254364839 65
499983479084307021764385554351257436282281530322223808347679 51113
557014806318200453220723794891863572149106242526993994671015366846
234105153338142684770627585203524099207972086991453730109551641503
317628200196916411546026820723669255275141842996992053985343307306
805737238050416719721127374050789272663406388506867344585 60773266
648384578027718911475801323105519878413365218519071460681389868867
103147598264611293795439526672867275994833590259744587868768496462
683484434414135917714587766088077845357183932937193739323640835633
757668846821111799350554102085561884901020160050563954168745108220
603555410817666460524124966244228045452432160320360194641356 09792
001959024049792923673298924553990101980112140290868699920575891777
188074146122205024728585715367530747814389730571787268366360157613
610077228631963885264623512553807731945956356796538236249992655180
433079635962110674552852142902629498265675533527310046878865731047
246649332656792733134512295505918623293739332608607745135077530901
574443829487339779605322849358301361837958264803212973684748 17516
476913662110360369509106666505171711508278200932788358722598394046
306837631811808904423626219988123682680785795262197216687201745517
472627818032683058548803970977047934831035439855907843552776676033
139884605271503138856332467688927104559851932895139167823857735772
658100479256393551935200552040800287059678249739374908760560 2356493
591497838037796496000521244583477900175604246586665199807702883943
851638095504304921960324436090340085174660429627430976838715194598
264473594023424821104475729111777958773134155360952759570898612586
771456252399450075938020609355024892008476733229308574222255020645
569023912654366357852427242905605320575403082101451238209021746697
579765347517250146583747884808053773515042222404295760361375432486
199655891393220504699982106293160967565179075132290777857553310 26
585842576086686764535520927748275567545177169950878941180593630524
994496701237598006553499873966639539441701705969810151271933311840
767923271853953980976404852784674387231643291002906549530861283330
266400758012961849920702200255597215695758837616878436434679275586
357397225356488413306011928957464280935785808113233143311528748217
976603971257952890036407198923328131611640416937736628013259738222
237426818917648959642270338039059295964969648213311447316676504197
678110849096646942571706945700787126401448652242846948897617256746
535220506162107300101926248314682120355169950152200731638400413203
033324231216708268546893175843663043078435078592810447849266395265
239871864417338008568169232134742975458326940216125333283790096064
862778549412667951367404587741694559614076265662502990069226726787
603658713793279604184883939339346926354341548095183623323317522937
035210291464133127520371171667548720634738923293785107290295144629
274154676194794274716691603049782928896147458702649979707920638724
082502300642554499590401197410853516784440901880646293748354439614
400353523310304011784572289029581058103212374382589870274737 0401
068377771592512645357065083009214792583498924751274536220061058545
759973693135297078143742841340551954446721489415057452839171603715
453082525558343202512542416624457524562964457910769717152147095185
055003550543906316882581057850746356562047914667680556984384552027
709969719888980723371486956356703177687763789743273492829343905 1455

6706074460797047693164627812141713818274378561462197088087021064 21
1057377851471358837377388240765280451914271374881105597447183100 93
9375197659802100241012511230813682603384744910877161322857660263 93
8849284959898236565727204263572026374825649494912629141917130646 28
0595669825493603261320192528034361704390289260279931404361370265 82
0121312851488158573111782104131033572888718172952627112000814750 64
0268304641898876974787917317370381399188242416994212152776045185
9567119094180737347933109970928315546816563952710104611376254066 44
9586183854638982208996778329550114314995936803982223037136329574 2
3217357446734210974149174364199473195884005263872695923183642325 4
9184559550453437784670947045095942012021142208641912790493599452 13
7392487110743231495113804293793655436372172634819075711353127093 07
9527295221124795314989699080894665747695565124360561142008663990 56
0990003803025061242360775032934134728905013167728097131626834959 63
4092922430311950848788671035335200237127302029165929752526570392 10
4214963495238570856057234346215769569851340683045483315459075364 71
1469968242091023214311717692277385347704177940764410013010485960 92
7072113205231853822744487024332710398781147912754608083611568779 2
1513113104500836636310075175110259002808642771502096271366239740 10
7528844546833161821150278926430729763557610551124620332480053105 99
5111505431484829553432959830574272451737886527193000732321736237 58
7327314890910945537402704811855571990516839387453520679708592118 96
4078548950410940569965988715988633620779550452193215633612468530 31
7470544394029418292635524015545231609868255313897018801539704596 25
0169179664812501555932311482673005633835797260328601778474149600 45
6972578349562058732873012451455576345230298648149544100907883529 80
1207012654109525184606662017674204525736799469077190845378748206 08
0290482516701766198207306183312392193535690040705215498393034465 93
8809047507724169543651858075066490459443188862978723571603024281 35
2204601090635214508280637494275512847694354996203399164488879197 437
9020957188863200247502079073072963746326336674594275563784534
5691367453524014897125909480368566282321005003900731066320752572 8
3147115192633289285206967239347175098295260212549476433019535743 83
5092582831113391153906337661737307723630279889869985799450165923 76
9067548837988929400605162826140048150469482814033083916342486509 3
9635458909132805951116334550365634824519150583179498083182728134 79
5050772717335949663371882149192837871164639035669257799424573943 55
4730449355593684803279020861419681508260648109246885433833298663 9
0745478052636291615627988031878282707451630327863907566533621975 06
3224248645769459753596673200603898262930000761251494798008956712 45
2569559827585485769012463686594942242277217771518496417510715984 16
3572072412243719680672039270647894278942171284264133427118318479 44
1334606472431411501550985511712414668243312352062840657226926069 04
7479196447297528322749569819632778728162595401202053807329582500 49
7445930809782409529912965423318498798800771681631986086512088315 86
7256506594414061844683749631892913745993421603484822883158289730 94
2161473689255851699271553115588876007217034102445874402084434282 7
3004673097955556668115013003388958380231464313829002600763228503 4
7583078087889518031398102076278898517435347822512084675949743002 44
3789584289568075266320362769629946018083494199491270655913084000 58
6265639963911040685104128200715324625642637145635575769452849271 12
6355771963250658965455364821254592633552572925952814993415878776 51
5692231191510233744071699165647639820008969846298439977593853981 1
2133218103281989699457926176493582974837338775235285946403513823 82
3062694536345810031936725020698280738433341175283157314342639896 41
6347127053034775699155800311815918091137880268838547576972923398 88
2860323029977043066288695530121027270576339598976894102499684794 9

8168420119925613480756440406559462383708723688812548949148794873488
0861416810552114001845517008444484294847550732736642872220633658824
0174549880829130188391401568090500008495465737300032747797209917507
4617859515799532022372852359204007425152256386166756203188398117
6186119602216284743190797025036745928280467817853664739356003540382
7828184576694782337457113822121932616729501042706940952026502805228
9859093500239449087456262053452217311940957783019536051850385496
1406218253061820365182733706211198939024488975386358180994491815784
8783365288654365422483020278924170496896511041727594750178122678581
4391748649424357300909171126487716059592097445811462955422310022008
5120522589764778114827039426776642782746259395117438071986187222
6558650403002846914692786468003183603463817264057027074226203429718
7555809938687124046562233389146465830554301315509528109726300508
0518826527268533537293733856918269371716773031611864749481042421512
7915910146065697953331337740593674932644146370242752453933503013
0992833648540706984034399121245249275580299798824092066446404258596
6200888741916498773027540372920421581093781471313622628866669454
7412244955284909149219337193623402943371255755699886529662364503535
1920267776379424820828605689362315215231788501452131321491469868548
3594470686585010981314205892676416115162109405356780736810089734
2458729327052108535726763805642288409296658844777952795467107351932
9547471301507922084032823220442894467821839654711090211734072513972
4757357008555312743199675125958256806323588083884366203262266
1914149347404364980002473983320924118386674296092694607014183881781
1071428243965779638843986478231371542498947258304114514952687242361
8996763058816820846327437441210390552765218710735564525713360114
5580455868455865043285991767651961932711434986654077745145004730727
1171479571222757201812886446440777517460328242317338533765298981044
2322404677246320479517980971576025800885768975134059480548268772884
7762934654960402703705853941909276993706680455171941604037635118
0185513657545109524703460226002074174282384948178225490636599
2084749037583205744677959106755660640775009347129817005818769408027
9926904605949872117634151914882251867043955731001793710004665729218
0372848797971569227888839704198254565706428908985827958625659901
3759687500785698534209443995971523667355991155709006141301885395
6006933050826115788315979018829128777653969640675392080848582290475
5619051863754905941764720809048523929966365377468709856801423613
7076370467423618029218675924769777652926292904179839275053432943
3844765333985012282836279851502637454279667177148419757339065728715
4305432157523544932053465374238204844850884634590853386677292538
5204449844131368637518941176848626136036819373635133932540806852269
2147430732913446762529322640845330844938647151561813941363435036448
17794755097633925598278690369632386330425794452922923775203287448
9020040532668139354752855017464531717214599508145561364692526650
2271153373818175978557950419880754858113362891549009039080607754157
5736137375598801875730753624873700129122382611343810392343723135368
98891533749937863249849417642814170452840829693991724323286772564
1504837657731144933521553852300178110827616363037090205259503779
0925341104705700465652519779256793341088663264059262317889312603152
8575871642421190333798725775874290129037593626972723431489357257
2418837941862768645667758686920276014398050163871435204776738809005
7892836338177973884573441001499664332358222579253517110594856078918
2401521998285226946509587631492471279520164467647402704689545435
1030698261799914022340728548915468068420957432075066211544876266446
7579863644388023258636088691875944227152142965066416138496381502797
2173071265920578266002784718140034209265693070309044570245964675
76490185278139314813150920364104984596906022531447482294570702527

```
4363040611144551422276693665012542523720743940182775250894143291521
5170599745459312594682121435106227633033185043394889512767206372915
1249368193570319104693572905276288768782500485054800597323075326
5227792552419913159617911522069419685479187341566997810967025629939
9320816450717417349056433986521998663905570935211985243906798615021
4486239284387398201876022854712303949459661572587509650320007124766
5759381372124801134153550167547203695791055974610671125417117453695
4301471914199373197227971690211613572625243116472289366644142621243
8549813623694963571282116036854416071082317751078012983042538141908
9224920859536461082139564811320531607370777206055993498150342406407
7512331512158999246297497845474385785595227089267102479199199645043
0401660056217629623401492821816115205046438140512010176327979026932
7122270125927081630457940869593885030885857777676988057712027746185
8372818585997017721116037109827393241471979376638648431600084157927
2530611640850151500165203002001427433763904187886226352747022589848
4946907769474761327639105259940566038238237163694355547065817482730
7182474182726362724046239944028444736424586444751046902997652674973
4435698570853905781915995859960967506128309101947488656507512613971
3632927641583491304208300950851100414074557443784927898576072610576
9741819633696790755188383220173443764398053682962687328518939530815
9721384099875365774663549325311393625597895430009119142674075385925
4969015797341918371040169991790094567835962857322447147907320456964
7197863154908628412333251748127848288098487610221009742783475164627
9055393851966889569651087606287295745908892017023867207401060245389
4151954739328142466223126892362650272056402643021776903189555520611
2711463146717038915773390065452869232720808111578757374991035324446
6936165351752212468866080593973805468948675560258870687103081189892
2024217495293458219535300991561355360731590956734699069924874268001
9538217524621053498627010613215907572602408043008278683562931983842
7105219835472751176423302799589268727305311835580568752761240919742
4447633568095687484441014546702835236541415276562700436309747453767
8098208734980384982599248810670297754949535228299516546559850687428
3176285208571961393797828505779014996232139220462341524168238038894
4662426737300189654337647650363412518285095120888648562947143987795
6655928074916489625621859267154146921767683960545008216421626056106
4231444357982306919657804705747148460072968182372287977560496089158
1786867293632379024157920472836469702103139751800978415985500070553
6493875321257496167487587258325992595761507433918622843798830134604
4540880817809685491194541193470268965059919860410997653211196581062
9665500511618365170620292880877609149846167316442686419708923064846
3056754573887202476016525776085293772109335844538710740272925919152
4626762353817978693064215340131633701135735635111098141821129662210
7367262696156726748307752488744484167665737024004850839370255838591
0122669483580683915454791660164569148630523935977932446725588671741
6048550387114903176075537321944728305822191558078807524536969327446
0174736052420586469686975777061218677619720587491045165142715495423
8539202325269751234954654630906132946005665072830987280338737351553
7522356318357025370064940926380803173746348540361146600048468762423
1089472379165007451797052486284672766337551730368736838564403704980
6617909200831710788210498183315526148505373540750351082239392474456
3010969204227884473716968889509111857369268903366597185225377703296
2201670810655181267580094085251506847757921913893213809286961195312
2090503801810765874883683178827814252786261879667606821977039093260
0672961512755712527864370698983544409613917379034548518040397333137
4805235879109555830404815348045391878540382432369073043102740626417
7776265730103470338402112966908481804616249648739473458441215530258
1522214994
```

5822249941941954725641031750211442280865230280221342409319393272 76
7819599060811259862396733945899619071679777802595116314775762640
2858826251481582164399441350619608117589046195115853908261335496 03
8803237135222451696811805975121895900285917973908665244952804078 27
1302700453774372678555325048503974637573946460984085658930184822 34
1614986583150346608218622360580194811455490351547426626606129502 68
7840975477981407268239569314724876098280345081189383404096153431 48
6301124867646531547875845494652222753187735608908350438370811208 82
4417599385864663093970481172530040203058134090447450511563770541 03
5014166861912485252694933482978510181114723298740453961275402222 19
0958440508723066232688884970422345670001194975185979649409914897 13
8536227945887407609904328542281277305818304024945108706336986946 86
7400894810975397100908494768304107115295506388876524905456599942 60
7738863473945525114489720361047937572544723966023547748127494160 69
8351013147640236419491461059805563757044651556671236525682827015 74
4528476022078175397233716409698626492055766876156445774464466492 54
7734672972555705388259078923175970676863982496629455560193873152 7
1036272012429312017642522464480318194468333763994613138361445704 1
6088834222537155878358070161156027177541424723331527813566940098 98
0044458239984200640748958923892389275228914732945531240424775520 8
3805237951012393843585877545499900127206828665999857909842930384 60
0732962384262907972182333727476694640152692048814304227394388383 86
9880723650340088095245127260013615257041577497895464274592866962 16
4154275190720789657656762047087629102592988771283405806131718206 8
8795096273552308022803665885309302704619400614464491862785664244 94
2081621020383276111696224421386397311571301189918531699151581650 25
8342812848741492753605073550149275164965568949868811445782807241 540
0901161769365898628113745927903225784890933976881608670857002995 34
5721579420980997220532154715427154112209398869876745628011653320 7925
4551969851910384281572683512010923679524290686799545683083885930 1
3667218521135364172442283704920603648154449717799886187390619701 26
5066843706404251244599519090062260821798454151398740861561892465 93
0844027470147101672547160166860173976919976620111199893015535406 28
1778132823867987398831854809365141752690405027399232695322939310 36
0456984252059471087760223210167746792793562530768337722069298099 52
1332754934107640682936962565380979829922150200761906567133233307 19
1753110953769674314458270474521918565656173056185321660425946455 38
5616883759934532767382788781222315372811134173554517073553208276 04
4077452544230785453748112596654635574596043270368542157386962244 47
9609259367500830989140006853836358817787486427106882578787407992 83
4182519771408422304894979155179876782746847540849289938647634983 91
7539244593293129138080738765005052200666627273438445404989680118 3
4325534999762501192176787558098067233241678261782570891163017980 88
1955837910754011805096216010930804225701805492976467841153876914 30
7088247531217231379403723659287710434554469626659999262339332986 41
1371001268040811602769694022871365072981064452520165517338604686 50
4062129245789271472274267638614268236764085164119476626514371013 93
8556806427007782965968048607751794922121562917386716354649889853 83
5751532497431583541399132213650515513841090309027554332364412022 53
0077042821114714191814757096183313782294342075434103155582818669 3
2838668366072691638369677932010214202904681337049153438059246547 11
4970835401227241006503949742164188669227447368995062528945027771 89
8946913296346758587926423521163354647468642605485613157784036114 31
4902695442750564803847888794329565560484433918406020270451468278 24
2315140650702210485195920723120049337176783523709308856526434484 1
9467734538241329688543063024778255435028195957175433268735831728 27
9337741010263471725258000551089980879204274477838536427497206543 09

```
224796057214003306615979398156970613660983964055202876699917225472
402063960609642994542705915460007353673154988077390830015813351603
573011111410928015412280666670587855509270333850098311567628516164
924255092928303908770988934946072349028658560205422067037156804635
003826052763710823986597931848309367641656360790706605233434111377
931216120205880951461437739476835388395047212945283498654808648378
850194676769456232670199871331845545348373608451276718005678754235
887195105895652797804537834484650468146951677538136951845103083239
037496571621433079638601544816144955239351112121894430238269540578
601164673736647956520658725081592753057131343835699200489996180432
549502052195550206179277993056424583665872167535192817503344992391
833256236162650208149035578612440518344040381599135827173843373404
529744999640599186566641353612424308001626179337509214296580882832
219570578431716979462845513309683824600036989961805929879506603760
712432725597536508820386360958809040038001760475078669744332587723
215438325998399864395011449541507700972822653695839438085091284110
416290966370127424988176163441016674234005068361676482327103889422
394820253086967222925243407506026512988576358781375008510056886874
328274718732324289847733542581504162589550238544890684967676489282
970728115843511676077617260489135585109814789508429849836055936593
710532020599790443697353401662876453206371886938218978015732190762
998103612568387648387269853601294481607317618658066805968373389411
982650087326242669600240908832076226117839991574402105842789845063
036014199339283624554027683509987204218596209020162101565192235840
211948820209123783927557185605541656205455341969786612350583489620
821286082084034973119988107725904545863376610850509582385030751284
259642859749471596754259240349558609796434019664667217572372370707
851846466383706717029954169832988691247281876802738125496293898760
722340846570950989432016548760479339467946851343732630392230933179
068730316994180074048000687251365978579585994780199496523427286889
887178135161715505778391587138640405789565918232137081400587138088
365230471671271822006018608811257260339862403542067521276908921081
552260329300444101890637236591957119530302882485868478256488300525
181260810354213518122471584004627510592444870583709540833518975215
236103420408450761376742347300588220470446330433506281423210
829487240902594764411891032233740497947408578277622048261821951428
217981124372676625846895195106998673740227323002602615059706421527
460232699949700615823592828229783286840199729036537816816002884117
306733244966283840324353650413975362055091052197409579986059572694
138402426755596748637742930858314066480318445315329081532154943
582880442937355680052766701800094788733588609136494945838526892791
365594342881741864555941029617929958126080970645474650902342618403
450108124033539000610734694120978386716277216137083614515110500772
011704214057510295511491370255453350206814116524476917845869435403
411879135071947286833389662476101183017004972618956118398981605390
920089117277245282732995868083801073781314001876067250126926454645
097673374700236767820135235673242624788804823436290099963301097657
305710745086213218779682807434398964835524271448757305830321802494
521092319912041786298321106456189823450495054397161803039568512653
801492251694878479554724186382786275823278212993978207428675547109
249821824468614795808140835500466875596261579061717590219271869723
784547241129855757317937479535182955842991336928140588480421571538
074685311302335494627214184400563239744587537772518071466016570650
353750000780005476100367863699111323985862132218224624643435010363
223985967017289928425234113154343262930390735953429144139338742821
872148418613127907162685826684720595466403565113327927292836704215
333378156489787872434723165771081189058811592205341344776752129774
```

6355065551109801811454708921701244106349239492424226738349439407865
4658363868597002601991541683855861557896701272200232200316861954 19
7028924757421666766801524808240221111561908290952882934227840 6490
3953396720086499569654470752118461343409778577773642631658691 69876
2749541886831332475145315900233544095171491408135927319114619 20067
7579215856331076125470709339611644150880072729394563684925327 18589
1551688147209601141540566400389210281186485459504119005580079 28394
7161996760030187700072991661348781038991897992779330826033333 83340
5791933860125992663543506471009126063462523857434635268474929 79065
7800172876659682562194685410779874218445504710482511389936542 79944
5932024438989851344256726693278613295048517020426704168104239 88787
7662828350193125454951010870376696381206031276179962188931877 78305
2045019481204742705204573212548733903930286680853928985514539 51830
7016773725339156792769039073362485903433514761178705177976647 10107
5024507681165572539548200948091105863173298917531184160364021 9503
4635732195947558600832082926751237884955166725064922072060974 12031
2931357435374521855454983025804156517986227801646893748172397 13381
1236953637358110573939105369179739293431977518803252435258608 08275
5374099972101540080046979927943422345447689707580313149065499 76457
2719969962803326920908915583817603213989264488023769100827420 90668
0800437399250454122368497194097746704673167378878520494165644 73707
1325437283139540962318133764738488941218277568760582754721153 48406
4111928660919806142282295524907588525871140721341401635238119 98912
7477891313975746828093424728231102189843007024439964290644450 8447
8802766865394635783597863301435743073855224801180578551630030 59480
3517023052917619376680448974551900622981417402254687938598091 42285
8374494142946684056784478629968730373668633975101391007984558 83197
1893984042058517831262556099075164256666091448576606836793744 80652
9724037099333962928343483266104136871344725962944171536616832 5692
9874607519349004367548712450125173882289594264322061718377059 51665
6649038896234159034283659246762389215431621094739650098692570 89507
5041141578197189457994851682923997676852605909408476925555560 320947
3017988926182294738346886884787742147478211246290050487616242 09757
2295178607339598869641860539956912742611053799648648272882147 29865
4479372705114310364153995043024924890389871904738048121737057 25663
7134651471541312220563195699529710744845423257854093196070374 80624
3288730574037414313238215835562671427568755755136182019176330 10862
8379725855115674172305047190608736162770832629644295804827975 63630
8237643616154555406169800458196446706678102433478459880692484 77274
8952982620451694370037112019129535311291971380175955779745321 79706
8998107869799671161406472583557313852803781447946186458216347 45203
9855897512317136407974683851455920414500521772122914466992786 47652
0100365397889970941956779542290004143845487143488528556517630 80299
2516764442476821864906215121917234256868516006058597808966236 68832
0128396531227030746548182119994822538814300401681144503621167 20244
4620482829677761601656378975763497955487255108091057813394203 47277
4484748769898419218280856304164926029917623036263225044182962 96521
5438562876070374218681400473863094501591091325421030325613511 07575
5828734786562608093256450743463372334224085585816338537153069 45878
2692020523950672724753690013980114964316594582971648686322048 41795
2196424498327948806313464620108913932870531345561503788769211 45927
2685051467713559958906322386507647782869016803601306170856982 8863
3635339821664116613355480403703821003445838081505583034017971 20822
4939095038566095855713953746347628324042175193426566863925591 77433
7832554820703861056330126237628769817347282242509461531890702 15082
0504218103977489407657214990832478528545951002467959739308411 06272
5225415696493892368273581434607727598033462643125982788894418 18491

पाई के पहले दस लाख अंक (π)

73802687044960388670718647708315647875891178035430820131865658203 4
35407342292834745576965149868391503976141261336078948099755916482 4
90625516855367948247405098464960856818891720369987375796439800116 5
29527027723722601935755572023263101476869284762636285189304849269 0
92640985472493648181412831689383283125795662135988355445206674089 5
84092314862575591105196220005030802042573700289966012413635564880 2
80339995694656095885763219926030004685397559802876555831710706399 7
50666047614867776356322611612715224267109673618402529108255244615 3
88577666027796080898302837068778139849238125451717898757790676916 5
13246031087551814796001216762016855436138875351111464644596594898
62868500384293816775979619127299904591343960428362278214574384910 8
06626737203981596833114583132775573719396476213947036948713448379 6
53367208865076094944310674893628101668608093548762040629531426836
79016223243442162500961919886528250184780750093029896168789351440
48527844852101949729314912293366428383610958359117926697321050328 6
58637196191306498573320866152431989177517561330725336906062894401 4
03624673579168612419076797307215389609926091477800392182909660567 8
05157424539481270515827865608617662808876754852826435345792975109 1
03743243148049050997201340093871209967992266732745697219975739749 8
35295566344453243455703262602782931368938896296769149005111791641 5
73964151622345962414387998499723972106259104524266556282960145967 9
01286176415352478643304785581496257111395603251503631837450619425 8
79073297479906540337812932343549647709599415970216918103681473383 3
33064151387713221517339840938174656833323752124521204263514948017 9
57370648574825588129624111414646926617747817386015615569677680806 3
54280813339262222680573586043957391627387714350848477018662653169 74
88864738682430941960189287589120213872770961538488095065653207344 2
05898497856821448109934432714379412923407297547932647618296204036 1
44364112746524043691754283585661405959433261009132314486416420497 6
49479552017171086517069812241608482170721710164948247980774918016 6
66318076045716395251838609582718327208657052982558926649231274050 6
73123487720349779982956094106360305165816819038480111470304239018 2
04575837273165208592253994751093890012112219426665445908677926913 7
11549507896665766765460962882777519957055450729792366620852350781
68943400320475437404007621799018813510949939669431342798599215806
29270421382675621435340592467202350206425854109685955128295988001 6
79474853488276322608988214260279669494883399735380911531026157275
26061516646757472311267311304563021016442756282782191487924669897 5
32097832652921682584330479085478336542697584330779557195200010120 7
87240198813494984438436763827041174210036951169011180168326999466 1
20100860532094157901928897613978403516511159934642044414827682054 5
50634184830616197994602704896489524389702584341717731903153309321 4
79805420208961951250759293649016278147407732247725732201913504568 0
55999785692775430546578798428594684085867841341145382412407206567 5
59826482625761903033834174251848538540384703710069087650808535086 4
02176210101567282914356736771103511643978363440428302347807354566 9
14381770474508945872117878391541665309247269795195268639282330037 1
68506787620787754817839108197321829047879329139607887417683308186
53181999406597926782213227134596324714095294630761973967499846349 3
63609758067253661551807859814534953582160148026023317625201506366 3
99391351428775115353212411225150570657231152085376502843221015840 6
18982570047043917186490724120891714561204917300437993499942065866
37985787346060480619228119464331562925686710879697123496236406193 7
38811218020737915981801097590801132722578430025011137880349579204 3
91899288300516242921760033764107933719681331920675829918260784852 4
75711775242016834934819414005391646393521827371048915003658047925 9
76158343651355349438431915092146293081995018359167094253026540329 8

```
03249676158439634711435324714370392214861784382826113866885521 5984
61344505803302636914394174355991753787166688140045296893435198 7652
72300845846550156565989521130110485288169394156867063517831922 1855
95530500029864832544477477719955016508265889671396408898805679 5806
69160658060940485139280102227697615613826083190760332454846528 6614
64942948396677330080707320067510426251414296244714536875097068 7850
66005939402651877861032765470280632572990619689759188738667230 5110
12379493292597649574826255195927394471764009255618521185772443 0888
94589313045709752725867071455651423603418198903151954572188621 1491
71034530596578450826186807436497735831757700864758799643227445 4895
00780966711961621513676950853089233612386662834811029398046074 3553
42727244281049032807567670033772711209491284344874508135688221 5603
30504388351754108148303753443420841220816836058132623457677542 7931
61986045430504448510555800411679433767132055814705872720882536 0473
10649679318479637352788447885205873182866006563349325602359088 8983
53777250797020050541440210559461072076492440913633722789739946 6397
51234117883663125090061416232276570285410485067974498127181467 6430
84141030023752565373049527672754845459998716332533105061902402 151
81468100146512628510397598394128823698621131831524776496795777 4419
13323947985528716530231998698023983984731981788171333103443398 9083
79580000513196534523383390109097044471434794265026285740315181 5203
54650728231183851986580293621352243797543193801983432914312502 7577
66754316868988860286567701350037258969644586686834176473878390 665444
21819235857731078700231917445428714160030268283724049464360347 8769
03573326188114310108132188552798589730345053440330372276915140 4531
82361878321719988989055082908966241976585598057834142873730648 0985
29078214594112649499219651136125677730769946058020640723918086 6900
20156956417595527211359337589791160475982315587253564456825714 374
65856688982037370549704529071584697376355587060928012017697805 3293
57967838079502279220010520167689887325410838931925090717428881 0810
70862320755101848004171696982629039239983938116236638478713081 9320
18555926786589807098502295373949421754246962535470439547324133 9247
64852103761177731123138500161871304710647783924875800636199119 67
78775326807139246898440388265936051085465236922261927240349912 1038
31622629724114408355686804998074604837135925207539017014469373 9164
09286486391905375739329455653677543563294895308547919735618116 8943
46944343436430308714425491060982948288158115956356299337794739 2209
78511040672166448032053106709130375948843457873439847370765374 7404
79308090343824433970583053269585629984793804808177975089019323 978
81964474728134854864856397367907690393025128591950959453303137 97
51852981866262011761260953213926339182718256327583059118937210 6915
77643838872278422852900912261251408052315081202726247737066716 1537
29796236517171183091817152280526537593373755812823486429693226 6784
71338695988769158090501150499363373569059008428920070548252546 1768
95416471077801175860714328662404483055236425937757985524486960 8072
67305907650248851408147618917999896292907954060691650986275070 3309
10088661199318365347811068950055323212323104099431566975712843 2110
58927290756266529830683461268817435027634457348731308127878539 6682
59480450244508994538506262228156572066562590807106009071947415 8064
34289617313151570605581139989607656842772395481206246549279224 6644
10867393017052678406522475041053604323508688152543821884057815 2295
19878956064995606982745328922732703853758452092709242946673468 9593
37778965806769512859044905739913079487625397989894685344867084 276
32847644098046534885512094360642889373837105351559587950751036 8199
95860092479405220515488077774998306131379026412827371575710612 8173
62497836474502072277561952126743273581685496119698882583112616 6950
52224021881146693062574953847086995865745998878927868473871986 4383
```

पाई के पहले दस लाख अंक (π)

```
7904804637462222816126871276345113094783166175997075950853325746028
4937400104364503455658044944295034531833812907850888333858378697 71
0849820665102062795707669833445177934527180376911410207557477431 54
2932903262953211497882620351598741254642288439527779549928956475 43
4710589858515900550849005696903693994638054127440782720795881206 10
9501826667505282910042864401159690915602602458721174560455109407 68
4697973682748145979040455219048418011545663478335343808815341403 72
3981788190775763064723383684807661718788752544407318658305011864 75
6320301713983390078987542441102627774925945578726315160874870250 48
0620381626062841567542997110084572360794368388317756971160717747 60
1977362998608470922561241903344303868060751607783650278916662836 09
3176759695530149368127979354666523938986549220821261327763789820 29
4679958162439870593623917051175070504939244293712287520721004790 03
6952035305417470268810031314275311744562464073545200130335154416 11
6128453063638220620318271412034710573330570609561041999774412943 78
9723336195293680711629464974174674606161944284195771506421244911 54
0670731221384206414126967154566438915947177796949351958346843367 83
2214130374310734291743734376354415907377380776833554545220416075 58
3245001412712899741014947054886472434158991296092282986240745516 05
8914963102100059587134719209797239836831280110175264318686111835 17
0173586754064926579151374058216297242018837510297720276922807801 73
2353658524866103735524636051974175871823490738197745199604135160 04
6880860827255906104828222575767463581916629034390705475970348090 44
0043043333174134614234541274567798725892324090915108730592024279 00
1496737015134772151425714802387818972789099319232118851804003049 76
2893873119886876339770569031907141517629750558295079055157128977 26
0343546722251875194722777503478062988815802764088305858873211408 99
3562565445263256262930428543993328255032950289369907770549029470 79
6220083902932214441126573820895685434478522535584373126933754793 76
5994306991005699082156031450818986494389488679597736520237763805 26
9495558714542706585174744459646823526941056851933737004914486237 60
6597957437429493137628495423747696298423620404069902232862548282 2
3354201652282912884434215751270602021538317845218564841150669394 36
4364463390329462869215001200331737223159459937024404665464401070 95
4637786273667690456425997758603414233762759258536312643708973075 79
5526996850313206909183067913265420306400314824559862392657597573 17
7591286253089465412516622840716337014979026738432530161901013729 78
8646954034256945577263052203876294232648064996238163085500312651 680
5447885568199731089679575544268392204851309190268824033771201778 63
9860463980025603720606929534601536735130093516649047599690415348 44
2284064946435783962739597969701199599689705500713980267143153912 3
9146116135818340680876053466725530504223792809656622109111184778 9
6503351900312819308140470647874036715555211403407030398907223233 91
5942351265297171121449159128746969645445570922804347338410138588 74
2805072514932018367654986544261906876750303979569390242134374752 59
2028444937070321982409508528743929412781595864754303669533654646 50
4381229553856960187081463036000681022319353567758842217066271778 75
2289539374979449846068819589926057904266324281818832976825708783 0
8901643540546417536779752140149169816134993044910420427417299073 18
3796985131245595860639919965966899610800504940072963970989595175 74
6349501131523954054363842477157673057968997809351123101270006068 31
5601347056168842081862105906584385468535226530994080955068645181 96
4310455005698528640369722726449640722091072805065651759005363319 42
5718826190168520911094446230493872762260130096650980181502161161 89
3149917554486648451019396408924245351858629668535880723702520862 90
3963751354424084167679610625407745354397187202203898292588150488 17
4626321440193245912638467764538782149003218736052884016158146769 34
```

```
0972434249669596797455129521524754130038382417596775542251548689030
4984675846106631594198812117971334525092753070140856142635030152714
7370879790229663568300178799028808419389392249188448911767008038003
8758887801697701113453349115348021065850875700255173632568820097595
5274871225357182551697875315095569086898546483794843035187061492313
5734029631365279127615262306104314092395653522974932610180235741449
4002010757529248895892932458035188934833623226621107047222795178964
3113533222151331112813026996570565423666607124273606758337678351910
1251099443703046290763466149644955996730321258522840068128863206013
8439153523932091157906004734139362973234927591808942336565260939483
1336481029064358631183082596587859784715023449078747678799566742485
2051040103999757103940220630691734742020896991756005288898736759396
6293674017209821954183371282339328624773171964386256653145512699222
3677667770819864349679984152604519464045901639578960492791392910434
9027568381726840470522981408906713149152625044175452710112357868012
9893682849339139638336607814229179455434491680970664913188453781202
5796215523212883988829483096025415451583015564562313284503174185769
7997991078955656799608252916553758612233838070069219579639419837426
1176767691005073575014710412739177835963479441159241607409649189238
6416231443150984337999957412386084556879065017966046590401190093106
4914597645508744169170936159780546717465899301704137539046825444198
4930697739630336143300403226370441388424564853196000910240359148604
3419567188919858561565546577508901443177712861645686219001284594607
4216074295710458314004620124639011021019323688746231874639063905184
6090824746612222586831716989063606402540489350875060019353832358477
7977777184156692711224004455167705419310730388369438797889046242175
9004666091040163622700645067167256329813561916957758561333390398277
5996522509904038709327898622159549437997063064807096494177080058122
7055933091621184400463589378563243586419106154006820478901621404457
8771739810295602560717300099121797113754243334882266618671805934535
0035979406261016945589487985287382394619259273830058657862369012719
2963826592639378195968777634491927813839152734685103171283501167754
1289696340176336880334761324250065479448355160024231256646080107867
0258603760993908004517562600906555541309840427357430050066877433135
2820617072990338937053222546700420588964046523936142830791854041696
6678324070955958770942320094156109555343443491385438840861082486242
8985961974125657170424006787671236859353722710915670406062194347260
2040994139547201317552449158345944274919192913502355834401872069743
4588605383370185897657206225466863899147406171384409111405424448924
1812528058737844437599033702714432320785204641931475594758314291941
6971906297697904498821308019258759048587570102804989009276466743181
7419312738798791908667056460174141045183654736392112018312726421352
9907507531674186041139085079170441726580092889664003508561829937247
2136843413149569295704019813001606087541279574664190317973325939240
2107416767024235351742211828571516183297681422260730902963694871330
8807785556663239728334225270656507307251890309039502297514554508141
3444428165414364410492175062270643628610175717112048366581497058246
3578007550456264537446280525932841567885798506901058045279756262857
2208304783543668131330317233238135264707525779523301528916639528654
3189995731745780167826728146022264038189956693799484242109824897420
0882331114001341044095160930831309054655031595551547397748022146240
6761105271613757998628354396966578355245670079360497518767958500434
7859444483487473455259996323925882010445287895767233391108520813799
4842347153189526128187510890512135465496924606655767345185717740511
3980900507493228007094056920655442879928976809138532882392312742649
6379071979978524909030460958502032813011881918979875386127705098311
2679686721
```

पाई के पहले दस लाख अंक (π)

178100609428860334160740802044853244141445794547210546989291664998
194159975081170839975855253125347930707237719482373833676065541850
211333735753571160498408863069626498901511556298277922304333498449
367839151985626850432520084479855462969126299788313029363064633704
503315526375204047392241570728577799880296353289006984007678189697
563540217661942944247537256498457226550678735909340572389793781914
608031982711392480497941100492298143175949919931032808979574725337
681460617454331326448924803701346264266926317342443574270517747565
067556341333600591783137637375920389020426517169186542244841360946
598636267754333221729097280677212181229450177664232716733109192752
337724245059080858927565564344115484438889532132702856054060064352
403401177439426383149269420366767731249233446046152792228711747373
206820737950407753807024875139736974872208079418362724579267158605
875684373825696601528845015936360579976487955466689796317276414458
267140983930260584443731183219527357824299238053046097925321759529
437646696717859956554797526010481116090019255987703160369289053546
421969361790098547207855125725975325768780341842823941930116764712
780200132449054170687194060874864250992490041243777990256723623875
213448754686801805700267716590457174167509358537466327846614717022
291277538164893581403754204131631796620462601683005835840278084250
847061028563214676349216441559656539951244111527225209885576318078
808628374443953733638662891394399045918693562979931691320743108491
238782696708173798380276007328352371305703835388120192178074557053
921312504821976693406394280234533509698054521919641649696642051922
322293325224980990680943829860823933868677395445267363219444015986
590406652867020651004940978671302450896050636311474978975431863273
763793202279530010877176844026182180038590906077029345978640932969
511233853261494565585967711754424619462086741789881434778027023789
183865475073672507012316459542104230368253015499272923049706500688
744552908893664655148193848056374554470319717186422720965870630049
834366571830309458525285629892546132607901723746233601382089476404
721767102107836353063283918528942630970835241842688066639724543519
498745949527236882351106475938370531361494523326299006061354420207
900800784435918514238109540624635928800749174723260142829150664735
646949149075313040411948746127584251725422993376561913228344136159
688451230509792290809347780610001202430793367546069567188678475890
291671628151047910984819968795053757476103438392892981834755913533
728342888492285393965950164594229684902163576984603656667706884979
061493789586623897851395030195525207115947916243038057133910441235
127977174258949971813208993972409457630504381765420237749372929236
666408582635630470188942847136621796280779475814106472039686900573
358837832383938515643676929109532126309530237234188776377595132558
571988684156351143465444921346183625820017739111963565973620917480
289510711911931216161504935661400198915406771914740604502008489007
852104489840715587249131814241237453147390958592854919261955127528
154045555489486053043951830551638652963511435855426789578843322470
303223984629694037003638667059755189622821668494721551679940102372
605276192061750456049663717076263845953005334443878994432854366301
464142075150267652998714841483859242046843515052858926483541295999
641906383622255006162029851790807999551716142892743322162806963512
162902965050345455980024292038066113122499875748777814543334957813
655800830045879054556552375964308994728294156584689806294311272597
554693021887912731035300216864227633661031890511086335963986070974
737419552934178507801365337868776791151473833252513002371910235875
886798039385529704998321830389985333735331510345804434025730422758
682609723983422315017640803327317622631967565989772971839422971652
277619673408573444137475914779317933398924359940581396032281346592

478558756550575159428611613176739552834815080851852071547951439266
728751057441386769718902087776119592459359290863839696200576865099
629303818145491280734180972040320363366766499443919936264145227145
073503705907609385752440000947482297136237721592630836022139158855
909461407406976301297086569690667624421861836355204727903533175309
360779778798470802390218595874487896074523749056283747418931026806
280481743381300198221277706092184700815252327145986723437854310497
839043649305860764535756025983828162540984963998318112971881438639
542654408280086193057291799568887988182572440923086077708626351313
609463097677409970284727668296668542908454052022919003034322471898
204993824806075163872794566894084973666516228133694882858339531350
502170536111817502101016960937372882174683892618068718872117122032
067336498312812545726927631056482587901068575208080633928751364817
583758109695596993384841991062692241136561171129547967778123862393
493414008547053784583782851512327987308840937357211004586036545449
453018681073293761108679782828034366133339780538614863594371635008
771193119559848021828992677797694091393084926892397161087516259813
646427951911630339179612919001760953221655734911037471209457900418
602899221551175915683036249471608650518632279742956136519830351897
142876022375071605999046852270284824202570096299382791478180154066
416917925969650230616749677247841947414200924297729713888325116655
222730338964447305270490241477275647154092376806641652822611221660
551903510495321695382999570174114651029984898251643905699093945986
820498552583128764456838984342109365894310511407555838492789369974
095013891988212479916209888392435587365554523753623890641072663136
573386887150143766765743928298320734613140394952617095308448965800
565584630952329631871245183661663042774985273620234906785915576936
220534724261112532638914302528937667373926286064609916642583999874
647434141639526777322469333134089892282135236716095628251349234859
268040735518153607196567395027069135357634343767443117249084553776
703266698841449114808884801324930258438177011878566635729353987811
406465883694172838736570843375751044799123597365972434455742718384
733620516409860393102195921211225720343651001396389064945296714205
608908617698288316388283825229707658189611895457298258107339454017
277497834540687764110778004407429296639807958026689312946890891500
618618418921853041643322169492782133921182771902167520208059672627
494630028053887779459621856830743842989256463024089063366760647389
704968736267734714319346437826952783760286146583892789336232361603
686965888599440717090143857650085623703570747288123004277647474703
779463200055437274736584724026183902508185020399413109503970812481
221077612832459563995640730378422829494179041799135365337060929535
804128449019567717436326558733430284401481499075465103281813878210
907214339837454150957218087233216393141184885404882476133156499354
030311313197143885666833802176668360829503236040595136775927155165
679680295859733803613440693078137573011613002657970242655917863431
943626466230186872587963057556366078289969536349814522388660073014
771879198641606614390805777255192448707082910976735549911200612317
536184781317654395572950385452923653669413348562178789261547404561
504523088531184389783350748069944802081583047802929139502742186788
691980176555468181445443074191102292721931864440749790317259939771
362180997111761468900013772407009234849963308320304297321967582789
400084665235071155111834810320144835294744885188632413303960676395
857662392727435386476553325926113916010589720694912160419438436276
922502040836018348118271585534392555374582362825523726253314359699
646366678255933821009175987444402718522512906425157453594796130527
189599488847824353172256275413109599850442774753526388871189264977
071705502201056823253071154389564758303122551162876396883514326272

862981524075588799596209804394659688932951904490105741914199814985
879000053348961206916311175468253485829007683953766264145205273936
078651380572241506897185582776538952151358565897640730148811113373
869245888909822760229733951244135075100387258948206647854453929055
116049254655683017922363526377554626840904947800372684716102649508
826206935748463164396897896270083376303743017561945738907884810424
309285523631029835517451745446606529767081994743205995165291596008
715652115461296735413957327751678443484864598339137584856250554601
750792209883587719338601394896751483376380213903415290428362645376
374580878281537904708544575967614210377236123296196402292022895146
968811447058289309803570015041036948417054728692275197044694697292
034951969766217664143620321098749717299081440003715739281891528408
319742294373367747782587092187172252984069305556935225836786253877
699037108329877979505169169629957607026624877256111532102452287179
703093738005633540592931089018740049575133056457554686458819253443
722717048411076045834505257242917684423561001394566824566042880004
740729261916575440953365000544583331333348665819727492760012423238
225171846893069408572324615542392813887422027661693797935663441045
037115598236757714312491279623141150164528880440942390051734645637
803629395327787801636044104275918642025167711823591081249478448954
880725855125745496079956918012971317205403842490960873636213513109
752862098622426241874243578376772912641791880137675200320563326189
241018616513034810244006856808606110481129427409009375274857858586
840922973157793668860861996442907361574905330345107467921392139357
341469378267840533131992354433034607195155205700661001169301061146
455648916805009145005561378494045436931348591061841933018954548638
521986008082004028633222685779286594749900693607510578023474201503
531773730083649498916728935090935421209752074727250436661880061334
959093061140711046459924475971754240199654073065408416973523925041
5635500390264400292227515519108629413672360002694120712781130876365
316152244335162266919012310171362950133169807700976703122592334099
542352764898442089109243902756481617004072173927256602429583715571
067168541418713003571310230544725937706454206437302838147841910218
688218466567138326128263780697530988608290663303966984683962467476
885114506491315186155246294792481115987311090797711529805880920928
581622770652756777195393112035731943345934347337295189941572147227
619036780043087959047999266424281962016300988837148845043980122446
245560266040861613319972328497876159317126814004045056189668690984
708239413708551813261996376889702124152313781873313001560112199565
703541410653535638452439655642672721743450531708970862034765475867
412814640719792280574469540684927959945904582090187317658661625178
733129693572624876301827480530656002946241810151431318690240874938
411242158215083730741283373100322266839576907350698817682754848177
304995391310318465327838386562671747600180627887580492540088784039
279856464964515527892734502001541003131905096271080962889523768982
872651391408194511671959166631818853373127982279478096384186330812
324934368273270884716848408230651068049840198996614184868219292371
243226293284424830236101798391004269904077447991908376102111123960
672507192997931365177067316450479862322551979702992566531510159660
459669015088706888298252728640598951425047655646438613971390930202
571945855825271392719811327758886955446292060520268767522136796682
746877587452876077863449138269956348008254414413182534720494801421
265432982967846686054377906133891020607653897467837990904198226428
291713569800434724666969930157511495371520437403191810795486894324
062290945862326245220966757449528566016465787368842465402656045769
732900129583787420171151005742659749253328682586625702458378115218
220127757607872278753625441767851681849197994949764910003693490955

081945020556381122496479676624965078580232712368944622866979631971
539024990109911767205329659201024327415836646285103519400541457190
714863882469446903822456883885007824410392501635971537484905694524
560531254037917603310165347750019986495805835536614207169974117331
055254042055211077318581045894610462735580709471466835287835222442
439519510959648019339972822544123729119753352333978820050032094830
778066283364606324667100180087066628897715761318039445308517785997
967916175623642457991318747995295187367560206724336078627831644655
047133342557745622032970583706520846148146180327955657231128913791
506107878236724170631574279086027582680483282048253059594486535530
533557360894366837877887790883577331658156656404633363117896557755
386745135965474379288244327761776652997753788443212262675878961266
383306843849005800577613730946043245733141597876165553722630161642
335345100237463536829894247824255806480766433618052377415631403789
337126999008115460840814240586928446408742389124577519366466994637
359158441193177950085848065280520451386178972329910964611770976297
169880547414864040358883927950040568096688268252678332587535835160
050579458531484837770296761832636064913660564711850804916359111816
805735686256767574836279625954231444084268694441780846545900109830
083247012732767325186296528101198756674251237185471917419644610996
381436922527648768652429643328488026710488044888015591064476982918
336443256383798347892249924247347347492558557293151861103453413733
567227462578276718755128522961571935018632517217599994227794412512
769491665964117645331130767839435875570151126833978807782308932767
292196739065650167909884959899971836201837724669791646815888400401
508326413390170244028639070088310664906834976762880088097131577264
334164705251536471773066139272240563257100139729989909559374773055
963634856006159849612535183107450428280599101135615276461371873230
740548644387095103762391293174413926799644747323618213633118585804
069936583777606558414953328326602877854696894300229268531019343019
873705871735821809800669389125076625708474659506289918468346949911
962050562881006235243400502407512125659762183568345522576684049165
251570758414614413289520970093068729022716370563859061059216969457
351312296992925835675318834452109537570173563261816644245918307191
732592805373518481830987229456262172540444189864039750384513606111
006210718088689290538855653803212319776645007978808922913907197183
215533766071468815888614665937080218118486409491244157801586964737
239095958580311735493963934232398121883858322269062273043691547964
773290362031023158462282118660828589608169094090006189644213461734
468252143386306086410764913030963038606156122694775672705661641983
226612829559405418526700993894418145266998151219653967190513843135
365503213138068242451734889475925031241924841752557403818235113902
616355370936864688471015259866820062966604332671588470284672528273
675136369158934985721514957696957393793129333878685870155864384 72
121908813119471337087338232750005623992374477172103479216899958700
150469805895623651885426829398566671272305833174739467989387917984
475726396699725651509335049449623932989411838095115220273859361991
620893155937352131938012702984818829682456924664015891024522408334
073529472376766018719083566257343946835470483622445461993712921994
552160770522653798347510666769463255511566494911680705230528173086
908826823801294125418146730584593435812734334074634710981016973378
451137000361466614777973756676762211878253942360370654923722566475
192700250824888860406223409811545113334223901773684113599153372373
184676634050715689668193810358548079907399613453888826857567243504
591899740069104470411162878652679201061613247199984482371523349978
363752301431351328269553952901086494205818604396159053058259754001
573475299749827230953870577210005396418869704874528973591568792707

994416581049442687939022278200261738842463895922113926387495411419
594330027084671423706812813778229848743892258019606732295576646222
560726500832043734636892069742573101488777832814597005506211252970
943955134820697067809204578900900556359931930300746710425701791847
467995201645098538151015396961735455277804306267757948771097991362
593662234937064837059816841914409008692838417581369607702626526373
984217927518655855340018024947388424795076359369625165815980054901
107970726953244886137434993884408366146859209020138746292972909384
539568930915524703254564948483425584353927500268398089195124385714
727889228818004727979105941649371664175676509443374654097289014406
328130189143863392806334434942400260228810471699972553393957076410
706789505905241632902212917615707202813379630649859882322426710298
264264548227932715480458764992124132126818276723090347559579303115
848248948301417317193431046635619982934226608452419772743000894757
519064436425070401157381317794809599533926915579884005478289536523
956367416572964880463463057367371172158099902098944537332554066492
445556570479772079145812304506188806693477316115492135285980811109
640356420103206503138783298144430856387206579389407056232795868744
608528406980628390128319940403175369817291011930274216487446018619
632159446845380755709872212964758426105804371014414489107488133766
721383545414247871366665387182071284847617070028023077139862001523
285284674980517160094177008483060781630740674129158570458579809143
541609290613494597096889257105679100556752900747504379946338211192
119990091221539655631726332987359358386665001897021037681056553912
581127425650365892142910191935677400796661271382307140818828418649
325456700504789023579983462966520539034526722973679711222964757638
427953370703079415632893117466348996286910518604722726888778758797
953654811330971852577488362549950780896238311682394650511685470862
613640217820445276226218509468771458466676588999479371028457027858
288649455781921024708840980548840494289202758632513512032768369165
509333757568774231103616106683832158080256433346454271722024956218
060593586057783683982546182236449833541991908181754923962168710528
049514224637589120113615979984380345538987436863794164300305130378
895831279248454986839906586006407899335281278519409840167197297270
699322133907184209551782475206802684636165397716512345743403044324
661478177119961085537282430917112635195011915381033226170096078197
922946035526018787669236212486362488512903544283973792325138955506
401423913076654675381145244024706837652806414248720891345137963859
994493516086771074601432747723851028474946663633461941723016077362
976288977251283002580846877265301516820292508730013462199231565387
199041060550741930363390184442397874423384998260696760570205353684
564642727270348943923664845900245979494739486041667113357170281209
226805278156883353132643317590299465385748521847109720477182480567
215619231319966276378282067062797786438225580872740355388755763722
582999050673591541471494743726498397870576633115053342116121745340
896541521554977462478886291183035260403687328220250708935308435234
580815071956958892412605287571839649630550766286009111672617530072
817388845881237359853726929926264266600217297690409322916645780080
286157310501383405996052151802023374674932941095769139999676638521
753746488507214642276836486091831973323639215924903900069678881210
112974635837340525868785445702221462087368587279664145301762633541
558879405907321222539467073782654675608107464960418043395795387211
330646467992861229485713933856329761617850891155827661197902337999
866357704749637968223993509579545082055051118930347793570244303528
304428347024105904612246808113753997074287434351207241798271000829
331913714192887714098986370546271136142170603160388771587341075626
603462603469320575746363265306120596147410967864366328128489246217

276990604400356483137270171843261107628690706296287678248337252181
678495208701873888835266818806885615538210291793846881259759223871
757568737766365217279182935988891248129048499965476445965554595153
192301986734214396269052453374634498603717927205427968168892955587
945755341314658812833102455747928050200866695716939577801534143906
770746884443719972294731420962430984645053185396521906026711006056
621714505652396167629158214100393073338929186256703337144724170924
079448220819579349698115524925573254088088316481951994849251885979
718179165071886497535369431957636602624261722924254800560595721748
153559340925382832433344777942345089465946829548015616400884023550
373234965498786621710766801062510274472340547773872282337063244223
465713099833535636179045129664535920772793879392700954660146105091
802732697555135713654909405170986914333834373538622395662531670508
132212346736878144276185478830585005810785155567880769397324212208
730661826200908305041506079878672078008638748314710467962218043947
575563099086244244382809070751636039213609739671934940819820051893
084634184185137758694213859700251923572103523597814756562837006498
935806194277478376736716568604401242535394254608374734622249608298
272472402187537341510443884271408930329039663170598527274357572249
198043964068936908330704606903363403761135669272008017206016525870
166209246565318321783590348318466849633623177354463039337934892379
583823380148352466207076888417756468257271713619148355289440361157
962468253470999577854148164846673573561133803192065822135496782962
945837948992590906571508585899240368777247095602252060304105945472
235734307619920200387034244022234909496718095119479811812317662161
328126574188879267178040238578005598529232561568824676516359048340
588004483845823024199841762420397502821442033237813646956129181609
088070522692744785023579437156142854961033099970139477214606174500
788247541700679178188133730735538786796010124219243417398732897632
280986762293745343728998117259300822232462437598540018372660873832
647120725544913064336449951001947825445255425611985444689633861923
341088611902366362520061671773407268444876708707863399288518785748
868906955952057560806553597236255486657680659973002696144997913863
949137643343951178186561697245750119555271398766633102419936496159
367342333676593518995108210508545586590240452439501495865709751688
017729800819922259725289161528326432871330191207202622505599302105
520059364272067206743658081959198389468624150753802751656622826042
558448723696342315273704964736012472937470582351894637772876085862
713952359990692232587035991070927536077178731275481509403512701381
707948704002794636433688427716924012826404447538300216806055597399
111532756743042507916896649365346106649030339264547982624507527529
703551170293895493926050261167328050806361911350415038722553548052
495030725922083212991676993938578960521919040226593296893201528053
855848832676736575685837994286855431488484598780431993710784840893
374197790800338636966596327000480075341073313028695828601359287661
350885694130726895270622119444657090135000285078170081732969360699
447808011650899774698383275335446223117890041424456125659236190671
377822188309901262050387138637461107547138243333426066111911249960
431197487300355784675385580931940536564143872408715930702800223362
024034209266924841036541392460325281513910602580690086792469478464
151377425304908113337485925659032521084378705836901803059338532970
010969600087425044814184589259856965345569808272371276255400483792
707641017020870006758524443257752645790361826803605262387899668756
268684575871134948261702787264207740532779178396605930246805376125
287836224216318147642047643334565869242915619461741479293032672745
331987962759051058255643906412796059960516294105583577003536563242
856713972433093599861784854409718181725544777914093209591840501649

984386128073788718816754788756505663196319767304705864894624045949
269766453285109198744337351215664488814513250978299799856828301830
292718126587579974915259421426066384493476182366943613010007783474
504544383940594638253164174696216796375403949152116008355340458730
070341674476885386353724175911919125730296287576998669830602845055
125425577813049196573537081097538898051449828195851720963288792497
596687858557626872836385771428233523466567958926948548919544874241
952228540275810132725725884846046549518516222527214858969727263289
515266100741919597178328836594559768570577262847855954488372407579
162883631484906477914553487265755850111942264869962439109009594842
195050118285457021898741034571838981790486364649082967773150836776
997335515074170081220258053885245195363983453187617781231829233845
161492018946787202174802452815919012422558651698747259021550762497
491226737659456330761660211943484032397991440702488173434330292725
710928657389894240649561810909797654985118424771133900728809299016
301869411421261170343722496674766825988818337774891530013580023146
024260472055275799319899409643161144298528316114869897317486423082
626493416316845278016222869452176524878906995560991510960158794169
103884595635966852936125991245729283769357494996000637454051029331
252353719421156501331547537362809071428157731851185927633100144847
811577305157277411636321762995559710643742787164040829830710463054
191559937148153916125547811264374389039745212073575767777507421150
508298100857375238351838357539933202975989157824880504120705904644
073227688483087435345122645470626940975444513697572570891505730232
425735672721085168470673901113721018280580460322479166007383269145
415931982924325433746486049633965342248172938325475111403759384377
805581002679023593384798958654860787419414168840730434173496904240
691742895829113388157394322771015619624776355190240217127468627824
721979967626629009191769556438105385692640185914761669543194077693
489655590603130341579094455197560296624875454879091117532699370937
126380672256751463060740233445983148205780778552538169343648053568
079452045386888722145805202281371652698201162506165729737974807500
297233921909750122049474941700659392967296028738767195222550630864
385036022864184376624009174719032833908399536747468613101093275450
853701032488164563575489558603679918936112978761908356737312274823
781827018531064263096134724871436054931890377026133291202074118570
203965492336859086327290034787222376598941863189523397575264482623
228467814741678394175878779284134112230198805548371919662085993112
969783033886516758544622791340538447608394235553449033163300012475
799652761685263194532930959627313146726192661819832194566480048912
724042165730413638330422266489785155626456553219711447297326058213
214861528010097276801510402989652020638606860045981614285237499912
085209347292307977350301533905977647834289074748778151734815736268
828728847309608641886645303294760075330935853802770492600732884329
411952086482971131759375253443889588142555483851732952836011377915
329011335759811747590808295590475065765845686049895198699305066250
601709707832987606304681600952109729778751360186320545895578180059
587571719117232350915787137515399125515052606959476059331576350909
179773320833613680719455156407495330357188422563693171183439732516
057365037747321453500563595638262474936382247058368475214260727919
955251074551304244338336405493970033337134880029978594657544942765
183034121119702102998733619911776479300476493264915219099177723625
580527127257799284186221272202594729578364241569518389042618629319
498502398088279018227708670870719353980183576382804721762702614902
491846340252361295645126001797544961312208728483738833193857402018
908281767850298505262156335275083393941014555472125637636854640790
946476538165508050017967373743140990894748416914300650811821039900

941917142905544287434869177808284127163283349333738760189805192382
363730219765007029919984095395364081929393544844337867252570777295
959613871007157921472183707580415005441349860049290749969893790348
810208279250693005742360174677126398250444798794775513836887538882
077572120635319586500300839106544714907549279711557218460901553945
733251863898128582468776959800827417655549925565263787184749887063
291494390803074172603675896802548718373999961968293266122412170677
133971378809252017026230147178208006391621359820529738550555820959
403332647089156195552235663806264125747913463825374925991288014312
614436201171810061047225858418500286341562115688441856620282727660
065536243416531861727054704601829523329536489605733307453064730077
394581740556221801029658695455429623213626808519358450025873573058
666519561744637181113447756361029316422929997712848473992479149975
246975746167652401333988711899350291995072594035417767887842758631
733862021231433122324549995210226464191705902063721563648704410426
983363333138216958848319812093693683591904114931623478727636627592
154568410702417405297925694298191498174063952714478690511842343371
955926123191937579062117858090932058847948363057956121560105651820
752164895293647504997836425968788047609259997018653611113136048448
104343137267327149325176406779591282704180928409930214809574578663
493779227121375537125494983646132191054790119508054816377823175531
880540483447456823482955282130638303595464797553133860371316576407
833408859359457376719674086252518097818178803698601166138834712999
153771123834154528740489956469028260300688542763451896235735546181
582222140719678668431026826557381151949371316182349253043654779188
727730395772916676035989068298497927532644579302056250041982158178
336797583245820167033440163751943613079360668770605961550745818730
074058855418570777129376539546111235520177374526753650277123601026
263711408502493754519972388118497200485295407605375755048633498517
603934340365895296086073448055312295533568821456711805760475884194
205834963384542165377020226288732032814262719241911346980715350623
640604880106101761396430655066646671459774792751275013133465967646
396069944057031186056087812280632896781657653727506296728357626397
482838464729501891798560482491985007991609232399766719647678330126
384650808804283111098502554661296861855650350012361068529743566446
561984920921101266375831195462401126619489300838284386599999928333
379487659821355883933309759653943516874770254203805203373382317893
878282543047736859273772357478886566858736092568691056377446851131
559478673651648492178603892046920573921373965976293426617993875988
610557138473901586953800144003377394259635248692636896090870539526
251096127290887376798222410747678488299026259214172065135443271991
645998333033382050970236703791891297771139000217964645568170138089
418258462959876893635924393798037012604370001954537532094758565668
626186913776932365553855337366401811426040117126345320537251244688
083925045538064254766280934506039108615119488314246477393594536113
462632539790305310615515404757043183580698889116850882783575406260
470081334894277564198811046150339108196697436038560732670871560877
665885891060896072087471582697016905626687199268158483351741024109
506049761333221030468320093162948196664178664108925963354038629241
301524764041519532761824707235278977276957745431491457204054179953
185788374981085050571576711105815852167055220110024031214717157984
645854332489073410987610992956496761565447188062442849337194222747
404498379859647558413348941074260833361521207750192980151294656720
842115507638816459889661764643697603289243245105302982505122426807
037312128083935122022554084151320294799980575137686493365567616784
994713349269562577390784837182482831556792981972877868629036310560
685800990722240215387661471364480196561481124538862716542334288756

1979792048557301929997500417588186220355084352693742241834775423575
60534672554956154189883817856029267690850613136595288039173555602
456879717723106032174576049759502322562941963790630937955810449095
8762135916778658295393030657653092307043986757062576067142706385265
0554759595253213047800632610710768083216210014579464097769268006913
9071937272531922852627428957389504137685477459296033592272625266
6835217070318949628724565284582414254606303728040777479798854129463
5397999246474691335524337231830453538489080808931525181357684852
7285891732859174645036561200688294705032047169041537686780019293050
636695778550885505423698901222908779127670610523562973580602220182
9431580735552190937586577473626473699288812797829333934998697735
2324137599315546363119298207065372747860725899731206930627210401572
3943842608756039326387063929022190308589098777220198559385372688147
93228829222369825904643093397881652299859711143887919168112556374
98313161109319061156325528926120586515985149397612705562408767671406
0590627593678972863204655894075319271591295117018443755758535236
9782060346030811140856162220429042890528709348719387536681994211967
8716034447511656321704401605351341390173136689463887385553138636824
3369975985970616457062670413045912643728498914835689045560909348
101158092318073018459984087990904615749310986143133159197840606356
8318841950570759621032685084075395110460713677431506318655681175045
6842910985936094863468695936722775807730607288379881424681003426858
7441953320342225922259113156871855129884383997718184817757527652
8687274786799756095598144332697980232246925174800848043735402673868
4446825094568371986966198330889587835257932328100478498000016592
4072903146602815056472411034520315765276577171450510804603051297596
39033690487822708390133104005385149373537497295161348972263979021
1988963444866201881902957692950434647230578452652005806799064539004
95542748793960333111513343422328289215392875524189254273533689936
70767360327076953407153977831769329958580029024738091222270247003014
97321483099349332418808211182569586232946518575636897541635746895
98660266517287106373178211544073283084095822937176862803685645159152
5703290275690368571298831278118747345960741731009788473156283864
9486193104350166181226630376959372676458853838094304945302303026801
42109755025038907214842460093398754399153838421377545972464098687
379266027941662047086632843876627366087827215003598927765170744547
70653839619602834310285238409133872378563979536825788370583048947266
3481348213171908883396336724123153639729520379956140542026523557
331826053603015161076727016136677534720210899524601901907310716711
1572131531313991087346049948558879305557329074866756924991779147777
6275257215331530591915437576402085562431149445372545956809702564
7576424442309047407014493872009314855612673864189942549493136310475
9618933034909499307284324090098660429647764160636212894769517265
6741692210412679197620262917558530596160588359815094381398881554647
395390022108597871859240596478027678892392428047723241680115088099
4290751300672861497273785041600155380972786910116538163760299560
0199875677105287434179648634948759022843450810248452324285061945646
49282883380246745314360076653939325316906934715341110259091559509
809996077710819240434008174019090499522416945936708415512633504468
374235408291264653803549416953846871915947864482169071971882790453
741758978656539635436417496421138332391272660853829567746264220437
4861375086965603814411544678174631824157801254897625802405672218165
190255256466551041784031399315527349701282746407837967734310395750
011676435012323921872173693956157256120962946586125817922599712293
6015604835252932466059000746753828911358876966050230432754644157727
204135535343106923020990409588280284249254566092255047367866335359
77670114754779378951221639503917488370060692083214313105651140321

659149716054503315260875624430397512016270444756654974450829108449
142753286512578843201433719161950742434585426712768110260079969773
273109108740407138883985930205685477056812837003241060994880891203
723375156916771294476770105736285175269226738673324904110576188363
433437399317405736193536907770580699187001103875506825865123396341
929847330966787573203290483700569033536216837286915868224849316458
641309955612807613543158394797965036457984422529399803252134609728
622695362672470762899717796327633461411207041541483053044019675458
162359860634665727330574033424675682539988557003842039565097719954
100268376282975119707156928778058823190261710147580089737378346499
210043057076158595322507336108729570271507431229792031372110315120
578694581824201741832056515117533812845799817329613000972285911308
282090905331476011967818503836753034704700057874836099759090912963
034418276550511984294261174212501745310883761527721032091623308833
571020857721625950992529864364182068943965690856477512431829030183
533951091146751371853424630585177074434321613169130454456207295577
914988904854785029494251869923015642048236729967820854327708171399
372971364728551623691028094394904980957111479873532633610861544909
213621071957862718265898464545958700906924924882052343511286873862
691252933569556562440153334475671624094781182657115595475669936842
356249997922772333285678478624526949813038295767158836825390348461
671496801413859919405559791791785828197578481237247802296273427132
738070171213159345402254416861464162064185495562201758027171741932
960403072428557591403748752412558364868478265305790211293015046009
300979113289391102092842221262887439723987929998722171268024426957
043640826917512394728858097663173521903477402078301082500823068674
816599291621420437855969070083963431749157040070491113309702304687
661585748313508014447599285202072786040624690986245818371056631825
492066663392868941642231681397853741745589835502398141347627568661
622118636756113454018506123014505064146476620025479372737016911509
105700588058385528775155356834613555088814313744985636377736943347
307792236920232819512601988334853193084139129692103451156646155817
184516091865304897119538011024852574989315864723399926745372521914
878779978880756267375063872378056469764352686130677476116156403088
981072299006136202913855386468368424583544342072490652694313192636
306455791910328174622465230508681145392237903469993576181922838411
783111273426609317171605472302748587000104786605983536876204234909
356314679354437007086760444160809343038896416912293846293502166110
021076164054661453282613302509899295539192759629946278263263211656
587431955173359427872479954828722781079314977711035342554381663505
021820047559845719470764296782715877268483623611180659244515952829
152301818089716722717634965228375068073131741445335093301055862157
197336759105167204885674541572816321725939792701826776592787907269
759586524444798627848766953949146101776057760360711075086603455755
571296234540663775844877314065805021814441457012161388944294254301
272614399603975154880968417538877870997710531568960577955363596700
780699856501195536169958191091853337403661999066186774586536593782
895158619216835838537205517181966990029062252442971964776076579212
083499798148310842533800664605646546284410595975870105383783766951
341441171157658015291972393283182374190724182705562114292481259500
862193482545185655397012584064777459094161077898448667987879836035
943067050826469850650965071424287984166501330336475959713294583569
058759697058365984023752645595142841527430934760028480597374451154
823040085774538194414235491878380929229783184414022384436112322168
850562433541858843251154472064328496208456328119410827058831893542
884543650548453563300884266856935636428902027669230848663361182991
429872638798806829980861239497632951046359133826912525187946694508

941539649332734549729944898362994739917547441647197173177987268394
360240105216610149815265541625403854517795215840024958798797410495
248004753558164544116079649674374767184221183581573767370489681657
618646684473995745738638952849566518957447866597778195075225888298
702478900964065318520474237695238933550121847859966007408965038385
951470180407234577687838560758095616453392168848975425983059917537
610132320635432534424048860000309082261900373063418486886143876373
649417887401204826095051275986339050977024247252980175882639229387
079367325221116705792644140908543740148530459025037169637477458607
191405425694381561170144378884418883091592292719203584129871622866
850532460389435650023073416708375186459536802527582405209237446765
733512706016011703490806822232723412140846959667332516156575806659
024310130320641153751168740775678740603592587886171973634936771114
265430484708113330323186633985509494314397480484078764776783277053
488015967141016984435669780845487805182319957564073978831770271135
643924204452033300760976436796999004095854955620131358480587537494
725693403309091728323941836921932491518687235477393921275611794664
018511800138075010277721713064204253265553611432390788203509453770
750843488923010206936485172849761293833257931632804024023662247707
358488505586196021481895075688961464986471085846445373294965523337
264188383262127117827240693226571570786417557289614533829164489186
520495527295263300281049823109857339430816022566981711150564218030
749436110781361389682204877365185667020919787109427227650347063385
085500842117094040508256992457562828262781375133270805294552322160
845405765437854007179908127688366953749752286406714615345649011269
387426711403621513820477587549428565722785336658487290869174951010
237587497660723016951857365090579491818691542049514818950633136723
233600179192443975940164167719835945106934272172934837133152708252
285878147644954066168266066328173859064681708480980195630954019100
230303837721074832278139011682082582389277936139561206216213391578
640790409627777430623945887116813593241244337109448308742299489657
270496966891909767872956785683749182662280759470730876390942917918
464672898935038166571603238341300482214907355731011475604391076423
070499714171792722498893625118537718445653611243536680334158347109
999781275045931072949201640040438736891084890000220658968949509883
554543303448063469068362642692622526048050382229656658564454638172
578720242239306031674501605397755165542460307432569145384140667700
093348172625337857836954968801819714207583047902504544932943440806
547069667092081966871809574518223790333116866601065885464616222513
680755807281783990499382032540352222147912787357337924050581704793
436111604657520350964992030094306338515155701039654361560042502091
754083680251075696272405400706130739148399782154975269620067771746
125375177474080770421469498072465669210313803655901391446319337852
495607651289588470395683600524056037732266484889767598647222236870
457260025131465330278949073668317542852793043641684491309014822977
944414539776700050476454539441997442534009022064970795065778667625
625790416787951719322821604842790422281457455555258501105051118532
051282481704493408500651110585967966113480543157990100271163704146
255884514695315016137653098634679351398306442172125391421048484018
069955555893386469844709722072920441600174464574485789885219133254
971330254820980219920946867055130885041123215989403060607764070886
215302252839630610614984492974704512812064392509526839331630165354
068929280565187157265787411940217478091727995418741181137373534823
204924028544437285424144786673531720397284099921075338521376852189
920275476375155088032382034514104490336878610551139745556445344133
528058933149507241545365042536863587651146455776385286184222500373
544338608419457202578083624670516135441219360521249265478557979011

265815919933225542147336102522035640035827908575507305278835431594
674179374264974074094794894477957316609623021732397288402601621550
899074510246296718368591603789059816357439266727829502991817957028
068636510124544515441318142965418452451978873052020028802043389552
095212624250682073625164648296888315050959701000226437213534878582
602533578984284992642598493826986555915745522772230447836700451292
620325907284470070718264639429939710579650492402721513090902016322
578929364662069079114189091709554858581709996939845824188862304346
386468537094692019086644250014237049070605479440163636224484204946
141454073340772056136753779947174346418696144163556429471591970959
124572988939233815001041229439585288124290316381893911829364047567
480132005483777642241308322733790168055134561187865263787390846029
832484496777676526714460909842724092219442087290507772474227128491
998627528840954536122442608122367302636241666463676956582340509347
865011435452230172110431829674611812712477267475584183473918296468
924243908358983041077861222164667413927458084410934467091407688908
115480426990464476617903706913186431644872934811624753142709479512
183711895430801606136867423308652068568392614804784456647494574832
329837112783484945756818482357381296729860250944563100213870768049
043011088410435606595632913551363659537905774508634658418379378550
213855073066062032361892026534379655424091388667805176486602355686
801024443819982174081868308063265793445013660695883116352765901963
710912216830217994317817811597562569334811817590163704539548800254
386919502939484296333878802324540268683115920771472660964081472974
256413523770713265586567292609352131356326973863345139232379491272
741604407165332837276663606992078289885158189007406817883560033839
550249105442191369494384025928975768041647987388754419071010073882
502600250529371571205988217997519052515481351289265070350312953887
973951968071463129797393988552240677107478132966112514244409425462
058656056386484117697376509322232005813738988859893022336308095219
342652281506753067731168349920030749784495333173923562877249889011
049829135380994323467387064792939183829847365091741599344224180136
090702185376839482371972551488138816352825082378087561773037185933
102376901551814895668026451066955667635627033163755042821846935526
079312867717163008152297052501399440411109952375878216898707228324
155404378594936488165971060194170111775308197796006102061075809541
843822637717441589308934402454807763589859838646004481913063291821
212522007280634089056273136156282514259729116909696211674082471631
451891747360069596699142308087833837868659015986702232142869157014
142480704589721910542004790420726183894565916757662433748165233431
013197777875062648144789623796854491833393254452263282389839955214
350864723998824618234678333412034969696346523102970980070312729811
300298748758845155628443101315609908946158784058400383614543062750
283843451683679399431155194067233688033261838130190651593168620191
839636438811828697041164945876942211365769814951731860439447681922
394006701455127928254056530324642352419083789115209165207534501147
751337617613160303463500158304324119830345045973111548023529147267
556528539615498251732218702811891475582192510975188147499627018320
123866466554470962703221196735206682568834873759645072512079691451
687396399872950892928615057450939183524898641711515633710772070437
194298978525854106512202087219851152011968200668515495090775699216
193168057612255084107995644735723621151384426059118785236111157667
462461676058949088473218825118818916537294130184756365083622904096
877270759063075951737344653812358167205699861544933744135511580828
599979725070005425695844829042157032963296954183720611253277818507
824353239187267379753901060421898213335680014917629276358973974915
103361029448548755412659458830826273087297415813599878505897081564

293241595652057224388601584207810475042628112904425526350548296613
431983475578851932222671869303645667271026495994005116630866373172
740445456949737487485211033177549364625380611334474310806832630846
622039370773105244279995137450193526614235225514186805510400502143
876778592990110859251867499131314500087258371166936982497699408416
160624284063083328979971618705057651962404924316599951518966497547
503900114739890318968783264557847453725180452235972687766876242850
753816616792488000823409032034807146522890222308061496574270447722
125026619237142356260929122601825058373181197103907517533857713780
776213177245287947915831714843227314735068371778815798520230352800
599998697766693700822670880420433042717610360443602119574053183239
775082537624353359925874480669523131409508267297420082719591871616
960153406545781475710124329470340498901172403145627070070858913555
130659474830501092675331050476766851006872795324432368964938724349
140188685802176697065515885025617415207031509272651458735885771669
074118956676294168134057842406773388665298433582820992092796000256
053731611957486517297171140435836830233310269244755634963018267857
351110563974947335708175806329870766803421309668272612847950604361
526544217036355406583290195474112632161794143686238782446810885100
608798206571969473153168872765582925484100600262887084707264146369
814546760230690648480001950891529208834752002948330118357071474860
460032318036646630113783461481020801040824162464398628580275352540
541481178772578449824401215358088326311157679388344399416742552671
812706870485790500170018827661154025989664563822695284086125700000
312015134146214627435881881137521596235509096186934825303819680850
849675713080265221001754452150438824469635391354522294838227521939
781610063081571394734757164331002885720115617471919226677195436928
312826604396069925463721960291425377797398316744381208097218818831
236226603387075326789425385591691829772833273126155084174849512359
891579860193104630204088365812328283393282877527485978705364732951
561411429853246103430255531301949643011670379286563766956985479637
443740469514404752486274767380255896740849630272538858173832095777
727044265967645023462419588725735933861552680812047751364027860596
714899368123712011862123490548171292454815430238041036501487535674
543111800604500426130787682215885144267302962084048226136949742620
817609999350033446197688418790304159595153926411196546477482084960
353618894576122048571862646143232749719188085841721650249255612284
867044407945280918253914446987618136633194396064637822450816138177
872928278397648591104634556227172221781769229741153867862146057242
015889821754945547494863631767227436470898021546200732501302370572
121626662522005303961351678831013008568016798771386008087441449608
596103041041197485369831113671070824797474197170808243016916661770
771312763331363815453158913375254168398408478643177506675039488466
367772146792112185361223631672188803806610698593702379096318692240
259119146345846149741712192550199254747960048460063345981864608011
593744703731663195351890879205648107281187772402039744024602129739
110134992696648989782233646553651294973293415434068946943373818266
377860503474934332702908375618011054934690179339428739905663796976
347810695528961987646189850722086345874757753558684468723357249179
047654807751039237363961854667533349597089174705010313969438090236
340457990307072485296328514308887866880742498163585636339314194762
523066152520565896307037142091574467866737683351558224442263717555
290549395328823666896153326331493583928128224584932540555941071950
713799703563742340097316130986462139379530870947165361256508033157
850445730000941413946001474525441403816920993360411596583800506303
682545663080628250094880200341800214558417554634801876535677644115
164771043843669008537061169050325303146835437133581809292400768050

9581888880313192299660498665119235533344271599513076908208526629674403102594730225917768201325910777315857844773120758864509339877561872662539383623575762515880562030923121386657807216261161811270037560534462263494983862525666524229234436513969720823782599576261080998493754227356751224109323447930724282802917623537533863708763873518155274821112448002459124640511151114996644626198433900579254635394962288892436232521864025248104905959554083650286893574890542000912533867434313407342265195998144887626448318552732774941228785613062258218781200116285735213380860436525201235079083015059632454682818922475989132871694359851422675732581509249821248990518465907278237639649232119042056438491725564318734416229620060447190161161278608069159705072338317990240010621164747758439023757467891316957011822646217702894571191364126858718686358249327174656270672807513674315975075657747583764063380449448206683521783321333278967763836574467462017288395723672110981540162132700681687402313661948332501044648564646003641253174133332379607567293733052122974579333525661685589200437596251342030638342943060971584740953801974115495300102821650559592592594591948533482273271554448735213653447294239495596453047880531794558629341890107779349027602218084991851412571653165137450875031401466774251976476204616693113326045387896451657290843861519443114016151423070224716393990100437906864103416236790741850646376825660389550334773489673113343136294285431488760312473133541967098000845264274014209763136958762258591009311129973793600135533529207482985367204276126984764006676698661053455207287218738180679105816290748701076736965216687344878743827719972718649255424806684238330274106960918550071153548924174440794337042318254560683867024205233933058031730647788593322929965546621687057128180663158107596988037954190286710515896821839961722645652372721592127269985616688430859683960287171538526694147931732893545844953150218593008668911797136649492410539530174013607858891547134085003976803645381111572086129563947096455742708238731268749887309705900533731834616896934170930000086168027800589567415228443663002296526507013856265684538886297585892712289731225045019397539880195992958594667444885279234641037247334135338390259480773955176406741476465801453303755125878391520600273054598058280083415867508782021829802912417977315235385770640677116684521336866501090644399184664729143841522843559577805241786922134390262097035903035025270328397986765487111297164150657689153935090940421630029212623423471285210839542166491175188768489016016350794990872514594428409076951969961803771282792923306313946321509657936648852867185365898542823240463873382817848153020920308831569726734392558336432163206608988458071136277639996649570648133324300804430706922817962968328613163949834158178871426219665499051404499994905132275832902039733890285425751366407428377198389513758460356859331967636542297879597967568283998310181525423666598572785888868064851894597071620346737035168045678974108321020687769153105056687668773293349200238935057443695445160234297945780603067189315767951908958081128270486867856517949494253179898985455846351101662924150670161176221975729255773222995795702695142731341258703602132593747642947677233855393949608034943296308145907933815943114610237436482609052748926091149978175992425233969728695252416687315009238204121285426136163532491366251378662874417287369277732668533899905091442880593169617682577285592777855488912488088669629022220090710531986727332035012560832761865468606900461217655114103453283127120443522951001679479031335053425355678386919223431249052133279436125690468033045406425931433485989352987882254953185742488103764137541484499829522748902796950898149864690761644389575234356650649798259415250324426325529441165969405598958665076121533992974864105280830988

7919712372876169729073029530158633809543194018202669104693139303526636283583219629341950220558215628115100827837021914223186157752894430740125120698223625704135116212793447479373750708585344904025189467769147420649139024731524047392237570356833125539744473636977591310167248556425227049855871329918475843821185152491532108660870938947746555890976815009091552453184371101679704394227200606593472786492376559469584717164290257863271834360438706061526799319925178071960601819978896189144132968153273553656553178278789877045484925656831540484336866358934827911537849960146294330178535918922268713560211563806688873602452428615177077111067128514397173946256684077707258589195186572002830268782748806462486258045143333445413308616378682332572962579538006735091060533965232557596824150482795196197494590510082179623656701477056459027478980181006309518889621379037693653372987268128208847887010630825541585042133410149582854277180694946338138816824519034448050492243551000331414292089422576831348019510419539564834283831689946997068936123952993364773605967379563016178031842261826199208163486761966027586644711808760325300708745350853575490894833166708013253482497118067652281580236070823339041428117022941352536003306330261124551686492275338976533327508837308735465914111897983419770812110908047137442356324199743619581423276740560044467491569494557871493554792225417642982230757366515960393956787295208307621299572905646333279790560873601966838068415216005340982287176820543030494829640714377958967789178526513442090147965699695860332176102839832232524209091874975695282502362444942356873501034701874199053002938096986090876149456728711268068719599242400646532771157004612346955067259630156672290905445568896694903638197937468465866534067955971944629775631645824343862403793489804730057570983951582161392144404188942268166553489541432820615539268199333813234143139879087206556441176100519791030792115944641248229869540395866978962963602248076632631118560938170907553225965817149254580950048642819307237586533109347410268460883510176552329792792588642969057722571390829119090719641708538459454433599189629618258137957661952533777093959309375586959791505854695906008160034355707922057284184858559961647715619063376850432936554547474297930822840340104214779400494818065457292244834261048015204893325978936823575947758489390796539861320097773887838900230664965067318652650568283958219625803380702097089887141462158565442623752543139384253212757340745331911629551711879136992703539172350814998662377944284188433457149292710333226630993271591811777984273789750147894332684972051543072375606399877296166872532347099071746405402407398765307649992827255557333971022446852281974406356741544233989522404042548339769553714731599039115199581609495985121037453659944243964558662189512073140201773556781853195745001591386191064089978693283136483900961375710627234780052282421184264275528316128586976015660464318335336103972337460199915388931573028588269160920494884541300922625883777140487965516015543593745110789847180884700960607789076220693684073784963360963425095847082572563368126700642910298222799915761939412305010665619324385291312270883071567471968202186272019484744691477509958737748660296312621123936262684323153391719356913789891966066712770973432280825198475061954062034493330703784267983799417718823847785730492398625585661163352861527957134353145248103916383517055077877222976239792084070887115866239919233193364955741099493754100667968801426502073106663321903729688246980408070541863178851938047827141225654179999425208472883282034768584897255257471819411411100417415667999996419753284032409331190631921047134670233785151816822986613438461795592228922727247929512697119023249639138044043995740500927120818613254294374946808034952740287866386243934171088576574565098[59]

4766948921845006405465630078576018633790396114271309657046386091 76
346038756811696167424770017570120962241599529760603853488570014814
031370011280296945431637235112508802119138585426221056899489951830
180914171906159263693473649530715417590666788072282014882919882051
557077635832956721911220357704249516850618829530889889133774280092
605557482311908831910313193929933455923134282290824495258005239231 2
035468409591811803767004110412429520600416749760555822753840278557
228994429097079220373479880867350017022354028870748724156877915062
146524891733255247701844863336042379174274985534336281951376593862
764032817426362481472009657057617273393219713701624994376072232561
327874249377778589269330335964016213344136498402711391338427470757
769543778601175664910861942707182917441242654445981363785943440204
322865897546386434827291483675790906124620843234390391923443343496
772773556111421320014394443227320381369085729795736326744778943865
774890385918099259886296977925891374705285779546130320543303677522
033550855052641852468351949293468352432860294168994575328382103070
059714264453901409018029918233366474407788470720216230623856055975
822134483772962995988321194341336945834461478359693702832682714104
848145288290526166403281494081840243768279808314945204633401314793
187522373778064144956575621060530337373631466749971428199074239705
585981535036662090465058448358290370627882179517010954976396032910
465540606926458630212687402703333762870900863607757172312759161950
765391337763291958221560239574342934468871298084612180268971042434
170908330991098588888835254085942276917768288120756179439690119075
663452417006163200810141847533290811300309310975867707303631842545
293345309766615291752366323656474216904228061697515605333059925079
176825022364645999570337747610841475018859988302655204068322532391
058724489413214920420150763661972890004060592720424962760719992999
765156898504788208519098035733115741544655500524131490124398995076
737791147971421276661555365700029980643522358559463340291519655744
773725774525517368467724114822876372680019635844862426037986498657
582130805125486775367180449618700159104473879342430418785461787045
785436649442843850304116481926667184975252670736583993025400618865
946300442593498642188736746677914010289921935190341984732576022585
319484839338206114648070364899786708653140531734815143246518534005
640853019289907636016009140767076874864987866144724164384262549228
598167910812920521882291519447434704103619261982249688650183287881
228655261494487243355986406705534886676421607699601535508232824182
707156181963143431092962804052569380172100643874560935856366533754
096152099368441090064234555949678992586527173749829803717638644155
408339933247328130954900909116944267647099606051366703401744118303
662250489910202822410449800530639392246517643281963200444786431071
064518182924901554707466301366585027750507967666944709231116950742
845792691986465479689769857442471202502619936276904918689385379697
748241302056076304338922473675747538314713417546782974962447706654
093819818294053395278667728983884828299114239277363245716014373375
263048026324942165455657671976751934720546499442516009891508526537
508002510756054326553772723422307196967945272246615973866021741689
039122722547133825915532284525152266946972817303175525367108519113
588765425443579041298241035431744232764343271370654209963215706364
060968713845246245663352691301220789207803854120376020634119553945
346946694930916207958199116593075741982692987786665036590825853102
107170150184413675291384847390819223564708665621950319865198555690
374767109471408761353154871815930278188382078139400086999967045174
005890292947204951246680739095172243055169301048038278147544641937
702694249327243368125202460157153486104406075905633203741788371475
352143957277788274638618416087213432549823690048373821826384009251

021559976282492414832391100246927892536253848077699875241682775157
981445345592180912352016230923561872620356180637137437050124625681
248863511622694756689681361908739138611682781042246641848813774916
377582353071751093363651592078320285074878177329456795722880270292
533039303562960965509081112345990450064098314626001133976600372981
338813161449862460738400410387389523346770156047656476774375309135
303602773064948548181815798555845871362783153768046482215248418050
024360485920424819532883678403638789956319332163183177839752991937
552421965960896506553739404460898228965083088605090890249651264721
191096922940386605909137826663597944840783267636254438297382631612
385127135883189511072580994198572394263896590594982782417809235047
5995807282228798338367066100204159537645690875936082090530464645605
498351090377847790876519746000574937826856962268923656473689664002
376142139140408853022853014229240229342391847460728918244015840316
196570370051165037483283612130517927679202949584496107578731219312
362792490708774704940277207668639512899595810379182555275737019903
563985512824029479351343047014985331634148827241470870511372210732
637816770795704244352542402658784910323099442185047657104762926221
526379911773502945540414719797361893916413646795825081052536221009
567308707059953511023282255406880818424246132905503411246368206259
564429291757401920097057467517837870949738346200035152023509658220
513234951881288097417013828007277492706073842957867654565122328069
601873592793842250298239452654566153768909500376120416256518301073
537003907029150204753714277894368805917320302711857789917666634257
164269537166959331831417686469920393292873147806545499610556358587
858035598893825325627842779752774869590582901784353170386419677914
076504812980943838768811633599534749783496325840425665564883523023
097152638961085263284139935517370055701579243314557133926350649126
910328745743368016847088321019831805725899635641749947999141176464
0878309858738876012622243929152513512743163114240916595798544231194
074263914199573700819368632439542888918921590733557117772516588695
449446490515695732422360494291061139881878797814569230082568163508
933768853608784915097614076727220176526327006304042988298532360410
002404018299071505820953486678658549147523103917653043924444519665
134251485886593572530618789331732908416340355221647410415435261375
821818187912790652821080566445817008188462120953276418823619373937
158454165450046137634755726916725247610255780211198221219161676924
799468148510221108354686977604706507970232697917944664058254587841
235137839159878685765801747173575840055450021699156624893432775705
316234398574651211255669761595794165500430927839580643678562017610
936953432274420323727782921264107279273315388054265718719523146147
608512412071162145370705234609873528525352639855517375988621522832
527062331717710576468344207112184896971626329212490614166624188760
417868396533520813403993199974584851636867649088685910452680787306
216050214958591937822714926533322860968536505039861403799578393235
926809107789054855586108859242822422592774477365117818270019813885
316073056803365796762717845777429169997919369629629072997268103049
709697061750361784872804915714553234024897008651825057184139097089
981443210863274307629534648301060291760317398316298855807697144339
567729015294792494892573053103628809298857109774203433903894241774
960849678531158757524460721062635221799957944832824964981796880877
703560490697406097558151120951620501327709107803913461147510049698
677195780467282368221758850855512187378823843550239713535647675312
848875111455843944130756166908021940470540250925616388730579959357
100709542152424023897386614498430269643615697593835035800086525206
634482325093428912815946824688131107670648072715392133808549088932
174463059788581127442534488131962175507453904692292260778682863658

751566809447504786267227357076953714897264860136280801508442263265
972211471187217154458187742615869707938869559231035534774484427102
772791812654193912554760484431809343679664633404282833273374185062
986549946001209056686091094950352084418389916340306963343519971372
234045101839365628394905715741199173881420686449188564896816333551
950660009288433325248067355841713374961715055093426371894023253035
425993843941877187420881455435435616430348910314815205765886944478
270644910995335212843251910491246905432173805106794185988054401289
425123258990996231232405387739821014464058496559741586595232058144
988525103769306549748931350603293607448181499898201118274927781520
113240464303834000930223108054725959755121674670665922944438571075
829356865159801179019948045358247172345030176398914902214494890216
019868415175873791916826610983857384537652804189009337550323487675
887576583508168084898048899461346384675835827589450046648026022470
795960731123470870190122939638421992508876853711199854331293724294
847578836115174083358437533109066594270132580329543981526920681054
804215521024796511454543319711530574099549378383693200170656410239
939685203415131733092513860829839610344837564348547094563741106045
616668328026369760559410786005301485403212528253223272517323249355
788226593959508373340095059845300844861549376083077293236978053902
069489843652286792858078158108085806495326331730564681609178514712
540008807225793713598591960203211769851661813820572666448797145605
056476417427368418914506734245675641604829030981897917595674479970
441848154395604702337843568126761771579873748731652445882100164106
192876715295197730961257950401327995125123044607173765330443488975
837750220067414677801697322800545673449942537241384582367759639957
228554593078385191403950474413617589100741462268192976969498861286
529855178802499331966356382483829419247431923558426763507319858030
301534307486182437832522793357993835685378113275565386473002476743
067237584455570664332239670583789750194011098458453031203974160814
952863365122483951151426513952136199492804776145672284844312856596
154497313827859533076736960149415863707036217565867010430358696114
579171483445820548229597116654702113627728249354079462907060140372
016903577892399326303272607254506004036460502838092961007600067621
093582161548809682798180459087699075582797111496748587103659798177
900559920461992108621883339386436767545357823633698908816193564218
210955951100939837537477554658607786559433062248491278978754508135
580009553618632247789455782167285821565583485741692055782234361503
253551913069451960052894986940468655864528839323919612404399594779
057554351905822581270246825732160269935312376217316256389732475711
628596069997082939495981464546812429119289449321675789363587752365
870831262612976895221403712133337137363657009749611146795473894021
625486684146352498148656843712993256610369032098432452443637457892
832745325401013787354608708578491533913301848796502158881092990371
435011496211919724372703633189011799293100919897206605891949918385
269867800580939230917378195429850851684668129923342594667076177767
558862080126141261464088615606370386756461288814378861816884069210
573731007147127556028255238461049428731994983801419274943751006947
906095976275704074256052792040373513225643720532009690271261787884
195824392343316525246682094254662729793482420950273277702953598156
498247338180616393871547749197535049321791743206684340920620175808
477830518875496124423952011896490704766018606357333213987937346739
149080881235134551377407155868222354558845754468634333775403138713
026260714622401171706024010652254911986468430964157219449244602828
173252536670353723004242498660648053112750195435652322568738263515
606179781774903631475049573203258272282087901580037039472207847114
408535302162674050665051256166950057399083273250689952126975261606

027252472836652446769954693569475947257566855811894258537772576809
839768588064964418575387172908716236658429546000645728360531387581
386362944104313462995374182776271853061591934261217713201031002114
525657669028709745553310907385811128955140392716687522479984987499
178502589268902148245957825905186445482530867096054152463916486748
199695691963759719630398096105803354613278943598184350869745259200
054859003037296168307195762268543536417311817450957993316477690774
640274025905255388091862936860458673952113310468554748440381710725
066369101455731473828250535705756613939175526069518689649250344686
647491465261560855050379139420298199422219947354382317832230368471
373302474855942982638040651298489197127731269793994244683681397971
930894515313010228207176024113229639122806181570953761845202287863
361784261035310734175920397829165437023953430922591085010805655918
772527775548002700192946141441537672275682553321417372014074713478
844343631675916143872255943304949771961233842226616048964396242053
267797041430802411640119680891010920634290380279255156967953244161
928348664108382860544153699643659319691377787005936030482022913O2
651459229613455802971827243841968767243708449263675507056334050268
371994493547326526563206627438083699582633516760708235495298561583
433119524392297003987910675268314944224875870597119750135716880807
708801638578432778181513027786831168589194611430108958921839289713
359413928885648854509163725939835974207671570746071497524605986398
966957462315777686048797201480357679564845898219702887616123194701
320955924214488355505762723234434842642601175322306182230356585080
470110118991932525717205499629266412977350428504370262289723585281
626756378963020389847435594806121738739066853543845303929312988193
883304118342377836147805975750584066225413362933578093194781966392
974235039084805932006978991767883396869131974825886474708627997131
325613717273081653340613946256855059072754586450686465652776825553
429721408833837278820102890293240313242102002610635664244369661208
304176869322010489934515597321174663009086712008355724205292251062
850302940669270580504400681819227351425634658435481109593207340127
496949000254472079736037916466970319503383284835516767605831036545
270857655498002823947822313718870396521642078414038632005016875592
892442489164321079620031371107462606935918955818239988365915310970
042358174294600735961247432905721092909762924104106566209235037924
431392689030306220340787058475213684434981400664399682817772883283
068082967474851072684228563950311923967939970227828083290403918794
270125640317319867054809038172901093826770327618187333823329928735
425179121467416968444384160995792173492547541151695503632929460672
187983817798488683627829099798430217204175362522299672743257163080
332626794270088346679931237227789280490726906343593863344827373494
687180880694508882406899726165871343751874071244353589993574950576
391055026023488483193010977628751845555614279728428487603938721304
909025418488426977514011626937613955045856899047300398762225695695
285227027007070022363127827564720918907236614533831506450866015716
672503044253134573076142482529934735508200948111074026427032879613
545589972387692438810975970444457279722559558214831857922116838192
022376660147053550332990566389961139502003559003953143148531999733
956110064596295558214961621580455163249615249846254913386661556613
057471073066064947612592513473986724042947052713945870057114461774
359248919999779853985891554580117570754584198570746444171573528708
831815566490671161372052484212406756883333463263093946744059153928
124346865274150763671083329467993079601213226236297192288906112943
956865890674688582258888398916501883553307523319815790355358685515
578206546821833215907429103474695675663392485415223645371500388621
789026343137853026622744881799998738533234152500505075994452916010

384924296473792314485199676400312042619311018390010745597693245743
996519682211157017225000078018520076909279952748195722352249009245
510210083294350604709038217623401235278483873772731431981235331216
735074162478419546325344615208289122378046922908509386280752677373
364891675275108867186907485731511798719112758973717212220069790268
627015397703337623539168573023532778080515008525981753295550807877
886672815650966691615839112721698699388759112688648485453452898384
500172007531788096127347744030045241675032393038367061707101305504
380587173067566833533745378303685599937759086951306218465528579235
933917419171205417969987256132453266577397569709321705621938004614
828574998937523164351347470736588209810605778865416514732489817870
094630138507925592226072971522620388194374843914310594095992584334
465657681739689326110459870100372754352511637744161227299994101861
956605142159694120635513144859719545286080974868254874524459036260
473138064839379734468186624970072155471060193500238648389343756227
635012792584941732643662372023278553594194930450011152493701147634
634157542640955747394306944563542362081212241176373576970867776359
301935638364440288936305078333228036674743943248657079895085250872
741832683527199515779265271987637499790762084389463472126203607830
817381428047878554978289786227472441770030163255013397053724176828
153235161769069219970255699962054642437265357754725102403129943553
864594831470194940156026684943031837836936554661866566254708258607
489483972825155891603855349506451384744221188275629862063313569213
435053541753254622942738570185142216047979181239135818570233638135
445357112771171943216604661431015474198215549290475621090189572080
606234908802904067854566746372417724868119007420655784822192950106
596683535208679087585534490092713251073537813112328600410529188355
048282568212439318097857966641441641974384650359754316704183852145
907794335773149648457421486085488674529131457458931518483420505854
272116027520701053028812182044257185040797177351938264441514303400
003896508354760695211261435151449409699151517833258517247989474052
420610045984073638435113829829335370285516415328184689878043592175
819760111037188260115715212198992803575460838874094737522040639123
362898280661873195323552920401422000951548088070610074538656397258
970803032798551240570967529948775250348381191484476396069023998008
588751011612900600807691194381030260949480659847619690480593217852
139982865901636139729473334245297578429975902328892122887617453643
431583753143784957460887473734258795875821990193538981422942391794
151561315397930251464137986089598876754136943230404870285554197809
229580446989901929045589068465978383379944925127160494133779070648
657858949675759940506175576329347568082892202911154918648820159214
617765449921182725498867656896225170636148321951406030844868842947
490817141227669895297665284671870107291933779292824435324313828520
635706158076925928260322211940276877904292408365323232151023540753
423210947605321017167804788960416851071973969399186187946346189679
713546786722440290516444396478293266946358491866150401165503213795
823884640354533706750014682450893963508407963388339316440021557629
487655451496229849457357045563984582865390103120311995586329789859
964274241654564022155269311761821934040528049770013958185699504506
269083218442209858065603603966505204050926529449163112247412243985
455233459397360215848895956457603560112394722600290911023235818327
077603181928957893191200422829722719276801057856446673340203186065
797599897673630045155344121222746492117841921042993023304754593408
148695733885585311878925724359962470195810494083427130065971636437
516574637102498705362916929006099797979820814714713112899508518492
003986404614653025099491414340358369556884216151820006672539858532
035670787534474101821344997039591787397534962114723677715107506443

419320670978481013906119468142996565946949980301501505043949916581
936434061754712006023253305100568566199539885210969917968103065156
627611400123939441274050406560022170985477796442468587486319694618
955103513339164119590397189387610544264230246441278596632014847955
273227434092863462009840598245338576386151933644320983391819574962
950525271704159411032941605520070797004452742655032910680168291821
505488657297908306573320056671104039316642894607397427613272069913
773588877646840767260164503796909067376249123181569461325842146511
243018088628385018727320829304932053488349080225799962089315382043
458746206252362968122407755716676147083325307435180280156466152412
335772666545968950153512096407409879933525112423683932555080407795
389065135984869314857268748994901408530010625403698440243398573821
267762945491927728192707271007595054194545037909180516361580836288
870015386724394500702749898432185567647403247143923664843411160620
931019601825031780683539857258391335713344930361449170866597972333
881453092174031811747752032581674338945826496752752520361126273672
109764543134023806587201125134514611723801638359472687522817638356
655896188613216729989394014941251035646583363688776090658837696741
829191920311945646978094249838609041603309637645292794234193002301
740054343225854625094743545517096835436975603565019923851473718492
670597233277579791173815247435316334241172984589412910750455504288
587776273734066330416039180826874172606596159893360778633070199222
318466648889304527152405511746120223016036619219393661579378673696
158162597300582128112825576467959494028146674576045577470673902200
197698318259700293819541492759081133733236058858777871610067258359
623260496001605899148893422047361613271007545230048439431098999163
722188623262572247230711979182304944435140335744766397083610698607
144570069276396639734920292183462976443818601893766880534512777038
481569085406140328036150280386094903353489323035792511739353041584
113326547129056739888443593082228303303222116592985419196559797184
885423887158089140369301617172570015570614836906812742295502793463
522645006869343077482074666368747614762002275018155179697826673741
459504387058872387338963291213957303994663054340289132774681687546
695021614124655037009126591798302903887348417613972343394556935660
083801609435561378553746892071454423377646719631384646526315701017
132358397487466544236302779285419045015666457881859979478971251481
140502377690261728979301308065657163121212079142907054215088898379
545365916435512334174598794809276941751149031174605522455785458135
586702153090077031955655899599746805741613338361641691140099233415
564386836225866442807940336267010522666936192467472371364090542898
520518835100369268187997465647052545068268393626406994422311791299
733364106678173591597162898327417728872302052609804248757771006988
196240372912716284558358478403404924364878183372432037161878814931
836632132424242420147187986601290829544902098739959542872139066776
982756308916794217401688235876539750420302448986418896369096316270
120557681969929154992775142543788129467665083250351267168466448444
547240410124528064217832732227760436916102880783588718437100518084
017958014108352816351636038053463076389194761501869867367060501475
565451912556348547440616202739383503562785615295889468170169994014
332311095287212448270472060546025850066704075791114136827906978686
587117792043561148929968719888032590349546258685078645156073721715
399533910705457420844700489981128289942160212220926244947274540561
035820926425126780398190545265944373751942813217137033612591057551
698992847294695342429807232562902588836268426784470298363132949660
544162538614748828347981673228810978487694132343671883348297513277
555209811183566129984856870217344971594558142051676013631681044749
870916364943156667001634124731526314664694470222860280711813992815

888751637214266832121415092317205731891117328825980525201560900415
547775952404089135009403651970848700749678332743233588694631268790
098502313172066141132108607604861957063566245230487204929701679457
814582009036192806782139458937433777693126987686811712481640849105
253884239333690894635409235802310817255763499799694364597544489485
664773280449886762357891730215026987964549842771233602523960136788
902639127631673348690099465888102863102237495535995017161877940595
427203256807509917230406040592447593475587819231150708603864364001
669769358844410773687028457703794092834941402822129586407527063935
399304447238508439688527577798355208317581070948268654551492346771
164511885672238076006299878184487827005272031293884799820971943202
275713635203988800756097935496850722217381909642757568466440784384
976235954164378986071667348604995364292157690926961517095282542108
602668881287621322828870123941112135608499848560226167435034883052
115199522213094722311882454739260808544121534421043454311042835336
107232244610950475490308238497623378772397985764670714850727011550
335079176889428553256555785689141110539376812300764172733233555555
695819795161678765161127158802381737058125843376445496393209033630
888423831346474132541575834085328701621478467527366035329814219899
900103996516639857816270835896248137581128520502746831434621865421
002873579845306419721733111903252007346192981287229517898245111770
328323475986403956270619085455073580791658971007776402290351977055
165146315695428841424375579757096894223288731250154465913235682234
856323088186214869175254442042503115517112520932667209352445385328
575930785720519631126771596563353595646066381215699176134271050357
968934692560977592291135575500449546809395941988076919375288865024
897112468591619511911805736623365074921836732839574906693966899486
388125465885588838303308642792235459716140863913280169686706096747
793497025136967094921185182680683710393297681827934909048809926852
979497855733371545681229119082889996496173672758296772254271826642
232866400132724327309242950923056622134697756027497131137749640216
045186933589599433451701314743167166992535535262519182296068551102
552106617693913058993047044013055539478586631684376918286472343532
485938877973370002374344405223057833850423369748670050160028663716
354807214257274236347165982592000599527350286342941390667926697237
987304373539379577587467043870950735671245544966030978961181945541
702455921930096405938055229427692173509881950338542439019622355656
650959811895084955834758326794413719433477706441743068760728732386
031909376467452918921839273405652449125058695651761156206981250039
315388458184406490819305513822068081023933630856535953832850815185
286024907380888193971974192664563416144842651154131695628352519591
124428382628810103084755454897369025403588236483142440595060433363
721723113697973766253778983291481467685475411897102364658779329452
455366084629871709766714521539359362956508416867938874745177684647
019705601206291119659392716942878200104738422691208420374736338838
627479266343817074600861816517701247380026891028324861454672894643
770339434204648424196702561879164897251838674622230416516000185643
129965411759820850056332395241632046675535001335372968491746764631
941349922374424722463302202185954740646378821188234593940899689958
667766370114295285312707935566323783256196678213665709220602831025
653913540119066214292393816411208069617216043809938799300327913519
396160545906725965724244388667309883949480405001995869954087761066
913890684279935646950245990878656104815262619488029162203772854404
310761915233096761345657898664927602310346708078390992627547645000
231115988151525016675637395740190577034126134204163590448083907653
748582777525966628543162988331420747782612095040776043338836635802
430892448403488354102870614733963283464657835796697459258740113463

457623216081042397622251689597347681742851273772134888431264298689
167069631623873420014694898521423020835510710710502557188462778564
403760534154873713405703530471604771067752932007990830085796335058
913648697747150937612256284483514279338752636745707222002567691274
834223794366061319862676094406210515237198485974737929740617724333
077735380254302218943957667695095667279812485008486264258848457967
719356146646462601496495146347149006188672601302167481074660541119
266891840637883531105630441708083578019992232956434743032959791358
894379380097270442582150692797998883144672532976896720924331096787
787043725470404969378268535332779967817629151867127754136572668369
349108729256606562281591526335044669497567922949764583960403124782
609680807632457291796313570638055301817950615589346192005525020421
276892047265235195908441637059762275805273353990572737729245898431
134662089469356846280770879593423614342618357397284121665260195438
481774502442968737870447818458084566985918167574593630071250992994
559021579797126797928681418361794529381147438345911304949490625457
775739657448250418936610501567223911406337904426932767178357282347
840242922904037674700397134683438554640642707102611753009130847612
735756388934449578014367197801389826534243776067204873056592069332
816973770772050673214000573675534498089554053868887867159112407602
402876493610914648563243513922828961692053847422089604660805903823
099659189334258907900622370408006699792029798194409277173502701273
368468208673831027079479355302208227752154460927356207151719553874
896681908468028606626805266261730739559289324327665608205589264922
811457207893258778236808279305050030741774353514258764320918185432
669406906760079190821342039636895309452563340221307302098645862976
896554724865262428461104736657509041771732052323741407565848993239
27086821679426432687569473519121747691115775407999719992668288850
793903934061031042132964682504077064770521769095572432685966471769
863829141153779769760002581927239446920104966004285085470014809180
810817266504567967186688064620584788093007116714190784971339391499
399525524545209494650784349719810361428778184033220570694639515476
946972767747706424864607939235195654366350830702520798246537427425
699694577564626119873862943453280541508276209906622774358444862703
767092488431396731265635680597853428581984460900825022815051063672
691418876039788319773186265729314218073290550935385624444888087051
585120556194413737032854054757221463407137369326552108693222709423
907542994089944254445906867574114322524261672343521912782585438845
595167978299328323642737457452544546052939896806263513733587214850
808820205518659958034081488329701253781235056793050818818568505731
233257555542419605427358319447976432499228822660435558523349606680
905502905216337784746351934749713022329493965510415987839740167516
618593605179338950392466205245511268837311120785257244245799623294
450168341713595140252095179264681156829820313618827396426623321676
441524695487558164084358212585044247670699693803758573003905790110
515414779557179169312729095998221364115981595201458613678920666663
532183944579112942949372746424648239215477975615733670895761840575
322098504748583570891766352727809495354274482525113739382912378335
184147182784881809377625946725543342069023837559765846744498857297
100153365702593838609837888370559661656612261881245463878074036437
755829259340136451738584462455407649029616220229244791778901424327
249245624610572832994427679678314481934670551757083502942567326335
264906514141210237861093296718863103717170461762893116167259029067
712239858836596414924553081207285708410066076168543516663530341382
801133819677912289974126655244951348338934636181282256499053411503
179141167093830767768774232569803429140799802919107611396530776180
407622194451519402604063470356799353883274378588152011080406490885

175270082056238020512864218424823002632432055997998346926232665644
701956357300679539057244150398164239082136235132717714586191210328
112357269933087662553440894151205179902731473868182626644475280406
727464085723801550389418912595893739926501687752743769741533748172
422037707128664490771162603154417119414108348606899529507444772203
362744266818471196563615713772424615456070479650878312900133434911
136292975583609060175949453796861506817908507607566212738100117918
293076118629911635574502602021275654360951138569094815424476722607
340061037334261273608044855312147578890237559057711317455009411859
748652962705885639173897159515988987014175869648654185324863779433
780506989345553880505233124949841887573046444733144459850552473986
539970734623381939800857730435695476169828265893810030602411218665
6859802072533716561353335099218859560107881521955992984830737114161
764839950330037898824790345410532502054955693588016154598918936886
572124748963613671862818854644786179243581710112551851317871774504
307353645029761507292301108330802551534951869294849716900991730394
769733378956502295614877878048366582834827540230192303690385819788
534303828558273006721561304247679650997367389863963084595330994467
366005278953510077510623540518095062072959121477879266263385428792
589775958630580646504484526239133538342627050430867009467036220406
339767252991365187842306583966702262580562122210733541161850293635
641616655779237766395860494693244550805903617986442755741294983021
046969861644931370103702775084860153961665864512853545304815598296
382985981545562592486591863288176301101499737206920153869877418621
655782087885028970856782970192695827695239408257958934666666883918
358815549069436830703532763207934945109365399450972042836730670351
441963155288753214822189325967173707812714051334747386080963694563
512019018439160557338408051663829148862479351379403713197966875856
259482942074632416148196268288849800968875641317790265769105550802
543228031258589984582872083257358894763134926062496271832200731813
542439536437705648192953995700144554383910878449144193680471065163
474031170374482458505185788180686628844170793566042698003163236349
120302919753700996010666193896217318762267071826314852284417279433
406818103101838417534997349697901352604608389864938417085293469279
158345594247787414758186260672246624811772249856862298974404384392
184024560360919123698959782488064463195555559308328167346023120406
670072487747599806326845273202557015621687662840583268894930505193
900504950495870154003485427760246248588466667342385974454567161141
984303835706397426666703855560964523903570201073652328352769206772
213666358574608076159948257589026155644286649673725692080468511746
267024678766860322879651197857616442650025536622079972039998656146
915511996591892609987569195721982755095064759786156264742355786450
113897041993509976406676557120850295842115591494729075235534992741
008512949193855962594032638202524988224921444475588270029003679518
705235762764423558418333071204601246299399154841958135512551467709
344714433092476373215011861279838185602557163141744264421039231841
248615613047098148024733881256960519677269438321490104652409981501
183394145060084222913194160995009964496196330766171680279966145964
908485717408237805713129439661036877272697904349031896749323216657
233190372154146103647188424635680197125709771242045599277189401630
807555791531803886385226329349122868944587124407187398513109807299
600005402969139086326671417923649756297192502128839909708484680439
071763198298386258976031273818102754934261012824458351039724617260
027124726441028393060367775439840384623746557117766042747940447110
253227526070881915259623881035944912100259215675509990359849028736
639465333622278560198785244807812000092267255630431187021878325473
8688804409188331048255150339506237035345911575694871584408122253546

```
6146121336832914177138712079113256329969610586306388145503829307 06
5076425004095978377200913542843287311066940704199932530568316953 31
8544062180960834613197799338171659170654879552114439934636910391 32
5853497773805380142494093450362761658136895003095126105708412344 56
2960132807039487146758901016641151703939321469890302667266058467 35
0596475274805617807867953935510326849129867665654263127329885291 92
7008247087740022137431156586969076065899085477980877564865594130 89
0270456897729741955965501092219356923849781622587517646552420925 5
7409257176954688605190100031608012897289870528610854229739093968 15
0775009659717371460086115220926226085270829883643736243877981277 45
1170822368080610770774136633479557435335472506634409792898991840 82
1815020062629005813678154528485775952733595359748408724500538827 41
0399987019521262331698628280343884972691416958629503620272297488 68
9849003974147161674575114133460273449742355058780721866552587350 64
1253083245738803560851576626591100847907204770453688975071997435 665
0630663167587611347516441890509949530441171998514991673976622942 69
4451662140808774913553673453065182999775820146575308157940816750 35
7256313082689752768694913175166031419627412271620957829974512595 07
3689499764786513098304455391676187931636640409697787317115800412 26
5552886370914062581788469239036439876794389944195963322773315106 24
1711111175895820421382268247158558623159366153128943219165489282 11
9597622766581435967431904693189707095462549848023495501869231129 36
6402929099667008638784004289044208624836617790643020633059339203 22
4343651607943257024658684668977153432807721709879801181485515792 81
6444921354300152529961377236010772921085951314599524616594227164 15
7476323657025718806117063487629262732360083125256996543432189374 50
7796744529154278947127228947044648131474412422116659008100572172 33
0443870087373605331646830292870055572001906994319987064544655062 42
8217271171245920681242948105550504047059241052883574006564845472 456
0748756247634725962019554163080869913086567869678755397008127911 76
8669194968381315098808520958276792948785481815843903895764802898
5092572460862530061488826865030657198657936561579559825729918943 28
9477161896205693546728054418563501846263442674857155608884433767 76
7751811195879631684185363912337497661237712587055753677142553545 28
0102361912882466084685736084934133311957993354042333577358896378 0
5318390934442804922703521622308714944360673004231179796828639051 71
9515750520976559027309967099890200513002263326473818452023997691 12
9524601557293366996541826787561464447436938872908878942599227147 56
3262066667329080946986292953431110762432816432736086306864133864 864
6683683340341174172433613790860478805680045975432893327214060803 44
4750328434411461171909670176253984282266864668381706100253649900 74
3173847000861481761643196421460199373818877654827069979398415393 8
9749094610308060895210562372337395529906485456547771113235115058 3
5187239748697076352293343549725610030112158912678328492646452926 57
1161151465300344961441304070786937141792331166624769640876354873 99
0174775371020182114281424482462132048901366552314424413404287752 9
8118356673485565936917962558531536751079806714527966374589942103 11
8815474548075246518531702182499670582009281703471433056490611030 29
6600778862186439586203091262195374593191550111691331559547339411 72
0861353588405204585927360463219827022407154206140331096148629907 59
0810331330659147574953943653870184306530383427904014305982988109 68
6628793960684213401058668136877008625504106696553622430760974869 20
6667440684275559470825940375954543932812646151978601094092210039 46
6239381000248857808215305396412362630356804450233024794334321344 18
8084314692816183923682018691893983933307825793915187659886158526 58
8303130548206474199238611662169190459756562533363184467689507529 92
5867773089781132205545268932341196377415807042979172961849337651 66
```

9375621514648813841726621715323622710802784181377459609786557245216534926787608800918807075144517955918932074648407619905173558584889133032806350787970523131676769315773731879594907212372637992597153494224165049186095916392980515375415305601083541412442663508841170889542644097702742282321287378185848137773935509749335551140624466436894204535523793022955699025688892472476482856987927771770439584369247240062220941325554943292326806265100656067112487799788039988221458634529591716662481653228741155327526411248966562365362717905170820153100267353958824702235281639972401534641220320257977808273135512050193684281552081855499751491511016991412711608445400907620830051416461882552963462036087371679019058251894683895404682662971748668008393029512607766929924069435225777438631812759679506943700156062505627855914341512413394030327712953253107118617480257722349489292521980974308952122314619576662075923556359726690767986661233291059527961018343106907702032228716252083611956494811752997132749730597835528521285785478442861816852571073997916448507379463019479486010937938364054003035089249948913801089313227030643660409213615225175033647591255299336234508746206252211615213453346405907315273240795593956003274879097386942606636143145093479579364252820760576736682245561277978857985090507465575999523325768019785164732223573444661249477999064293351032029241706181476957105077280191727166542272028024548065568292656244457107484434380924735583240595727928137009317949584280200678166703023483010740547421926860540197880276706177331169854901005325265807003919332218325517622195004956023295431880724870989224933073759045534887851895773428251250967651971856799652910171995101746478143027813335716956422319340757137678346086967122438121730798969383121704204911241451586221205738198926028132533616506332709612681127354457645034386271837391993894379695856116712668383393759855826461542797813317912057829123789989227627725615951258427540001446320445791065468667324140533658619184280422625821688273710321538212290016053895557458048149707951428828742756657075814826054824202210612037688341073437044616953135658473158464995233288974086138926037436545571031357309787030515797674186488333083334683061776199649533323434059168678388645247041275531439579402788421613759684918282328600669289116050761181598098057229676116423560905478275530999022836011825568757238788125858293421121206435351362342333545480003763735392284413374664475464899727153248706234324739394940743678490417272542657426758951827960203343622606184340654829291096947327758106315005802505689492133983705710619553810369925100616045006231958956852776338414533870921568787580321274603112849248871469759238966121654100784516651875999266072990204583456279634204397156524456500393326975841615274186890528103396227728680145702700318962787707751372895137492853891601345118147909121245542835114507476620614502078740552719831064913195084319393794051393560862448712063282330972563106568067159358712039921409666332251191044508321653543621993777585843281227230971764972700282533520236033469451608228728472752281846877737507229883391318768369026382449348885643460614702141015933553708337592611935438143753258368050686926516021319638590042494502607779328982929749310257474851915475821236842755637397781015150277718846739673439741825642715865300921367338800791231126616041891722846890638267871722469773414700303377094862942467836229172179125739785889572304938003585912363996896312161385831046483707963766267992976156682119846593415593391674446886200355689651840618965020995787949475034213451064682941891357624099495577188337647484493614890337338736408448766512857990600569180355802175743282237209829640541398491768614254113578019232843223566220125337569971038210371450536113521580875443258875177314981234159790077484154852468747186982

8437164277567966121882258983635864612337270873161639587829938155527
3415802880622289603227447919731513141958948838419529290567529135828
4702889972904682421781158812544500275773489756610693699383060002844
2488304085568975649116156938287828620459017159206618355597055735502
1830926911960506871136379219891638826470030323985599825852973720 67
5968502122325947960921370133154369004734758005266973163662808767 54
6868431544120054451810963963317799632707332700784242615943287198 36
7100185305221100049935858980934727278261324522255474466336523469 02
6079952018829848657929356433410586192063576580213494971238154233 32
6330818249633020386361806074300789362848049457274765559689769047 96
3077258435896097235562688527717695097575485467415631893654443452682
5222687331658583367174104535186016897390037051140387216074925657 28
6694144634342819342201078799447931528908070441678372085914038078 7
1920204687148954042965778274232772630067548268392572047428956919 16
7600520523215382114088732406797255883699722977039781747786554451 33
9369528046730979198754644054050135355984214901764939708993368236817
9786182637137747761899421396475468152180235657008465062462125800 9
3382393758939853525532473703072687613186932612577333372902749196 95
0150840481799877283736652550640271936147773259880890814946394227 30
7546211397974252544785730656206162327584566336871604105456555821963
2284442580016130922925611695217058561742929711699372987985526865 73
6798162230768594917332186376150773517153378053363994725317379046 70
3857552722373827813588564532376608389812022949751795849901416896 63
4521876608358384118931384728325768648734746219535389978008754241 50
5867497801560159311365405520709508035255004812123123771815210729 80
0323101759183786254056596253994854471076202385234083415014218901 83
8963027669086460628899731583050000605416610521126183324563088749423
7613211173832359910267154433339809030107675192156068609150992975 79
4898470913404847760372533164866332739977457417078705588584989036478
2505006075652766776667301814279346299786311547247190463813082702 6
9502715524345837771328884011332285612327642475054914114533400430 7
3513682001671030489674079132204173293655886380819902402504247589 79
9061997394494240613938590020437450817126160362783912411472682090 85
6905268374225068910991937677220777687371267701529071296822615843 75
7149665346296154035289806984981990238158813249007282842031664545 86
4518677871817717727928321252696832297664124549673971527879680434 7
6589576126533852457391513438137845005187385915329634140536894844 39
7225508011960792690281162293670434371158371953865778600341946713 09
6653442535523561350392637433355902487780093167585565020261424517 5
5202310518037979241601868165327213490744741879263046379357019572 54
6568707696490256283113949083065981392587716575343290518298830744 22
0931539456267189136509327785275856141886915058431128180621164533 83
4614564998610279088783159992332083497034990096448289736199726084 1
3030501613834375735033502696791991003945764850313988998040534762 07
9799510355628009427119807714138625374689420067112929037940211050 99
3128817678635571212882205845259023298827844889728557676433765513 20
9837208453651972735662945407520786837748259937695085474585377854 40
1518668703212703251083788575535253274224674561655301752946970492 86
0349352376631937758153126911215712505456493662840461315754932343 61
6114386894155191795521160403279413870405973659682877235554936953 67
2492603352744989288822044886844365275158954689558858907183172928 91
2923457744284419272505276847550387027063282979758538825993879067 8
9963676634726367997091137000500451915150705020857447053203113428 37
5303964506837349474651525431616406958839656960477624810076981257 62
3240276563247145586781166535633573841332037563285771114579477361 17
7589109784459574871345499454050089749431237026691600227796215160 16
4431446321556746579869691343020917375379329537363102934825941848 51

```
5313457700649437390976420858957317742314576728829679067502992231 52
5732869833026341233526316349020649042970821006326488156767632 42544
4687039213337678948960012513626523547256517022255955699862842 51088
6689684710787260016733242215625124292721308055932622130721409 36864
3549968987874303526768849221231834492419076374715747446252159 74576
4663572427527952228915040642776786566115191933191817830567164 65304
8138101066673424591568641744576883906241920186541022526697061 53890
9990725499842854841956681924545197470930614227531512984453091 82757
7151361181673035809321460322584723528118255047060621542622432 45514
4689645726938231665552509598950410934253743085999797137004258 85834
3044972671096299697632336077767473474978788356730102864713845 45928
7916374901454066475193948993522123624743661317478304868846315 16036
5922435767627623446665395897964687905529239027020107572189191 38214
8316268524904958486754329312418264134662722820936532772839766 75572
6728973193812934194305723962072329200718638674667030636460133 11111
6425468025122894305331125098538601201236070449699785210958598 75329
3032771622679823055107676926800022074188490301650050385344759 71018
3016737826819436124165696392522947410357431851765836560341232 76433
9009565118632607917338991262772072135161752222552418296124339 62825
1823286968662544411862381233064034533155601640695747232038365 145663
5574987344116859941616551824960425979839267816131483180902534 50716
4666442670262761185976491324768295272780570322383435150636721 77066
3763740249030465909628596027197972553780014182019981018139812 59504
2348662483440439211364872366629202063939628845314483748901026 08403
6148407312006741562291596696366940836032643341496371209854547 52501
7736696019714617846451555599416726373970858649598779532421583 28218
4109391640528356790706864210780346607571979891481554005420051 07300
9627962347272499701122177816579844919433226334150338567530824 467
7341045503274285611574553874214000719284301774473142300983657 60751
5512777962810147220530668174203505967941050980466563136377825 17247
0914099255524710368126705138246752117200528494295219748862848 98527
7878356210600487812711440634990881645924451898010442935708329 04722
0160726966046198426077224783107171439093492897379507505647105 38029
1618749188699463530135729350187320668731150173153109129679486 25497
9581512168220757123189190913833835344710236597944808047123388 27444
0350534679995291335460941392784465139119083607622657983981564 2463
8291599904416284527681893532791356747403227351506890987754721 81557
4998488346694622271194343513957275609331877672157428578303301 83042
2251704963297161229683675274898329472315069749788741400219267 00672
0656772921310849357294076359289561828129001109784724328303846 51974
3758573685912309817836030314052823008130266313304139925339921 79415
7647985347081786361137720014085708386394377035291834974037418 35116
2237004017318826939326308750548756645290932656650302439445362 27279
1708003815785132529023651056809625891794240016387149612121694 69925
4423986747262060057131153878838338307801653788387752115931194 4935
9569491793940578848860623959444184972892872308495579260721132 97712
1372388696986360236829162225464710880621094479132399015406678 16028
9346942821550627212605417982917817382489199733829530168266790 61778
0135336504718863397842735335856232791853579779226627038024456 96829
6862549118748685305497857965989184862186234855639353215630489 9283
4865561541540649512210466103765481806025067654913403327386294 16911
7762638138347851183641056999660949202044890526944616846685510 6066
2420883145374012687794781398595777699039877073994170325653193 55613
0005281435994560612616083223589903248956595675275769853245744 03560
7612886079681857619771788765561985237527447223599272020602389 16718
7908147088670683027939897683780233375796837484716792042056118 84614
4350842383697378594825884978259521414316768984959213193894128 75069
```

पाई के पहले दस लाख अंक (π)

596149193271147035874533660814943754697142919529031019389435637183
593749148307423044934029596281116652389958110600093862221622655252
976610650745271358949733447407281673926348622262971347155532936244
457994650823197908769074458525370345709007744081534167863870148099
674124003837808523427397788174691080535330509119443313873040838043
067506030686269532124522901667503856318585859317437769494157410810
572749444384001399152295292401680667458424696605569107697596987310
950784518251857689800093942863712191016698078851710571144669507031
273706962004730035675368235205815249186823908397408809264852704581
680063915340134937352547150923527044161926572110042345848085322398
093081970121586417329130532589871715885516842060650340556996859371
591562193954595558557009347711681179835995842798195564356365309389
050941964641889243417661217711754573714429402729377177659183107443
058151531596094826350633655723861413920813075414610740512741348138
890687520896517547286443489020150187201836613841728079882729582018
977486126338360371109414086804414638189975514419051152014024187628
978688233866528874956474011072459905537992175155647819809184955876
752778280803822629818043941563979561725694090929518577447883651594
478720682678596369454763706238206696202396620665921081278183219127
468081453031421779867353336848938082668189691299983519942232127263 8
771597576428521321515883717146485428812423122468402839056157796819
989785562510271070628379399431907357979753622873719947845210383168
668521420822019266723155810117372442375609151489386343666526579426
037168289281580693159057152379480256619126870887647506950850111370
257880233381801903021002975975592681821635935307064188571900594974
446797417420252130947246191950277213237247025702961631681464762184
643644651799535877759048091724695567396794553734971032219369455962
778937791938340697253788415502062958387483096195420461546990222684
347461767711319737486600087935443607302433663280865368473350668707
408900184703067698214753133731542862215155131814095414979724670676
343697696458309286795212019941406654043266683440819686916622917654
410364920807857292423388755061809836591222653797288411120130691018
576030498329532694214188425942866214695276880632082571964867134224
698526419419022236241186339130284171844724822755723379969707482002
437580371792180734202080536935740618765664169607739120909813494702
120725197213699642344209305478465069237446490420888732630226156357
919606309236991602782364930003449747123779455951240858239709946570
275366759813304777505050536634574715516558372773100785781787153031
613276848925357607846211478860351804029765696058486717567636659308
748016099927950787178913104203849478943286084797051504283326524571
886423198399932856342268607883443745309272893146092544299060787111
736766959849633062177514884899337787867857852652805705486612173 79
213552124702395325608190678852803832422968075544717437748950143023
150146961225494895338362756944869304674198022922555065087429772758
076095106879827109193837142290968268728596321942836727242477443909
060036804852784543854819955828743344189055230992659295884828977 71
967505439205771668938552397736092582090693430578986742357295312051
485090384652493140068996173731735816222294455416149357871477506270
376192498036384400160913611713729557661808926386467940279365670385
305779912988573944783757639092679443336505496770742285963808721870
399582714758000440222404214003303590360960548004718847304678286807
740989832225262453168032034084435109374319499380290981241792110895
423927096542582195848586679924115788447815219557498322258335674226
798960098032009354865108549467676713405310343499864349758000215286
835835721365978208435732604661260570464409200520643748808684041999
585408697477316017505390253064903620449458476440882040053860571525
182217793518019414711660086532948281060021915944692783460379829268

818677784883782713148160668128480874790430234200377130896464781785
599461837510620688441358628450630346441913942893762354742777586769
014678228907006092683252250324639953337566728997660254246597951963
260902742615157481865278192977983681101331339651625793318419407026
964988951386923961261275369592060229690087420834720840833188415826
838019383358973224335136412244321174979407668241678096352035664155
433254150964501977910541460943749815990445792838028880133562481814
072611423275972894824141887025957454934254727469899768771162316099
322885042028070838100814091887352633183584207407484465733978384299
805347106002374219987211762683334909209073865337959074928089283030
107207550472450851183334676304759820661789998004462744803370196555
021320441396423674506953708781697379969379061637848201169796270721
270358480479488580658308963231288673402963848241128765952185362411
256969749199057478280326299861231724793050323637705845698785774531
610386670675558440682408910511818429025803298514096157331538756311
438547792152983663838215871358824082012778384097362326475844352630
281664756079993221483927156321249990837098930946329559859928728433
521252427433494379023824949445785164936127032642339094544808620028
353526261752981835525297880465028135399112847161281153414460389703
165467739525876538384457461103515616418092733462541422179033107144
720310599294953895958436885773489495225982103831596420623273071483
716691798967444541841890372511272835300592982739374737571099277652
356370360647348724784839684203742309758998874387876542841593565973
588345060936129924492587467691542804598132815825872999110300780631
592481722052213206010771492336601003182710066727266488949550942336
897935481055796423771544954137177407995177501466695465574100801557
934179598301318715461713838220333287263136997808093756281698575352
925390236568114358655398284283241700051641990051764383512005756933
430421802935258354112405986805738973771720903281648623839549805 0
084360235358582554618855942442612928921434147898267094176760452225
134929872997435333820627622406331004883774527381188722581819982219
428293676666000040379914870018568674554412319573518712379305995148
215954867701054047820258539083335640618262225208028648666809763156
107137641890902360603954124553570380667535676524726680367517673845
564696693596022634258001555720896238403647713214296692193472420798
729629861675796746082959712748570679034670391578658581112738257432
519039782995445767430575299283028634186242545022496241979163982734
904359411395898404348957578332464822165249725331811930555856140503
105076548589915525542652886287528895545773678742029770378468475636
642494767084854307354132840361634913471074468329858980951110201242
544884643071227174886586964367223751257407663807577968593851823215
803790138851324567042252785387661013519568286523394604020035673386
025205513475307900746894526143616381246602094339688182998572534654
355285404636104131214993769216302614831518234694209627911549417194
660720665528440044356575326641438934277220905575184236912080347379
886707969228398693750888161460738382464200081539367400188625730736
953499730836725281014943043645634975213545319519500350764823703618
453849756361633974429430988638719898808188086747495831760222984672
501959183717870015464719437744024587964419343305273778617450245249
707149907000518726929283458717863091748438785506397547781397976147
102974805258930692216662252353734490113539826602814192647629370 9
768013187204140666876255459542229249384946271177550175862021378876
760029805157411237809551927818159082066363654035686833244556620095
160463375225688255854582920019306381533873656517945743702588756264
732107732276466231522699379582538162507411935992575434703207518963
927929216230912990259044551217209318966179934694954150218683377015
220759113008886890238579915282639867824654608874627852622681424733

18858857241665126195900032922440472840896196026492377307279303 2869
83507199509173362220690426621137935737878963398219271111792437 5186
83817576213472922730484110905289312739756654644015991089205635 9539
55062268490348177834016388807477585910604735866456072994009420 0063
12043562308116498145514965551300585461173552405216715566604133 3475
87598792044559217567756328376722769011541649211224642236039540 3368
45501134265424744898954599679203644242966524827350687996495015 7404
62148251111674016381288237054926766797280057463290619456179973 0944
48723746706306283461937692637284371025062943023983874718041127 7944
51518210864000155847579128464012873995097762977082622634588250 5207
81834576050530815712768164616012674561513103910717697384557873 2241
33003000553471951166901258113520801563037304690809309792735365 8564
91357471135090441275907649029913882008262173939592861233365729 706
64641027058783855131893465796268593304795602601154035967710140 057
99333688900402207538482513993086371634336600792371240645761765 0036
41061220543568868817740625305700602301898291109153407117751712 4423
70364363715890220116231710263565013024399121540427012730391660 4348
52892171767800544353796026814476987479405571599377835639966210 0669
27419271468108962040736111634720258986246474408196120403368752 0897
01088063354284436925218017425121196785699110583349449991683094 4946
98470780636754666776782538372304052848929117305480298931061328 2285
24301397442127840108229799225637499186161909539509229235240387 2656
33496244744690348057513565946504625030962501118599636302403654 1878
24457074024589488060507416839071500803242418375586267960448940 3118
42071561842663899300596835196088099155005408191160942615617799 6494
55573893623350956021693845302940741535422017008850593410802153 7744
16896976552390007001131094692800034443560636076613103027287389 2742
26652498990981590123765157043277319218502844881119332011035710 5719
44438712183523225548677264408667340454413536740399010464179288 1141
32773295705233233998780091602670028929046700345506321135518225 9645
45636558027046215314706032147670380387345440203988775731536419 7294374
65867827633623111986467460831716249593805163179101602174316003 6372
13513550655556811627671648322879623900371433163480958689243847 11690
48307896510059110496501599283143831201893252516676895589731051 8020
70915612821279478576823150309965487013780142034235086218894451 1309
17415520121250377976572630511758844557918166124319147934998793 7188
97466767778272433292270248264548028499985675549452694687032750 3783
94003665144268568208130902094905789962210081407736696556627978 9587
59938160373929408189832602311979060514597803844941218550734723 4440
46413633317148297819766986696551400518184541976331055635044884 9713
42236033913005897971734678237347232923051738850500463602568199 8062
72825811245559158601501843909409864180971710075461884773934911 273
57112710753309507903619794617087334466480524178880606773110645 5884
14287431205536864507541312378920501641824559852917028552982349 1756
81519817495356504045373588004097369310021016197409940885723368 1398
90685230580215225783079858444498849002672215492888861292502885 2813
52717378031820762808665819870213391861211336024618736264912859 8385
70424605478859944208240180919736271175154047465634118048628864 3987
51105260186007632086640320800588098124668287276915828885145355 5992
97214513431881771664556450266633627515714226121270282902358703 1467
86242730233599895133833106908003679122897592232090053533983610 52808
48797434705051051242979946969587732900812070797287965358392324 2657
67339214438047036170652959567299323441686930920186625715820350 4592
22746011334917847686783106363023672435537093256269498230726186 3131
09105016432061267424608679167037779309406696071354477720412401 71387
15254147871337456602291427453682810092920558900795084837232678 718
65955621283765493043122764445977381115639667409274991990309678 3157

044379273964166675109789264093117468241878846539287943914280719137
228194506211199604942014167567514155226569328596939900541011164776
752925649440428795835710036845090703458019087499993092734233237906
647410746289811710104027788338214509831606137185058427903895394961
345986945534332173388380442292218684824710117148515834710609975786
976196816012437330230684469271055789326166001295993498597491718450
334461056240840010952490311291513102073536606699142509744167108918
044279263850255766220625664347056888812091343129654781619845396751
548210810244160624449318587351214286010858155871519419397655261062
478092540814247596466270191943785507186983496876926575171350176402
003599383530178302781767102202449288655654620105595674157711590472
858301654225614200548268513719162768982527266000770336835926768927
117466145886443256295441705121686083735716597610278238848606701446
329636821363730331746487176320142788006742493485684457268867825525
550925006154697582885492108122224766822902775116822369502543987324
561861209996738050145752145346770108025915298160421223116328760264
578489208814442541782351787729463684916863787103355988029352879751
316600965034502135008786148165275693425491575825447858789779004210
159280113548097158154932538649021151389857756639270582004783308103
193586172095928503098371977956384664987334554901336566062958993312
667035425517958589534255685222167057206373166820932241554656528706
208202685332600866580058396609069504970302254534936941843479918148
540317521615318893601698982971238272732961881513540418704927348526
265666408136486378871680299743419921840452670036155802038750040963
721886553766105646252585967623112091455580614923744622486559052594
146783412301336448120864513178145054641794164567238577509045217705
499758332360916182468663731199597425637392431936836066334687888366
489399770870992397517694293270431571634050583519899477212598612465
956758031364020077933287978651130119476790122849334559372745446777
306994245626020238875493090223357398039664285659923462394304307543
557661485851861284466173143979759776844709297927738276470935627 94
945093757497580940229719554370143859221216058081004239743853304543
467119143871226627091401261538446277366108865182715566402048997387
185384279740871780398587857487216892636293407937055160183714050877
149628160787383362335559788371360809666315218932287510522740371018
412548297128568954164194927943850639454838617154528632987007434474
646146503414460256193649389255719342320962385728409362207205517646
982530400643228756038069773146999660101861018409083474528089280983
391290914925830365117302996765473925151845027724484495376804763886
401906348729677479902124856127316639984427361862308855173182399678
817158183206309699648514729573723694647944254825014483727864303542
669964431539815277168679844685777773176724214993063597651813595392
768068710323045802519156036464184552722886148251459740929971994529
105998334724104185420272085136054307357487622738407920016763466151
090614719108133008769243989050542838285871745960020088457644825190
313755480860179403410944189883726523194071831370537998352344375954
898132153424084287482442809898804719710545292339984765517177 51441
096350331443841574283608079013413016396157944559087366278909144275
984522976305439340866678264314016375717056188134506536372888736845
773001897543538641536393817376290182296333049441891940659730575385
121339862756462498470327918415111491211352501046851190089611707902
188891880624882538422836411906558748088381207312323141344233353144
433609656271921082476403927206088886268525885199283013330589 05765
272829571426194979164995894363177324749580959841491639960872405594
058974095185184537010842391107823544795389772207952261759973 79931
801766025841678345852154531357858420969913069952099187860988612444
010607411986374471530993510334286163756809485035927570474426589679

```
5661933828768847466738762703577987555965494014662899892099869716 48
5407230339888393676110133037840451130783799704331160533262199544 25
7703071039684397527969197308128025112622360077754000513085974983 04
6454049513097048034261383540913445405641341014621937160565528044 48
4008804530396494929738268650227452822994845774673433786755028009 97
5605100915288666465879026257768957124187931583948729738877148353 84
2481293119168316060135430299784836863527731202903029710778302774 73
8958134651942756160667428436070204002387686104592077695676267878 1
9706560612033973047229654813734461913219885892321867439123224152 57
7419290782257091414018156957284573833622918850794868329493305335 93
1935720916763645955813679923869635567492986511324827139460731628 55
0124132311737264877398296514923426741322472886328460210413669666 44
2677281041495943027672387634286066448079048426771915985645126086 18
7040257274427745143079017361515617731515750059883996401418804973 06
9975506691012924075303749581557846276831148373516100826421056868 78
6356840858920119268252437039035251766690092384082646752617092602 69
7104070471481531020573979976815791829812892353041464919875936156 32
2124516827461722779681573302532557352230229683398277994160348264 98
5693826397360590562321392948550742764853294267105896994589264214 41
1960008453533311450406865373131957148434854150415172347068715966 58
8934687947761605065252053255188779427620000677929174286295148036 393
7155624921492192889945067840972054346001956298474409674862465363 711
3020873814175483338166165615185111911346847323655382485319878581 81
8145010538694131580428941053108502625828157123111145551238854904 45
3479867002570776217413802918927623452389391402805293096864556020 87
0747502963056856668723977499859113562083485942647022385403313966 55
5122940520677229821077169887490683123218656678892534843739289398 24
3039270631046016785592875306017870222133068112991425648726649716 80
3285494390895401159821493770170322676209298763615294761022963864 00
3909946651742860527160651172140132509592705592948397361299817981 02
5671385331771066750331317827873251215013278377486502070331355062 27
5581304810800294605171798864186469383014272229157943503979917780 16
4905282771302956245709102784944459005025001264756232541016120398 20
3255027526969519670742351684211910982090147345534524738516054502 03
4488652611948457946739103249460175460659491334735648784812681880 18
7073525918380839036790727219871365126911287379537715995274134266 74
0529860582672777608419974697064196590299595629560556000221763788 28
1809646584242944311604341015403241618371124118334133690860407381 82
1867859296600601526097920430269051432225681436574696554200716104 92
6071055162136298793005559121326652543344723751548317961256407867 77
4243070700876622029181406550213601916638438599988612327515290352 98
7034953210752896906114040165980218828037680534871492080830871917 804
7753136085841410659675196043240179858915353244342336299100339036 77
2618991404668102761485787215430327575243593205031171651703430242 73
7608232710098962149506384969100290257741671365850448982075513534 46
9441941851991214566815068435730758765412713166542356681222737222 33
3875877673936228746034106368156518664932281342304242040017305391 39
5804503405968044825751340555490464163357843816058868602279917915 15
6776991848385745819789813620129705387867266068895188507220074426 10
2970737128356942669779338208780912705267402281903448878106828049 59
5910794308881004695618358720934323230440969761237719689629821199 1
6878709833961134526201769594003458673833978234147321913824997499 14
0658967734474340283580315374798489967619249669985182240176819305 210
0224551085786038469056876636412890897515543665065616506192218185 58
6063952556352043478945916167981232360574968374823438905555964335 0429
2754772607193219830825380715538852177309242994131441902635580211 05
3579886653626415101464607119855982928954907551481369440936071764 94
```

```
262910340381718216143960417698528173282088210369061259770468314059
876589814268531700310662742574082809102331168159759586548561781614
606434476519302871734300921800100587395483454403762764601382427634
053294655808884773746683625616908343097270069974817824245741942626
077709798914229003500843321192397735909559457468156646947811010103
696356946867890309337571102762086607087821065555377926088164133752
939155961539106238153813148131766276032319888049792167796110491023
883227506396471007696524744146098226259447672975844810138808410145
215932988735385180730698100946012616786893086024378498607208280266
924451098153916959736018213287944079223067584129848490365630343690
870142583141989910541398522693075466950199902772011993438099809657
194828591987672414559171595955750006024391473464999909496228073208
901853177416621570733389283886391644137593974177979961906452774096
579769282536534878288646972253655754525228031688471039269429944017
744150565410839248185380972246265514689030002078212754945052791543
698175496661875134783191865741255835539740773733416015611445281501
716175117999639940611911008630470479571340953158279114969755061425
259661879019404745287573343889299080029769877893086987339902732472
293618765193297280946392158801058120917330356069608825523217970057
600041590448817939229844535803797460712947076082006515168336564512
412811294002079114608274243109520336002850578510317812969011196732
086099490036742606578833236759989031746784188273762112822615043735
782612823923583260235062150253881205038087610757792341102006638835
964616931815750428606621212402530812757970025787253844905787402407
677517611828280220570076803317314373322497208953222317699914830922
918525246749051877165871928339145127222439107688038146764776825605
199162428994666415868570033589710058172746117001313172720152645395
750670172388733144385271949660275372458504518511212453237600924304
239954398933276325847419966021261252980566184976823050412057268302
788959012984790370101236347773267203908107116393032892689698589802
760428530981257919573240805314535999506802816476376786162049908722
050571792632644701380210327447578509598153769279437353995599069201
108684572761587374741497813219922100979463616836883769800680193267
246356331393619802284466029082574970887611612619391798898914147203
605599369088389305805359369339114503166658376790682533810154946336
850527021605286589896942257096353454924087953244983450152302310368
334930834082351682915189641667157504762901953467655050454331891572
657051498776384149079126728380317905379403906551343242579313304132
494807608810469731249545345457856264329245753975443631106604365289
403443842934131029921856386196903953622936190101639935285350105729
932771839446878649027719241196947766796743216916617401837190656046
390007652119611483507207555929101785378770569542074600725347546329
875918008302027150297749789152839894533255407195166657532309264951
394211425540451153778645696623468005001055766568622256559753200069
485364386223037984856936822387490319549004916657833974366986091833
919987237194725884528872540128464505663054723627109926427857024582
922373042200103989251437607418119767998004961158488903136574404814
727769349793351969079124128680495050177445358305674042673285789757
264025168112914401728938889390600786220339806661965078580853482490
943715105931869232064049673865653128130407910722221357665482187807
519858530019883207194602635121427993700694070856559587246813655434
167121600702677482923620401452985056021224418548337825955416419100
110694416061119361341572843855737682243702736802105490498596516587
297294455519182415160406551183970720272020846402043930729863001390
554348608057272087118125877938449849043705292103749701001663998151
949476294999864284937367525363175218833130871088079788392417704627
788936077376914701380205788950494781158875639904502685755056174160
```

पाई के पहले दस लाख अंक (π)

55899462503460092102109352130947675934350822422873652738883742 3211
34710601092049395617317488537802273146628841603886788153423753 9156
00377407866832869398483480806701923600158571920293111341735102 21
74559411995983544561375619179631107040180474480380943839754826 744
55197750593665932950078695139834792987338878101779456081754473 8135
59180829981249823150037350662654337764521831661729592356655050 3629
88711935601204167938372520077159314190351927245801694493938939 6886
12900119117055885151579807832197586364396223411559124784518708 290
40220207055268885676776757208433019621579008529471279823397076 7046
67834310190431379390956741849317948755991990551409619689392255 7331
93871822401654043894242976165912825960645565767896269500675457 6610
57497034947209854964172219226415181027989110590330653915466596 7022
02149545429252256801199732233186299301288977260054888305180190 7365
61784872448961557321648257454753816143467084018257113637533942 0168
40051144296003030823242762724402493439561055939330737827909395 4401
08058510853811441266551615428095286811705096078289107899719529 9893
42167794620020169998496514405533694909314415663747898278927807 417
11709779831715225227691017629063753678298686927280589881500482 3069
79073492161899553670790703347937543360494530720796487701633503 8661
24771679889404617208901243370958171600709412249362154964957549 2391
33890521379284813256006540708721929520411745114657836210811062 4285
41807816619494184580109484822606357864009531803805531752590882 4674
41944083716975126383772218999035166081850378401036964191489110 716
27920249788407850357701405616347874226400006355817468995774598 1617
17654247358213363439055746336700418263131436114181603329667629 6760
01679942055334036403518166605499089721637891019331493529788162 0939
54196820658190642836426624132370590392568046454636658820270576 3264
91829158713636046873638450544974888393625563446902584799733972 4378
26866792004894254402223869489172004665582573288023324994353981 0894
64662938621067826158527899573711364825491949666999004651483304 7867
36213896107397991573499337265679173820506794890335785170348015 6848
71190573315030732364815754371927707826788849883018486465398211 8322
88477459906823397462156125853826623722831969860252043378627735 5751
55507201016059787121746506973699977488505823686182397405962823 8990
61718458168239669939404234038027152149341645806650609425516633 0604
93107167197330836033118091222672826165364917781545471333613951 3693
57897079038129100817208674970566963962750528372743979162876486 4557
68107697904387778853689843730036014312948664926231077274903705 9562
14258751429326687828478807876284781862459567816866258302682036 4459
78850982950892525944172113535585941142399515351241488610058114 8133
71447620574893722416922190639131378281162017878760864388860506 5870
83240869863946519451168883795277463535977800599642251188127560 1601
79159022475213976910679863209283384060086102184671398118661205 1037
71796785864715889119197808206511049872092732936744466455522783 3315
56127984651988348361976080158313179067455124100208677523822065 5461
45593974897869216323215553119290602588527663367002810850040367 7602
02462557785265266977034006959215776156476425963474335647160218 5512
76752648922167599801547259118353017790110214847022673250795852 5275
48423162615892967491280149800575414928943724074644381116109689 1279
25533486650439477764701668970466249702173347336807947732108619 3443
42264216085801303502463711108941668102650367375214032824342933 6919
37372637891689833875137555791026545295231372878571956727250352 3272
50114908852401112212315223953566814175636082796889420199323245 2749
11500056806619067100730562113125640182950499334281783611200441 3870
83045411777990828298523910316521755322173908386337724070260851 6018
65097547228451197539120397627596019905383829494982268416069423 7074
68528511859666876879722986460275718450299124692064899469489774 8305

0501351974592227789428049458889362661755755850166849113803454065533
8404509254779564836853141322067280529532217757679973297500007720903
0258510443246399340674510943312435873235986285879361322862400827
8150765660815539481580746263592719106228645291219548991273889934768
9840630693501530580839565139440243232506662242987659236826941031111
3083415119675553613783985422117921941144956191653884918597957076433
2673697459359381066877511045939056158759634966179567758163129073144
3952002117162416023638780963299013324703785938655291405189485402002
1747743494118074693780365326131399462089455574906039769709495500800
2649687908339222077306303315271994479489978198128956639787262359965
0538450840226160712887069191795534834127291556345078392909554962
1763780941447603926762029912097978526101261615871270753558678860700
1332293741480098053490197876511723501392603202883193813753046174338
6185487073152287896043801626021519321727812501015366095539593948266
2978500964721476963041420928560836755369714576744658251377926893
0034981876730953665615409401818121381451571893485211413763239747599
1249359704551181113512626385218226841422905761672336221741638596959
4285555841526603258173569687347871528253854686617083171567897986920
7966857938520386732793631311097017509091536397157747854669238984
1880008598498493115913728360813414373935984087726813881576316452990
4003317006143551587132104849086040863099554582932498512694150896588
9662019644103033569857578797191371874747941989023985576644542753175
9127821820679194009597944889802165519947491076702194965961007134
3068360588439806250293333929180504378749584578395597521918499399115
6656842076444015770263734973607980438943732337103577946294959569752
8642416907667162597431170280130433527213920898591016293150314406167
6033044871310888930329252095324604243871580137411333349675218946
7842043520120051017155888101407279033709013906082962325736543490222
5158571159743254968282425392777124223574763651474626863042160036736
7373905728097415180263323536477880629977836503169624788766630494
6589041398145368349648376763797240301315465398808417396936142586711
7938191404814312622118490104771070020651363401986558245954915189360
8860207754337442587939235037833850250116772705272060991938026117950
15938187100439454786426117842514617256027238047632869979661131164
7174598788554203789603048511936947192108774950855386289958503777
7990447987976819174494142900098035975024431445721638798732593334748
4330457394081255124793772083829886046552487144520681203144328720218
2491713332412389413032203595572780514404956058136514098616007905
10074644557432653939453916473024455409044935918995009300701806172333
7167982022317326195486552606537659624069393912796408926084161148
8033064649940540746459731482403965686343215931299439370778216002700
9558712592639380626530906372271590302144540827890353670167098152380
98327042384001634810127498699659383318771950793697308356943672885506
110250945352047041905954246820198982796106997322621366281673631
22989056247377762923755761011654006559385237273915066906457679463992
0589716522864977345022841403508880830934461816836667371572514163
8260526268400920108841378388920760123000864027233105874037779236807
72363376099963345491422951402634074069500035719201635541039052403529
0727326982389146458549806071219716833951774684572732705783001650
4343852267328906604188841138250834136137996198101697052736772471979
5932611776223445398195320472440733945521293754849964621282877989447
5926355647112480984478865485768440040079645408653431178446986669963
1550715355346753318278942174905295408470023651559371913300707653206
1016462428460574459136274080249442643024742038723113681403501164
91673880339796281288237086263147773710950925211669667728400056696
5235533123572734471225084933421000065438046715335152491823178461651
0258088180164460499940588490852354086151838940436071934067129236

726069448064599978077724922090290386244074458697014205902219888068
460965151709482306000964657014364407668066372796875694071351567827
990649079063277209044524503248575792807082252032623968335485158606
931459783852836169456336186314956895751252054275834084337654387735
755811332332244587416913044623332885304034168185327650796295332567
196803046626222693929242338176147406217694381301816446836250602887
868826388486228440768649870505438229258065848704040355625732567495
201114319375477540770919620795371814882506166306925483188887162368
525155484810807574535347566506910899890257900674711653610446354848
625845329601116605524812366581334844340230338387669473085311468229
529009285203397072972478459503263973047096928772755667410787921270
676969147191629646778484264375541857569851081658718271514749550361
565003713207380545212738607371349328329950679483810466721696131667
455649838641066553851957114779798978040531315310469535559560125012
230730135122823590308974131531872460657676506927312075405356228053
969566709404554331001699200934016030151096700708703308962865869548
111711644722249564592624702284383736316827618263814545273819011157
150895220166955589525546220679207427677769230811522647511068244339
134165002524040693302585994563392703641944075397812008218213585044
554735215748043870509653774461478113468716565558883519727921318504
550683553943076050369009362962387836408667012944398938544441878508
815883750876290001144469012888129558556775237521659868493432422064
333126591574887295399533862251753806821534505112447440946911045116
323995851505755123125829401236747715157902678546634378329976843751
816713246639546430207887683845141331311200438362720947289667797439
488890340393339347714916556098784406261235812235129549256259585831
916362448449112393536576587105078807396708810976691210513367202108 8
490924983481410808514719793119832560149134071181692653771766948863
256773850811309929392427973112696774583490608959014679711219754532
868794910038496940607005645672377105349189064450652802955744757018
578593533302534373141442053035381894725025659741992290085503383479
296623707672334636290375995008754307502579639741502039884959037585
768291001734410030163901748485633064220117520177885798427457959125
026072781470357311880310825407223370561840398146430866701326413991
073500244188772556351318020125185801489754097369730814873054088711
737347442840919291643424402102449642639287357398240381058420037345
869531070327979850229309466268069017927241787090802523829754926742
717401093133908440060317715039883971756517156642506614086351975457
345974732854603525770816379080538731580692280533069866107176170472
318941722385413267567686410850693619772850880899912059322947870172
365995791125474049023042173561164395489353844038661966783227383630
991110052858370782496250614551882569385163576399303075590707409177
917689600909421662686399459309871665187527628061216776559917910290
609779887602911312938589553501801828228425127176741423279437724 9
083446842157094679010491342939738156593513336070619125183966348987
890494708726441344580810241396525389714439089177752252411780220168
874982430162373290165423895888029875750062831044553948727701249308
315249497974712676481104179236903256497908621475914072338569985684
899320722812683150370989919313076022276809177596019419663136065337
542651454170789726564216949912776720193565187129742389742007742270
600818331468689266029409808583955345298132643374294839713715782663
489388817585285996432152468492022170504236438629715317037861202578
285472396855010947264868652733936132705317091849608428679730630043
616542134626766101017003598757979069986223205488026418532486292510
961687965980769538976545361454574455400165223914248148929729381427
906255885970122387283489024057385524642344391199345027206577171521
049912790899211699242640970409416207231803949694168898542656153032

80722468255424581111427009573232719015598853789575571161924596312339001389238727152786124203816814896467821416667587669182854585244394137306771464037343309404136447692935783257567547224604923772545306631226140550175638115999431970278836561469974535618662519921774758789668022046667762597743833899566039040362829861482702138619053606636684579151451491296624149189690080815398786558385378115703426603443048225501319786604767627111519141329606396129679567514855605359664271764873387754842166807326793446827374535661080150860574339919862152957878761118559244723527131690090072760229277857204073949284081028003889856654021555633375622914589826405817184880903521959232298455919169463929579675300915498710901410398873834792493628931057971150462061769010546893013669125649607645519105336273179156006459648274765480572318894713984109860130286486656162666295762500981783944574352039379491631861623245084104361645553981702333968280754081606767892350510276470520409956971481930783215993225562257913369017793709375425041782576570705962239705424120671641874246415575661781751832110091846264871776509119033457230778731788048493776544253945247149424091479337073513487876314576985100249674982967257183895783784649478639854402312145464070231609321036055594619547608318410781549758552449473221438932052337349758294772936978542447331921658533831755522494658487593974612031368176924912879005517840370751610615086328433445673849566589150349424052007897413832212149246717980852846342868204470275783698828657304473701798754988339182164436320438360275261130900446100374779902794907612459938112405161919960596513900779096342935831190343056243567157340950516362874827820587615489998136228400631951119520178080967490670497658942820319324591324255961711416431669441618015524066188633117399506879643778155380972229297459868674364343772446022500821701314936991814024542091576768395501316818107403428304112686525498680326457932318450295097745201389805535819141101913198433867985554819940171661584880851181485049186467563917728633058374665125190995176278621822177837392160428438123658550359877683167988769176678640376960033967280640457345259752019328540390384327847518556147531022636373359384639799945119773456856654467428389581911035087502447542075011754726557934304064164481640001854896172357369876500209146312440068050665618211320293368595675472266646602468685420080392607405662982996622827886673306450655032884162938829562588755409694680707065812198050857892405667820730191320067060364216836491652563135377625483089594842053609872295558275245931500943341900907815467112257271079852122273755615832610302392053167927886141183298226459755765340454234610490295722395875331195796195022894605030835697403198482479375038973982795389920689718912962709702681601799948823685154410249063450379330463850598050068936885092159609249345461701869664702253261938819301682122648436877795239618136877735017839876014287972084836641077328764288692535871469783972618881033845033371181517114847157535728291113771363131977782120245684609697774921963796847374969109456442146235274675272612853018007895735430327535505890027607241710842477977227327359006266638666960135223025608509729963153757824337925071621720744063331379638751714439266238114553939004388678518424717587537903066366609326888319312103232072351409070336054165750822090603372016681138850314684644519169504365588661521259506938284344581528708712282931407275559336996812109903515910164212560711075765634430635117056731674352895819475495216114251931100258904134528900750775831818122670748616937051137474051447945461979530174760061067934534837739405521359299881834654586798258758604317340405546011823364935533063590832243916668061210292859293099627572450312748943909642963320873077467150077733008339343158859637012443376957769454826077160976708615481666798

```
423891035060904614604413039687136894886799835087804068064381621772
406347917811916200629577770139937093439443217249722182319521253794
132602753367456855860884410590851123027060655379689486119033343118
293391087619618565414570968938743695706123428019773355738962407681
631584433584877073360720706401263672416841255098300951381957688615
124648660191044190004053873335671201528782626114531444001949050115
641718014623553003346080217675891561479950371467332745815027281127
211826466922555444131883985950933419623985945561184947674786532207
149201414043587348389120710525816364490692039881387927289928539884
606794699973386287843222510037432806665926419930608469361675677484
717995553822497857465567250556748949309600038811165025990005993740
173866604706262123885284817010946710138768352200253700490944667104
755790008627486998607580100559897397752748532074183466193993789997
610753993025114426156892048551972307840758227848383123586478168286
347239705070337701551080372168639415071758912025235200309364453816
100089088130502039169341159108232754929969978413544833229671875424
182246552003796227904310697702416765482939497616404950028309838939
426022430461690484355804747722403871786693491539288578630229892431
436841730470301570109023060675037024472003326413487285601003219723
656520159094929341482621229998231733207306487960120379727647315563
630376092938373423468209183320342088037583199689240992749363529073
564984723927517964835646038113180744527184622345859794497228431805
274062500057844200483005238238751084855426648661840587880464120681
035919898396098727131150641081845490455579276094354218400671176453
548615105282475682962685981806029377282987924425294387085412073102
529404983278917912774900315217552148825260347141601819538454176711
806252183687581941540703676815615766181720477998692331464033613803
346520401842615803902641825361857224684486012887368699927202741620
680637666211206920304619695458113643447415987140189211660466226582
661590542069763943593123662045528756034215600347360119434225614914
032015794171185171542756396517256686453846709545248371305948985825
974527756437837209390373760644875780538089666661399183963055434635
153154818588677926291272536342628898525685446469814497461892414958
636636719814006506858886080224267337988127687969406497029915452455
272132575428195324917311506620858665207749095296510075340404922735
654828295702569062935888169014651069717772420955446130258543817866
304850806058990637380905430695026138424222705375354598590993266967
332165151948172534532747333602744725852724539478578704905484758633
115718366332359123475882593406415210390728719363267963759284733130
161233978154985650774595742630192501361344218177865732684594980392
574196969999876459824956709409555490645143129975329699029290018110
334684918939731673374047376102153497902801317223379127998639147101
057364580882496403779366914426022522432918220359694796522963241504
625930376366432840865616023121610990271779794048244237437724217545
327436903074926261725888065223326141060338165320932320266991087084
758681985639904985750117619963690596992541043687532918190720041575
982623454667270157369711333570414032093793451266060707990655868796
161579984934109540903212436544310873161586375727374817450178665573
793984866922911759920434224760064859760054978280629418739147496645
660197689263616598289656557445804099142689094724970673522047011619
153600945273632530666440201002320187322781976148686634898913273470
144482032429311784100915283333037691119705125251189029708294297488
398137149977805278164934370560432600535269810691898658868981610889
926992043454781553574046529382255475792396512578169849867342182185
312407343115296082141120919999406160101582191273730165017695811861
903668977927569046785710181059393731438811929147494435652218962602
863258663651901745365921218638768107774209158364690909165182739807
```

5310306649980624484927747561884529732947271391489972684077858977 86
8656048723305752422857172473443666741818123270841591791478616819 78
0032875242194648011931593793515239417409041909841257809909038894 07
7942046727049153450002486042745530730683647222075893082199445234 72
1452184282562092914376814387802139693639978602212632210982207735 71
4412941264065376526428543482970693655116806728306148155350067799 27
3428746717408366660205372922048484087025230125857179145696657952 39
6359686270645903720726805879439813400667670141176581252233481048 38
6867717405879736896155996217846549730739340954660431458601540495 61
5776456167344721264274687461408302063879359804284966224722325504 66
0952317681724586362611284833874076507582889567745895887361095197 42
0723212623335561519338247176021818683895300679750212076904388381 28
3562581450125007119027156514434627064814950590196996139040560790 67
3726072411292447199477028384835318633298176199947312833144915968 77
7504290327977034761938062955123840138422910035767692969859590544 39
8289266660087801034405967055905207668370210159521951394544773118 741
0723527945608443549466760792882681935676466658916136214042478564 27
9268156254485063166852683275246560027477652412794270534193482805 46
2670281599245391248739375580940125919778346533655735625937668087 69
9752574602702166964925299837753819693846254708518861510475226475 13
6489188335738189169712195832681004195765377021192118272566508896 68
2467504866699659885042041191615332098856723809260181428117623447 9
5582942880581369886073727549749121306874374219430148667662596916 9
5195368856911749382319697559557940217938873722515159971405447289 70
8395510365486662819650368486846610392745568414363590177744038756 51
2080771456364877728443833156357249683675631481039438968092119282 33
7414507618630565777737794145333025782078879337135523281930667781 03
4744878814533022767115982463014677391318064699017145323181957296 40
1713829934458665281042390292044042050301085037228897072266732041 64
0758383521162554729354209770671865262076294672043364237350506632 0
4112521287225894149976280468914855075973614650511764125793028369 7
4532036046506156923811971213251056180613452134381768173276284141 810
2164413417024917558436568114547977519582806628442497503791747723 6
2042042450573630609111548402426995643360035301436659751182803280 3
9534210540491910305673142107541302357934877234239073959389300436 89
1328148546882197053482680640613344760357465909065646098009717176 99
5752043755635452168504422439082780083480721568003121380513744755 738
6633580661289825695253557232663073951954063697946913927391950929 70
9929134880148676072714978516827026905071076789657653044046336262 68
8872262742931202875173849755421431504998907456461215695542535701 52
0147462658735882915448693671682109726387703669298762703332692676 40
5112356591787736324770461161187528378640880382801363490414508513 18
2955873803365715923755404374036600943126624937447350183694088350 12
3180570255108941846936668830380623604361689986818150462814543993 70
8439467237952819530328860609963154780541105397983173910481917987 93
3763099182400716369535925678358666999085256828346179992044484921 5828
6825542660666948065905588375476747789006303076397732011916264419 31
2313733282236418119343830505865855449829986899114668131171194218 91
6017937360257596321853210486874992047347029942678712761333423766 83
4282256575650157489720280343180320624484957230973900571509314538 91
8434494382839737345157998051562591643226270141862062369447593021 41
0508502812036049109939053684780560216627046368552572741329060422 89
9563510252284751907030825327384995555330449578033090259275316352 21
8098898826291159803371125701721767669045456806492230515747468915 57
1710175672403541893506112888730240431443198695865218667607330385 49
0360277460963545019525296534070301597032409851150252930588656719 01
1250832847149680648943813007837186239244681790216217356912288723 94

8021648464737751768189421222071035655596507979484499008271935528 14
79143404037138717208176090319885645874610810991059369177437947 1287
93689503247741864858064819679956146436708248708993683951315072 0305
65303007886685982036072066991673761641475665428771935359104452 11691
67692816396364562978340737064788274061834054357077412161383202 8737
87903785858932745536149564461255050554782668745445509088688946 9271
85988949423449507483821850184341303236200466807001917504592628 4083
85053643126768698034026811580709810345986041308417355099569441 517
99175432334806330732613391399797880003821091327660145496111570 4285
80281606751623381353863052429563833095032019287816413249223004 7611
79535824956059145300042464478806213024689786559692629257635740 2879
94013569211675539040026996645560256829723695049590996027170973 8166
61686780048327292990594281029681615746963060606101062267170212 5396
67479513893813748538953517578329451364260069361377774400056699 3017
40201136677317877044694506012922607496911061576207637893345041 3733
65119560032907835235964653265747497435286721116298075675851083 8501
60699896935867152259646305700913908762874164925417081690968473 0954
88602332982888001016529628089769877231969074210270093488809344 5551
21881883365197843185355960674763507221611787287356394656554342 7614
06855941242591214170781163030801019258762199380989589430509396 8251
82771303303349266488532956187952664463190634938964927974779630 5818
23776065803540227966910818093226725142614287685085502340363959 7056
21412515137620467224442897997855454131901372056002945670634038 2429
91780751257244844635771525893472233684526800050490579407659261 1834
04627646998353219893312711732710511293877462720081317263208671 2472
47831036953250571166846693391999383834165301330924772942935847 0743
88263424007013217132097282749479611635667826150715662825021252 0627
63897515665851340604552901092611263816622423668992710649041886 2700
14421128735923939982500565800643250607509458935850072180729322 3082
46108258185874671334067334432680515476527611229009421546556183 103
41268701722865416226697448663740257850581983903372668539128342 51
13889776103701554705969784284381211041667496423619368984063561 3876
22795945215146892881328239439636612945013878167659092925089753 247
16691236834827515460782728044518243453759655049256806485323099 9281
45147534550927555277962794142455744052552188252323955625085721 17996
35301956758117744367625509731975115565148451372854240749048380 8199
55880915161179392191042619092848578161390514823147445531015161 5917
84145999471223905165969441039727295741158339745939062050077580 7095
96765898924961437434878156377442083749991461834513411785721356 576
51002882165343788389069722998862946226868519562883232057053789 4217
89593678448999728380822512958573742956531487043040321954330164 7220
45813979057452880207472858810311408587987472118632864898447340 5311
46044004800111896474216571999311588903720590031466418126179209 1194
08878500667780109991854619093489266918509118998532817580156149 6344
25272740201323083262625378297537478084964862057473772980595049 0214
55501089693480645109743330059979855532033131826917519159195006 5584
88436551656335235079497441486995545934682666761749841931923239 1985
84931429070339724907410433531550716185771284452704556151487208 2178
79010758099459907819034076848455908034852561211244638882388776 0077
25640595058576145061729291017634210620163227631335708698416113 3384
33519195521993423910456556597310082316994799784563195983411430 563
70588841358572324394599937160845154432247333257474326902932111 3405
53605260907241688375335436141287023423782527089538235765851659 6417
32811004236702247942658948954200246277979309893450760213624171 370
31065132759759613489924270047047172533326422774262347566320225 1798
42495249821276559511394568141270076623154851582573596335382671 7922
66993633391806685509480289663970163358030635777920615129299586 8181

60233278268287561386953489833858078404867756502916232810223212628
23703647116725909111622074499444703371546717193557960340649572183
9132431571758689056357820119356227777634216236724756676876177220610
15213389428844275546380391429829340970637684665116996845497749248
21623454987901900590122307110248805880499208202673415213345261948
27180404524659228844295541908154492145808904570493927298321688341
42995368258674641083672846833132874321981230074513031444007683574
24462780977013002142187123511884439078142864571486713031627438140
3388576038852946905077691124396402844275392116011246848558859087
1204331369833551298317704475439527351180945626273650721342386754
81623509663987589890781058433372203975442049861899214534394570010
66993023334045070623558228321979391210716339044784574064959683736
35999610270559810934327545718226581916273764083264919446339254141
57047278930012181409950288177663218498545330856667900703762657705
82731749561209175232476012728488544222989867998826628395086789457
14388158096755058011481632951013417845494953248474350246166826049
86054349862607076952206845769308881019936388602056908101664505187
18150057434727469240045662801352442904323796847683264995978599
18767960988824064974266522958440697297761914626489783151028740066
79236203320604044535479441981998947525319571705208553161777916410
72764613921571177402991355550151670979661965240622229141609972270
98654087146907919329111017460401206520811903347933507409339673354
81066776442516210910640978277403934724092269713998641932401833676
57879516616692114857084403473110985771860143806570305811408965227
99033707067927777173240196036690599023966006174759660274364772334
17132112564069573043007387189697608262537784076168904565036964121
17260551105063180587830717710457167891720931555100513126248850749
12570882770818462973515666064138131857756923219422161698198183386
15910911121296406834764541498748925967693915520889997434834825109
71717334774849042415704476573657457752887031370873919072182505772
93177204212596617789094627810737489396727533366949775977576140133
09640059949599124774240582260227674347914043659775007117490687276
69345637528762791538610334809869295742898490087041375521603759467
76439843626959137289972377200731453366733526996836629260856570583
03882359383118961476361331704366529764436074940164969717395660023
48475312782613511627451693498591497284257801156635401125748838344
57820547565134867525353393094929877785668247383224713634127815663
24590502307339832536083003873024839639954184028662980876689960054
60674637478175973859320010970384009432908482521486078558007203028
92624814842107356768943650847829172394313537730783382620452560793
71434798902477544800015738911657789491143660036793543639320677626
02110521521013592154694544997058887628365793340606132391102338123
78911651339606482327343027611585343257078225967456692639944506549
81999054027881507062990362135050452317325013670624394106180766761
78661414563785766044207492422926977034984501265149216717696331051
76726784883729549005678657239784427631134732497719890600761875914
89607306658215138449134561555715108451321597382911001114287389
94616239385058360323234420828814504339150737808186319372078380311
64175837348751976507933520535426106483964680022831803234766267824
89703438282856767409938801224558418282506165887184191773971348424
55753553615428351062448328211410756609679699510482522794215870693
51868682289065990544542897676834078428468663516950735929005944652
17186518412045443271163745245912494051031774974327164330478610425
03579403271210384808446463633013715290149884275237794983457479987
28151196515943440298872149170655559184939637362023534636888218131
37208134936589804188526181461668564638974283915059558370394712383
17345273482136156961283263085165038215295650842082471083485563684

```
5289277977777563665982862156502212507461167590321165420965414701 22
9428385457567214173899297998005246418168473348180217325219882119 50
3518467058280842927115925999701537509747900795093033188056558010 13
9808122984565468161871538579928128610376600684408308498397279763 70
0416603065246148266042831177932893558742055934518813264760502991 79
8338271637395986023588785134609267323195158872979292466770976350 989
4677014028229224590936493192519317428596941523665646599511192546 85
8864800103777931630738794443787115163435808683855098036167341177 46
7955250541569632555175659300110987103438333592007520317718713211 69
4297373666504816162281397436919436021979331891137147757928460485 10
5745428328748179328722787109615896826041519103216035886779474792 59
2988509994990492164849713854412553391673798326983742448741274547 09
6206337139047404836079415752936336390448179541411173493620260485 12
0123053605543688793862914480787910052555989328252773354359247067 3
9997269227399277565339725669671524096773073517612992214202555065 31
4295490874261705335850333177746025891528937886543076661397186947 43
5020469696687505676637825001336654434120149780395334094843058804 08
0871386953158989175443230557614844599297128725620764700238088330 82
5578637544806735453859876380858476365069526736280986119900402679 81
1302046101019445980359274353057449296422737733955201691580053320 6
6975513019731133703912561191330543297941699192948293905572679579 52
8177269687932911425777320500214760199698152202061524517942389845 81
8526827978979744054165648056210083302860547301031605032014574051 88
8761984535029699992646579565001904482782417386095401791037025463 81
4362445250887029226639233664043519678003566545443642503625079529 64
8921390656484140182736971450214526431646621003780995041855887489 6
3082465740733426300253099497815591421287519705271001157101716377 49
8833787956568653934426611954407741443992487423206042266159771478 00
6548964334962358396221135312572898201355984815657020457482109173 73
7866280253930704465543688974749065847794940959812244787432218660 15
3009734548024696172671294778795194415134401730118832367442720447 80
6236637003524258617656380848573688560237092290882122272083417008
9791292565435419407826899305573151916990118070501895885964740481 39
0462609707341954494227067754033537102964836062032755617310215914 34
6844155390956590974654992791537633294735996020089802640794682925 36
1277898320585360585618611894514061132224271286111668672502570336 34
8863158571739711603288212386637491874566260429531898520879176927 98
5320596870827320607720490875624976239850639187378806361073721159 07
5733629897056657468837735159852306207834856672673994501972457061 60
4170286561431266850797557168950806738619613357613077933856652942 61
1789955761282203962786163036697657292746317600522624881300262015 93
4469599332301304443908514144069612949095143511324043728180378030 52
7016147459666973182339616557550910094477201123130169927082110437 28
4835364658022798435317648760439520807362259586407873458191531059 45
5825240310753772157432145713447781843098447499189198857234881539 2
1904520156617192555429987533454002381109748520270053711471238979 74
7010158547538626802813231702862012903865851442364486492865523581 71
3720293880175294101022520285691187186079645010876529842532971631 17
4418650752018769292746421061313176203085067906658825606161624512 32
9833385602122519961320728581640702090623127183448482230078940409 24
3916327452408745667813673557003975514278073920034353313212822873 28
6895420618818832941890423929582934929305948139194192101543032435 6
7447699243068489549520239545645503065047097125895308641001156968 73
2728057534628882092894998037694276715237246907452768749411737611 24
8907019198792964232474948371863913292204033404762728529048057020 05
8877226359767881747157982142176417664349005485153222335130502004 74
2660842602758111430811587735785368141365683667133917403160705650 37
```

908528432226782164643593015192070991234338444761974897013637518951684986306334712439357199345332511924340248672268509671224442280954862096706420714603892359340106844004753696386497513597358331093783260019092515744319203761229377089055745436284773845335137564981164123368922952288866851999159162996178672081918371734730700682281270186065027530298339014669995747944610702671611160278717065002344548526553180461527980301358894310966438222475439771623046764635318028199644937566237115116051978758708342921467498000152971410916725705796936154875615717823583111771013590125353955687127457997201759260654619005937960897846190272218145072358795484271499133150396203051241109165044196697558251321818617835694275540614559727053523826735711023180819720853948601822054826898663602869566818348668524544614408406952182633280487604446919008266967629645490754572236923327441664913195564864399458899338775870098805433186399855049323067761591828592874389605780464098420897405506832961139723922222697903646977678755173039666447415747265846547806596395648953581955700357971668912269466992715128448647722739811741814886633192899465947060089211318989429677196570486185276861342368815000041723800282976700527792276554084855433348616889849738718678861898732323800424009638640679843517162511269725924658678721107053801531949577164948506298157989469417142820421641655866599072861984938491754802695846196422947793149812238364153855703808978900761390103234971796963254719656491227455826354132341424363457459474929792785696077635914847280121218205712372291254433245566053407848951814467690589598069520034923001249866193762108500512364425478264357338213296609669731653535425624730809028817761133739720629836430505408619406221838502449854756687212600676339743731532578383548748244097809739336148731020239045338094741597766456031376811062989214090166123270039005050229476135188591241064706560312980146088999492786235478123370563735243212718006105308551717034053603307376301871136693532176984282601761121860063584896534143606709141997792464097211427449546989146355548286434011040147223008474005897193942555677557844039936570126377009233040177201570971402261897254902499639625668908458977504157130429271592893380146276281780424512433461156729170872181169866958713126106655810971551555696334819844224937727899849001691334065013922558374525364458711315377496428451540053640421859769093297900720083629620246732239658837413175290586626269446735210442603791931521103560615613271779583324238941011378308624546295140958171894165381882609858136255070281472074410103228385697701212667932146472801159682437711016405882920381222982282550564885020009031590840966980142501599597425610220263183617255711149139214436110185338455682860703157664486057682509194621585069508284940853018066449912071428675989866884127906465394835715319791629682191642876269125672169472287743672269074631085341954406113360848716300832207815371548154354646458370259485036167470707302758499672313280960162936123357408505167586704703228598724739808647326794039491393791308497363241413902943928457663835198421867634664301808689606921433819604221009472098439766522822544368304222054701432565119426870397199293424806391183114715967928827659016065848116137229441994332637690168222434355926079908820340023435099058591392977157604947270770283095758427070913697704371357590202672271213553449733043050674103705440773459584309227693748403956382048859264704386362111993542255000025611449708505270500916289296049847398305977089314120419837701870006385807844261773612787580995515950384666207484815725018212354082543379820275256807457417795530258946819457764606537499326993288820539515184740851474436356821092425017105258634953457915902871522129953695915807697373406864938135614834686259397425293493723922991126095352789014741520946191693752339607

9180058881837850668857882217408930222376707892640559017835733029049
8610475662408840463017442091646079276592403350052136975053666580334
0501312807124279897000627372915259070166674643724566787432560019555
4242094453363434939195676804590871330983447962129663258116376546648
0890071124740281515643434631081445327339715432334544926861930744837
3532903424290227063234450908155379512377571610492712179818535358509
9415538718219494270861149692620822831105450526017646944214984796916
2493833508643899797943725725850349473321123642015645445958323210258
6733821208270110236171813291628134769361336231630005551854169945123
7030874717693475306380949148828231811460148473591765019683057147047
1397168054171207608541527790614840815435277054711138661935519182555
4967376875375655901891589207674352614885293763210787312387572064840
8237375303288464023488292875867457517411964259554732547129988784413
3769717447828951480606297501598104109651792487372542415860607092634
3451122180515157680503952320798390703844559080248976751242811186831
1223535944953623328051564284509116382532846827690377989405609730496
5982167747942906052290642711540907596304907500457866948064424079141
6042498973639622383553426568824892490309401353227598292267618021399
4468018996032067580342939794795005811235633986972790236701977628984
0733198614297089945534090372605768223447488692010297648871946187586
2934213170932727769165187100249899666585508381133567896174811392400
8069204414625665382945223391551604594824870277524026560308024160840
6335831049915931308539474269073234720884119182024847075732911507212
4544689852685531159985111793938108020977347381749339998889738565369
9403875952533621748239471547834800589460393665918892899621752104716
3046603844441237345091038293248389456001298364934173204224321656427
5828626964629870549437086474634277118529382480439358216019860700621
7119659183259180757449365566031905742103306975370732230140442939136
0729974231482186205712797240843229742225306478470222877289889172004
4541364168301862059266947810650015772730346839982955110599642751983
4420909942982393941361558326538840685298375019610026743279608322676
6089824373992304583819359944552036471095908251899166291593196398638
6099844252455919444237409807650556117505789614643591992556426759631
1962778375128746537965238665256816957003269642878507201847166057379
2272520952321099076112702419491396280748169651494320431930648996967
5235237780133601715355794152722674404383547747834615417136108071971
0473088602374503121389008132562431720497688680228292550243349395991
7827467695941155443098503616431316394425732596746141758066342449250
6040232202802946987375182931270655413778298861958481093502663645207
5093196152508201502395128106961883020837877917531424737800666136610
7125561380956875490976302248182547336957774425013633346505272964195
1503070016298234339909100061555024946737128843219723533994529380672
3419621701616343292479375744591466577156266828511079209801382602779
0852490861406132382047029603361412123967891694992342321715288832979
9391129466525384726864053187319793226777027601787151571127131902216
8364169453290451952046150335534734469787141522447087707084561412083
1498011066671652074655536718787287374690498716276246805308575835228
0419199560732766591756957730028792070628730635622829071093172254124
4102899656219439303393597931272982490188505998207530280581826873453
6262076988428838928963551772699775527089280711983832712641649813585
0566092974668194143322037636016031702386454010380419337568874559351
2383982760565299379694631115736236765803515756436802079790980697358
9289503336310275094784781357000647031676531798437489385931992844679
7050501465842227782696067591977743142284898346229638095752245329234
3592235130441203459096101274485891405058274767759110361971874811262
5960272458667655714727549394120555133622891690426382083573995206157
2394645

17444989912970211065709594498556475671053910136404655906165911779
6243645957393460718577117061118451700154545080998850040593155875
9512061655456314620073873944332743915654082222655166711498136135
37399548933917480863741966480932781710026395502591404777519347205
6936117215529192894891128512312563105277097234938677089309885624
735893275980846342321851624985305036273164555086002448011287948708
902187528734539294131614662088148268086141620159155491220419860259
84886099100100893552198600427434057310121427340294759435672697762
54277727675979540678321549998708026058381328690281838621000610033
6423791980019442370442063331998932146516974334576991282231826114
0708986144154081991473747433681644982432526608166696697336196953
1277769129772635798430150971081585627795241014031219725399500985
3700699157263817493342319841708678485963309129366977383562887078
8002392235782310361229231334313870871375607264795530687856767876
086797853884183975085046835092841447196834356692453914539697267038
65703172962418389792354536870706291053584095862528817292816924710
639591376543397751033038618690541627854067967188564523146253468346
430020306636243007728041839150504839974639065235270047668220337
5691585237701399054126383476484663841179107634163945096265761345
8340913898753793488871084408225150247944719876888399200357379260
657685493015534302684384838893140272196682038727684904065078641498
3954838623991443271003548414285714663758141086857568497496424920
885698437459468657448018493422802795823563775643882682326241877622
1622607090451984593267734773501828543606939352416589601174507376
4064068959882929944645381868606647472888991909822960178929780473
9124796321869153687036559529444334995425160580908304927359408810
5128045910650504766496267582224133933158027094209234354824137545
0590871565675676701092095054671117837732104759766979436357024999
24776409909618422342259389668468699154418877209465300703044371831
28705732067398759578214079407363342360849638323335917902277126826
0327694877532004680184757705394343007951196667752439615916630827
8395905383229511272338207550744153078897762867716625188109118753
197330098637717478618815476411602239030319559678981537333332582
360045188973413138579600929777458806142401045915014782067973943636
2919935582276023675103478275564866271218825552853178253586010351
225814502611204747092401718602564690068461731767990573490110072728
768926194527588335875822194738432083457863305280755745493828952390
0598456827291413464323488171485846067830594826014535968762159670
2495523230576378156493445652578255229382496265751170749498866876
103827053374089892104036867736560454285845169503140223236337570264
179657785208175448924655709924081323665578698526453538880111889193
28625192592213556676815576092763061557593066264739260898327834768
0214605557131593915751341973623814379449788885811963343728292321
632033578012611307701085721598982028012452701419440551082110912628
26167070806274271062080737562374739117901880630391519189825171866
137575727597103898114628132094118243212011578288178755591908312841
6589810129599397245828288503470905302829222517897243132948789737
2150734138953199264509403300894441779949785506114695615294856553
1222946235263060515601499246416469416535817179065975346477474751
44903388637694549101338475379570124343532832144929827573206494600
7035879741372847308556850024140578069949444209656454542067040671
917703420558935459214751399465865637953244989394807296345359598977
3250352242536697552026259661902239113744647015156377494681734403
453288595394926777638755908647972478088680068172355853131435632975
431766043925383854075689974298509517127782488540660920326559828
70195713564281392540661309838725191388287432303850700660199215706
8871565313698645866717928365735525656862718814401443171436793748105

9691370932121680624424716237296617153934399533680541456986793897178
4889101598603095412935298746169109192523809742944551488558318499494
8594795902426366425548655563314934689356150341488374884631294653300
5659807467697736019455981528630627612626766355773597675811384216123
7331459708729860471384174012488889187971332736362625113113346765376
2929984089037789520000853939976358474428197985767807210489634599
7780154266971745675426172384022032773364763975517549166533844727368
5352496691562976924834362650474619882335945593854238873901364177
0469453957981187527121597768442511799580716945466861749820038914163
7574252951992353630286409958477380806675941697155808335426239966
7913719181197456509501421574144502465594282308668548345475504175328
0904924396757733834069200365962698238063210584211683115360806396000
3029834869862501418951961597709853098934159069182644746212429836
0754346446243464183758912699382353801438495736433235890880340036535
6294509895717318211938753606040337502573311825257046693447027575665
7246020243435805176179804305001576122068591071191644783678775287
5557651495538646290031477843352420182232281862889836049955671009
4713073625117504656828874933451108004370570085720732275083196736841
0921087264603086269870121760440904028069794911183964366052184314
9230735163158890444548056797832255596285773250306390738623703331339
3794864907355954685179650429661825531052645982451735375632502837
3943551018059272053090105142909243352731278690015151305587405395535
9526490302813127589266878502683802775398087841969542444707598265
2771476368013445122704646958616014050005981355426600455530412564538
5648993160312805596469709727717647751362379318695356428514304456301
2761042826494036797480293301901344399860928405868810026888328778
6069007005752229163788459542951127123641629041724925928703351812177
2457206347444140710457987011683486538940860879346428858140532372205
2203338827824916065507514284988950267304733868941466577151917067
0075146284933413054593526172857624745577868615298070556812093921363
6020794840019045348227175019919985035172181982915553739405244748816
0840114286829854219815417399461519446756653991108625702661728915721
1616708612807864422596878065405524084076980926229798908974388648
7188124121528586210714417131468273941512454023152718464160210458750
9694837594318073620219293740011902747502717656734359424736706618039
8677673056064018589905357512300230660837087116869147579133638408623
2538434926718606613904668433787965167900709509607700445453556313
6240513581616173843997008720780057279737476697330001951815716651448
2156340621818656955569523059973209613527960436084916464544009853402
9608616745334380968998239436938249495509471695416706412839424517141
2601916247382708669769311806960971015572581478531946257461453503976
2605546512543502145241434329824924138121771203403237186715206273
5928163374410315471046396311177083453501544825945760866597757173914
5766095877536672498405172457008259582124548519616437893131098824817
0038422332063288500432542084921594423734706930124693333918887639562
4142540683244296139656862403164128403058782564652342818336566518985
5036990943259530942506080824684142553143703739066510989676539808735
8749937703345895301949519517021752264520732036027546394131137116116
2228990045708028475403614063814770890413618963981467936090582948205
4185806765374568452152011414513584740042491714183497910852675578692
3646084051029640568547162911479605166051298601164218923584706774478
3697916343692203021988896384901524172648351087367313458393544215022
4626155336633614834786423335613805300749667620842875753074484767612
2129520464026842561574021989849634090361092184760431288829692663808
1824774162432149180517457605165276714859567236058544814854402132907
5323119337897054213766925989414624437580625161532179973469637179645
5473353549249001405607436631064741766799857256

986302528399444346379930518242598412579835864959062789069536518549
591816028252311296488624546624741498780234896199049347281966658307
147577253201586835547077836728257562399243554639377454477973382960
292239539101363924842457990895204656398045121789111868368461117367
495659523732158831922247696642959496940073685050284037768906265808
500246717295897639915288552871279469207921220672013205280939645226
322708682212314758006603178586184106934504552579097773956618012334
187417941362215786050078339034591252524540485754363277089363734813
762506583880204845701532917287753658510284304303738094645827944631
703476961344868288054938747420783607209181966956077978078659557407
096044302978609309079720730749607010815586850159480975343530527293
411617148317473396610051752170023014799010869034522977048775984057
286298941810215296900745556597243348361850377715055086033011150531
761641696187723661381272278710986517345203857378730216612722258062
394563423895118271063899938281939468090891714268678748870323697742
369825435588883246084582028402348362623588364349326648017559046034
282151721956396349530430084841662178271514494595409011794488525950
494726556911945792036793654037611386749376191352883897654886121318
115303047160619686704364428843498822552331296875029163545865426866
088946046929370596495128448974048567800358527040399356260489828221
525557199699352579454526174074327085989113001429067140022594327469
021898299517955344274871811164211742934346618581259577501754135341
180155914001252399483939017661752161192300632039269350307440800556
485321736481168158330203170589764678232920238182476764490923997157
484669006626848707926979745436105026659791718725654581872259956718
471895396896356398273911694540082867722083973564852019605960672645
551934292523068186375946771657471639851037580102664513149058946532
011702593902980926721553261881121687059584164729322719691537323315
514987881303473988948962542717046310852002030893497607474809695231
438144859523362875963931570347642900052519090875253156754079240494
631761411281605006043323678149217024471810409000252357290745094008
754190944850132342773779028203768777598838891022428946586307188578
363258401140040295820151572777505522049767174180652296812814453596
307746839919743615077556084901483048815266226168875496803462833040
684967248845831448961089841116418534724679049542984233687929502850
535622738086930362906434961063890273423981644437129896752462213499
807179098325385375182451431822981701498047147440520820677173482930
757424460717784725245946185748904930509650979539054225306921236070
170383791085714698302257724852517384591456079105588537047066293052
686115149625701677756605098715221893119931908608040958932727146520
031599118043637406495544985222116311079240253084120858743275083025
736046735590502428762009605821782540707253588194242748229061261156
506709906900009646228666919350261335698044849903060697708791796420
344947066473435831304985932397059589076521205938976976179995460990
255750129252950517564633281937784817982728921626883979150390284154
892848405010183293430169393085976918820760983272888921135516982344
564447333253072962398579235645767684446557407881847532800320620409
124850379079033696967998575698548117548118386688492826248933731346
365620962364360176047562884825574687983523166892032758120831192672
738707762830879194416406020746280318221576402945658339747608798691
752555031704962919619171215072124527733136375472863049900375024593
485960032115144992840662158257436742274475501063912224218890391206
885714990281250332229301019625987938312748207951457466369086901110
213105305738750610287625824804729782975970378866527021744112460837
370072764091503713333614971740009051602135428701865990605537125909
989698875726878000679158690910845740780273990101872583402502706752
349279084556458472338387936948393212193705663102735811096309442346

पाई के पहले दस लाख अंक (π)

```
2935733587439546101715097484176032594835362175167124900482878786 93
4431786340777895613431476530447271015873083591865442753350609 4500
4542709438295952345006179508154991222606770536954034708723167 03773
5800385888201853606077407859203091001307366815332051430948329 7128
6108366025245559269732660010329761411191743742767827897475103 02954
6503081040604842126629274922587131958043783255838142797282061 04671
6445453966782750663376119561547180811410663728904450860711216 50660
3398923855553767532053879934685050349218586536215611625607737 85078
3368139484509250569703460543116890143456562307724317804512844 14990
2118799309048288996661964477429526148689757457320468170131393 0905
1170561296813362465657670327529978842563672610468451395578761 74554
2614079499278851594193234557306458553637676662779045651946875 23590
5070702902642359376892174112583357143985547271796933471669904 52457
3857657346363234020958011223544764441723301996887594841115885 91938
8026520824126254157759239535571390099406192578857624384396708 2535
9850867717452030647712597168716292719811087226407167316203119 95057
4953533507855790580552280567687094003588621450841939451102129 66418
0301025071900414351802625839184169634328710839244701121728427 30327
7470134337984117330124469137759748817280837808632835848060410 924220
8657677287522099632400804299449293049868849898458249983713858 91669
1314115948053797704200159706893471118315733890104746479878081 56521
9264411241753662668216817707694323814663364194867908638258471 34143
9078678526625420255079875005983442086433532034033854071697004 85895
4238194164632023644992186969351976251487589536447516344494064 16198
9416711341044350148248437987463916000978580071488654135135723 46046
6234792972728314241559208000251034678954542752194241325704026 306976
9465401613548546879857144294868030391018441086389041448112375 44371
2853308239937328366819623130295691856958566274113770338858536 64622
7471931672503361104073315657007652071242407975699950151716821 90064
5117887028746352292980881877100729033972992256642113056013757 75977
1901399412363267280845389400319096154214993192613364112255536 01183
6627327838526740198754781876353935733949284710295825287103809 97565
4397325671294875582247836268074527390349037453906581151941957 26455
8587882696188599474918392654963544751365041228605931178327747 043
1717021755542733811316446122057779146073657791463076230156987 77942
7994708000666933390806631285203725804287139455275693441864382 8321
6307542493576743406689842924817540762456348435859978947995073 58408
9721127260109801859131872695820436021544935373422820998321512 7996
7547715108672556888219897690679432319918500345646597546894209 08586
5186885415650053017704347774479438672703930952508017481143880 6676
9440408803370027622892294039495464568694673656276512157444272 75561
8547272970923160771008330327612046440019501088255436661183840 17506
4330798789601849572564092270264536383848782864437784676467889 4521
8613735355436563776064766781709984505435511469123142741416483 67976
4597496100751751595807391647993195111269366016485842939073318 7973
9169087881956186743588313735155390613140986275515212954448771 04580
8977219105827633989474849102783391699522543776814394074186682 37567
1244233235148234658676499645194524763330870536440687141456832 606639
7694548019309437100867957512398911906085980795618977028617046 71402
0263900407552116967903967972007171335597714677918457136111494 07966
7124629229993314776342165412277835748258627534990067921119780 60307
8857495469732841964644872481549238845041687488440326562774709 52960
6774811952785925148107028490709150186522875342941836314061123 70858
7326294024339098198386808979186012746208189395020988748831959 20209
2020419914311024328861840438672146984472180588274776118855314 33454
7759499157081121547243048811098267530850187927122360672654247 22554
9511677834995137607049303136759892216457674176156088948829950 93114
```

```
2765681879504457390726038660155812138169555771358420435493478953 64
2023389746495492766853536201317528657055058809440977166826187785 03
5656932488370061916868813257698989215377016429415477035280056119 4
8422472985187487774953546599864731283766810231684783864208035715 06
6104376080275900992417626841020731910411686475234925060364563867 77
2961804953661056181453874745364735629557600768283850026539033822 04
2359255398293284193944942050008998872489180621128704903913002948 55
6514749543445752448228715834065454230746784942749309634700151432 63
1241612982110976577978086462089636434720880591553642322648312645 15
0216051965026584720667061301204933869699220607212055074846983132 50
4456790361979375114510561099405972270610245531643418423159313539 05
3072773643156367264580132267637726686186334792960994124327001774 49
5398230432040025449854464125821814920560149218878848500428184182 9
5383774717036791912893763087010427207210527934076159095560569028 78
8415435937041294487067737642712638215283791146308614599688138515 49
5896934947775300910908956450628879874949987918977330055395549969 67
2231130329962237357438567780028847289642133583266947258346061528 0
3712627432217243252933925759249244741154505859760314253954019027 32
7179534824534471181832675337725688313193570020831617831857934695 55
0625098741480850738372620144835846400353369127055621195890629893 55
5627791783990885764956240379714308839097111026422589746293176689 67
2234040127892499944003014646792202038304216198807717346647351646 81
0982056584456771849874997429162956952777441709563128459610269014 54
2233395364432479089882752945116320992753074993793818983147567944 41
2459596372625788487798245921701280055758027161475792168773028767 72
4142783904590739127392942678843857719239680522994034053347073573 33
4518367251554265826396199993098367307950372448686461149373049576 12
9415707070662032891811072389155275383366638170804303305567072752 61
6774194630606087015556574523087465583961240503014805791061458163 0
9013148988618821079382747513047641248682780160190496784421890111 0
1839255967801588440508539397683873601419123096060068884840958759
0939798875457125098902772115401440192622172796546564985959921437 569
1142902020411115792487312650807559597284727869968278916268278694 91
1524767458519228110865267700981927943533791355350051468985793823 71
3882735357271717893830142216485717141029006997282353232884846219 28
1128940817079740244219054436930380174929970320843401108733211145 36
8423599932090895156690859649152277667229639694224242341883180352 1
0991164028064348473544379832000036280819076855849256117523929774 1
6582041844810908951268364708462474117396127148810193294558673819 43
2508612653588373685599202590781539608212879073060653335449059883 47
4701016808696373177373258291394020149923292096927067831675968147 66
9667520807748268071111678492935846198418626172110925322160685253 88
1591855988062776872164381835160495538527936421090313103607816243 89
1471254331653700492954357313119180428419650321615780904252013312 48
5605320360859144817671705497669073927648951405521520609254132916 57
0249181716644372036661368578767332511082859038192154476652862252 46
3592191750130342843933195491229727926976395317486223207878920268 44
5083520412496126094785976476405051344616457799579741920939413873 11
2767240579405410462075597015741827181915656118320966587774081467 69
1697748376641838608175247859685152469480775281790629399270652523 1
2930894866450147904547107615155399799638945735499561642096460474 7
4598537724051945204244695155110576014942214459850785628980052001 50
1442172360303944283424448708887381117569548458688101588473050820 29
3605143013701045069902681581989459515045374857234879807161323689 98
8928620499341347784459648262388689344956413068869396801624022569 60
9725905836903591447830464096918458265475815349450077651607581956 64
1240073361172866660578064097906850684383908655013660341715661217 7
```

पाई के पहले दस लाख अंक (π)

```
4136535246662924038527316315842924751071820737619974257005266362 87
3424852769709124146326043911646825719384474976527412791288332764 75
3400458797875672197285080251587765490565589220471496205252104012 01
6698764453817493876153962176209981866956434937752040786704550275 74
9542082834382652727990664040463085556015793541580183887088771405 23
0057777479101336075834637081603741403358166217105237795477803108 28
7893113898944795861169392281377248209766223153741655187072430037 8
4468387344461018587649662483023535290685620889367050129145033747 1
2977082985920552405187831056216521322461228800347547325593257117 50
9161765941664823949729133523705438862724084837055281700296298090 58
6508047949546245822401357141584900673308445738818119674451429115 21
4342793926996556225719864391960677530383746866722217035568908425 03
4832947667841503678368198974756263607605617395949590453787288708 80
1196541878924765307820255412342152755465375278485116421930021040 0
6960154442855007174370354007033593565053986517857070065820998041 95
7449512358764478124861041475565904500553778745425732766313738825 02
0172648969616129101048127932637456731347387116638770998454206702 70
0296011172263762727267452101811865591052586145338819701289911963 84
7350290170000706806314623013080539754577602872474090907506917882 61
9283197164721284958737918035495590854500617988132119821142982583 75
3056350978991235940544860179024862607671948351844234905871907533 72
9443395924091853528029572010383942096233427756208747723170117527 56
8724101224530281538795840963485798391045192131863495690303912564 1
1390596412540194362929494919213530717153448409684207106422822898 11
8640267635071607969350470210023187810985613567910659306600789776 25
5319789825006631515629833544391644492580570078010616280321022019 57
0475798656581168093324230005606648967369487624261724101199075962 06
9434685940406164109057115534545376809232712872353999074435919539 83
9737211013349491656927142993028020314774560505446618457532305901 70
7861564430381970179149567653934769391045192131863495690303912564 ...
```

112935519422778192147007436373735190083294733687322396549476329928
275318351812624007118920345658855468095030263042519219879777374432
637260928911109005219868755372281053055764147614824639858637189772
797761937308767042649704411511412890062126113885306037367229595816
117021395030074141766112848332886016736716732035880470158024784864
639807999576764707923310644566260337307361589922617875267426013536
007295278511447312992791452450623340290963971759232197958011191466
992839606609054620079823745212245036016910411563221953297269544555
151828409453955078674040937185323660387796280514312676627403643982
398318817605978528134663946560555811845893980705011357516820680 69
489438552913508828544734828151760971542385952213273086132204129233
077656558692790957004784303955681994015964223359594550228105654377
995470862448559080037069501560801930721464897267316393892553815995
861702205913973027090063858841495346162764260442837389125191847819
850025498263035851006341034437633407334699031270355830801124354815
866116467990470409954792381287897186780109815204978806050476668203
662967250936939607313669337472036724300318966620499750652520175471
357865734643836467637926850195846151096976536390244748995432199723
190611693296228778946122656683064351895616389957450772210945127991
885324449376487789040544224233470979587265217693777637079604073278
970245582953869616412632465754921044812238089336380764949967196348
615540609091415949767808774619122770828684460532572718019232463199
946676789260303597957811827900047139409217193998740760009997069581
634479233605106166400778755939545785813561911797348472427564395 44
469001853703038899472199830805883405836720473010593371645853777333
738261881997860740674509062922554889908344358447071868346283907929
470801169686394851185081164381346028123477126650093708643498081061
192511699830696112411278849225010740467001002498755498035240563673
715644048343532246102196750403342268090196091918367697539184488898
103076931360368464907518519208998079674849520642528150398821992945
016312244419290790582175500212464156438780114736353486032318176976
992568862342243651161413783584860345729184564597310145801442339103
436619091211751414322400433814714649570280368174781573399255278767
581363359753605595393840176867674304746201122791642138790162717829
363320257354064982943159500554714114406637280225906499077297215318
483539621059207509481870223099482546729701848378246112123226391943
500731777620066954059960374037654410628719241786662420882146482782
794381136197446758843595640054338403532921278595748814000737497083
250483278575562787738665283977888843093724219594555535436816532937
198863634368179075180196127350934580410944655172588496802612101534
669727381161498560713593318421251782086976441366280313195926629980
080049993801799153449183941860014917652009555057429439030632354 05
129132722852895331838612800900242018592068301245576885159986036670
882144036179949757693010158168404896369505707194161819229869985461
811066431624215434388574483433880719947667423092554142522046461 32
633302192541233265542251790039623700118772248801218997398674540232
783101115581388876253275234665649792845609117583939724769569229581
647917057753460630170075274314017131409347082620758055636513836577
977785668667231433899715854051283817539517288672679243351932427944
640427484557220427137038338428243358563142551037569101814745835641
467895345086856290184867609167706199880065923053443639571728250888
425996639289712477574013093554392473324079182045553817663723533222
093512540132481590298902642974592787894547500654994692121246662 06
626082143493200208055224057223984383044936328281922845488932895874
022579320820777499212636085911890296466098389588810029238820492462
297133229297037751993136100980352670524486853226374478046384325646
301000814486291219945715644790099446084293682847965274461276533324

488110332420251747386222344906972367553788033995966640307214375360
231103696573323152377229874426905668961779628232189871890962510009
667381607994856169911256164664511017559716379949948745173586586770
840471684474770849907699794470710722164628013946275459233625336188
584457602386869037340402342997958662188971415880457537565078504261
021206974369709692144094113468994263087437856931812699404387145948
959983500248233904352960214104347987103068353429770829833207751807
152848088283370145995157366923408952207467531109020000408776677345
083041072554159390052576034609120814028417742037713070084243715867
293605934806649256089060062140073524622034669434043776297371417295
657738443594005475357783364787173858831995725380639809960264540532
720562873151122978157160862957374684566542360082900430576533154127
168989746228513385107670664275111061263511316160924243466569700709
329952178094757112910514811469846816362099491211915737590934654666
176085925249964296490499530084958760781963600471026739400740732084
362442003461449470324239517678532424534809937752802805259240486576
284671412186729974077030839307426174014500322104972620715170167184
912813438981955969766521920190813700036727820825480844407705488949
773529007409396411521592813098524327606824759522533080282483140911
455034964805588336314363788086926850984022754356109530387770701212
000289803251790104923250778850259083263414354851687722009982947719
960230524388558044873833160358617226920300671018787426069417860407
069990250750049323362692993214094658099646531428589402950507599383
742467138926990433088969689317122152250932961528322314040152247200
696225193121876948328674200291736644356806635821053328041767261515
623021242888554325019347747162804383419392847933486122205735240128
775008941153319230976508281811189635502495846710684529264484555742
771213474285886128655316929049767845662596418247266927783440026607
279474144408370664575851237670920000483121940348372920856002290277 9
773086485414746185881115702402873149042337471022205122542105996607 0
353839506482334592609712442501847780809797172673924731940165503960 7
867012304739576533280658508348412526008894658467311915729174574224
177949335497989190078206213086108038655162237581246483554065072432
929291154509266713185929676930903243805005047057980295747163465461
868596663348164737563758253029528629237343678949466010883529136131
466638328071198371749145500064298208172745061751153316431785068605
599580414470505145134434661354349123777336900047757585040469935499
528650821231068855209618997124393434111680987953962481708529338557
609002702279497412417974047571783589151301019483114208868324943314
817802337650953324299552859443683435519727318517804946558350991943
093702256819318024684488318677087309347278038059155250231204064223
609470988530160758370543677837414644116053421760045932648901251010
943688839493750108078235517849509082358995407264746204374288810508
396455884266548692765048403283121820919225254911472664063622030793
455066039883857248600510852807898750922954152053685929261987791689
221592205220551985320147926147108591884318686574115963789931121609
989761109796335654449027343590983289478678839749661090310579656789
884814633779378097206339058401025151480018804012308861312975542072
153696492705801455275021614678086913660749812251621634354851006334
434910353420533934694524974769550862656936276212610915726891851277
303763839795715936693067949298648386633844544863127608551005181894
581104146470845401536291458227457290153410579881693540552831867360
382508835230473920214607034933191067272651277179914138372267050300
428895154913480292363239288242207957730865773544300787149940796063
032576958992623920596601385554180341966989324367028510494283621790
242444777381925654599726442141645880183324265738561878678959852363
478423536809059927119995597854014483596606215632951638907300427568

```
25400192358883203001911349752328613006510978769294553113966895558347643708070331569246477056683170873581839480453887530751714783371195076879764077288464866497918231845023153810551758734071896253879853762143717243682071046881420524923936550870448913554165562666671315419217636666644546134197065884408039586284011613603368548134550509359031416572525760552586987870305119319075536363454402515452339582336587160381608528218500714103549936084662784075061236838764462145891921779142593006497312418546365599567512958502030822784103261371511351983906124159646333982390087897387993371672887203567894869612784691802988400077024046141684357096461162379484580024369153446231929702763704581054668618648920064818578844704613762942820614210703480363084411167800614815023913690139665758030939659044159125120969529735812730979032583292747939969282438314920625902933092860103323917403838342745711351398457747832044883860219680767163316534986730347454013999215982111671115125442585376091673432769990400584497434759055642063076946934728356506499107776795892650798323481084018224489117074966510406187591847485769721036743268151484201956972207473448220879286996083629358763165389047839004874274793515152841972707861432196582841706939049681577256828050122020751092363465517693151572323810501802258551751824782234136431788165206850661394226265344697289359780575579260783216673889806612519238800016953432522620052889956108613287995075957355474955247424308328701918030564770827367014344539375937631550175093518515879850506946390523195829252309751407405254595631400743663136531859885757737887841902614118689544565042160337064786252627240854341759779500692649026951120275026309543674058016472131592679453794369497526101844660858000783127191316021235091382970425870233641604644846128470918634315198653654660902676182247471801225353996813235223866795597369258068959753037126480244820458137018203432869086371659833775710858330103687434657741106218143176556339621006385831674674809188717077376535589866220294998738274442554792411634654679406036502474602456189525909349966735951227127320524011111391852302706761427723092229472881013319296333997818550318293443263220646980101295170455704300632501562504315083657628326741230020495063971736784188910051425253052496886256738738477796628662164973624028836930961735437337313667758358357017944714574708124906980229776815688257225708949890899120660554025206080132245048251208137567437661986796426412986059431128300054088818812331334729747312126744443118675943209106681841781026557335326213877374737553457827904151159313218518285887774417722966204691386602093496942560536450662133317325961987682588594298794267093801141054153993918960836361924874187916930646357844807215658399312037940118324480201556714142859863727859846970740475543618234815879601141366235245480672034561475693978012289565852162256169671298369008539004383451036299591188765554858501038242000728257383191539907527071272412720139581995535663735512890906976251070304892027945259155650048553046678249943741234171108451112727160221094193145540157999752575970623571196509207796535145582849694641247127262752026385688988076835163458821474438221218629646612627082674226350571950473923863507541211664830262009712767100489826716132451910352783620701285444467011130523252269301508703063384519741892706340692454588091376803729575334680677935046864787458770737621925305287481361985113857578454292910766542928340713435022508828188929152445277839874721900813143807204302072454679317587784666266568465288615076884031223121873329607244268494339139482344004879473181001567234526177025767088679077948843575976135181772233032469991166575966356154888040497320129756009526598823496022332949604235511787278552924080285877667806337022880002218103354707338193738262267571929259335636709540615727780572441483111
```

पाई के पहले दस लाख अंक (π)

16404280200117378104537735697122670282206349312690545498167184 9950
28115689010796880290011256589179055592345472292137852872328218 1212
50345182059548096722776607131017786034388295733182064235872369 934
10098106172349638246683009133256534492346840680693901747353201 504
44061138347551904288775406077581916178115413003992574037864435 9130
19078461131559812287433383309853783972802072728689232029894397 3394
81981775713924749169464666678961234291093703387932512337739713 8802
54983507066465501643565968531458265075610705724702998374090486 0172
43764198142270431480373845293687436005363912672650761568078131 4200
41224119594940392770163428124078720805216663064592305670320709 81
61722529026960230630812926022797817743571613810291929806225097 2902
34214027211916938032713298320083728506679616281592358286686576 0999
04415991587203941836822473090366949690717745701217771446726835 1119
45799235764378946935653542086062973010467307198227660774393023 0946
88615482810951520215970255023615647835579419688175556091385778 521
92225964776994102305700383667476235506978823189655698241465028 6786
31892113122406061809386048832645173084016950140820815732606429 22288
69111525025499360218005104193260969073847488323914024155853326 0115
28507043066093224442482524144174607444884453418552824140376224 6430
11608492948664582998552054267151740545442020628070343329410693 3727
26429706689108153584840149094569382462168479929707068737877406 2892
83254513422604088371872199038355526747220941231267659633815572 5024
48461126959274697523814493216404446898951622400692837095862738 0688
83362916372400418759586455204637462756958305079845381534715230 6641
10072569236293492763936710913135127040305457696996684553584714 5591
81928377124625835214124458120274966078477181056994570433605081 6850
95894537463079518395003471725194844359994854468526812973590190 690
65359890335695603100644796826312045731910115444965551122684173 2515
22773863030813597582172290597661376276417661634769091250701619 9955
37596432115575343966216882710840367511929996000886246321999875 4180
94360053087413396269299820729668015488090523558718680761698556 060
43417539252404967999646517600026926916551698752652506773950851 3040
80538844506092601096436881089420268561590738998509908525015494 63918
22097006484553643966685892286382159711076717976789750115428087 23
03912887886996186789307198286754991974326270934100026851032592 9632
68818524148957912443276487218014529821857497714292943666893783 6438
22296585911141794051849420735706452832598845912259394927444557 1466
77651511456929031395253758046337585796415811636218722766151898 2412
20535132242248825616774245967654125403317844988384111376073500 7720
08569727762648736527833891636142496421063088349308903320848779 4286
44049722268286185994668934379485133485590582069646123946497574 12
23628313977338190874558033167517272238664736033632294221653127 7635
84773063153429737277492314973942733916813987517165017810326131 7455
06377657709788695976757422149371635288456874197560695360039337 3320
20651649369708149229583433116310372740909866257470505147022723 0962
96228767689369377387123902046516729559253963757042296827013721 5978
49618036234804337906397035585824221088235298723946885357705045 182
89509919376347473203519382811144209254673933678229258496532200 8001
52631802914086464888248451312773062679801559547648285041727113 9264
03155385040583548821872063249822568308378114474967278888332002 8717
67003436969011263337714068149248560992223709551854738445717905 4176
87392791717851659319868288756418186776876841019149180793996112 8907
07515885455246994765082176756772116466364276819985224100965213 0504
65083407275744849661976161460840590607410221444976223667994484 8377
77546120077234904834680479955363749200222871127185135606616822 9123
23921800558278141858159904406240526254636771092443831733984763 2851
47065350007978318491582401175956590053502706403840870712334125 4904

```
3005892552683369109471018856806309748638940766073009576591462156
5019760734488992170674595990100871084361834433277876536825877230
2334434543292752645035082751036885278769677924752905435163484717
3060043423068025104169270984042942326154928313761218792561598055
6179934882234043222837656531886125750264078045152954197194195477
7406155462426767143364705108681554032166445251623107122601230893
0475506825086032404639086714436907732441343984928414678828471479
2996215272656768340104003538027202527541843522537228344897065811
0857105993366677451985660472200841601908600007880595268182669131
4173418199055901058235929020135405146103729259840892444057996292
2098298196317512145353321039055651854357550155063302303939832174
1638876581418283754957382481357953537641564860019910209763533920
4849348388692816112409042860516889724156259375795831898950072924
6046798855441909311233298527184462335677735993334804074703720532
3470697637002715728202307305769614148719664204255727504919503663
0046513954181407251089307094439783121107332766875928037765071725
6087557193764856367448558882578766133918449302119188229270901950
0146842343636992753199546115567138685704507441432163390407802999
9058144656520449623351543572010554182060440262989131818118356521
0138655484650393917442276899832095994734532614851533809088184406
7269357842931940850818005411125012034574453033313978044694885277
9899805696000519141141422794776296903922415244615981368125575139
9403015890891283903969068237159676222865437559056160300204572745
5279459651918250071334871565451017527723448508700166716220881347
5595773312518768056485291054073928022211200328627810564024398003
7019056977396529787790988003162006689840372155196243342979928100
6086162014910881911509793792900369449912062176537748237195532458
6361501301908650442252943783569851494288463384019650086226192681
8181331453522710221617868856397961804255727094019690419527822189
3711576046001639909088725718251046884283461891318120296964133489
1760054804610495092798975176311147402264219675764519848872453240
2533025182483077491232526688475616954239348897784619157579442277
8558205785410061634879826139855509192493376344196938647024154343
2328276845684142699438372354025409393730738046343438282071965531
3267158470169414833139149967410908125309984316312073108505016906
9319101821105395585567039824196291695207657199927230717637308136
3894014823262654705509038419616639574583687476267352525581199071
8362373584368718343059092217995449969222330034287082269330565446
8367767558779608375718328106825559568543168045747689684479201244
9748747005737572457408749217827564247332585933827183601185506372
1682381424624589045907602969214280818057785601886552690999279221
7127089592401794765078445144146455171727245484769416076624783260
7354138944619885837567498476780536983929576326602264723992041365
6237363614666403231551854151548111858108443398551504367348070980
3062524751019715046695459749141410113086616816368604210338807456
9949324586116048711164862799838024812539418990136377273111338342
7785325923245333448537596647162083385374122635553089374439019515
5756799424532380334083072168419947899681242688846165970608333973
1771443649867987671879725126150631972885540631915126103864962031
4005154413457210449044670519451569227393667324976857391603105431
8168922251592576687809534620488181913512012841625814721027809659
9919441603443841823262314480816732189123799465974694473719947344
4614472906985885420101625230641968059723722842337324511406540283
5263039707842698045973210194934570025250559594698145422107028369
7651113380082719704304519247809251178562729103526291697425806840
6273075841902146284409178984425616298673909100537002978855069858
1909288554409934577175078784925479171378543226314655666153587021
```

पाई के पहले दस लाख अंक (π)

9160431720984265232313966065488930853830196834019241368671420697276336719758147787236143301726125552055830024756665571711557695597207311136616476491241000743253672111718190269864734965813010136711373222930768214698233095862601755272167258424775944321583448325166771795381374496444065673813832664575174490574800465056840211185898270646002549842229320727498220697476980622608266011096184855693521180662292994038015726101038428296088987460656304679850229299020929193246177160616038480142250886912373424858644173126718474663451214908085532127581189474825178594017584472291425938199664790339087510366666154164686547007202202254597534809842350136484857494788554745921337509637678216542791413547470062812767442222991188279981357269073785469091101556810429717305778842476385374026797415237094624639434605121639245148210507976032685986609400873234156423535667666375312276348010107704548905103240579565966741308311579279748096695434726072474106920153392090933458277744733961650093575247112417075063503208867717412193495146667638712637372846116040877063015837600111533649212190203318068500324666379221737979268046636376195583620471957455881725511200080419911461633955520113003942391597535667411367022325519019341764557314694822022252295483332977455605137307742517709774446598076075945466059310312734871555326438908338370277382207431456894458643717541210660493377454249047001490395946574594377123789728005842939621055267503956632149237672981406635006120236079359507250026118822988170244093230606654009722982433537652437799415918514933904172250146997425335378050436214109357723549008818690739026951401669721483626167233238511176389727375572281168991998039957293746032217281928453409332584411696304062383003542688742902118242985645124579520734798462734619510455242561373629943301498393729111087052996951918533650534844242848046310476522083420859365173096584496130285833654819543598186756220294161384321163257685982562967201828906781124186868784597313387140418729700711919867701293106293096949899354813921875928804839845138740758643027656157147335183544073506255312343664960053109148813032384462652043513629026265933306812051158885104358569945649938869570706111923572757110294196928994187655436884256928063861435130310638443434313396196979733561523242666417066390240362365593574944251038356824938543066369565628381349757831909024277049909445141111241230206043422328892597491438231575907984423517784541128742594935333309857109787553868398175482521217518103082181765015556345242994845390457756267446578551759148916225117807053288117045974059759864583008005610322325384300750981134310120450833190422865468587799440122965616563890815959223940343922260010197221765736217111635990257575290003386602274925942193559612947551851369939324969278663506523882676894116763890898231461909596833861231185867149575727057568639974542711303659181838417808180841752010065566213047632675249466820599746393688064990764134258089308204090236323835178306322176172064336320110403440994091584051468783262604775680407126154842603468338802680904479308919373423903638644025492448115739076316802664679967901755671870641363324028870508745716587139591642925361440259784029087134377444175895665581130737629688893475271737113137790003100872938712248798691412428008450272512254635272199201876242350802784479678433702368073614399285904811111254193110135095931272766112488895468919453556362187932997488458678348144862690470399009162895288368911374616731561702410045157757001603778370339572539261354053250114657419224801218243169853035363945988557504113262224005410970519491629257437928191687620492675684777486034513839694679094353055861500427944483112063090593443247000937536710056044926556034727477809070783639504518762448392697987313535284348463888133230439792774802201529619235548600047342730950786780

```
2530767364333228241961324270565577945226606569501618926256269482
0056950336491504711624285796896829089690583637582782838928955203
2239309604204622878106376581117827427625323405055645853432873936
8810555823020155443402566605611991608331245276376749383219523349
3178625842213416657482628774471793387032908362503995945159111325
0505060040551933106785402214013928930774710317833410559482918371
7692456979522064140227958467058688577578468725289470075085185004
0687570783974666384507360195357370737853567003625855820667372433
6238350663573235272550298747371571049578276193935635016759283674
0853838573512761288261732009487808731297810994013720875321879621
7507234310420409830054307545430893475609999670530062600893958753
0300478168171271950939341910683317924294515954385112109091722673
8321181622795705954478225361268295095486221723123631665072572186
5317410723976503826472612065862723390028195090885740960057687874
1353731461515897681028944673460860109973678031561291557189237969
3783512316274075169456949086805441787597920036554692634446181773
2271670034442667760460949248120587970646584973528807924153156393
3441257891779357259018637582569380634250440305458827958137410756
2875844478109654276517670622237069724197918021522914548339562562
4607838662926681060526376677358438248733782586428850121233292472
0960759606827560580289356980680090424779414480522461408019298274
3591426130067315399742203980804453750119539726194484844951991140
1906600326280269709544871657792318799155265031123235536396866845
2430159619734922623522743230536042233756064177773162385607180504
5918235089414216126043893732003497532633969317683963974083408761
9660534676500201801809501790152475738159051446684042332046251958
6479602895315590775472041875168042210488273979524827374967425882
2290841842673273540506294739562518609784580701322766115173325159
8012500661030784565522793390661195546769846706931144543416538587
9991177253340758362673072059819231864158196833440775617358760115
4106288590251485970663025662727818819343204435440594261747287444
3849708875389243654826954256770519550050304857396719259369183132
9952382903951907875007477419288341283393151436054565549927400340
5147528601176491368819754058351813010642819185427723979888911556
4206132952148340397465593746931767971260593262273578893694395281
0371554981256229183602897098844835199959092724761429273847611342
9427076465965860996751230503243760925283745354475985587192797451
4560409284463123838891929763872245094869466433164585861170878840
5956634464887728389814480697593346348920920847479336641147691694
0437595998302984485104669711676118031575670430748683191350151086
6814811080662676444881876373411910463014864339513331694386486719
5305119771222260512927206628882836514602219447081969546319782481
6230642959193438031910707567289113034166693906837665143733400982
7691778335023511377237807008013449375124805050073219738123851625
3208104966695365173928688581397749077190782452979419561688697223
7521045066713791920865389367499863148664101700444576299589453219
9866395809179418510560086861372835205544642033275428459604284332
4254398613235909889616104911040370538129550774681638755768131629
9025081570271907649077578436021697722790417283215248311154673779
7534863300970984071885291772936383789686704544938022017157424305
0922776633024297441704500745899447515007657427829025938963776349
3159478320022542432672518423005068820208254972129214056337255815
1271047415701853893178293987877127982748865671504632246643855553
4887868766413556127610485824205891865197234353363957236099480816
7397403119030930451000439618069123447708555149247296678508952198
0901655248983577004961920373861655837363132652345982453199510591
5837900039799695177706979524695229836760743149900854856414332722
```

349890338404285312421123402100498162429185892422243495753608082603
067624015469578806472961926684527511160095905378548316367124548486
778820172520546398558650035823500201508516423663500787760715198556
145256264951591055507477278537981540632716819511175410228892983782
225453367566519025121682301691811983942598999759411769587521509279 4
637661963360871925094446859022136218571040722049966386358712990530
555270284104677262021274466745452154577237082364445335706452251497
567870517194800500802567824607818185487583892258881641762049036112
904312816748320766934852285776067934846458657669095206610087879064
301681675339162115205681084467894159123374146368211388337577326140
274624666451509892104406381808305608040137010089074171937662958444
216912279089328319826772333212792007680916610268372384324544 20686
797560394826736582067345155042676308818158558039319161732754429557
643651620151664466855759372594097115187836921732999384157882766022
670925291474618234186636721931122694236086854520418831280199780 33
487875658827105870237096130274799132348225813769612170462274224961
016733754788010634085514866228699569152716263350178980339827364487
742823153814829001343256788822876071651101159587187145010578347 62
975288743392745818276860004527757177247880209896564385294238817387
999187471297587411654133239155651089087752576862866168071921090343
265030146354274920447493124652014732319757703612045011747939862821
525354972026717908950519508590979562153891218056487899678573068849
963903277813229401520730505202096076546883252517526410135506514502
980213435336587555916168367494289441214804865998225611198797208669
302128499501664795238170649564273515525846846289200141881385743510
670806803934006493980278204084501559743111297779680235822043997189
182740819520245230161759947970828058600328892886741062471328690946
946684390420120577410669946215723851109156923759278558684493977360
688001922934914717580163165254747272854041117825003154049416495321
147450754966548023101855184474204933682149867867387892495751470690
246623904739663020066157810935792046362771350394697843435917414264
377803119021954752629208954796887825485645707113556669850232754612 3
988230278689013175732191716784930163650138955291315901174224896073
749460202948512798559245077379356908133386974703741573965582588573
741349035827814340746255423551643968904607795838664996649445074756
579699351493513597320013303372081166289167650986948072944032991761
290723011140465891138242727263296851760942841879398026052395654066
459330078965741576697086719209294525393155274373528280048234575091
448533542404918205830211736693760497384227159134835520404257616 99
280642854714019368556141102765828085704034232587586569465009202308
498308267843272774869277955040661100435976476867865384955027225 58
854224986136573631739614809989360847409717649547154334062370732658
697527645921337429714124207051122564494990791441924448328393791380
420636238002970028206239318075619226485397394933083251970873138458
119857017100249136525227198684083184047846936429025111292751766993
988620343878917517267572217442145385761100283487432190524333293992
809488390615294064110187937539411343031719168526355316735298536398
677616350661196822472348640340968103858504606729601476131074024007
426534024368037921068446153419708080881220768071106438905886342157
852825822877436754701408310031138429853493528249358504036234592392
668831144807754671059106940654723734658778941924873236437024020240
175175970468295402550796773098444317986354134645953902276574320351
884311155975463523304523550552928506363115240811767846454714132798
134065927467320835452822766343059530547343093817503778723176464890
964910442558796940411705277662970232569524636717758458788220284605
305305466181722096550981839675444011935670278272108335560644665752
280980586287033307578738210821129210210389616523122848792032803766

```
5387201958205185618250144240962836609846332252841101574173614 88234
1460287377498491498459046298890328492560839573991405910241206 84557
6248034590472359536883927461900635300602528684434546600578574 56872
5002887974078126995014359696494764149318504962555216944452855 74529
4807232433027736555745610429660883569742530736111303108238000 31585
3873628688492109174918033905482850546278641000131694719989488 94209
5308644650267961007150484392620633117118608612081871573273455 13700
1418676869219670488590103624233151677601727174223305049530615 85247
9196288967594442134623565193122194284407143097895505598588624 42017
3628260735051163846357111878468347158834906233425884343614274 793829
5483412634174168826028887355478166532383215407683590968120548 84548
1718926920620367096536056408975928450815742747862194136716994 3229
4586933049535372296799780048719102034782473949179717197672625 38849
5281730513600892270524308556487450412160335515149310396418638 08926
5951903435019795036622993710706109803283472869345415135967181 50629
7663744309949323695704953495914193527271514187376586945122363 67107
9380115242166244941198004465572125975358046399910239327977083 87184
7534799854360306617746854816743025350911414225363563383883543 54468
6001108638480214792763158479351071062272212328900030400855510 34607
6806651955216865671891813348506806937700390687013762540552464 84976
7101445993496184224689804170186023510196499013377865083234368 69443
7821639202188508599658131112658894829177348973611017473924599 63978
8237708464359325664055446635456450627816507891000060357895847 1411
7881140014704556579246847933898590443560951939559830484119070 85968
3908269696464630103312919540548356633470754825597162240957245 6078995
2275137431729204329442145717570211196649273295045892435115422 49892
8418293096801627909990143910006516066465476572330384646243951 13830
6777012416199103093992894039811606167420760332921759306566044 00871
6224229486412092768005484026354604602128064312968617604867685 458733
2459049044581544689760012917675937178287781574634474974431747 22457
1417824959332658959901232631654318097855782577535504951777981 99024
6125777284944635352521703343931345645138304258981514773623679 1994
1816883285991871572172287651994703142482487875964116310081912 76660
2885664731096116466767118936763472129096300869239623420708862 9338
6312556128734065346790974199382881663850602787328004850544918 20199
3378711308294933902544084544528311079067175578158009386753600 3860
3557680639810642357510997331840280680770996662013993830215705 7490
4394911543830905615830011301410991395829032586958376761970744 8919
1132631216409818434725600876621115969513338904625890504021039 71688
7529763411565301637614017241741275415677575733851563340968924 4301406
1797497537174425664734934545792469679930110261943376364486675 37561
0876916130436137483304794412259526124151489816998076810184818 95780
0383257633387804353118569719951740840404292157320178938770895 93155
7022742728265816149740801332063433840086890238893183331420045 1596
1400898611215629243641694725431356170181179200559592854391833 34369
4519194514317154135007420063905060716765819058241620289769684 4090
5524544700128188685814354954542055668983878624483207521217410 94873
6474109157860409910258555863940130915517560027976586538407568 23639
7358347233648255335205247722960881930540821053281311304880926 25504
4062395575903919443171415265275408089529865726307163407322439 50379
9871488151262446063128138524107414359794085766578525169438992 74655
6218058869206623250449370292128851274592702137674834292777741 27189
2215540626833008286009017921875382948629150162454072477788669 98890
0709805056925069858183739013507639436541872329303118365816863 33644
7793290070785745106113991480911099712792943849391367015842418 96910
9386238027257645216678140223613229046809772487782686418812287 79934
3297670716387056951199018962309245899990217975713134517425936 0325
```

1369020883958608546750477732292906284648172031950728149118009595051
2581344757157055467884443623776914819179984052906677154792911742669
33488585670881394734484862143811115954754498528040572250695146472008
42462447229932157922646721788145206482083027693611921738523678567409
62791085234229560906326667104802881922637139090737684448093184449896
9992931060368700953087272410262136788706972698569734002280363504755
236880049558697359039020691931283070710617913556767421587725759822191
29431864574547720513289458782737577521030711942554517528858363344593
580055240089312099188257065548663923144808623744145953055900306580959
29440426176752542067710335536849552465464354707010178979641631303867
49523961082890325772448991862299651984232782749959589340831031293267
6610272410807379546281880763426986176170331009346800830651834771328705
42549962326032501161928273021299349341397996342615126485063473483275913
6317868247289444932146606184796505730406718748284151914741684169089722956
16067007281977661083114106186927435733553564627254143794098134638322864
336413347897889091264153187304060531724773810353708266941065440622661293766
23363259061383819763194013039898558209482095391860248199098966486271356
649875701497953400676447858682049107627096977570549150879619769194413901594
125683267942639579018278254556896996803223178158977822565761387167701321480
21155272767311173416531189220384514736990231647764759388060160755374833823
2854582595062910239360016544735394298287668207371219275299907369744081134
2372020131423404505259316972775590585657003132022465479086657583451266545
68263055461931475471873912792397211846921778376200632624668145632249687765
602801045500696828152865754259823483400926471012832843064302569765264469413
5027062145831911049179319414349301770348702633346016871029183608374125327587
76315402230395628877684472328030214298729494647493950314649180413351420239388
1524875937371592838326600354064289535416985061992235303829218610486918255269
0255749889319778472061991980501797262247637181445979641371384620798209083958
82118704801556318520813430516852374158421747814580115630583117678770897709425
69153607878091136284354824022828394565804195220130311977227965959838840936358
35590118574270448266505634384216253604983408543890402854304926899306613530295
62440020282673436728712962079402973506179692540129175376266082539682218062164
18124621731189673347430942208876706063054671699631418215590292435137843643506
32262093120680143169163849781012271071502167924720562634687067390887567539442
448270838250878826535655819744166357784924176318814836216441222232363549938942
99078409216509961123532512011031423383550654938890927596110536939808302386103
71304756676260555830927849435785197856390534743267450560490940770859188651065
5453008198264452528174087746547899161511634875393067419302334275836504964156
86353883449297026988302128385075011730722531947412188603060660866565477142449
026181091509558307427608294858110352011070330305870925795123533892215724742478
5671676788358973767617721175130586934335536764903674373881704440543698738593926
6494471535038152596325055300204906764624458522605213931219629970578255032704577
98044858956070209902153446695370684284521782144523866710469408107506167317478
569718979427878871605283450429022122439834339069476764641314581807048184216581
8603669376409894336493814267999197179781523351084157064761650276045386299952244
303389384486986948796492541509969476646546897692164861423923568275318509654088
13533236031501845430918115897953009608823801822954836466507308346158753739094
67531125542610804096592752714562722552735012176578243220128221736845401883409112
563696058674173544188303029104229540931213916325166527162812140200393485246292
67702533556780132121100074687510497292150677332824634054330514641101694580152392
81064871651193748496284714520592286022164309221

70732911314850551462608765491036968970857811251399477489383288426598056121218316115303041915518697722069640705170655830745429556802055860647919856113720832021397337158971801009341952992408631804186229969441590014844534898620679645053077361183991361144007305930420574967863953731729127783584821562914800308429891763640342582197758590998861542291506488185489391946492442442707346065366282411043806874634642445248921727008002698896840097704990687906189943490599879123299393168654297787340536374108604116821222803214430184507966819142023711524639482201770931427298845543362729864739836067619735520646544148606206582731163150571772408876556248722268292666020371485112146244149649995152029735696346895793491184861387323567372723628672295693070222728261893624209144683434264680026607719950221650936519124299129890949673488691609975570841538563266979992872310669681200387350435700139029251245561252590033221973074262855770905192682914207816015920684685189496026803241645023217978454935003686853112007439987867535318804473478513954317739606005536111440635364216181260212638657309469059325590639721949203805628767882874301909615406869152123189362789249870124538829074308381607486273896787745378236370946788911603417540455089169754059227394049266623912040646855819111208987613022144456972568625452950130411217199809106691154157468748584959986619908398378171263310681533641332040836168589505925150168276847524016347344153578291894992138591091122483181871721948688386571304048294777424440601099690156383523782761290959674815107225829181329982874270549873596774842208562067520671599421809118851021464388153607962345415092134034300612997868682576029384976591871270680515270714186196057390318885128243387266376641020760717571266109274582235229051299485282816135925469906691601850275940168162449823038608801382424988306996391762309396134854599451780067107822551932420500873901267954978440156989887507912316527747212894791531731284579690612883700197518951091669085067985676051658730747998414456849249212797902881242410088408847783731591936132045482630356747492775654138559987303215905407629514363788522298669818514967083486052744652644981763753211029230625903686358567994891492488089604126511073389096634435933841249583269826824276010209896595454604773652398711801751865136733933944942676775423211910823094237289686802203474395932486237694374108666028201747655631949510872258892022152498032458392717242795866773783806580166137292977711844665025011525812407307096301804069407496556849930872630421830015704120137922456787319402582131094546109369974922261858374651973232203681278216797854825403853579958685209671195632358035567447058723268627928206036487179366605594411753901808983779028084344224796870885659527161278836340432760800058045094816137624175734203394779863032236738284257194060583547437838904464154065790999931856081243084635339679917228812637887991600338337885884554719823167938893362837773206411466170259542085088518051290084316307150433107539545541990796465090231644288344740687197189354667356494568123543049612988845376092977089319942146304822076602353982432157616254876128425412106161133133648822454132448975453566265349142408224913402066175007211269430612496634133218785546802945912491721746410381867136215145716495073219848968969572768726883643110536044271571542891366815712744283321333976334300050812739567187482635046210393143243199754919580909613656257002432016658070951887305899197870679368295244048534202386527588450776292787146342219301500563804572513175940122856113554368542010818237158690133941061317832929799204109913274541054713071745330047233839565461871634457034018556047181381578089815947036849425786821926363634477428221860596424745794721701500258173333022732047386573215346948938772327005556946006475062041487331611568622852690741688093499017469127

60692719893850555648400243370326559752936860238742696015916450956508
88549020899848498876250095069667635938123169779034511780554066734
22879806476973399138920735680864052470563221867382478507164461143
98095494880924737318007196605892696476743801970268224103288656111
6584927486696312680737684133674344843549156947581728533594401006
32275230578399387530325507216780079595410679816105128701235325189
481593561721703239862529923941117857155601316674495414313623225134
309093811713897244019512308210327892658362850240295904940492941532
77686423597978387245805939513905679556048902242960073431779282618
7519339555645937150468756199757974316901535721440668758086865545244
850048273571308531731244135792320993581940084780355302666178999034
0016450047094910138334017722946299265642334547881046056477140301706
78618144781111624796255323924406800969011790922851352731479550364
501613013003828067884533563391135173141024267843977071244855993926
430774456327190903208839351852366033052369976131317334834526825772
84960574391671553951585295633300819418422656349976173206683909930
22165580285405458697118901221966024066940829422781432154324365761
01750205912960184367126183329145345884749623927097658169394040286
874677684859859221382070348649830522504843916857753454819551137494
718952124618141523990215336585113352535411116564403339910148171600
305596064373428680323910031407094111326232632399839699537619227136
973500148398583884971448168151714974590795901774492774451113062728
420131635843764179209332924316744005546123114291616263976070663560
386006560837140438303004134347463989548459451126970333775832905533
641222535927524973455348333723258625709633843342035966440897285644
17895876135181009427545203740088801072788481889595167231262118912
00192087373386133650137343488640425225200177046207266882007044656
847389682355647147107826826300452190432410553635545255918423154195
68651137397886663097500814256431984740377591458789590609845742607
85786320231440257646052463724839202431547042711190031890420403338
700098642286434180747777779834425559893089229069745701872020468182
94167524913485599606198009894847489166287604198006025970012736569
393629754093208594546675623408046150135458215508632072266038934013
76730576253406555169815277785599299882419464266516768776119173622
70209227833605250770480707590718034363357075638283659681399539076
72706818136565759198668375105461152180837811919647554096709582495
0178282456727368563121850209804703624641761986827177484782224634900
327810885463141517371814329792883256249937115629715737390115836310
870448602510300496946914258386937065120377046630842164894433580000
596868730214852492879538242286100073642036496791486942425477306447
28104255087291934196066705256450640960879002440406424731141356609
0065146788809327913849384648065461017890562764563554452678797317600
60085645985904575945045293632732291403406240934385163140252600210200
085325002803141809837523389639583076237367334254811893427718926930
33982841203649517717601003467519208158338293632128206631310891456
201482252304552882944291740051438913118279809819844832290298386962
82514873944582039109406532801887540772094907478611791577001719038700
91280637623661744014404520702292452320454057628069657930850203981200
183784020672025012026675295531308349435347193634177273406360262579
60313651197855485669372846404204684892771577804345867761008528960700
369314413346487377352501594252119765975459087695020605617578193591
0774036258357653600808937653281370843694390227229865322182884374000
01388258111629715534575674032149860975542868865798743690094970509700
98609377027835722338831453980493989210171433582618967400312252799
730336457106160728496826402668234770455830154585574827171372435847
09948613726587130254940244957385588996605353709033892511454055581200
4569294137888271651990004376107967257280599874820478956785593885800

499483469651949308978149972776347330585707179027093568227576306393
049702296633955287633799130785859314207811335111432012102601987304
216706260143575841179770790458083808849808816662618535883559242006
305302464346289923082030708064941073041567597710077523985586867594
573174476709455684268903853112849498801814477456650509614898991517
629924164287800047413850804520329530539184097689946319969559127867
694931959273366205430918120556692462152740786651432352659207070867
879558641686045277535750207487671433377060119129403158574310767777
795213590261308082898324883948320949988456830767241759299430340209
439932270827548357388507419917136940049879858619423446279608414447
356652037928295317016335118153029312723025435629105545863957777802
211658866611269335740729443614557490563720071282544811355783402901
604851760524329698135502747147052635429352648136623886958489819516
790476124747446800847725887139455273671088784750842568825983963683
066764766451330823429953840637149396551260259641269166395532942221
627797607874955291748568842182486374632474778324492983235440257156
760792867425952849433898967643436575482307575478403350369653768736
549802239780119203544049128826835941953971843647255409053142105 56
663207320463884838276837926105500380573953794021513641366249674935
373241044034862382336249204953544285790530654527726507220346592 90
443202201716324235831378351252109576415274124465772616754360947 09
743356400769041436221806829935515109138556573734119489032184562204
438771527004821101276120814078245264988636103832650848085252951495
226355426460671844543042653382666861006655771695171442956555905423
681933938717532038641155224288474087963872655996503545316017872842
995906248975694314657253297995656442753810259566725587611303086 35
459508684842081702309037760107313710623429337807454750823785605494
798769021390566558589286009199045602603206378272907615539703831101
800844901121481192777967483910272882057559782053508834615002190348
376576463110568401425062106378331650979093472594942661704520720 326
910171868068931598950080623997586948390705241612230171728940390466
998494272133929568126161004650902845621267573941439279503195865023
504811047168563578354042648572127540263881287194620920381325464811
617031358676710643658766055165513311331702271823215687736219584821
685646528460697066190543954014065106309733365138119633316594903039
216427085354228049798026714911895636425174891344121426361554780892
145283670822169402598711263211438852993916963048048178929629882011
238074901305294249294801611435330239008067065721378167971985686130
290301299399445124984690100198919360598279169730514759434649602883
328969660815056345056609378129236133490585780550945642103530907360
195844637121650731982015642422013268456687741832331024731921868515
643412032717030573066078517538509706917170791725285511743627871301
600952208902024240503057564021537273695926679947810707279372391235
577709346828475601076301279131199539176281861594303820778398243261
731966313336206379349676875089524023642469231904541673862358360482
837439278866547759485902892040201939593770656732119490991043352855
179871403502030760557820191483882880946496482084241766992456758312
262478070390557653141263260242922436203719532918554718091596443185
685205788235010309107612806044570442514799758960888028125997862387
743549659590492967322084497244345824350368978036518490995121422 9401
566917453416838309035284779643067608611599763678720495505795636516
693834521021205712467189023635837908339119080206899596896990188122
321855252869348573651888630160452941028179736080689549524036066488
944683485535737117060799430547192164875943131412697595251661025 2290
957537550950933718544900072907676126346765291664645580371533060205
534741620555668380872331011456706082197136019911669601177265351241
440510936203601001758405334468987565349002447580184990285112905603

6281543727967628831238165774375176624564045783704964856909042818464
741434107660754984114657421533437962825237739351775877039942552131
816901739901861642141354392779733470876597369481710103318186376892
728376366023019205919792959179148224416394031804147790028285712517
764484105931564467536330924157970212626481304280838933770672398228
654341731736481424562966180793136953250911287546949801550317994516
691228413844646308741027987820955877346176667793320063616141299836
112387852698449676224994946016222419848188284417597250896504323888
826776211538694490722314080038640966747955659603365865500834501574
668100371549812154559177082855269058782746268018954840985480647767
322593083336464326667895198132304338478055425711893324480337102766
080664261976800040145768192614123421421090837882603488039871589674
691868127595035419040689672781395132198842118325610948747352764866
436713359368373719071671361534428920725273057077805616065916154423
589107846465547369563439707372217818591230109443692313952203010113
674073457059526133029367437932120406159970890681203507862354127805
416826582353742593856966435762710973540865230333395749249771995346
662569428121211926674888665256315169706607240021939626684282515447
561496357933365845237724099687357953227591900797415517213348453333
578681422873993851902093678274021559991420456446438381600099906505
371881484938160865503572270641774386629751678966655499987889572179
026230908454480646518569309255696453172241089451645426796761819728
832958413935133844596041672845739914150804959446135343984501427 6
180542209659848671099440825081513239521360695106267337367922332 21
425995230222936409047664596154505594842048813114413172046469267049
759749059935116920439027605157446677396870803247804063437778416725
021988849435409828211600072772915050759869365684722016941046189444
582618551160041549451062815887248514034519005556346661524473749607
661135778748374003886293884886101950281280781792745034958405752928
452983890915764913247310105633147813464026504626291567537790921 37
247828970031963259689125133021524656120543583762268609282030777416
870045904352635817494636724551789784931750675390464041603363847240
546498075003930024576610714660605719495109140248232735266912214960
160708972072205462881003870762296890621526297111428927346339214 3
785758381679957096512975121288247076229375657213489062361860141899
595000293934330117463300332972907834026382527837960530000473559275
468487189299720656136533751534779219624955179692200855731479445 74
288225924228767773212885980653704654024619938729649935943563230213
110848242495018006751789398611897262182430778317833445857036118160
941397634465162725658288616878213013425589073818405734222752790944
015079633506963068315858425959758344133916667997304805147104205 16
213562175409048777330227396980656495900945695698536584320835620615
934529254241892916173052220979352465712270664005413539212620953741
607025988131267956667461709323717405236296319608936529844425074302
280497664164038282925713716360306176259672499571761536958524866449
317201096085345723423625450385444144127163847672628333308189585593
647600616352498590632887445032551137768181305334664669950154774932
420985686659350490106211412991417730998045997886539985559972088652 7
297388216508774800198668603163056123011444933193578407633418331385
977273234527021265265772962648846204405032377509270264409159921265
248626771659965913245715413925400153811699661401449792205985286546
311988145874191873375518550958118710196924176642924238937549451631
594772453110198414508008761556264407882172093511259342618446830352
107379400041838289360585440706517264491688578728542650728104911 72
241294152234684844898973496533155693932685540211665594490751531039
708324623445957019685643267568038544519358687335149681959769600820
125379900840010546335233641891279605446876357037106514135683715512

4483618491925094994141446246321784596766719116487767444895994644331
5839584871818846627420278441899928803275124496669648679345894133298
6023303482922887626063713644580737134010172699240031409996289875932
8239973248787138226525474190348822177498195455707963780042780145 87
9194411890770714358011302662454293625150543461651519860793423 8562
3906645551545908689970098727578338564769103346863889942896361916953
3138310635144431946299789521504273430274505489128224046567516 8373
8409173741484373181971188226411967029514001048449736868360489 2628
8540745371246015784668879477813170839202770185008395994013507875106
4535614615484503534678749015340275140901834645675419760454833 08692
1693902489806750922992294071550692377787826669912301589909380 81337
2850555299059934716784235078673905803655389520181114771552752 75161383
7266566870550325145683158295906535700608065726990272143379149 2375
2422195825551552739047664151524230841309327935561940500532444 14539
5061094916327038715303701528100887540809332947909865917839654 08974
1191987143734113651271643824052441584288769757149771141471427 95082
9588
7029927924683321337051526756439423113502628776890344646636321 84445
9217157587924113199632987541312018325222678696789964132934113 17636
6538896832051191636223996373640065062421869198223064419813515 32197
3198591015636256986218174854708888378220216171014912432492165 32386
5576908527472547859682981249480686066444935191830374836655081 7554
2257335268514038978765030070402899334381972301961473086482834 7612
6073019822268614411798984367558389159008469991314054138319391 81656
4308843497882991517174297486490963838967343065171217360275453 75783
4311352172150182695929149322787473742572457213602566263841389 52626
2793021300099661963003232522013138218844822215385253127676763 04855
1870068314684039926818548765384056384831921002472231916610091 34395
0767855513837048214284915101698975339078975632339921778903880 47633
6813748465168922635716230718064156632492410866923976012160108 144
5609232133742914578448806124786377388264102086180249513057338 83694
1585087823197098151586711709517380286795801510678804493390248 0689
0990529195328446696828825455292078708090501661485367533081336 90700
4801338828585461654064133202506938355963174243658840647261575 76009
9347841140840629982366482357485543353590503612627428200187848 0529
5304476986322636627829632741637011531118234081786739876610728 12732
5778513921138076815418944401763294630490061864780759891264283 2572
9987352871612774183368051756379419524402321288854911774150653 11168
1836226989531900459229250837626080500331743338563784867495822 3105
8631889407398076144969201791751393353298858853433644997913001 65712
8680999951557636883579690344998472342601943185991220465827495 6441
3763677702161143127001434771612016464832132927118257132879105 84135
7861931189374595323631023912708890139129091665271923774586864 17036
4801203295328751612012917060959270907773561674019391174412447 12460
1417849679728249366145899072550082434997089096809636416891569 62089
8451925626719343047171456304432399815568869354337262302614980 03528
3716651359121693178382309796485222068541884734869393594384325 2998
7537651192492335099196668931068393430992917742911260879728304 33166
3875840237022011217239456114473365412763340270584541778577485 24863
1649999170485476948432053120929273998661075263131976433765380 29522
1416374236023722185067791138872580576777554374253574423899796 33581
9714032277935613974470719461141651761515123882362790564886358 9472
6860573344797283092570943917779516563058538904168168987692580 83650
6882500936119261078911242709881222693468531985170663717420468 09637
6655728936417132493864433405288735279025508689950937615120464 98450
9308482094646064177940775927273518750614934528181767517108450 23652
0442367768151326743193251095192005876749184930277695596540981 22539

```
6357711694671126060236069439457213648076464990166378437484109735737
0098749733872155726957603311371288315838030624903238330486195211498
8262358667333635943608153309620435231806990586725316679671989775739
6719850563320391627692961278450432509302784936557570466366500504235
3807000210433790543654526769156321162307081538667932875280399181022
2879667549274141381460065654850877794899447855050889491480528826587
6884445662729390819614400683983080524037256950641143899331811663770
1630751930445002156616091239778765007387433986121377676316379949916
0358002942539415093611828779256489019970636115118334377322878051378
1700685461893977078002754504705746574409611518650168872167815808016
1854864108089863222340991247492258081118532699879573620303636012024
8633970529467124019239868886269983543109200456227916998441698832120
1809559455053488532617542549536385150631189625309217665291658243159
0045834969397068765865424328194564764785373552515306898910979666887
8100256983906871131921425419886641928666875453772443176144635415665
7628714055353642878518017662196471266899624319482731009397417104259
0552437496873330365968721460188999669280258230500025049474319578873
6177439811819412948004602950542736866923100793833552779750038359156
2081647286299516181415118243048649558704764203871577064527587236770
8081805904084235237757575400884687756111665813925119356731909402096
1428901109648995715039720715905042478578296419139818646456980690038
8364679836798101237694632288836091585443010494261487603503799034417
7685999567599330502253234765254688995525806289317811721823163795087
7845934372876415144638730344373009824804924955400332234343780588846
4426565167111725408902425165680743457602957148128224094784605585432
1075345638218480483756258915751706013714681964216897177605495301992
4695302390199614826260170628481879635799123969700159444146867753185
6458312725417174394450082162982830493756959752133974391203106521261
6962292811787214991497537254721293068703850875650615027522642033730
4121616234963978809943527080416693322721835932242791116573630925466
4967124992961439907500009763571020509135217210267478783818004596833
1069999559077825546489128367433945158247815280574610341511343563810
5663770354879809403265266548458248684582906755463548632459180753460
7758016958399758064881377043434130105968843929917931741747428671251
4331325517759566739120611354673648311519793542086154722283275856040
1773389173211141862365202764491763082599430939167130160355550663966
4006376991774482383984045272776417201122912290611855951275066506498
3546029610296574754375905695555075101859350758837894692340808844242
1040443517845101844946977660224325727576337213826673283184851041913
7225727990030230195198814570212171657227651891902737558032398056028
5417910869633038050283058254155207922154675509988166071263796669062
6696222880410521943755535993478632239333088074294403163633929743184
5742947964530484812667242960554778937241659254754257272948183035852
4079897060138339019218816473115578505264328106710783042538278625507
3575144178094379451520876964418039294505337106958002880600959261554
2404295384939223669282518654578715415505437681721619494162439802366
9701764585168224184823494985612261220525940694686843355828800042360
4267164920519830030400639082160494841822317937800187897147326541391
6596941466285446072011663385275508319000328193491650079157574254157
2642210731921314240334532607660005408832422430395364285170101907195
9689962221685724205827008044884586616008524685471176644033745417169
7257316643571299349388718199291759466318132864866184797194493997567
3768896889421874125051812865226654368902847895239453189075978183784
2937386927112332452240270485501136807130149912753906376567761950408
2472945779516147251783340582936314389374727744967896513648114070023
1327461989829246746688558984335554557604277573762760912058048480271
9998499553952
```

```
67234262697175122246216969012780081098444425535915175083609503954
28095603229402450125344800135907132943742644076571567194141395791
92271365410090161702991031998657052584092579984341415907909404761
70738304781789551094730906625750499363514227862650746766596040918
273722547794729752121567356857260978856646457541013819301847821233
65156997722636151699971162308147353868744559534540138665599956253
62468346296316834097955045640501027726108378785182034937053327921
38943408370417286053516274318097196418515813346386178640580852899
26162674792028229007798061487378774117335830276131207960256078488
89046862289627843902049983703685368810277112776491648078939944439
40925075904833289087283241424493352364630816798184071019847693663
55389540287367449033739847490758595035606072003587845043016881102
44264988472971774449594105845200382301253166078708859066303712804
21528907855153422131215471139478438631378025693727576221585767928
15212630006697169984726344308284630682783195321247975797640301436
81437346152646919895021034218176259365978453266760250667448846712
60966866173009706625245017692278852056906735900843160412459284748
56689469781827677947558847010378813457163188174944289989298716727
68572546655367737283112444617673040875235065054391728319619830505
38090014071189077122132920908376622049304967945786678841810035863
38342709135352809394255181980793497854644802496427368668433552167
80896583682049543336741086899344362297041444343961098861270196212
61682942389358044719702097389199208230232314642350567106499113603
77319563884719181976988071005806703870572501530190615358555901464
26696691923629059503854868733761219137217442714461555526745228257
00058034707483503081485510715399389168383731109275020581701951231
11776778518448777687268042139392860342123389958185132776669365598
80645571558540380121592971267768643842853731888091790995730806801
25411651642985479857980120053023522575249974103543108388019843220
02357567408273306083966425559365951758305161534971344382636799028
71794289082660425974949114770714229702525112586060390052960240254
82624832575575756121613127958128121568538408559162780570929372466
24367205888681576790769303505178957563934003111259297972535777544
00569966402202138347356603769169544131890619160614468251813160176
09861677232066349745604650972882659512753972733368694175508487217
89388640618398460037168689685091852298344657755164156298149054346
62684211445248399413123038525805184868019570889226188325223553643
87364583479146903567872259825575975596021681452229491973792689788
06572774996020618312361912598422999744591793191907004469955405843
06932673167089261261701339842671888934212498755699024305950595367
65402753307550309490689335933765557321753833566489041072878037317
26730961814074515620721259831472457483012110660947978796294904381
32427061165526973317981222046734271212266413819291473278943660918
78788827641461469764222050291144484184413818492376352771491469069
43360808145042927657615875421705249394092838637329473577842342407
95488209531262353402755035057102890394313368148199515356610924477
27046999116723789895516390463749839660324274199311394429039057605
07415555332506554821517929225476425450871896221311351669933045431
00007471829800650638738989262564890543973968667943212705493923274
42799571733635910633348441851469534298128089686874083237540802626
59432986205629181754412222900184021005925843557050011626334138911
64722410329354306799246863155390027951392329972227662129951309940
79505302073905595811915124333040407885249710925372417474301388303
79701844108570451357681512915362442949250375261611011837321004651
96146782697244426178043464984407081819464885701556647291249400183
31574748921227215054856761733105517328675555551372752572280701584
44306909116842079448527192751675238846945201405843654124419006882
```

पाई के पहले दस लाख अंक (π)

9574590054357430805615594652422881931272032923409249033976547146518
1111314592519057258049351511243668916540226006275545801761174352811
4314894999161467189352381443368464042767295387167526081339509875962
0778527778924985598283482328917720811777733834663342418849227919805
2968309263756731847097048722337076247583698147177421148043213630941
4875247814926308746678478952455561005349890788898459211841022359782
7373165212801974854134198697705439538874973901457412211904805390085
5254751776918270607097967712659724884419682338105825994352982382672
3631734242671557829646010506831004613792748906560307636325981027936
6112357062254609303845922309569944746489959435280359572812207359002
1484674876096284970187989807161708718601131703969843543710968435176
6492479554420274224706377160003575229427613743288102773742437633846
5481823424545858652299370190888474776740026800100967319726684955864
5444676707987877175135398088398320732770178046249932786188807671330
9254338928428954733998046782679145981967469019830683989226343929035
7185733095966285388450311226586325701495178443681391853583920429643
3758389492384812217655021035540671058277268875751378435979790444914
5269179059270350881467187781681401490099155462169014256978035035958
7247391497616190334804564991698043894828487160573309708072050466548
0348755712333122224862473301639986713795127886798643810255425604253
5792751624131624549552973102364591993011349614295221853169829571040
6851480382213988837696390758142551957119935917111875508775962547737
7513592338703229940139176365803706784400859562468763995140147145722
4685434012807858564304393947069971219759406459214429010712931914057
4265334713416412866451075856458812395114011779550807321636781016037
3433760157315563492556593937367165619355004588107322335593024482569
6996555388305341318667616899808566682827713235687068122654846298210
3131760771801239058725534724204741520016176660218058824619496648746
0645638789963150712442915388404232450756032140477624258036526092051
9148291010271577459241426287104455972926999565011286066885462748757
1876506696977960282304138110846930878716848357909254627803494264254
5860412045997199608003166303479589928945632553125343137399853694598
0583602867451850810533130476475285376287457097777675413077142430023
2534740409303069421829116816439303916557470032165881100062420718524
7579746980527651709727451530250946186599372850401168149577814259636
1240147809683786888511251471276223179153314870448712057937765503040
1664297015076738855047738328881787312124600745276123541766657688170
1011494289925734910123564667639625806511271339649842282450273056693
7089237358164609535611643437505650299631516797453409382353289997025
6271802165624362551179869721624983230956587196829602546680650000467
1622402396653824185505730658144606359055954964198201139696528443930
1573931052062830891492180634287155353700590035047086460963541097884
1060965660343653544490617007078995831805614533906504770527431566417
6097215179194892833648128660460835307188194805344217730423604084119
1576164461309136759315286399233963870540720547988479579886169962180
6442015353531790044765255822727670645936350572878042757348558976829
6689233572428808680624632489791895841694457900295928632288829382800
9160324606353202382231247377367874061794090104138153305761028300884
8864941592255754380946063025862676998173184615639367995770538251493
4153048349312243480633331688402699767024473274906189736334543327828
0820774402667097781782078312085726344560947085548521426584891018495
7350318664217482298567340632852564208874664253405339504502310275449
3429019160008441503984952021532560016392766936647780958412656042906
4525680617095585204187128148134743445153937464754963442205389261099
5494428914636753895787605584248419025831181728850215885837880689893
0594521539281374654088777536100423510149310846076543290946086796910
0188

```
40384162250090888837411244830646123775233176545420148684333531525 8
07526673468582177646255479877158003780737152412484086925690704928 9
00666781140279791636537433395145161411107226456176282259912478849 0
99284872988870529808306524599355173740824113367757972723356826803 3
78116357549983476669908238378145543916215512856385576818804480343 2
13210293942162408135480262308822241912311925661205255016134989977 5
37211303331839809636216624718633004541360033833053057938607902112 9
32032887174995145272045062395800542689317348183540808448734709388 73
88619010213621756502595911351442127021011648093093074941672915936
24568786003466022400339535225142449151606042997647942423498377961 1
34986659102717829299312465284256303982440607897986734206039517007
53187578630616126471450010032081159416960435788247184765644413513 3
85091862089785746218053947270574914758885846342665182414683879858 0
80482488208055020192887763490205355158562400189346433242686366341 1
74030312234237172519433745140146909287147290589015061523895622846 1
52031461702617566758586209515477682835625450643162643745807607141 7
85780027587608048332596758878853180959596581481600806521298179195 8
43985925295184458469272466477076091516851746385647187622149193215 6
23010127131052844507481070026502446417858724356779922130399652183 8
27914184826528162510461472116304790782240234842176235064391415298
23005543625701476369958878450144051305748180118673087237596524652 0
46435093431303966655856293925156810381694666203136394399173448967
13982981562741198826272351095251221821704750686253399267537797846 6
80999542042149911343540701022056926819994042516658933928498565667 3
47332579493437311852048961480398907491103503139468334077786693687 3
54754911077611269470298782112564765681491566691909552936732055957 7
27929512982090715157730091788477963374300214580360314477890620077 1
55490476480542427051316776689353266943735907224020481594023758388 3
14763542140440860421299577016536729659902048363057779854577067028 1
90587186483061382527527860075879070243587438121184097439290836223 9
89125389316731842659559659548495881455735273119107469179828345743 7
67858841443980936994532326065725996975882421929358791454369349104 3
90422637817675573224987314756957013416014988729796068385741483909
73894482340813010956583016594628071917844798263328455536359745121 8
72603325357817924068700106861650620278236810634292874145081373060 9
54890892474450662277330838526810902090813243131511849533596968989 0
39103170864371432842682490648126662406926704213367160470574265531 3
82424342220856097935006501412683886793302418654622307472025320717 8
93805031719917873491122677621899708478236081116007980195606821356 2
66409245951405941919888659605278045961898798897812460445075204391 1
95108742576253503374285344359966802548772112938561910122074296511 2
08884295468554439251909040934596997632322513668449395939143105822 00
54977616511932363355784477387007275167088770183360897310533306167 4
00940748760848572870502540396522062498438780791421232920380618831 0
48172321093001720191485125537211230915157190161271374065368354640 3
45909017516919077376312212625722658664549644959123749618371939551 5
19665045731490348698140453817457369758982275113774563078672356216 9
76682523924529815904675621852858455891453014822265840535952639098 5
39371766197101587838732782383755847244288253637262108186657407440 2
01307721398294034324598455034889846916089350460604602972075243052 2
25050884840981344559999075868131547522204656145766233140452632696 5
35279292379792937392190374869671964630718060724784747396550517097
47509660626023429037646844450582247222013238638855714513234749820
34996604066211777772978606443414673662111064805331614307054651648 2
94660337643562092912703240902104351027595403970654729979272108961 8
39673150847030362204984020805668699225246595358373749601331417900 3
53700524646560586947767468897309441369101074420202722385751420522 54
```

114

70819089634991421944317404112374851728895430801845740910319994 6112
805564334422622895793405173650295313360283143297024936562201188073
837965968669385630403655424493757197421024937405701936945138482569
860019532151625689714018351165254960063601103120281995349670461609
746208291773657299785645713069651650016227778852738340725983559673
970824046315259176738042297431178528315649444954503695640110936 9855
817985115027211915917638004829658130789859470397312065378020322760
344162973296980120590668246901430294939952501589890477105080253835
157158428051781526426400657458402791703655628341155199917788499516
885789808814050968676482560815758716892137852614348240198670085959
491834379968727493803924399001240892926764545234221922075784137853
342487883353547493246859780197430738916781429610504444966285797198
684931704497491550675521279111615838805706968196572594815298667 2133
352580867678999596495159606109888930622886966132631217557575864832
627968571141533502647214079502359859585276482031363986556281374476
129381484774020225044508591218250956247790738896549452650203707851
005311569656220298499374750861361904397629959903131190080431975245
809400009145582174545266258052740399813169325700182768421722318051
406820050230929661772701854460037043301432345251646866456105217206
929060367202733353961577082848882372881358894045344902269945387687
846572485781928755820170263348795417825355455575490682500699797395
059504613420534309269819057255312303387133029128503192281356963960
128385345521159435691409774601581987774123819889586672711142729583
108270898639204621803453794556243397185624971271409579259619230781
884045355529797774221068893673388554858810722367687848593822515403
544099482252905928348478013601350091515811453292144235396298755483
068015588531659665633944781862223936580697312612851200242204741143
375961776991063339146375805203581547030622952772170351482123853049
326570584461131965622545238528606444933091816747127236972720295002
626694938676067390723574413268607147813063279625225213583451461753
197073528090113543146777394534710240006089517815557721182150799
500558837744547319261292538304998174304023070223890981607615311099
288865287256021794988663396420618209213160431768011778154296636735
078724191834058059780194136413801628579298183208684244469747609594
675465935139271920270806066700964469126425789697600503752819096615
375661855458062643522949216579083498437925743197158770646868200181
823204868998256456334050138496655764029708344806187866968931216351
339668783136235117749794199305482289866190400647154359595792275442
777794396672633729746627797753573196084347249181190210119294392590
380260264841748444782005168568430346614412500612254411855360366968
299480657213953513340788692453270591291498280174112107188413426878
788829800210711931841547690632321330356647042801998341625726105167
041311684938677002775094988441085136931695644486075931708354676736
901777389429731545511459227701110360843055771824121223403292822987
443986446401919560923000143949934530604425799693849177239781614945
113120420486863791675253063490066523958044028984353925557848458072
200332029250346597448132614017337334841522087264985836723648805643
312830469305304873539059684897769410662489968164655101825562769089
233065437474773251574823464207618269372020011128849083740841566637
879049177157916261744725335692110279631363639619333830316909605856
347865158364104095218542189253938453651900094568218823512196785349
129074727334576190879527700714534296428857778919797005177373318942
564746778705951416709501512543632545858505909277772235744136906107
059254179657940736448940133684621259740377694362926710786480691656
941449476496275547975269975061123929065905556029980618277579232119
869045159059424907676014494433021447538110788616839417362682473795
362048578667366194340183753995078873570769569736334890609662341520

```
3303273664416840915597267506068186919542897295549678007420888088731
9998422933180164226391830114079597049126719567266193876235342306779
8374503739921556049731619654537918413623760136660987343740561564616
6345985238478285233197307913701982509058532692942864012889661556236
6653366808679676269021933858700947062040850270178945051681786827703
3193427843070164519313139114857909616968441606620928373208333878676
6414883913529892584818453086699758841288965867024287556877312359003
3496164995760829237752268936555707635413408265577248890243575485397
5252790911342017983026115347451748939422823882771044974234435922820
3662147297399136740367101215970943082487534476980106697699031419407
8502080100063845162203542748953285695525801669871401279094554658446
6853172976638859223272280239229572551621704395377986809188708511955
5014834500653542058958817281907159463277706136347609047316518417732
0017762749668619298300484784222251662526812410603171436519456728348
8928109589044695107654103618988534832669434021847931347638061335551
5202360217636561827113154532531524831850160025503530023509981187456
8401397841324504129248995106356188398860593998518606626698374306821
5608935364080372210569221706210654029033468957152390066799698439819
7199449884736379926562713791440855451262773768033692487909647451106
3094304810744082597529027649301909961828672066800838124770828042534
8545154944826733517709915865139720744453559629062029789651482279964
3822846241004949253809663171584947464968773242941714860117757925464
8092229392563484734484973447687678972551867684457804193010435883847
8744984719157546612527742106519834036887682177098564798974966417963
7585327608894833993789038693590500388591500418224769262139163222115
1170732974075729995059216141953417954539564825806957558191410105474
0858366976388974854435670380887776225342372523668586252868607011207
3766444177034759239022054029211833635920768287468191653744362122584
6855184911737828149893317329432868786673412770941950614067843095596
3484973447687678972551867684457804193010435883847874499419156061407
8420429901112536254951586587987779332016060230253996395280885785246
4068389306031488155118818510633928013806882947755338685768700628738
1871755096202301678908295772993703948123553225117730651413774797053
4389379645194776233680444566103772824237746406531747191228550875257
0124855530349584254775511192310417412608960417645304738448618495987
6882445549497422370796274252261378595615081527071735522514060924714
6628770765759232800006362366178185182014661299689732045067019387912
2339028019679284857642151753605032428049537412601702757403030534227
1641863949578600006459952392766917288951034783250731781367442373727
6438574252177536186049961577845164056212512007571126869254391270548
0417413062908526548019648798111143734157554754999170822366196507152
7972205089698520513649053554727844829720710781457451456846086111572
9565963175793886474842463316376564944811616192160462873702904040975
3672886130662513809093509849143091520136859403499036297931364403312
5901186964880120878666141208928978105070175592631593289475933353555
8539615357374864732778846929005148375626964569271383010871929842282
5611441326287969308554351482195929480670805922682459066959870498056
5202263218860004581338482133838010714011937050319998655891249460661
3140897994650450291669772328830601951849785565324355223479476176792
5765445820526605167994476072270550260402538069305498861065092174655
6588887301788838412895999596591593227930457380841437898235779781221
6639154001074121336095716896366700574845895205479261619617366617966
8924730031816330776842912398177400293806904648200505930567210970470
7235857627655971528668574058099115356058690572447224208349859427076
5145780433987934167957681379636208339039508329344955805953637604854
6223113625167923643813542477484194804358933214598819421360579294167
4122615999836108550167244026493529026929476241342
```

पाई के पहले दस लाख अंक (π)

58256387230319743507861604617695101218541063220308171661124148867
64403388729757658443952202219610073743454148508916871337442678359 5
27056131521252620738693321830593565893062103049292095355381454951 1
60121464198439793903718964398693487841589092209093907042757821905 9
35709430767237024389005345312096700350896192224298816087686432982 9
39714882496041244651328082112489224188331444749268803634239182966 6
71662822415678183967524379665967458116991428136901450227978013597
69313865394554720684577771745913853617847926695371036950896377227 9
06128123654791570888690766768901937493406103684106738600541100262
78700874705947106586451439196980559706950556505015123393666589057 1
73313364764213070656757319919039388118938253075210882859516147506
80946883924574001113547027478698216862127432149766518830031960333 4
56223553442141736811700595766349367622329069184880323734519243491 2
46566532971823841739691986587133313412071051707368341724123447237 1
86724941510842704961554950379550152873822486053846067620392875868
62626169843822805601587578668309251223040159989753848922836009598 0
75215949025807471715773537480669005001534985359036976722971043715 9
21098469391204905426246339608550824918232865843934026293826856371 5
25962389474471783369996618020115478824991332365221595665340485701 1
23258277081886215013071577934600274395168927524355182396240839150 1
23473924668651002227673515415339817443806293681884318702195394674 5
78806838733045026699348204740930850952940088706951818632548354824 9
66260706650249956468194106470407122731100421544185549123163407340 1
96180907498723670338997499343924399165880651283667905641695736521 6
05028224488521757361133174294735635774830847833098492957430573060 4
50412840297114897365523337025293332859315448831374005810726242464
77515535611897734274294259684019406813333814161074909164044307805 2
77729770093827687366826928083628346772591003284128128935787611886 5
33037994391571099173130876841482981473167438924150708123330466386 6
65268851715228773495808650709021102713080114880705251086164181615 2
55674817104786219400105612800134647100048960081618136339861314375 9
53783573446347009738022397066733317884712172421662379783395050849 45
84056480430059112018417300502241962981137643255086259936672979212
12396833626254330729127457555379857786033399361139731479735858804
67482663190555031714751074082657545538452600524391171639479854543 8
54640477445274442320820115805894011041094538330920475598313012780 3
40587673381134517847042396208849358293399476294892749263076151959 4
75808635230500390635269755089737196321432027975808869585297731621 9
83594425668946663498655664182852784053071039460383705531953070578 1
43320616548372087637305421510498196398231622394615554016244819227 4
88989891548181616101412911142233274248071051202784972384904402642 9
68076980344031601013659880856422960754069569557133508005356595188 8
41456265319836545998149354703533396578804947612732090048553113590 8
69747145353689015718969841577548117779410760419019145652728884040 5
18827950849008264536013242915228889379751999559985968288936089112
71091030997306757062186597296734639843061928429550429210546691609 1
54182803517832368415521818655679634071112430643855154156248975176 3
97718812620984087360982992383637303027505941877062626357378481368 8
68368293339698892774446869696629499689660276916003698605968904718 4
17160001971841236265199793012787419139272279869802272459522940152 4
32208404817539812400825763713606703033447765411404274369962054125 1
45048270021051517411890882549260977472146205536677900755200879989 2
32346535925261273772769545671215444999501484526854325974087574445 0
23559503175888094678670624279504968122317381953193469955615100420 9
21536083260321530691857272259929860039539254734318064647706444154 4
09630859833209894281173897950682749552487066282732805364792474107 2
35461194594426537978749869795964322144950143520616632736083387789 5

```
7462690088960941621373442638200267657533910341892476105635988817000
8353964495585219224076981305252173195013237419645342897616581354070
3313026303028547802248519255207832323745483267963289071256274752460
1229292964140924485029059474155759927512425085069966347353764294070
3839182074190916254160972844591625614472721705908293857676713045430
8433599082616086284671963287516028608040353472085362193749494136650
5199150853689237351274850742948144519654169382291793153091803782040
7287223894558772648584565835836888354176105647212556438640151856870
6957798827517422243471111552623436972117076334504665327247663342370
8211958791176157833972287470845127988659924518327916414459828021440
3727018946266803579233337517480641049931852188455068211836085689750
6325118138750460942419557443263971984310789277524723566722883955270
3552360662259878859853963287728445468369492367606484412273536829210
9132455470404421666820674612656707964301200553515990474170854616300
7336202703865952273806423126218740626890903998167108615021958265000
6449778173573185052157715160847631314297100682482491391624928925560
1263847673862182333452283028570138155437476505784656905883948253130
4199813962957362501919857105808466792364911059290880550683382177180
3709440626999382691970682447053200579454083518610036611615609450820
4239865041998731623838357466645452188735902612193453160485833921260
6637725062085190546236237337328114258166438424988979859667954175920
0036913004537037196275360687183013764812127410561482448795986351080
5005487349029844775297575734939665530715055154410390938653741666521
5918335499738256689326452686208235962140239634097122426826870025330
9558269322438059983242690845304781419914989311071015716947495557630
5219458745768629630183899058242012787867557969347231850307446106030
4839145987949779487113913546290254862822497438944743868266164360600
8318124885987232687910766162305380086029215833814432845322407462350
5418799888174723812835968382895006202252246463573161082663063643140
8563553160504991514144130887215414433174526537210651396119733069487
8139130968733186136669619394025720049930809999534821942765587811320
3521877812457183423976468069730697934060813830189077853792276215480
4664088231264298164212394174569713566615398255554352949817223901450
2223591925741943146421826647768886677250217123294152289784461629100
5662854200714538834167814891345667445069291290631913561846915331580
5581350764875413218594557457701564866526167466208580107002355681680
7581059596769989019854727064175312884874941390708664208080627694450
0131967019703355181004171924251364427448521978153703577709617978030
6554715010064181805027540735836312100758486904203604530637430343880
7615238289835573728526027901096581135839900820251064150068488603770
8514517039936269383226188823018995912710008790754166287483223944520
2850239184867913815692056863543217041633586370353243530386031382450
1788944252008004853014804232640065209962960096641776937613082080687
0201308834720999916645580574702972650642485903100718469895310690170
4322837847571536750984970434834820599312232247519854853545545198080
4228145074641693251741711660329326677622781908348972275100308089750
2520503024664935126461278489087411830385877998569663906345052002210
2393452668657992044238614847572428901051143288838145837001486782280
3330164072761140369413621157371699856058417354456080336888906925240
3533810539715931504525920940128868267619578511313238397636156621280
5764826409723566892206504594883179858641010564381869889428992763140
8161311411978394851438964020161614470282221756482734206461530161700
0156730451861843770521270625734225871506289598548861762052296168860
5652158377842471494798664877070673248179908424974414130307727812210
7275703938985310766265694827619763328744659604559350180212323136160
8294691051653679961314965618814230797900281970207530720413774496670
4530625110784565792463800382738568602245895406143936149904848428600
```

पाई के पहले दस लाख अंक (π)

```
9698064832621084643807433365583986880899884715142957010145120549966
8428966748661018668765129731396283214410268341658603599114389318076
6256443446092747502825373247224396358231441866189853373236916808695
0292204814362372048123472392174822684291066611784943531672592385
0410537793110490815729580082189041099653740522940462019848205947195
6546843007682203732839906146792078803130621080742887826745652227951
0397530185492450108066714356522034098520971127515883904861311294
6667339640992434926471623122346056816004405457214628656625616892869
9746838216339043317628637080958285081909697417621207405508511001
8153302081718136717685434872720891726067431810386875499096428742804
1065285744478313994874978924434353732018837509779534604400528119785
2692754424896325741629879428255060763951651083871176646737663875
2697508837939890328835740211229563543208743741416249491051576822711
7417711932232945391974092136590860000476202432818881161163644928
7155599082998145435840371709565305275679006103858220050257742242925
6977373229660938546733692944968154326056858234085073909150459231508
1322676781063632505958627455148922828565406945222105635580286224
1676405576952603221833562396373988080104246118755054609555094122720
0200166732907897800070963848283124462955965450221207433264365718697
1345144689688922951080200162568079951218413160983309702178276860
2448714433613144592320601473497481486913207742459736433949200730885
7482067224118479268240533045986927545897072131545841540477232222083
9208036324127217631162891881643394036869317135582680006351732097
4505243783052633429820515857292937290651440822520931400383344286009
4371776965082929411189712087370784093552754759466760770073958299635
2583886106737450792618043306725140535211613376789603653857985032218
4508372345725893974482449203287338602799204201279950628458617692
9349347486450464919686353383914495693293534991399224536641881006310
307109505687734454230964589543614186308762414944019866698347713
4053009577978720792914623896263909869060639310163833638321319
5393793042804984875962794957793364835848003784161018633174149813364
3427387980302577970218308865036418106221571029282021587181445626
6435519128923907464494910427359692766523114695665844581811447637737
5235012859312659257607505565019843356775432091750690113587867161954
9365520291390943771733201558080722733191001779316519681542280883
7057650759883759702175411773808713798533896289683026298162805530110
7557758978534823854812982810501496288588718232218048882601827461
6448790291728418400029367469706652600862828438830881335633580243510
5776352859333154443801010244994217478189655318847087378155223644071
1454282954832131189537540182160748659797762279102308233648436172
3366029171933992616788286898005789119115696128611373040422299624445
6452288117974715366357914615049438121796999117195533929154679858
8856908281911031471838112996786565145305967981319080042218270900569
3044807483008345642515023609363725556383193517427034362926840234
7641389903904336235185135026393009596644489877604174378603817234206
0790714371194447539522843551677888570909340590984628007555002487
2583065055751125935389631517182606584600128932682974216179130811687
8212721039217579698337007055600479265997432364952544755986234844
7404096171475662882753250917375915460325080960114432704119873159696
8007968936040759775018037409417146998188504662898263050340628173028
2319799125530918362807799251133065557725895805497219375476854503
4660721841155705309674742472328699207294954176864890518966875077362
1842979151115758515906698154334699735695187655323006157281995740879
8433268786548387703704838867969634471044881036625529586283434384804
6267812214764251660197642270203629450879879092306899776262202336341
1771182015399050173071499961155484037152282685779983851093840045
2826367576126056398439135294087394557427764849924141468582429
```

```
3857917756232954020168247866760021021513826664110130042178006234 43
2179195236861776961388050065925090702529001557499487526013723194 26
9628376917390123280026029927806831063027349010110031406707790045 79
2769827931368494516308950918290483029650019089283364988372143961 80
7932087423287680686490992044495073598605289572116995190404083389 84
0835633066438541288900714754386656707085018469537900325716436271 57
1357347225105929586511098406845689715658254557256333559457657774 7
6180201568378523640314978538098315662531858094257851058139046154 65
2480727198329095772958055300883576439354657145791359276746643254 48
3845455827309139861671777995943994550317477143659796683456454234 5
7823495302203379392308962273442866717466798655682537325145377430 09
2237212027531693856659776107823598018863075075604083677127418714 58
9669834570275384870360304258428021277883107135113277277749920464 83
0373404864279022583676007739008365615912219662842690363666029854 32
3536317994514703396394961386871671776305654609188565518443445168 90
3346245846829124143175358657498912475955608960402921553939774464 28
8772795162230612464779308826542357480107178091527740165487104682 65
5357030989813108310430948667539415116316766582814037008668655476 43
8339770427571250447492214229690806227876085444048588139957127475 61
3019026375150738783118851441005371031418316347433675117492320531 76
8258391503423545058602263058687027792432296916175459534404574473 99
7117121192077889158121806247094415506947273514012345502046290677 83
3781762141918901469088070798181006734859396797266934876965238322 01
9108208731369657998137760621433456083913079919949161884261517662 01
1516330133652402686506039217254034345528675180825801046290582083 64
6811073518337297519614561225253713567711887842519940235439622424 77
5173733453533891507262882321321961008440631515479985995215888847 11
5997837510010625972243449064583724282711276886130872971766745 0
3877844706050498179263263011217932857796302134172905845069383423 127
8574470982819903689333323225245658784864990971750320221672852149 98
8277546583065590159584351618555205489782673613579627957493305220 11
1916108420802369961389004399328350663451816407683899879224132306 41
5886725004798621914872760913836555345671757845474556760412913322 44
6095514831253536112871452107430436355478982136977200927930137261 70
4890828039390999835574082898005613032632804878407025880190853877 30
3188187127307461366420509108749612419017691344997077457528363397 83
2315611035648212470903595368161039384137568833771578279382941354 62
3916270576056022717798353211081825134419902677286104968703506073 37
2089355308640081426599165087223597269462486048366658911303958507 51
0474494726993926452646055226651892497645308072131093520962315760 84
8831138260364791668246800841422358877741046115569322707887932687 43
6128379575768538184074677820984677627367244691118916546554304847 97
1042152397792892067638966358963835664180589442147453962262317532 65
5797252681466311769780129937110982453405229270933003996295137144 38
3195135057317880566639610421225778725280132528384833082997288182 50
7498851831471768420564258524847512955453433867631293546440777340 50
0072199683801405226959470919911895518840537007723165819521053047 31
1491449137585879145623887194647984526528480268964713172715150104 0
1260230712122287922468881136328743346672378205581117942027216479 22
5653704224487763296970129276913150042520225981800999798855902356 8
9043290231478538738724020947448385394177836794323325613093817720 50
1734309796245324951033905554193731155678109600573604690408793506 21
2987488240528497439396469465846777436237028014143003044016617901 16
5797602697905113693090919413004043992505664956242468380203405089 48
0290002637622005786405521562274015538028003468955917543127621861 3
1476052556899895094989323834728790825399842346397579120047011707 65
6479780085662647461192149320181526856676334858437821473311767753 820
```

पाई के पहले दस लाख अंक (π)

642489458096582004134726957162370383720779356597620052278022518225
296320032536927653198445965838103755079283425278582591745643500626
08434416311297019553754748518566661090821301768897917608118674529
452988157107661286021403190196538623956291513139154058784966307201
9421858020705480546447754769556787209860159717907361721414061141977
27650252901385992813531379709256036120684983882151922518132179980
933359782131751070483806021942235771089945917470518247086038195757
88002816155616116658331628472637285890244233722087246293327028353
17492841004434726304179900869416927372227838080288266378013920532
928677292804236565912564514894549289320084006096841831783905934902
376205000224339124261918283291801084770695741558673641192801283496
458206833115754626233916641813906198852245734368306773983610104642
316464133135532352273752664453382030040955103219288976104028788257
165434018178388741015541294894921097507774609559771524786912881124
482928425719746882048856549095615768512861059352678026561439383358
592178867356600596530098536546206425434637910629888573898318354369
679219264775780379760991519977631569730191138816967770383136174316
445378545700731936052197001517354100766869601305437275881607049987
78936501742224661743819326919286429301061984254163460485330613122
444410053811904217052950210203949284993280229187520880003182408337
953638642237831826693455467637857036064039922133069977838159195259
555588878191552733115500131708794901667727284263034494974713565876
728143942654920526300619080005910944956218545217579084841829846693
841949558812074700106037683563441033205450016151657240720125298604
958894707972183425970164384759848658280980869054903677261462021539
86362941637717930476272183136598096850029180311410797043113811864
184914158697584986602245464927651310287275862938670400213000595178
163586440778748117806522568506530713507342458944602683462083458031
3392145354223387544486303860708727850277777750867762992022224027107
43245913400402892872090265865447356210842527219226631314180112202
868765811599272712835132421508816450191208996690219737367720181554
670989399273542199116273165262450694992002848523663471619210135317
944601819327396072124887398157503934618170208223027956393354316765
552788502935163273459472657951040114997344823774206587573034636025
051615613927268982066048321085542322084072024003091375158254174604
210574555961533919845890027397157437538022426415567778593079348042
453601445500804634412405440897265939966330079979725921292231094194
707838420418307596625539432445609635895414225661367379692854237137
647495263375569771626021992267349139427236091784676196587205759703
367639965915756363993425058788943766830142891641757385033888100786
002186250388008817542820476784272595671960484060571210079566164926
91699693920855774499424977562114141333243237951509364096641340808
447528614157971242508505925805081064620512457221688482019793441153
229915524820485989751301007559884796958676495248802794232312419807
388735906666496491511396292448871057045643419978174371093169216647
620690940566563479122208766735316201439579444576216638684660165500
533947931580877471076476445478396109992723489002851457979744344660
440511176045586177008433876053148008853673570211565036104548799284
037532175914820188299399708652690645538159173954184083082629694214
229603619265688038545999145315531953051939183455018588454934955788
237465098560821298424007951804176372673129537115995329871379480968
186645546885144362583503666244085255859306244147002018821220464219
259172345933989619257901631775292386555197656249237162846568538934
472706908824411028132584191077575505481596675431195699439784151633
240688940704392660811215618619025303220713906467697732683681506611
23769280024896835557513723112884258268928782310956781189966969774
094893487241666149739727949412661076369402958236283034824223717633

1997184323999039812849393985868272446460540716992594084518183571888
910943512641768469147790922528378375323956019474534909055101642338
078115996634482620714158723813542032404931757575337079350969461348
285274651377146834205626236321971729619991708666383043815049988726
067172676572483899667394934781864059973119900529660035329941393264
852632809300822108367705019712870766990024781300851305272966844060
610164378230719136307049422049383419600953509993987135158792521973
942806151356564313408161568884901747824857836606800403926759962908
630937903111506727671941876882462830751887950689739054897988939998
836266317622380542165500973438436075892142420468068102248730738778
094787723527390164557430678984175586097805980115965586660818087835
319300271259737913358957897334008763443118861486976837881121510877
126677572310183325111391985166650796809644853255663841758311669493
885921614166745675555382378604424455712633396677214622446741586901
295620545652768104736368260978986496300568279073769198631560129161
425693064781006989197020226538674162603049633997127366767957428955
566314014881184615445820075931678835668267089919455698580240906776
542744450798568453549054758781082742772021979660038202099786595196
994492933543169491649170554412944820929676092514799032258890049539
549957229930180621792621124071101622095785527048886053819284236085
295701406576742213483133260263421770543730953570108907807302213549
826362852887826558691568563466259473132585195659138468924462445834
402277049670665349938723547520909770648817090001106391255718740682
470471367225709217122286721119172532204691459692215612297524374555
068820561736954940666273325260413704462908654461510442560076329179
486145106922588794437481577891250885911134172233031567497381920863
972206513520158280086982468765373753233446669783773281011145261959
958866650108216881597594956660290352758332149372864358745996764765
258208605552447339121171297976729814037989097286506976492032209927
924040206629297956083333483709734371103831364074116484760050698520
156744722778358999608425578842724735306117051602021864568180148423
771285876616591199011868814095160940245806826199051129611212754574
119275346382293994753499107485956141079594010471612965889159165679
925544442250779692987057697058479143040118254545356111724273371399
999432672127719323193391300068902626785230042044775981367284743790
128671709651764782559460090760126770386665955450974046848589127133
239909729337983586535080972670948531616454530790871573529955075169
242502752012548206339883390344782848948625326384370394044505434363
120240495681948503862902856933719155477929628988453250576597682076
434462946898145244334205580449946585823750536595705362244038184299
359354415068135070920577444979990516676905380209621766365606835781
587320379231026760528625950776545290579527210420413852461568605765
628218747553890252057850800740693372942987737463057925699377504026
856615866168040761542216193889794638536338311259582441879709719549
522407479595395194229768582513900769548365478993386356880618290567
934076519758024674217910250332216964377600441282077990490323308123
176112379972572146928331218471752129580119166422739351443766983751
998453064578736640777380699652918703123194595004164514120225826972
469814614881846289049872728361923812720419779161557131344799687575
703393540193254612893602565440312289217822034095434438836935460408
954458024790180847629703419796230216029451611247691650186005981164
172743826673072895297840924401656957765725555729576130242533547909
506761981919701424151665935744603959673618532551061007924434665329
441818070121476460301248629639975333472474598343390086851604672402
252161362633437520040663234254993084214185882609820943615743240845
647108254431018830907726258570251121046551644620072039153746473932
152920633797970985170747730380605362838981511969546064420171139295

6688531188328062643343170171702051702648528131841251634392473071713355495060515867136110105805046978358806115072292612757693952140803029828397043141726570913295082911253431769430807546865513292224276499041740474813410763681949573977464379686518304446566839831848419482441760598638213837823531373045228594983101017622494394053901864942713232427248943202272085052667040161106549298027268862995032014078355006817832661244294733793470870403693394744488364014630143076654888691999519065406311664767819404973010037519857054167252764702308591992273998423414933499839097864034390769224272933766892660493494416947156971554705990421742192588257534259299956598642676845141061238468788065445791771750402776282360633007943758407436694813190183015709126766620798933170017202053954906864094514977409774109437345210942859684717270234064506710071428745863558686782369963390799448807437608835336820312113732445157104041864292587944963777514577235117586608817493878267538776413037795190605040647630268064742690687941447448269351953938097017849673194645289143892223863280101218343141180980750479702438991935727257052706054704728147464744620822245407471416940652069695167600105591770136489713227842017003356643205551146221793313232221711932737347771577886583769699079117113172835374019357198631824447047615448184577025234412484550968128116664970906043227471833668098116783651570046801876817095688932418440736231060256627475747969763747209063548402949173472748730812019505270963758360746254547935295423417127268198133990264190257633736116569738550874413024110469983643222100126772868218094989076236868926338441751885626283212965994121375179698905209247519987894668451205783735845043148908445688161384015880396987292009854086296947132259863231317127321942891413549432335912293724230966015461649969855796276327555457798445440322304090493465934666330885736959602328575018026850212000712714207655565772640798302072919480651293602177611360939113593935308121773628431894417396213554536050024613878796067604080531693002509344182571342161361444011915228953065300777905397200339662894179465964177798355925342228777465640003439352647735178351593305571994715981212503801755954757774595152071390843361001153790490150789070567088184457411450883051229970020996961130971218937285330835942880990492700746796012809697182928394128198960521323361070521443176014995019958953589718336907828313863423685795679656341929304976981520997452887831214597368460756747663606003968791743542138503489532629582054474876924133036611832868911277831754602912791295567600741873322554290824475967304300804589663453378198753699486335053772244515901054165665887069898901375388802432758515141185845435365298749157271886535640826832722511014700909898627167722415287768986222677036983969959782816557940888253718376453740221818841187448133828794719644549375700207234696253360159221820280817972604912829242072671298002423760022464850087988988572315884221469461474910278915546521230594248610272604712698132414938149901767357489609411826805047717301316458946823454090750518616610154107017955417597598280422938627155510777799674591224661638474771460111789648586772191861044175307319060399730981271821910672442441948147115278343039206536812214246550226930206567588127647543438557347426328154927705626600665467118487652072673356547316696621770698336458358268302077663377786474895873125521947859905262932469843638246857387232842777898399257375979040382852977873976846638096241754775914830964299155281451658037282442319575209277265826932305975246124505643557559140534014297675082443347466243985834376148793899641444025141130024688693719521578304486934438407345590866909464481382353532042192534791688998014391786232376017552145946542744591797476063616652401862061888475586487380583089379600294714755490167949590428156184287251585293982983

6320669197995673894788001995879803482831259925329759910502073507 36
2660254243105132862940349554176399109476329448542904448102689152 59
5895214573201226639910332168000686350486200735703485896106179027 76
6071816770681793663180453823791912595619843885760951802894321579 65
2120565761109398991549688403137754939354085695344990800901270384 01
7262618018204667379599468295436971942325792206474709758952510700 20
3774171942638934649675715427250404693871883572775634448769445950 84
9863887761683550588497002868572692805421291795858131914228380387 13
7282755286830645433314868809215169723787601375527981104596698829 17
7796241097070913703788393045064501245988678589578863709104821652 98
1152058332278081779915608263843346554197603150488841919860848406 26
4900399587816932942706196229745312713653269444151463625697342752 41
6087344026979787900214636269626201203775338836775496915720824154 63
9242413505757494323179537955463238524199308940605113410985187805 58
8409273559116716167018711815535058236609856919392270006468228835 89
9448657522671480046316567521942019661830703452163928231825112778 34
2832895414247217260081014787580302122947515344037127233216708657 24
3418108047795784144265189977886011402027123294823762338268920964 11
1163011032217548508094335350434077628341593003000533913418044642 35
2624003807395109513701115850953473248223743803508935289352165877 80
9760032571212835419531225508204126987603541890077136511086047181 94
1080884311107425363917138988135975319323346515798647750468457586 98
9391963118824114415430357040008264012677795384110666509640790498 75
2217172264156490434959626706563289904578376011368513262468346021 34
8455756462607773521883602166221683273267524660090778680934843387 91
9815646612082484867805064429695846021029304537246334876025996224 27
0099370735871074599684633237610502937874080790673626883143222400 26
3425418349464974943378764251078629404943559708895096801337624024 81
9095581134913297913613799767020614698043501490706733150637876240 20
6623907027183279048028514829560611547406959972561949296683021021 19
3050250622682638808965406298455619793389128419758811358200725743 56
1685767723665936577518536374076870100824867273258270559473587594 99
1527183547659915630391378571672985440402751717388265873849917746 30
9881277693341113336407022766678610507168850450924177681798125076 91
0950909144115833703031224085067230545812454372712593920137937129 89
5049768896410465834850748194540118577023591724690129665114821500 74
3422992828122279978737566992007129628455472834859249657682030788 46
7950647021947309801494977443099497791041466285009066700904219602 98
6633110301100111327823018058898455589663934608753728519074360022 84
2303896215171619564180656270009999560134896928557393262657251636 40
0204079984714123360388867468340872957614697626597150757397051452 16
7403880838542015319849409356208349418084482165184390718645485793 54
1198865262240327191774938527578225038226935970540054945456324866 88
1669370213670549848865275526796375925429531152739433899621680155 29
0688351370329024845825815071276360054835685965429410651704196303 89
6699098713022758534590416511750974861330271136043531703717184168 09
8731418195850315648707721494788546280039262775184566504309126034 14
2218423042101331402856915028903541775090965422814083329824732595 63
2824701886813189069773412240098245720477810212442578679419621797 08
2454947151657388079121305594255798293659101859295214588919897364 10
5748908948877461306386842597756423252686346343967798383912119284 81
5590463257268442980690380184893738786626776014667556930214317529 09
9268057699957897317628916600923519338328859418224344448373374585 70
6222675049768273613929212565903885590939178962936286792195698567 220
7711451676871151703638400990180301892877956685297391770541609614 53
0699375915962278339171127981012984300277489093587489453981173533 81
5768461395084185638045832986728493628692878012754723986638924135 28

2045057803538853648470973275449256800942755965160291034577512451 35
941932152689509014544595241696113698064708110231533338827666229870
284100724886605287603754043021857842964223163531335034068040278444
147520082689003786354784156536368956731168839504335456317801016615
510364384488614982713956079572913905790086466129824415228134778644
226453349015863717448862610877742837337586277208196830696383180588
110789389572837677830118699970089433656062457189838150176746551248
089349447700083734530619482002243872523604954757117394662913618252
446057626009488669025658132931135067443779323202503802054350185299
498077810525998530448875507249312550651003885719082485478389932660
286033739356873644557467569660119191601438807752987664394513579476
071447098889327766053074116311530139110492328219311058809736704743
234405890882856400267975943534642742107841490615409296240833879108
156578990949881571269023662004328021528958961577522206062145798828
404918233836573512543126936803798726868475523692007777213811796492
400361590234577003494115340683355738248739131353919147581585276254
133758998420361887955138073173462244771235853672790530083551436917
470851610091475448224060922455757610398609663567882894550033360433
372084655672516489462327278693098950945586309830114378782588321229
906713291819397652202572455840081402413093213342095068969419077870
202615357580218210512329081352831950915725992555006719879687514630
234571315295363312886696129887510461508593563383915070262240450567
951168869460511094662767237607237505288455533235047477489980158288
045753005046091690215964523830382629210630322585173215675280891358
488354854871241265327424716575220157935604338198464883776605527026
552678470835601024356860883266117880977031360613779093609113087234
077209618102390157853292035471271969105674794704414643312131439560
967516626112894440503663881934028642048503807286098791982980487313
349900484552194065734654155537801466230578392118511432796651242618
604478370665694246510969746211106625572671764171963200006067946154
444738300958784936312325235285189985719809160006814191918616838901
518124804643471901284000707041173800540248415993671028492407559303
963487240301375351991157511804441626152220088089789683333245220004
404297312612251617655694246030207535958932402085289249243527073965
651388572918316494763448810446032143908764832655167298762199973683
709458549393433833258846205940157298446429786277862823329069044923
276593292449912404613383396901524758560101968276123720343055108979
231752867773878201326684509880718026820392202804849215743424256804
673069717712187345608571520356706217008389369827536191719737107940
739990603683952061279228549713860022565446739856276967564477699256
300949570927013119192982495577576375085942369144906834763454604394
437131867956302588382681792897579073867577438197352081312680685284
194436531551097133568125748283469790178901431827752618088331363997
360282959901000051972437701525586481910612361767641145832369347955
064737525034060992789723071950827784970011960313162475551008728852
173812918560876774785619606389351240925078580628668215537123624648
969325920348921913067134717109977033736289595978350953252359827128
964919871104481561301082918581273929221101792694864281968328624692
921084643895996928816550769582289873372386157832942848807562193230
957406308380891462836413811692922908323367569040678765357616396175
426664593802436019747199540348365085688712885529242935186799465568
445132086630207489953169878887983908989545654675923206058192261778
837661222533547338637096772959302399118055662280926495004498775277
334625217332638938949491465403821243218073615845361140460215552597
536672022391988105028468107377043772329312159753622750515723876452
943634838791352898878790582155011110423358451831022761133433580478
971414977152515778984829893616449182897931779032646722874941867545

326918364087982826661910595314252866309267070173240595070622738667
057928733882718495187976068532280614808818646593287994277974612452
954095267124969044104613107390192112396940683518446969930471686610
742405051922297675298529668486734836811625766325545752244031843921
462332556165225141042359232732018883363608901360504726337496205820
370618484689529986526746636301958716136936786724835356109940373813
399698900440515388959039103282794572815113975877627474453184293053
661363795169817274605208854646923204175911435001350395075348489615
692495090020755605575438417029014607818186992492393911943824110025
705182138823009803545858781164004553031127717926661474377483736623
746020207353840348230968767789362305616789380673178566313716353870
471587401728905272491252082716893043739822965883776322658705827681
347353299478638582774381654779360985613156779341800020147580424559
377378030603956313491357634013503034840739927578659534391275516020
753086523653852745037888597124866716500398774192653741450111604950
710018649301535827573069553026842287584834032104779305348522095490
792573563977027573732045507991015818436798097731303516449897806847
700924124658901717949986390152345242314464073314623970454745260504
301874212994382125706449150735469297093206380290377591188187390157
910382794684926286064935577057927535699984474878454484558005063460
310194327718272203125080977502995191976880246589639811415337135068
436100113109962982510923400768862681738142858204141106078957011495
068943086279652602887953539761168458073043529965627122092196855252
288491697344907527823409037934366431756882408319294978354314731449
399148449444634289657179655332850400946759399635949907338642665621
874810726324787243040629049467920253848591539802660863028206837106
819258636756161748830031493430128105299599888061886299723689641 65
204568060779510100917746573081454691925812731329673025592058716565
880420339131539744159172871948570142622214719278911066027507 61289
442732242913669946659270657251041936310238598175490798699438924388
900893934634121382813621947180798111450300020433901579204393125539
951922260908899971256309233027142912501440398187050042025960878087
081358686649017724447369521944670349065022384069305182593996803 94
210385832160164007694778919242121489543593744009993796437285613036
289431167437089467447379716761820864159316835618424004845427076218
560664395978802142164316651900960728174606413768465552889186181960
348825852074845556619089693189055115991626908725698821763884637459
550647377739141580667407665009778341493484216184403838831093760153
938893631063154871345972529048370368834150168607515857990254115319
535607077038149712274469609684094530526009808174927009219332674213
887448974859582609816278112393479338277056197406663789713662110111
506206417832730909438642104434100156848794624496759993524704930 84
992705731112482397592335989864528277041548277629085165037960815057
835098230275874215779597790045920608880043548743473529828147036766
578453926047834167045941769174894680825377283621606685686911351945
238338908918911109127985145874140765028525906720911115279925914212
843554397575899852201759099462414469284632682634021582660249829 2
115869480107657666054916190877864527586671942368344343143419381233
500128977713142500052922497167310777100171685118882299889208472 94
675210622424553471607991208322047262682159688664508167350961643933
992447751146236967030823020942646253674913470340724258766524088261
910336251980464113711612273934979644756701454581288427010677196263
293691784822862791205618498280909007323886154644578857828584097096
047744112659168895177662916625271687217187625165136317089796176 46
484309698655020383274990369013956616772453347773594284105079107689
335238793554981878467812308125958197651326354256394023461702890360
708166424177501440151789871339407195406803684014377753823023274168

651273314467179277067541525937370934213197597040931481491994889872
286782267469651931566305291459571361839749552474801943392794936563
511497990843542657131020197144345952011778759458037507874625180499
505221398981478459503317862578489997751009183675879921922826055038
028507810017854415807312470071381244813199018918287915172974806315
354184027249731986676050304698921400122077849186541670628894614373
987362169714665740339540354657042071325868663336279283212156148810
545073264464398983800241706849219912974800942850816694356492957834
344123652616984823031940948633410216606988284623109833870141892807
820737483205430749541642896324813950945589933704491826186642654150
819005827072358841898280998019151035177063881643966427934704377364
802695785368103679866531939037687765826608503687181035728366643365
057717227866672879309080997221922188813671309348050105257264157381
340641178162104806787143023891668115663107287605369457537784780650
585029952691170323330371671960112352344407475268128928355868286840
263257160569745001944449517018066181081906441054552466219974605510
837665828858129814451526749038022695678115007030523761609761607516
474358393341040779805577229347759913433136721597866105507342278371
167761831994859302758572613970586584709868667953396094629188678055
717113687861007855007438818571064126920509669914928942274974254510
850292688489395447482286306749939427340324868374491455647358303787
886059847569183700454233012866275857927095106789690533359734293614
200328824671488045835314413863079762659740489308711076885123230786
079342451220171545580184169216407608957713287564519943138023272075
005128755637620339753300605391520811588010542944317855589339824635
645831046924158286611788490100463414076094998214465414603928375102
473505894407349196495403702722453457220124463687003138483398423091
832402490157951865933785992829470159857959196859838685981944905441
298097484199553689636996354717206181813585525926232995399169375917
092428613664218558467667720623054441488582625370532082454374482290
302780270657510380017108817832818651459865583258719554645852534197
577697821772923612071333641240281634970014373150088552712917589196
082897388980202176082104877545001333613191713197620856414914813796
406630406540354290848751446093045428797888157247969800565660799594
388364820283160338946679044511365530731423327605787108207926760439
535354664225367818502682922884743863930395837400973858701426510863
446204705175847605499045727257503150850585856819746842929041706716
614133188504384698079735601777104811768366410779396794362026848191
177314824089976925551288263145278012643813913756963948911084647998
499767790629954544951573178700804071248028333711170264272301544239
136020661853406307113082815207497537193146840097106225037195921638
658242822894083649272628245596051552523505912078414670760567587367
336189411174276167915553017199436756847928532673226578045593297864
425666944433892545689917122537729840428963254728255533679890350772
231031642222559368662240293289707900774962130957134962928964929387
875975644766633100100120853804913657780486947710046538421970875553
324956543022798404918623196790625317699314735845280277782058867692
232477965323935598599179926338256860793129715306595539487832777388
807136981497464050662517514314106466975480788825062108036930301495
236024766871701778304594493982135466681201891555895109323779106639
743217171528610129007333518011331114135668468007910399622453150596
207162070402855157026143358103007802778165023775172009678562401690
788151274926741016063023195786733309667419533263179154869008772125
173072357898092522530225632265419023399141038030993435384580270680
334442716519277258234253690592492756444995993189337302024156133921
728688211168862565852709987290601656571088073894875836169521706209
563268246090399618378897872018226870237853568344181001214934617230

```
6767528635990112808891008964737792459795688250073985023807750959 12
9815553066924895357372764132385668467817781405763877234876040325 12
9467647135943665941345531063140695856263463368973106516380743553 43
1261006909674537650144051981183492353188719407993999095538928957 79
8750477277803270846609361548855965799697025956232802846174744164 82
6320487241282989494781029882283774618561858232334667185868834958 18
4219194388322204129256621821361627794490041022380140242165823660 43
6391323122954434656949827222067908232880702415137352416231227477 57
3032561247042685443385322470127977785997835181995430214875947781 60
7618852708382020848349974712755282025796946996655381939593798289 61
3778443007953018540036966166115762868120795797161535606620273576 26
7247120993482629114587258566100302026165460068481438714608372797 92
5961459932392110170397337698734954390474516654195473774411618809 16
7007285249734723534800924594736914410232283436343841037207710013 46
2057946640670753098240855503576886997007848143675510401545336522 14
9188883320213279173749522508591040941264626158726646161917696317 33
1416633744493848851485951358679018700795817364758504709656344453 0
0631086513401545686454609857793768228464230331017327992712144695 55
3139665054817276401972657906219538813253509632509474459898910878 59
0169692258198604873251616314872253320868115250387783903092109639 73
1408701463262774873619992516036903516401813228638410157789138345 48
2086953949114165419212244103725882353735283296622540053959955125 4
1880469553470169279658180842216911467794957709031814719952242004 89
0588559374644161534909346821095273819069249340125854016212983888 23
6067112990472785382510932212676008635678872991110606474443854063 130
7026915793291147168374893086073417620348424225579743251001003864 3
6881605524668277328014816697874963320996341723779237883035166054 8
7167179287400111914472624567124700249762254382402739770702702350 32
3771241691314913084480272640099449725957209235930230699273000522 49
0736514197778118272030525906050536647931018487082839762435976541 02
4547190212964624407218786854291307199115602213435981092612780992 44
9298835321421151688044305242231335172036687591092061218171572150 13
2304915038524312760160267807102779059878363028490995133233325655 42
4283233126970826048284109116462935530797013471599928564268898897 00
7674423346489650045114824894488438119052031620239561251550801142 93
4559384022589044523549160677057526417751973609044020448336788189 15
6897027789366044998316755033346099743453906679681237983313639844 58
6220491826985980185062808365058175856328286723970216470379261157 54
3687834566404659060788858593615726073376479473628394189492835760 50
4833644940113498654912082100481325506837562819702568696995491876 21
9763972045027900446675639511937613156006454486485525074979942085 00
2895444499533574504683662276687208248316413599480307060161182230 91
5617525952849002899529342873761735102674241881593715994890969792 22
5772144013909127224617888387436080519675153031479114143357320736 58
5904930427733798447129195444646543044009597518309741823376186337 811
5291280151786636009016476974544958957323146795549938933751394956 43
6260145495926467373472160218853132654468600885372077221345275103 10
5952625307111023553788569164995911692208388877078051735438398567 86
7015096378088686475757669825323540442454284008826874777703285382 61
9976254258199293420591217977808277870511858452308972985638768651 12
7507276341003599414660122279489574955920360994603780484838552595 99
1081712362827442040178498021103176278778750303630226361609766675 8
0106039555479978745699815797334233997424447588453139334536645917 55
2581347550463442671610948908179968959226704644021691768051005907 18
4473526312354164424864777438787765173853478975014025204069329911 35
3255614813604353296831292899129535615290402759131767734127770463 65
3085221325754863079335478829963834069993715154224943808824064733 26
```

312335046138821594795169175925450984809791108923311377895396640746
083457300976511706075241436288346609180038490635692685329640055165
359978579130606640474557190848662504146276335720442508766033207641
200276837147202583957757254830817635228170657759415327083266255391
096897305850456225936898498975622702158265265280620025184416489819
196909558212078989726717646133800839566487722019320463671881723954
704930209279866104118469570486847004963864125953067376666038942176
189387542375224018745815972284425229079773722925510180886739908398
854921449138635625388637891615918884240512998193651713692591695779
199884949414977115194315755826307059948575863534749639756855970386
267805400720089745025270519397969812529688311916459045209756305283
373094860238329627213225690073767533911168294719812770574262437522
137582503200873637532046450005738917934659235577083622041452850139
079464067246673601827537985447814076921256085694481054166195675264
750745239025451705310940662636682474575734607040652757535777432010
239133411381357750332256114390097609946952139817702841461088413608
565918393299393135808195270706927092760772171777909876385463446024
051690499497747577482873009339789406414736945719850482990513484286
707099150933044579663919535589147801094434509827017367724097904948
059288384657526908214068409367522488842466125605269509780101260577
282287359937984997704573176117586941984674742904864012319967446222
686363326007641107029348897236012621498459684160318742453158435205
489185904535694196446063337988493153116954758361115749766774070315
448057897817050457319225881549431143902579345049989550037270423618
264568041589970013697709364618431829666069073135476364512034680880
448544639479881054680984967013179549428668138827658444650585179771
236814267458547557138229072663460316438137501465429194535993436082
062827907253188657517973424574661225027443019092242962776936653158
716809444242786249840749466556352680450276843578211362734069435616
425153792322466645823710793214590444611109221070397604565101012869
760593556579799723039393868396179918986917991593869470863242416010
161030988737854395677314829723489659476714272134128400437621066020
055056620233395195755864512830241771428237157769328767978452275710
423728172468445461622447270366618640546724925014467120456547835726
921447053879805427443650665491900369785230070372006141837257113091
116810217228672125895948574600435329503311469579656490062446226953
912511252868037826375208346201091939205299406735316501758378263276
410048994464890719508214784102083666996441555489973118544459531232
788198843519364669075619174436387489862636276503027206860925188097
236088479380162529503922552102831859119520952160308797092230631824
304905136125178526678309896484076261871121193856452332588015635845
663256815365974140063516653852783302799332761818731642928434366351
615663255280877405476696700018814831299264949756061744994556048405
651692066062944190747116474057556195518345387406404646634465233320
351037784476758856666090172875209822447115645045567243110919573 46
662677919503511119124849140645554352577254965663926785221917623854
753819710831983228483946922294953737493172577554258096479498589102
686359453576135514660375139149684512296745547842471779306074999924
871503917371133105984182400457742575917866712195051742896119673898
889045793126077836316129782569411368450788843444978664044958957817
797753763317503868656921432845659076387703508545492288177459213464
479036409671937884800156599085262761750977394016437406423215378834
130050262017131975912486458792300685002533813548915131998471093397
988436544604827289154971076037317445126097171706215491523093558078
456283921799509366499044096091569942149387112429146631205469132238
606335268740464186976497513460031842898257475120258445983103982014
060948468707691618383086238789106146824197283200526150385110681990

583517695632365696941423626101521553817250369391988202927136854440
106294367264512033344244808295285077865022358866847987292336334526
758265461364764488099277633165502130074494529895433961752661174901
691213005810955424491226738528512234383695983978048397524645101205
882674283063999608907655734436344801490488298357189816409645101192
898539876088229692264354208244568412368752332589778385243845422759
205676092607958467279386639764013337529817410380083971366987501792
518889005096162725302906385122448156294734866718079216757439502335
418797146370341359507068879603101501646447422392328672923717256538
429014706590688672940694842542715905205340933901432108131385458259
704348580931485506339418705437548201917022688231751090132941361718
770058091133457961642203012598022043107382966864907037504453868442
844087909458071383896209544920759961553665571306844046952712994878
309713450788275724844899897349703962246511049877700417937126319866
550424826450427132291612309324616413533039167689451483585692702166
031906568999303527296694254093298585047142854083867108892734431087
363457002691119243249637729822940094402075202466206644738391720442
575483401453940803546273409990964069072075622907374684131198586578
798855914252147080351784967358936933535007544672324613125258268704
637563439646390594790703928961259764866705690718158460299360428566
416523782711376077456210903179808657173199934312817969129429620455
695201243315446083595765650783244672112585007760996890714299062146
372250183703199851692200508139102053789839156229925006468735679795
406627829502247459266561768688629321162565605008454294559032917372
009820858817353746878318206447022686127649760906343394156649026426
219449599972627879887420686537784001240271202527473344361668130 22
720475458702704640986434675736414944556040180469025649085325167271
670951279005239231027430328861413233096169647556020183862159 9787
236096212275704210996873700071225799429518696300412954188779628724
093278461798048647907699890577733886055838249114228316374869287853
814814314622428398496233785577350860511010509261293230994924741892
675131618818620753257403868480696490469827999122161138665663820326
019135968402515649247906443983330031807895236961651840561410338434
799376178182100474351909070654806403205691171664322099215471240461
694247104315222205104885366382704720835222072281792307724378621462
986066830039443184031897119593875880719811504839775086249284520537
660993570351138469597842959544064857515050620849712281233606395414
804523183037590392304193129358047025322396391151279375936015140870
535146062989951940745755354886861982269324695538210219472021248849
044263655395305394353300450613359968320166698794720795258669143 3
189909211865226058496088149626836546723498404814381094319857403683
774663709365806373392945879466445168261148333459808948132301423449
736300081770030290154167401795744361620184220760535776542316284564
276440937556897155378728695987224574072558628891627542274001393924
890937205555456160784241539561883990558247974029707414788143572707
914922104355774546093490057376815968281968019771590645796605754942
541814453299247981996657119645518865565681215133490980465803768 47
618266013737175683727413061704644380829243916537132963826165307231
060682333889999510255307327441209426994137920110104663208749715410
587445826115995906877240942869787594626942988054778607764580052294
075703084063851604360593125556585533123116554638655410300726993447
731181690786628011955322480995617127881556393519012560771128846947
322636357783025965642326973847446967479381719183498441201028423519
219594794118886452077960231343063217174354069248862375881350795013
019542125685389606693125427932944450460414399751105930683075898666
312089709178673814431062673285729135247335737334139964981622560564
197417879844156021330123029600421489114784857526438625181429619136

898382227494155863957874082378090383414087929764451188880233720098
864012236174176430506370381076927834118901729401329462385639308531
532244222768818571728893885168650075904844157097366365393941138141
433007084179831172343974321289826930882817908454608352276168839236
706701819377906387518688982678985926122487707255370774680909173812
195568154246781758249863590845775282210873370947100534470431626453
265098754187048260408504943289449671151155640450375992218315315062
189417680797400402678059163735949230580218910561624590130191307342
309220118774890541763475234787205095750830124580097608944902014228
321517081786382971517875410232779377854072683639518037227273990724
613281166726202385362958044768744894558935561294166787711514445952
150728011245289783898892439805792611339511716337272476322035613413
766554936091076077542886394153750911283550953891017569927348105802
052447498860656941406880598157145534961021164041299207119157382239
649687900615771795957511675590848192969043559344490289369648619008
661184836408445470922988082018696435010241658928067289346189212883
998058867547233822662874674898276007213969179081994180723645143829
894301735530322511478911846799356943769256545351140882462644178781
754058520462752091194551715071532232290031783786392997264579504136
224307388747429588420386537963008878284974910153671404487270605223
983274654434529356528076960477221503024060329960820144287406646309
024369558220175148190212769591948548065002515966276672115626582703
870721458114744697943698506765768823503506327908552602752457845213
931189712195956022277801052170563123963444611270021258672357370900
902467406949257666965304797371427626570535957448790876199299797549
154709567456866266693317816026949924563786133450401286482682564546
781442573431384860066826797672708278086896403276259416788405714594
114804629164881285200102610561984527854316767343019418002873928094
615194818546866310990795150448813365012546122141354279122839130369
472625897800273316800303122198079222723393023339699024932381363017
812136011313683103886773390012252524103762883920011468747397830196
815162344845844170847115405630671221502524006009566845020996544235
778554788006584453063354586519748
517271104686923708210374238344516214463591642683264697674851191611
783934195142162634345728069393696716440345231117981331367472558103
023300335647091931311841549327154187214539550089621519955776480953
224728170568462835256462754305762000017214990289645138438331171165
858417764510618582508210472454698908552605715433473640776605980218
446223023035764928698353547722866911672550929264234953591129778086
706764009141760472511018422954289469724271931395782511177137364661
288610993859615446366855566406324240965511527124487408138633958403
290683016637505159378894470032446794442050062323805678075861405161
794915675878485475379803613320458867201313746842227773933830101592
787382664035207938573727331878722116006978868491056887673735468207
179344205169186912073390602304035953144024848275524988496686390561
518129135491333068919805095831954745243476885587738310414344539933
978264379056007932577903268772389335970408929063798623591326882769
120482353226853311130949276614545789111470718167829879548739779664
939334049995804451114426378780550061812019428565801151160496597514
709360848244784071510165688191515476308537089917774950031546779199
405543023845556843295871228070339303655080520359026902225743269417
733783302077850881645997749984355147030418993109278863628555954986
664521514608322432702939865354711714611209786446464432561800235200
048641692809012519555879677770712014158540324292727965139982142625
427852383618248974400837646571991833956603365094970785232889745881
493347730994863973831820193244687919192275981928705919005907540673
571852348118683464347785054157828224490798584087005861205284471633

587772330438082709137396889505684555352326182211102373127136881420
583983854747049000536093865761777730487830785597217538818617272005
256836873008672176915441262877549503239222116487221786152262091124
259237746705501612558235461544208744584214964776025595727402918471
645315888525882788428685588949650842703942989935442747557848840925
342436759646126543810920255629982051541480193747004803579667745874
100884131811872582385785448488816682771330320509148049902706338669
469099351248792271005092774614149529146261051764859906929923817599
024416187949702356571809514425854995765179296210567446002214133673
754807986035969594685698337977267285287592506044418464357782403623
776670298728323706045274425550681518095558886835891475330457011692
173081904136821961979244460426499343848452732374619113711082446433
501694801550253284184628733492266134568944139002470663355470788141
605485679668656432669813031783621646465882083005036445481292288496
446164101250237576828218945511845805957320909394620648677509380243
791289601800827940474817422063327914712842095137010561943271762928
685790909493218055568979066286289154737548673198693738466419585618
899770827990016924649425190347377703988630149201118352837232791996
507771558163406176196984072223186782701235403499438429168556505151
743837735392032256115992975687965574856371399849841889818723863447
747735515013535079191081808269895360125247825470432140977846932329
438014725512584376086099814602199698631548473576292080996702231230
779999766892614937094813131176126725029020251125017695385831757933
248237475871601959893096899542945715238027789223568504876418241391
023269149165574444845124608305145787417507387176744173551101307645
537897887522221852058613301075912720128415816099012918291185666715
739299809291799149161000466033329225776086756566635965341818542256
059884318442721810942318109063106059677332784039505960669772102777
361411827206434298538442465877284718517883633752819325425830054996
146148373504141918616198629106706387911951762050556410548148530782
364372016539996520950423890411674976436029024341956762244685142089
456568032327777818280402353171727161613847452643425617030040388071
688888421475795728132416306939771904869321017748493439522088977977
460641321606591235428730663498564951384299151193754156826880464034
407400319164875242281289908496049108875248189766295443946375362198
306085302662976776229728237088410640306798395704550798642556241329
569706903126069372722704973858490635481194665353366026431535545612
762002245436501409287070103845024942299682469894819311063805848963
834966842315468958573941781004780274310243436170639373226671414047
645055320685254527772713379959897191293351095335218376237814482821
238983318392269540362944194447793933862947820856539160276865474221
602197454162503479486573308748696362146050796657211558568264712564
019832368722180162737027408546123315314874653193936261343872784984
098267899861969122026697545901203347487171527203423784853201997739
410893991832399353436083831944835040717016050019719407955692916944
124826846029055460248055663749256769023585654963056305499094738338
682002253272751014765382015718968917643861760384669147127050209010
166793143538898179926138949582056843152542717333984584967784219554
228496937753821419875398362804151385327095150706778317618492686749
245187887825652388078755933987418992394106466084284159517680029189
967446045623476841746284361490524099614609132990782507767172994873
799300497060952190291591878815655029486924994826388639682384956086
850057999208125916980957625006325227429775722353244646312991916029
527828387808637437948487816007986691844944952033890911819968400143
601937093305472219047178616199521109291127917001976672020216396691
842224134953526405415034347849373009481075000992303709153882015508
200330120076040367400475028238121723533105469837101009657554881166

```
1428174197142241111465396494088106871353167996748974279372263513
1038998825451605536725102136416929003210731223430072399556914225
6430126273566681782285901690339925558864708517542843979342327492
3998925840392320798359932521574358425230374366613899386320008006
7475088070937998462740966570809436929936107002734538156848014398
8002264979616549839242472149538551664906133886994794487640706256
1605517178911310515789812484067441540438634321808049603577636933
6507502496754659653517150085997507640004559542637011962683350423
9409324732540732174653657712189786335455682417039103781824265672
1578184384945382562034978117494710465895082321408204782053999221
8309637924719143570526892737882963017204598416396765979399246845
0216731557594061085011084015014939584813243143264831706383522933
8357328629625006453965323234090166345534976145397754354551018002
7298781666105724231243062350399126692725593983870446822440569021
2720890597314031719499393757606517044308178435846890232264090670
5825631565271039919878744996005669653116942017890333193079128764
5002452926077757355448308514991216046260079663570042929414152107
5179395124892931131087234036875493332119971694155822425323452699
6514842708074964982432091087091302719220736052823988903337764824
2482164367448928389327178724630129521377758406567665034225484479
7343892962635217069248295722337237260521214867559012437510688636
8620684810753252551908087008239375667993000525640041056868732134
7420110043021274796404626772079602886807545332844611639636702961
6361061209564091590392267597772561277082336910179793240276009477
0493905949990355097623285524569201492338038955511453694537989642
0775315438661079617254935797164480344612666235380414555736764262
4459057192580222293064033049431773991107745994805184843416903012
1052840011453011701592641760310046687984340067636613575415938107
4902338459599785664900633100192580761796592748902173088186545124
5610084564921917339841849364007892425340052885127409782607281844
3623344396777834164303286170746555744709588710661228593798438329
8277860899498259344457062552084666933620736456132995175346499099
7099343125635974902965671846803518878764437192734322849675753487
8060586839387320871071234119603330893060235219350237964753015141
7286211822952590670185758559048698103361310619537044107720860233
0669435598229899720038942050712413096330124739898896501613446041
3697641299185513985641334802440109038204209805098188163707656025
4228852064250474895868089917946686117193250332482302410598055847
3804552137893230572350200971557476025937720767760874614821345225
1630208788823985355668408462018877633388938239400596938234755581
6604405366017085155431409286335709215944811601753296583413334717
0271105970905178115890170866029901605124794507024301232306702621
7011415106820022681399975072583213035616679491261005420128645322
0067268900094820970758541021988488529454960197473063613284296985
8522652381613088966591450912488681312595353629605766031975042950
1884393972470536057894798628317140039684807642119094142756812027
4542331959311195239505629062261100996439894838164644874586683075
5778532874081993757274852197413718094296777741172223936413560332
9093344075567878381130451998451486289800060848386942062185271928
8778042486680802995128970347329446317094600385951254533868355796
0584651723006704488896840610863040612135155203874213928449620222
5465858208669864060498655425889014553099484349384273384217864505
1398542739742909585700856146256183495270022814173253676539794691
5297470131700638354159654463424496835263505948534474472107805610
1082964942647881002597931877563923904329178532763420375229756575
4340829508454794701524526089931388578312391175126922556675728851
4043977696254039311749337139944952935680106037969445956859752498772
```

पाई के पहले दस लाख अंक (π)

```
67348079073267618245233552121621496802344929254288655145733756 5576
59455570923953342814246290317278154039983415564198377180189821 1247
60855955518999506207300714034520815503329814975070244267726436 0338
73753973148431374070926654492295204231990073459463931199653505 6807
33298148658411091994439462732284536771128484736224606331360285 9105
96352371938716345986963644390685405322319315241354693248757673 0463
38170302944798352260205181494445850496120326909233752716235513 3526
23432072194300935881503393598974493352695787457278314039670396 9100
17073414932531022063263016925237018012024422688492909819555117 1956
12083815501448583657166510269086648717323819014860992469913154 6082
00199270504730568876141893298108310235264828108102485450220875 7221
28344134379484999727920258354341720442598469327409141782143949 2801
79974565987369828742826826748442121371546823275112853416523703 1653
07043258283372112371376096959399375495362232222197465961933252 9074
04248760251381952426973910175637197534300447961782504311533150 6758
25627353434762525391425152757047878437678852418719663462419927 0080
25761083927497622636549001865320645499155802908398513272627321 967
28478302538522190479278689389538780368699318846603104363352437 3271
54699988811186443670114028426202615047388235899747281493343257 0654
74637022451887289061255030273791902640396577417606898976983456 6464
70520471635921448307099584306471727507633718020714597445652514 1885
05037163773818902969685284409258193174410055576089850292327101 6008
98257223817394543698529654769490187384046465643730713195901140 7613
17428220388331360297085261451234907307147624534050245423763666 6855
75740120604059886955630114415443141696986074032207886003132790 5539
17869674163555240250767653085632242737847149746037784064609346 8129
91871902892759763070159840887781745192690147691030030234979458 5110
00180886606216286801110915116104098327308808995433755118718317 3786
55877648735885449063687907416918253831330636233820582015488544 9827
88382174243758054923815972964061963105821516709190326318730938 3138
50113091332770930342511221097215505610491387050462198052602476 116
07505971037943664771529353491718612506611636738330495648787793 656
97911293195878277774060107533372432790009732407256070388800871 1373
09659634457096041175089444791191621745516970964847620461741281 545
36128422601551301589525862806957063924443547802390516861338549 8619
26656762276035823498556919224890690116459866096156795541549215 7581
28354092025393170807378146507883203526651345707065536856992811 2426
56708448017786461497404549211843122762184522441088471507570190 8834
95022437569885049454241057266246094583209596257287203099477654 0107
39855806996619801953450050651450105492401886108913417306075923 8439
46124656986160560909454177290736400939132195676836433329961999 7965
42434802656940683698670617587413167650506027135882574433707216 4588
19522613397054520523441280923173065051989954502858538352287378 7286
98291727580782420982610606090150925211090898996438929786294301 4111
40067628774992078172379474620916899838961894863077306027491026 7038
83943352474243421236712177024610116024061118571687050824404916 2389
43435047025081364915515510432725074794102473747819226520593355 1362
55301812196424992488212992601774080103719884212547447216029695 0027
74268507752175866917993801362584224173985607669916543275706123 0452
86728070763189470589544061884213157138003398487408680941446184 5854
23034495144852105399124893245548665930533558457827714423774338 5339
20824127763216596753832665064306388069556915620262225946941429 0079
98769834420914699989795683266709041413980686333251565256968787 8992
25743279613964370265431446393337990008198573079788176133743609 483
92830223380327973203865364624249805511402246922647893159294491 8040
38298364903488863869756441485560856053717722873714822823686427 8113
65720394749690693723991561003682807514117847378256221277599591 6775
```

814038532986888513655232313938431742258535628070191544007763016347
647781261324380248421865669855274007641051190109545289838256348407
045580809052214769722042873822020644511165580202158137220466347663
335175617990500897780885600932081454176443903235241939731547218920
920202474270405857913543792600976807636298756614782644338926121213
456594456801042227616524183764018673453391488079001363603528432174
780401683146726188067936493046865873646311483282698049202278762554
540178509177497728294675692935451666098641948145836444789096038304
582853698956080665666190360310045304720024226393881572068674690061
929873082248490016816348921255433754447580388736158658859248597558
742783859992954170991722511534025422229692234366177781929653313496
747757220978430193818445059850750805649483189679220583434147890510
257617490997582001234724410285079412318437601471421378295110218735
899391708168680559881335469913794537831377114135491971243465810931
127833266217592227589369934770498435251921073517573702005457345130
587313221438462087602775184053489371323766290711205526949053003888
228042048082108519287610767728145489279440322723628412479431926441
924307968137038294820058697420150132353198720519920353877314215882
211485974318238790989199325393415037876899596958043272517776898661
258893954420139171306418862951066526896062414520844803403474113314
880043138647317158446815754836531670512601746640760728095967213272
942245361042667928094697735836383498228114766916959695573277028279
120997926086381701765421015111581109268328748595064626236299259249
694378182229169234325485361604152514206369252147745980941988926814
776443905376111917463026074170414492241949800170623866816946607989
247516971850009428744446624100586380355863065063609572709797349307
096488907606301907923346170197456656248712884986738267854626894512
094622905482754233025173213282785316517586934054111845715104834632
832008101152525413119367954561261216103197427832103879548253917431
409877065257006037671968383047869291003267483442066840667351508858
609166297657227799692600386827334964187583321180809168618517134591
156850893149404481996107250233789677989918872582686705377574351246
508137986281348350664313246627092452365469835174070426513698824143
308835526319454754253248458840939937846318673381336610310058114645
515187730501413081566601806113226835296397114624010498314846460439
520061637354258469826052125453859150536462014165930615241377433037
246441039759850015689210279093786786031851767240469599157234052900
381676072424770169781521486151947462705461422112569127225381590502
039583051468585003602420054909455026826185095875426210973991322095
029548958289174232981343154069257570588015736545351789274152712894
131431826947690258885478659919689883599904388542274846947311875197
488771215019159190888581326376998121590808969182335059079714874613
336803970635003695553942259073453693326389696162384254104794629483
793746381324612408253069026914650215171965524256788471272297526679
202803841296615750218468110886939399252687943950326728700875818861
049300859750196928095204823757138945438844241621756626373518033643
277401734125942745582026754402788121409286880412030002270631808259
318676648149044725799446704594238281114878611771247129940234353193
476389778948446256041745478020529553081502542980157090392382147214
574805502696844438096038016443726195300440399081842658748795326360
174773439634741333029275581820008464886098183291707862124370345940
428150160414770581856441322231887793921639889612736992400225160535
128293723655737319319389834175384397083090358533308571836931136503
700819056545043298422099381490045445400448618221405506052871683134
142627896441695333980296879517536667847550967256739077347181693399
759001189891113962465206160718856491192664269401606959061610443780
149866699828433246525760882571010899195911118083503036507974281230

```
70939519840254801694462620592363635107199014815677440001231 3072541
02560560159316840532816997339070715372080901326541540840848694648
51337622748284991612747470532225505791833719782998021737591 4243447
14866343808459910139255494465966742373011912156910484733069 8050817
12972731380662922967849316570700310830556788979123298130375 1031746
78340112081353091466073367511876218722324789683703827950123 9544495
39675885373844664134720247001588520176131215481437213347926 5672244
69179562586330030699458362891038126489523388807638438188092 1180739
79276831412308688094691717655267197134112902715814675294427 6252132
95015430115336903892213841013378832753935920209051942093938 9794128
93807659530870273550773042219114300432566846240722890340217 1151273
16890533946785187382278485158224704841277392682805651726037 6445844
00682846673735448259249691621423903388931811701138913150192 2285410
73818145229259218514857525247618384807758382986667556762888 310086
01526358935863571274217772895154458312934709800847178289672 7341290
37076071597089783899342792625573818895631940507275208732599 9456545
60858685535826313370849340641393491374917907721822853116009 4982703
66792789235878843160849183895336236157657683342228959270239 3915386
81195815299606645208188618438969720018935678548949422165123 6101718
47376046060382961644273311730402586998521537216477536320660 7206123
29293239624078004742806780812454299279509350514397602119291 1303780
21703950829509906994439391195500340721574148017759229971932 8271630
39713393800349267913341650891139464247966132094725089819572 3750491
13312916698427371148958662864933613397030362471630128321007 0841520
26276899630681896952666694405167511329378690500341200428417 3942954
14458444754124677185087103019497637306464566186349406566159 5559022
20388135713617682347784631098854748031416075183130544034281 1270350
71959901420305881492321488412935694452964317031319035779377 3919016
56912577178069851212801152036378471823289495344465514626784 68202630
39666301990692261062324086257493647189724801331606041 2804
30940301178183953384569734777875549650522671982039800646508 8098765
95990402683545829084048874359012102485707190569558518229964 8163245
70157037483350716256177878402602480795436314277409752046296 007705
95232159378392656058476318316453946086912913902970752932457 5283112
20631653077945599709358801910179547846822202981379496733900 8709934
83523659252153174780914929635957680364164531574198408294970 4240390
23534026592213525985308033243178585774060569003951749662478 3114615
47074710152410927099019069460555923968305614807726537399849 9618880
20452613695722308907368225836972534673293043490796231583862 6126344
42408631410349974036550869216050046280979394259573707752242 1277559
62792858417731369309036459436384449398233929185489553676473 56087898
99197780703866209274631851985085192685262453825870249573805 010993
81632387082022856447402189035037020515868245711255202315308 7809016
19437053871768164482939449118658976812285822828630588986102 9605283
25443860452415988790437047737373168502135393822653949023421 710889
78371005174981759702068682570272597123990477731332089067421 121200
82183986777870565629424693820042378134913066630287587520925 6477327
31674636966474625706120034671564090347896314818668213459806 12729682
56545576749859197286737975381067421738580194869393292329785 4556100
79000547253305167081854955082957331645303896672805738782805 8258833
86743956721320161223642719023999031850697809484729803770517 2000913
05626967205284316649649046311031340090378152174924340671446 6245262
47884447970326708092047966021525362297779841303529182491667 7547333
86109757771752089257006270953984192767246810212714644651636 18290386
78557363550700118367241542895404774834328434837475643045274 4506808
44294328800326533481326604760172142269400349628563970257256 2837188
28008954760238666306549747045349843766403859894645814480531 9509199
```

पाई के पहले दस लाख अंक (π)

259451498233613653904412316740712966326187042419884078656034688944
098073565111719088416213133703832847527158014023337408746055090197
337083604720090201650957663760378637218832003863900863187002521159
432783932847926470562069061394036488309455202394372760011556448767
844754083561603998488513772923034323530097939678336983009127779979
497170462853141004353493338226748496581775235312719601590617282846
213714010305334392027034513019491070344617456577179219132414373649
693969048965732825756691327645310834456871594499005092022404757994
214851413924545725326078271647130569958137234896227241015135814633
935985739176240573446271578414318958068767448800803490104731595819
072414641729115982896970259377776750067320383367599920898141119898
575770545690088066735105347037213293489055455497205353010557324696
610538066099500702754752262676383165272527915483314536193916719551
030251519417178123912448276111453221886677717673417406452378993015
037104211023223884776937314255347983888883741324601694849452299051
071089558793216205632208515653007407950559249445974351034919044113
379156636661772461772342505771351604426630343126850879654103973473
927452905140551241030298362589336235834267865532047780753909090946
014043806764382911478302964651821538618920140071149455186269299132
473757299220611525247829166545756956638325114786725256097578274064
438046070715424617738733768071930679719130310725974717095148873747
469503491520242571874386619420798287288310571028157936402714634532
798473494139024208229738660143735485609080295713469226533118264067
965254434989996978086293470385536157001037969986461806802893285729
725290142829019704050111709396040179940077279073005957406453592391
666388114459764187426920093782970522564055698299485145116253966586
742236308393508148778211469714515626421839723245197256393926186481
618297743853241064349252541686264352270431372380466259855686036939
297507794006992109272687025326458806166692255729635224420485867181
204509342716663189051926245014908460068805223509444346582740225829
051295030497996140166077255644874614627097868897325672101929230098
245476543800864374001097572366609241372318680077447626862945263917
248970267674567927348695426329629330779938306069517425895653753303
319825137466974625871617196767115785959129389464190051959423116255
426558903604042611724998909306405095319996461071997051693828158842
491614923639600111384532591716540276495476617295659031279164951736
029421362818726459267767827689602966497224763374234588532554323573
191763216539724350146857623916565043387680021015694435823608634845
735010253174638070912058156818796838583945104236795876705668608026
594829523255942029210268875291154369222894717898363306284089773039
313699219114714816289438323424291014432554651237764299212082763929
737715940641397405209230530964078416316554355424023706082178182299
215828215654017676697661208991448060059529906543762363612026305988
951007723575565165921971451678367435512908451113629555953087586708
377800191996181655683100455702282789191613024036183516412231627090
454293979674128235084330945220216062668426891971808149654830769221
468092724377218327397092955067524792981311566988231593310969899391
225434479357745606611269046429656407405419288226478547979797445592
299821353002931553127176172218631970898223531161069406848815755289
481620820918166724813128908104623769907013229353284450081408941518
931109879654072146182757480558580243538161513918772004445850657984
792025456944114779663992297905320277130234997864403442182496163201
891811804326478311151594681114816472645477617634978713086688756952
976260303166684121463430262440794686978285987418395031713942900135
590877225577053738582054889531696018068632325879151070588932716859
422071560763890785976077655084303731907717669314552391351862236311
427116085445804084750002479987582300587088265491462207872672680636

374537598067416479448481497389238754728459343875279286766443272564
795561569831372462510454288850073348951302504367500924192903435436
010856692082942618503883972921380359209785263348133849959272530132
582108608715627994119122426533013518546830147588361727164882181498
350287788557539659788906106832228618619529827640257722566057247446
559340325286581601438651853736161141630755729703799944665114114054
079427147537781111425513397283496115287533038864432816081165190097
196055850403199345652798222234280729918171305432277487592302825294
802655057174086199252370629681498124204263776859881953959968475068
012031703913507600700194920848368879638514240583538606896803775442
070642716519419088448177490953805258104482473913499622829643783561
309374571147615093589594579265351844458244073484489100939557560229
105606244845612560043821227900342790703931871075238085638921136403
935835401058207371156598072563030772823585173136193707794908570998
474013366850020841298191122359596968222596454588321433935711948347
789268345889740076030693945402135727476634284866657596679093779764
676816301584881677064603897065832759236308140929955039458378138514
377201135323628926420377834841213595082140727120895337331687881000
034208405761803890377556602679235794264582504634285826405824664704
136419947470546611833543879107633145242000537808999550347417398247
970896323065778806615087882093271595756544842616883205894028796721
171980537283624065611890799913802883209434331124691268141432182067
023539066525496563617615132401567956891035488079558258253280000374
072431650591530590694165524402644222655346570827097143842841856265
0322262749319629589024754165345761282409353540627014400709114820954
833364938657662856625027302154425979845382948191301499938168390326
408029823488774147168249587848181800555206691015613702532736823984
640258918801203376500920647729115868497705912814253936463325614938
138098819347295892191223730295843415750510217738760027425700671307
213271558502718326316567322974165569938789693238288866660475346398
736332850561625487738543568830057262497407546851550544779206649515
963229258022932661722962213907725474952264621797546086820993904542
065712223201937656293829780886180306195284931320849673872332603947
486973079385678500759409394786742549882024204154706671982406807377
080366075125464173710459356950619561033855527322098109391227546654
430715285653966082482186099201307482570769885348946915431971656972
247661616176670651988734448966245862862515222538429015608740899543
421769517541033533634037347503819645696162086050486414145849222445
318556939210460917094993512309706812433674499298196274387393132097
040166953757317336392406620673366066435460951047803390531981705875
771238273780252473499031335004611778877727476072034257314815970711
634540909184231751982744277637794025829492137246161424412299249358
946143400880938914467003203465218983727289742397437971531983072961
242850269656158846639448405567776686058195053148337097686851718630
667649597890678887068315052510880215627001700423292565257755357147
488071703303840646594213132225602881837518818002778199301674099864
410627199825274556959680616423014905837129420328352608681346582068
661120881999425608719239598657559906884794479895728471897115760112
663523321187199746658400358021813404365355789510224096323064467036
239649691027401415384026186040025210407010782659915044971893946376
538974233959444780941259644679388105954017706171034931790601028584
817942869277680251606346981864876158623370152516023637181787999034
379595511508651454025879726423200572504444194331712013746825419070
853107215208512693984662801771110264244563807915882495667434928755
342215336739800701841459689064069363816415346937335804134862168236
281248551962820737251711644710048433926771290470954498217712459973
537949895925018192667009919231981513968720392407813173328822740618

348993689159625882779434181259782237468233565569661617070377394245
553860213043349364007531953398491086996333561330849820046220523794
212611273864697734352984061412029335747698542837985073142302960860
064583902032668329710664748592802807062228941198468523711846288178
252337801817573627386563385765251145897691425173865797681334553312
596108921679675992162004777773660173969815700518930556320934768057
520823924709307505648653540147096925863324475352400235795142080886
099352369049792716495297330731217627022775828058433099277819938043
921726811176593651677463485868115239136038172399380436191370870417
832458368707326879275915124213279306924936806725671640937958115437
410084474318079847981845622953378315920943705859879306743149584212
809177146937159988393383659676333285508452144871734987298280228722
459721110033706788519570863646932674715906123201811286192207037816
689825406153183076538439839566907198048513952994033311865280881232
170777351327009709343772864506905524832018864054459121311179044127
994901780460651193462138351820079194171186947790208647877508811872
244776343972876005334911972357654068682019368086771886415436808009
906851236046326960994085099039694836217157071869815680859943192755
078361763106352286244358297577723971617124439000785272578744254553
882651665801545049441516401692449890426834573456261734020571401179
382531553966917865085328616022779776182844821286729462937149110911
635104493201078007237074496349256912189049313573617672737075794898
819870814803294560802701424574027992891569507497718776325901218558
321168324563832463542641366304744206953390687461804874269573082 52
892854977557044655307253726535449091655058544905009080736081330077
728805917621134078127022071577217991846919996476476550010097766017
279646966552244526699337699312900316835211790528327287495447512981
340250629138109549668572838779529050442889661515542282376017449137
351386273975389837428783645708577787917772282941837862509262813945
141402838181071249937085703496006797685633696864767208107940134332
689922920321079715285432230936878389824978469977558977558974612289
666118309718939561805589888734788223858629836061482819706388537663
870236997190568879142001500589327815766795541265615324077751183701
666268023336345078784136697950895864028584925040484933796171180328
045570796932170830887117625919959435644139714952826220987117939305
641225493818743814308084727553083891726934629489967863754936115462
433363099267699468701922308814839034814606660954452470388376120831
651420100763183375893493999620082480099860462830624324904927573357
191805826053249355127411073586030225305769820499460021459863975785
058321391016158208938102536604328385622156050481874565965450 74877
137045502581458868787094158414236369582539050044102606727943451061
502477228062235096633157361251426679434140746652063534546583922261
146323557839399370970262019162213473885624539830201655471462084762
972652574642687233863623153135535568166360519035718952446642375866
198041144802521990130259589349990701834644312706805990043256138711
210450689055750679076762563050384262622513729065225654942654827321
349984841605395004718249856560184731449074269196457452658113570265
107162387733468837258997786436725917411557016552924842063152187 37
915952464448319525159806339460374218673502419803903429172882058 5693
526786665815820119587606982523964929234891467944308478657497450 8366
962329607901893079624458748437251749229895971678125574842331673035
806137323872079009336336925742457891953867586676113412582471603070
894316874964912571672763444303055435879439672798391605502135148333
240544829591240121878313403045929441621292750499845016709464849534
409152471837778255760029397942501489342146338675883458963870261127 2
977948184530344423147131244078498214846735862732653628625501039736
030179463212553543423298346504287829926979525076211766041627496983

635949960324349579121030004621920146211722288584413301742909151997
456174122142548151012748826300946974835123007217022380251636265424
573166829154744421810027776127607297892368258611620666702210658425
698166382179841203878410264487735566199629191877992434897623591813
120793421262858085245471431809776763721364584043359927672555158766
872926818986466457737181567137271273270691744607683702302787924243
821403830439878125470062137965560074412906471083531304202892912152
146345225675356683968136278189995449676285459172951332462312686271
207307031686740866015957099166315864652238874562344964515990749792
099459034313921494067984830272254572430514353045490785504685756559
850314186308483486501057512449287567182899127645724607259255296433
846454729452076411844381790283425846409298456812175616938935965975
740429295571529150768297078020239789169692521995691674357951072811
013584487803476120458651798666327827480150636490227523192057452153
557288024819586565693666305469970629511442206125550456869148032744
860281726828102742488640261601893418136540881702751903632798220382
703820898351245577903536165344698442851334548386435254810831284998
328941817291612083907139068486878921381010367965044352512042221465
614364722014989420021438344201240970146623634385827269296108625255
251189212907148360456679559516865330531054510197832165741762682855
934691871492472425479123271529093087674353283875056316259536391996
859258022570941304541646785723973762668711162282093474137383953097
453856228395401248478081748766221827151570135695466014514527686148
821945134110598019590863768978510290474547665743821518113451025024
651282130788257311518251357320827342206955041620563142444929775785
418104799619444293639466973981359366911184515777799264350643544477
890786688566763655567510133020392064109944674869723800189018577123
739333851891151761529179033570357835979595544489785949895424664715
432770670827265189437837948064033422143377240478678694063066207205
650277370025852374393455794943717575948222394848213090905392311698
664096483735068307724944504687929063370538796371011704409037520385
264029625703004417508984780077854740069098315941092887358718953394
735828847351202477751441528641433301523760202571654663931351516958
028866473153834042344370579637648669804291749897294330983715121568
619296541976790875435900658851911949101426075596946536884456188099
014507149283559365332865878073446563488103298867967164678135738438
860393567548126731638346326081522267743361034256279904458071024372
908605563941984409751355348193689894438585629536549986258860485713
492088747953260910977030346501294040228602836133422350547868311753
104804378870682882815000408270466690072446076608132834861647163816
967844605155176165371188763515235927858975553158127353916830280196
887220255186609054347841455916346645871317346752404232051378466514
548485210827433728001348672450682567941253261976165988765239668887
392524079984935281412709665420506976947910909196918431017573132250
706433908790786086732900306398353516515980007405308268960241703702
326706976447029760260469815761395292209643118412199081244329745349
697140355250428613898420598735576265543534721231099641807557394304
984758358977867534082777525594534690720294929013861369117193813173
601646476625497435511923723190337566403995542447783944298351828774
246412327916622487261166153119556515318379303744830710564919086376
924643039253332818232102651629843824798894081615315260981783582054
204757574239190790661089061726333635275358836728525323566999568627
018308121674052801800025536899293369386788116744077729916542788044
678413562009362975545691518076713312963755314816579909072931041379
628475994177907248909988399465812988705098836726884172624560065468
114480637174295084587982931253382289570642635558951957479210047487
800990674713490817711659702787400484855846184436218804559755361397

818771100160012097380658520602274673984321980195069095331623045898
291761625860113602182893530594673628712855570420487403580738017522
416010536449207270031358736274465470777935266484464080671832023727
942014344723474168049821435321906618542992546902783902394693675658
550471520114175000886374437528098633553566630531447427801085599461
612399029562865316383085174797943117702616621107506672591136795657
312610790687425271321020893420430686442656219088980102687881677586
333919879360681779680015207386458111864332223002760660979237284918
816522192627682090188547803894435603204243307256873460617370232452
680436617589619974446116911030486059055319970563600863393574676825
493273026102929726522199970137847456683369278196032684120538725039
677338741009430233106594985975756289440887494502324471045141157592
838543190436560997944177869456505908673727940501810358913300780225
183670471294785839325894520337371154096525172614324582136510949286
496372790675667757029078810824521987372794038199950249285273634074
361722349146013133741882615777539449981758244493738170620495051672
294242853747166776178806443475674224096592080380341627847256942682
902292521252384858533734791367159246949973608350100908415999161378
048415807766179309191594718856909961023256006367965097758829543573
818629851803285928477041372436648951461450501920694469100554517531
628065330522640076777089331089867475923631142492119647379838595425
577854479230575068063861269020901325063079395192221338609185950651
259496621115675247703172613236327036342371720466923617527296437171
794845104623856042582227382057466941639979217811594135596464692984
830670920142577974238009352953076421311879630325003384984642860363
407249831285559398096274868244319578185903888755009025913675504375
891472026058362137766642009090107059305338719095934833833029991281
661449330234883242862780945037445941996227719259121297396187159202
084731553469808229179455741106929562277074646829225064076988440475
901917347741466498926352361347170216506656059047328036496824398368
514816737296969861572310728805030865542054653459983217996813769385
218793864713741529934848299188089577576066975496074257348997204999
445924747765506558813098857791532212534825426618429008335815330042
553324053214212483604361281922172957838444800154600298950501182389
646309785607091078801026493793765650947187932258338844608895546152
946266400196083891130912856890749524410992955918508708629877492462
935098430541631892065189010221083687385076860449558367008844971994
147118076441320231950290439872981974058817957555924943246941547994
050095786346491078935958277278660074156011277589271569746691856720
880461585956897392923464608651825973480987627803273578312282423971
491807934995218964891498748911954466018464859793933432798169521734
810473007464831253068075519706380791066795589876645300045068524334
584450141943807605732159724289332940953577690289281327309503733441
374448424049652672649123074576028003390297467260071906965178930568
460857048624192192189552950120649938297904522189071154499699379144
340897775117026140825840144415357391257526878211204779567643328875
396972624473187903295250147526864259374561435487996402355502556241
286564188871149563905477942768587250411279911978525278635555326054
907754163728187879421667567485785614162304336382407650378801560198
809577238048798808776868188531550715521356754582486210745365289042
299172215641243296548596040476034010896079300019701881603401870668
767349301168067625375834101944939599597517992945290138196724876429
435303494038404548902069081145170358019381915900539925385499042811
644320959810429725600989398297814280181586790336160128834089182426
560769657275476319967224533077566356514988924033280178529096715912
155922079660592005166471511308401574719857331559508149313274438609
677728968456286694798136503135660944529386858762164723841947266752

648279780364616646165460093843200963866510587938358408749636141970
634373244074406175963950405430230842045311689261869054774551230814
292867131454787249367226271401948058072089560729540266035730001659
184622869442970735359279779135141545723636680561351033735941605798
693509445930764592536435012949183407465682210680243295447211988604
208897044877259785222935514414359586661710840576191296480249689572
963361908106473429291580124923341595072790860874734729777928310221
170360078554576950931364786905913019289750813682069374766244097973
906085819570369479562173390922423568787195448887076554041753864894
947001250532659549065911585793127048165934568764771061383451657286
356567308144810722413625202977151230115216366436175554153777313531
260736738451161060841513583749649991446718312384781726612783229101
190230569342678897476884530592788790534903105077614255429962938754
841751963997912067148771056699673222538913932234015644585015038358
971663177969650337608726334162566515216857077375304022479440398754
569309976118475950363021128888392344959267003790422257102806512980
545469553211495375827664971867066319707916922605079089218874076177
663472692934300002854445172960164718901564120699430998616936685189
833401054866295948994656903536055415702937086950368322581323917400
113357891228386438186621427639112016762850917015801323940797165867
875199335922606774097310151174226890239632200130165011170089640856
609159641996020206039985951675993361646087251610537383060830138547
011469178633538023410741772497712969498238933474609781466633088906
239419319707976848862203944896652185530855371967667509635988051779
747261793032691283182674862057809265256529034280190882705901405466
374700138330258893616017150154888689359105694404497217202113924564
847498885836600119303093340504248190948084678987600382766921817190
867696601829782035599207189778042923618366306679457260518896053823
472875932823011951586555180178283133565830986137316525935030805823
962559082865729213865472195779312243359147323752403786908253602164
629481320488457398705136724638246505998731146037622534977822103010
145429875113822448213673526737210704666777974242250838584648872949
096005218614774771519966024655226069621270620854168787239515997826
861207922328864955994712943920009967608462614452966881819111809448
899195588147137993148152932958251607601071166249515565937202893034
513965776120215825001792716582114749398982521641313983316292159116
787863114903503708046729113467566457367760316704471187228697777493
720498411552534228368936469948659928163890293333295967050233310631
864547159461989211746960440747930112114166497492276966387934136055
436280135652188591691916012650170347349219857791215599655450788459
028002419792836146886166968729406732657944855141210293316476780504
320302389291620949699409462681126884776194192988872830204532548355
595645610497507526105244255809386273420635892776828442281295814647
347367073622559728294372637748776839928637632345393663445058464032
220274973415024875765991021519544839141489452822383268148398051997
076559268898315447157695118315551061873006768568040571230783243356
862781303169868434085520815414852556772088289519403587858372024544
781686346084119703605994692042050223895050999054746225247328128667
550756059266570238196798544369738430363475513530101422313185966598
355017290912266356068396272443084046523628652842323814234990867660
915808115299856731882700013109382157619132965931457997811998234263
059141198338941256260215214745561859783940816914555513000175131020
838255631736162154590351291061800153799212994811409282642152270031
879995958336372414326471243780519752445258629866091397653631205034
855196870142616427373944255387041040934011786902848317324446696438
392741321758809800049498861502455683932136997226039513159990952783
701454801275952792565706687603394301212911978505936574394130654178

पाई के पहले दस लाख अंक (π)

4682021900338105036071495296968271934082499540824216163965539009310071446388762031349134077562755620587774807984394581194951882007132052594033442134001243688746110151026668901067251610584232452648551398239240043572195668307365786346362847139477187605142398707775353711988544676572934635846988478103391466784785470873151504290874245923946132610892919503710118254923184207210437942006267224493626435095955033758381719510544311687327960567532982916131257543568252456465008122805226368146115975321199170660364359744808288562193226739368656062542938224900619956077533306524648443072734872088797672926968147974853263746082115171227217434461213726243363240118432918898637112347583073897410591681818816689559537182399583109158955865155107939110515371592823919727238518934595024177790551515157264975708724287679440973145302040959076917387500961326483707455953415351331344900038752803101337856441911474235022452362008865534205354859562097776348591737878062122554402259252738483077651799963738230090961975938017475257830796156323362664637308389573846711167092750644157476328242109681866702142077632683755260776111089889449646732775343901491089616361841443514027645812228960506038155465315732310359157359227589113492569009356071479776887007319541022834271748757490709187163047623887234096963025340782474650972500272224145260335082791705095244089375733331231982030215416350786778265509321713781712313716114212318124408063309815360743763950265425574723877747951603707602548634894828153033520219413464669637514327152808029100281629344182641082759195249518173693711365151453769757463035503968815577039389834871549884013238769153330886083961520387926598342627243177492768626963541310684656244843493116508966874844693471034053482295484404249445480290150087120911679176586065278724812579775347478803166890035108745856817454970704973599571133983455436889482161005371526145300563991242445399625803132802285781555675337051796143359354831260719900258511108667542907999170353700606436838865760343284213467493632847981345995095244594136668858863653580165643967245588975213805763615902148421583350868717691213845760044375608187454847305378791606854309384081019497206105993813537730874309360802543746183604369148741127222098901147672877947895395173377894112656204674800771293805345840765561616367140328136450673896217852090789222464391679860438040198487605953575729784808053646541796474341632080188152262997279175361841901057253910235261006661285793861284828721151144331217481644040056183601867286327932539692823242601400072598995097051264681198513807028811692974703651388278161801811431468727933233145431510250480273769735906929697188889345453153536951518987596889246757887794347506970959483891870919998567821390784326370316579878408076134700595423153306313562919723476311123701263743716988364569939180204023601706548474104482716849915119737619157080068754318896722949153519195619312478770104883649003430712202169327164487378907486971688905566978934955748268599453881593423799010669245538086603569309347485162719970008372666259460916369119186683408760398160534571873044883787844599456410661946492827902987144851382966227706977101867972627483623450552498684334621758253519948935838926400082160425785815010148688691944139135668696883144598621199233497225849337410553246237223178411540422579197837762605724976861180888568657979800450074365599616849105084972307353455998115616755131668419573344751329229644291365157996632553834794507661032896848698762817246534181038300169434521758808549607478490075673039704749799412435126184213715027756166827369026168815088921349350732182693228066051823157630541607230367138987483779334050158419807105831531091345171439567188012503059886950631165440619618064708073612376753683950228243987528605105113518141919737956946936386812745316528106350383468283573840

405514229348007993668210804493606862164600676634483031922495893155
954045816949724136805749636567933079196367152569807186187473119745
962143444787453875567679230213614859728630338941823745049891769740
071428842397668062831729011908574032503385452223540337598944008979
329603741205460354384182007632588093628697893595580850949756506799
535033458370680057239672681329462140754013128286368823074537737549
664487670662370586745285605262876843710312085978307077429889423331
966599337067247096895252498544582098143949212079393436556802569455
922608937043796808830592173549902808187239423500831667258629898918
865217070485809184394517416456009022597384114577622103057688690926
001961997563649835723155371164800780419034073499583084414551229428
177602152104935813182396627678715737149982841408036881971422738830
208745015739858523972510668956996234962835492727345082689120271475
257042705061118459464718285320545427233451594086986241199063270746
182667956011701275258350864738849204602785712850234784675339031318
786296649552070645507689584383918676790667856947756213003776080245
180827345252143205516063315040369941548606130675953365971680023592
160894781404681853314710609546833691621848065587071341055193617451
037101599216136199509708650137780533897593988366937873954822789683
336138162870025109398023076921640166695991773931224839082644791280
998578064053243409137186218853230491028901137161083086808748672381
158597421815653709296744655184929287500406515807192028280529922444
162735432238256495251742467157748268961216185256399893656944505583
51032818566413199762669743911167780948717936965736903761431922383
476655463730888517770884496832380581866104908902147878769073115712
614123453649639008426994470802551462468087502320398977365460713304
328417053734413903893234842503181688302691387388458847942035579891
651177287920689338631682700432147008424675785294166046964037538411
912376432743868418340633769086563342469199412844660048651217780432
768985518402277518098790110696764581909532313211287890901497686946
981263359885419545567175712676678837155763126702761525977769925616
437210301084993130354371898992470093957528242987296922410711118009
672641573072618623927137157828061141430020171114264825848892720722
572122032771300998294999206516489224551883661421595958912823752483
606217204449590248575680996915586234438165167146316331004873922932
262219431953654657677812098448625420396083011277674528313406762294
368841354220939496071825983260013557530996909691637349665597450373
805541787929382030075698430766954390311872706744220840025986793092
414366290522730548733203749931817038992564161674496493569266521534
815077105717773031882845221753638550909028760052076444558521723466
926597049347060455327562960679060663231026724420595594961738355220
588146676672261525390990922373470014065613975006335694487509687715
208483235189794212322592920100695072008942754098085726809450590641
548218430923520598808493156199837134863086316081775309934313568261
193911313197553117878918315599227750248461596706646640528488092119
285325699549573270133662891020185295971510209873181846394428005269
519090433002235567601977870530906642648447231165417685422211916748
623508214055524163362856193729156026563037485196337983124937125125
846685449441793989395036130563585381465349742945202428280473039319
639196656867950978121194503715184948395534618570760753296976206042
126445050572723736239756574400005188506438255472818396964755953980
263000973297590967668112501920350862913964308563802687805424226912
067084666956677938084288797590663333851918316580733312886410779699
802773881216321646181972297993823279225034392320715570655636931529
218829355461902365071690769166585341141620278688145206333435182444
586927795980466279701274348819999836714161593004038549093477123216
230853924966881367722657236650480074286645066723197281356544204314

442205442795569289248165106790636054314227622982051060394683907359
874274419025274298058005737842467721405075868932757823896493302953
931675436558263682933422786679969086201880895596168898194833665683
085048883617646031216687630865949198367526097189379850864296154278
013157388422626909720754930123834769332599468506448850358448438659
834930060179435497954684711880581531834838854670090003623901656750
909851974382608917629705175162644632104682240045354860639954363499
876179329543924509327532211671851255361710720256583335435269680085
114896326771841394897101579682237123237779981704531349779534409755
378224041468783103118732043028771398412667428430830099637565151994
256408235324995905280936608017708154802977468046987301844281722489
133366907642573498314953015491797186038684886416413668203152784150
730160382876090478550704679705102972376240049732679654044375743461
492630923299395310213857334039465464313803932847546016682894570398
520289897056199050058566331681025424796122497994161923808081718695
617683355593082034329171118611940661424593023416858928325402281122
375144878383804375333860052459837715219808574847409115965605101261
021357390877587448522307072786751026934059525840044387691660888998
376929711576754644468668682258216315938415334021845430200445567878
616535387790068479648161154614774256766434666786165714321395605805
106852492930203486311187697906757373061308658049805399624983088516
297448323420918709324865566316859988821807634263361803803309370806
856552116308357042659878493962774257427221268652608755377034324279
721316247186562181502127210015338143527640446743840817921398524717
656064532716663053443606587885020021620083222433975474388465690808
482297610959890936151291814324694190177542972016826029260693628677
593944130399807004856247227074616381708027260932449104071616943112
721693245961346699250726493583327369223637207752705679531859869893
932974519234065803202897787347160231747227460805571629448861637690
049880287681783446200622032710191351233577036490080845554425576826
710914815596736553858259438221951358015637711971679367020622245686
348546905987780346589745658447852408819268830922777054604946355615
841409745355423947767342753050083936054265338583429240886791409368
144232858790092230529152799915905009065192474414170910047708499889
030338563394194410486439219020225662877398462669712962868737572216
188171278212356334904715499470758868040594632498061324505338954523
862725524564400813036863468726841379219379578507749890278243158382
732350331096708993301570664195240164048025986195829466611465708789
699312666194868191195168899785713826088972016502211515000045916759
183141379528429240162630759069281025915047690687227211554583699847
244222110127830084214948985427598928757962681408284246202734481156
377615885856666062870759798453898588853973591506784666774407355889
621176490263887730463122881500824148640352512607007505904268551545
873081994483614251750096919881214717769429055846364755781593888066
239542018937490840322751020634892328309341028237894088989531725707
278146698392546761505090113385627347482282653535901008952817868923
851305483370801216375706186876378595480214881006720711402705172446
818076076012994222575783785152623729804437548974460375910029399148
776753477242411230998381469118795725444744960420094875863210496756
226171098065703754579778452875550670681333011940370283684631830050
668075306247064752243618574382697783983354212993579342251352034923
550310322632422449618848671977535580316521471061995841040622119083
596690789796338081213639892843731074315823093529694423351893330134
370824326438532789908261497650024662233601347971746464208079836954
651332945377557662272524462050785169967201989999340101333507207580
771040382655836481700018825204873862694727977686819841244971301436
744461773836037845058867731041552138029551148294138196811165301623

559891014775948075941177157011650869218541147100498530766154450326
362434342050527856128683711788698624228453711227804753731921404895
699108618357580954983844456601308474652765120152251640460086388254
089210102461583536189885561567954555943415393774502910066121558706
401665298168145491504870910453636023369626790074204524510787476711
108581603883350490730198454596575431151627225013288264132732720045
864750400359753884115085871236676733053671651766723592347410822055
662073897145896736124428601318448099009966194185512659140312448268
215050509682117223862123115265230071316586542736092478521373501526
308736450420970868697527750651953873468375231671703179386470783338
125470305674216067595718124481724154900677955395033949743440651101
402668832339813840729952577942686050980385710038847224848237875870
249233921727160672323783759668280655877905336621109097334341997978
443348526532435072253360398719460987064301678895409084338318327380
095549056808509279132189616199663626200962269637110459230585985793
321394571812184970469239746847119409031628654826727816023346641245
867553153722069865707588845615920039276376761595539143811410641071
280366418273848570213166476675524075009491137683189196875945945767
797550505435913958847686279204416073899438660597048755736032076189
399290784732570121893863512434504025611153110615981604106293472125
903381033962210769101359206418442727572563624499218841929692845048
865571680814766789660936346427193755563009580265716674060696704507
005597645239753093566926721347565632231052170979726788201175673384
420258585856309958277223767012426195014021412415170170625748239199
375731539805651844747814978850715687141423536244332730212268108547
082779756822570093257014058836963664043602801865735583944918479033
626350155432400879444552885841494511564094270922406588405815702746
990628262912354038024579975749327018239144762628671972800674151064
615784260870892100884337577739685600881081369285756508018435930996
339224874822734697948078406477677577435081064813113854120266818014
621696063486386935182283330213466133693279168595030799246911478332
513082076691015178579716958660185792729967194005523669049880576522
883405403829572329495666610618163109789226399407301157002457628374
773576308183798161638119079736031587212198313819620344976981620642
398507522832773373258332437288216059788610987355191377855881403729
865083817511632667454759408345296967092628169980844889010443639929
417133550491721853044413612755372740438019661670623338297380240490
629825860951393502749589875052807206731837864730248913057905481562
736693420315336593480354522123759323198928884374803732410786208605
622462175566914066496560325627015246939470098514711600994089128351
947568274832967227217668299349444534067907365525417174886583901039
319287413336870559291380027727314775486977554119840138896045288554
164615529596730625328830411855501188829841586911577081853736377506
071335054326871353825913285097958561423027436039576496067859801089
379556543087594553873213235007603007730107917896408379918870861963
208679051158891374126204838541157848822039592359433270452459141147
350780545504033581903384706481014248689197256381168631933216497629
814849539646083874849543969458515257951809116266545236733517450163
608333529739655892210921156911978316729184425792575755004030749046
664227090664322428513245440807605030997258302179025792182169082377
943883480865654516580322492664139624733960511524759583935636607443
829936677311897124381434507144263490668336746267965144875760421649
004657804566810897623735246630448651394648231966040726712639274053
714806002028814119479141742109645063130559424100563987780307683154
549550715730058201479251595904602466115178393678560161253240627524
204371192506137964850891981909587770580992490842085600103886023943
155706409262296585461940599098696476507408909037102041073773228330

```
0019434413131898982911460768793479475637926076608714832586479309311
9426065037650312207896059737211942645807433393229464562171529928697
8775723744217452435105937015224486976130482977756125599017514547595
4309572978672740072177410442876241952705751308188966699039025134118
0461879139639175199961068803957945781408699435579293988614007114117
2498946051202315286273269324098027034403935721351903458402887798
8233814226609893318496674788926698874274514772695849546580773589496
6320431968422729390540234206993659346551759464401935696808875736513
5655273782755845600317812578547257973901689044629670212624861217
8766264775483706533502859187059393901778046471759424323624082047979
5837934985204559679902540515940494547744176083957797368673769058556
4791827948871367856297647036197192772736875817422061934212158392
2147169397052507247831658368690921206660602977814422914515406119505
8652651412881871106491879697943160479965128847403654083999670832363
1467927213244936269857074070471305843482632931884544051058661940375
5587325025731566527539290215362207415301446575930722750888326706
3705821488431961565310418901791255484578746340538187506140442314611
9784513097056545369126825579444878042588295007696823218986262381
1110723687449921424691504040400313321866823059154359549671890135590
3146969137362240776144310312264860376479193926771749354075341625710
2558871122830098045539403337048732823588397650905216725656474725
8020548090639892790959497565422906184606794762581291478097037557429
2480898165417448550967270889203351426936069221576656346844171425114
1884130073463421177091338849728156826975564830840913326336717247725
0081903833257398187374366036429341681541608528746458725565350762
1150730885068803456968232915354060692724241361263834962430252227348
2207667432824462519534381686632983333512318926415375390268980209230
6902469188086616534259713703199646563655178418522520774003775501
3360935861416370449092199891298081723596202953847731659451593254575
1276218265882696502308327487795212641617601548390384586984583193711
1720936819908328893259160168315237898417509554214565735424477030798
6890738854236551194035529997686151218503691185811806196552576296
4582474395494638849523052293904319208347004085959062477586926739003
8385675195963571883814773408191367110130507853555897601972413186887
3517693888690920970811996086393237611436761070353675675195450985667
7260928307830333849789630261029049827785167734965663017924045814
1888901686110371492187075536854421284230029436184629978447099023
8920908702825867759979329002406874041289587818001551262385066983520
7610152581029222069185058987978076103175274405860231492711148538125
2502212065908659017802587801042247264403050814934008893553699421554
1242794024288330163556008454806114251973600079468367674392891368037
4522585250356433749230406118813478986495017912039521392725893518850
3227479728304555377830648563922152548181723320806672527665964316205
4180594480709737376273851917793186994730245908116531708464778489793
5244335720380614698700923270065387351237811893555880738276143138710
4773213306585242921769520098652215583227076240478674720185383578343
7702350425081424571284375657147968931036341808937329972201918567752
8387336013394417726381562202849015960447422841069146815777966019357
8485360756676916433461402954821501762780794026532754016988343543419
5316982597257270323767232710438850214575511607810784903672734137568
5054751283318281681806879234839423579028304653257090996989339293195
6859422151042753161377589133026238399572492462565209238098216310022
0099385178387862912847546474997380846098849157178387404461981374483
9068734059128423831399226835506173095377600733344155197113447780113
6367129304953999019837057605614721077458334412357522587981973201543
7084932129176882040450744949109305178697056711770114196561695487469
5699554579466490245980581820522678280551
```

4400630551716201091706454966577280912312827303711793448888192757525
5099425680572045715600308835125483545318216700312020988817566560248
15643339856121033521803122203872454617649277197607561639899925558
844824712539754441995752875533816075238289074957943408478409819050
499547223491767808998973555428169119866029105054819004663413715557
369930816878792785736669646282662826784498376781127049916168005880
869983507642972740292518890639492218318736923256039915873045117744
833426791251685385329353340557406954661639399223125662373328913082
446605159607568186413772904955157885328899061541234378136169948046
390831109473541619189442527956102391550363062024648582096751952056
686309608898274241602664868431018535792010934148995913294012970080
979209338728524506836770635227193756121070552995770056852165473956
309340145995070906849439995261099503701149114858356584035694439244
018137587295066820507129554209918508765071118127238305255094270970
180836733246047964391637119624816712878168808667228632754357219976
027958550212499604293420723785566103352134288354032472088407536227
477076722657032216145985308480701432711332327955896270335331133019
138930987426335720748101442606041221949987395209820431409400117396
015001163746493739333742500935967983549598081681749426411617589002
974453790246451001157325681153660550492182290718208490667306837347
413540876864688036281053463660636396370508400603225944423680684070
109041479140807437243253754204529454923205488540944727773308677289
572844835199306240623336014894657010295372769319239800791374246128
988062094042510718216870035418271782469358852896936838712339508180
711265203231606942139435044164221180458659728470198747058770491745
236140621664718268422765043098722130253292080624410135651901924297
683194184224795323048872227619999813059343435409634087341494009836
113799290104049021651980016965345105093201186528895001349855481579
764869199753554001996239218303715570495661114074906989061468803162
745650430929296856492049391426632560049095467246245060386702779065
977825588642987245795155182788954929379136186433549495607479606299
394332898956071018500741297402790275983298534453665473738254430506
492187558490547253663137453707765892998875453181707580339014469761
261208012192364849601319145375873842088703277363104544410317520421
681702024924246854339384818323972011733672714375914035732497421907
662839518726209487736422890355550709956806448138539121394944076998
176571221767587769774137476930080385309241470259267309724342514738
979433308220709198444296349368273455599927565430849214500589594985
838897219490804800211031010774694575030279867204560296682902433004
901958656561523385066010860852470512592510723689039144260448041910
688569171156055467655775413133784673435728191355792152125244163426
728793514579872623606847687942449245432959375932256803824124308040
441517032330354680593025545980840181419388391309913137803951658668
856405344250459768630684647038529304228125371288812406383719196825
131550640458658212202703344525150024555697185204494271266175570977
907652201631409924345624965823463274199966965919096303150772162295
973794133044906912354662899976787063964427543970530720101567866765
146256209664985206977071028331992535522210179071542554910668909890
157143522523208824935483264058254433228993388181433246077620211927
635355605540181246640118064490748656792493045753030540635899858103
643050669178836044633760072521059307210192292224189532238291589093
4
128228750510980146316239573671434576541180542227401565044111311050
586337680869378330384195969453861337328924716025322293697313224937
997292800599267556724797579095349634141700203866341961453441828590
549528053409997763087934339975978910568604133901260650786125608232
043804545448631332510663723910133243023185466526509293911805432574
169027595407190841762886773529998642546058514480703245585088002374

 पाई के पहले दस लाख अंक (π)

9219853889982576356904694020369388274466818401399841773978038022542914925919574927731783795745010729161896999328831375419807672649180013064389905496374484069145828464261242049616787491900287079969791885341262481087950554207435264417947194040344796510910272448179190320555977587738427273813105814360328119623482496877066808719029887234172895279364187064069484639801089564315352334229003147981016684313694791961472060973085801361507055166513339144332448586946901204924773255718230581885747169914636031877933013847597598611209617071626757731572976133468570481409796915486001251242060298788553533764784651123129289985200406105400658342503451634685630309405097898362527739341235446910129362617019899713956710393977453100963054901054483657021671991872203463575636382441116170937888938549393556125009047936371715422408061034381188603305755612486733268456069417527934409497025997743501467019950271079144783210978457155621888327410710976530634168129793345934674275670724413469431451621670473376735826853171960542817128588708301593160488414921903243630580503307219660182809009404327179179905769932354438810503240674918606915784062898734473767092342257822449454348280812656771732125804023869289361125565308204506530663405614901036968658562063810884162112507243746872189242092630265334764851006488240187531107752387990519147513017011555125936509502776638656047599326777269553478063270493039489348979598091177892565374432654393742278506271653261710049130127647658588781300480840711844142690290625420067897649616996620372407499901838392496230801679713342360699757087490626659373346349331174723891567344412867677628500732867428934742984354169140694898144641854134452472851022266000796138096075270104077275968926615167444366066579171195189270912069311570060784613104860095902797295146546772338319753003929982023067750861479378310340923251667930588580944497178020124060753205842690453320997327935806562077891445512444048255269303533035133590148144451647017174096780541342209529918090602912607156833927661689267445611553209280009335523419347624811687507833375052144864123004693591272455168409493435643592020840086639728874526447641681222431979005740376752041131459356908294863650288665138667187098401912652087193821461049629177160561124132622984729181973501923264693476067359179204734601950214685020422272549906050039052717398308823934696132954605823559616885961443855177325568257200408640667157261428742158656293653466676503053994372643377711755248633346546866174710294742570747114524084069357459330581066479105872577087039412159583497208014347320216673200295921778311465479415676323580901593449839343603113947019602368064364710155265483303322903249484887401748716255541784323459835831317368567411948216488283219830392937820890066686416563563299900258912425367465987427578424453135056811633366503798136161033428769139977909395653758746991782052951266065435874802495310546207908286923825317348709348850922029899749216770759304665115811333830478324658453779995964224511055205282259855135799543314078046873828830918171688650474647342006016159445817592764878317510061540571533408027770017339348691597254483584995703116908905023479004182696112774389101113682498365112435221732941277060381302634181652357514835007798682610689357810835786811158166380254286394548824474315217144653188212265603371686438855279490837229672715058599839020073704352045196213006682618638971124575397983167483580286609024375336597037955301742860170982285254346628226050297822819229679749507068469470141114718271237717945439542475455823176370720020939524803055024861529194258380746445612475663032936211194064385351261733638375785199093033778956350709984872647563288157718587782973537054845621840616651638052116335535956157136554883040230839048499053464022753635053221312628579847488712087974239197129806515715623

251453573762296496995785161894725860193048018878841407706427789821
115503893404172990784288779139603190909475642774628234645049618558
957186727089305050991750825906016230356085410026150659958294094188
223171176685610343109409015195560359419762952715191446546570114627
356476034166407335530107840661217068804877676582960344592623864758
557477341228559099455126197261503356980467429465446524107479989467
997846489274548144629270461024277249451728542720251707513725879735
089028835651237307514021621311702640482513319750428220989513845528
136268841773267008825254317243579889892752698716039884633307640274
102072542860753914632056334190051780169548164179493173488781224447
251861194100883513137555490494181672864244172188026388165627539857
333600411059599433600445109382525788027664814425790955484257632566
676861865912705148389804415975502020223084423164817145782010230876
136894006217159186369664756680115058939506917948617938811069135739
111929119476457163842439850676760927015601387625473877555130821614
917863311075676996932639836360199843056398867930350363110146212592
618232432920230504873973555103880618396303383920224450218778063418
013902925080016547655990603908806917718524407509635151958193085485
349436375269314283472601286321556955893475903752173339569860535581
813340404683458712039407449236354697080135396702968920564153270576
178507436941042162002813859740994458039484371712237808591610625472
912894185014337332011394192377699272849879216795704857208482621178
953745099590160573191451033015921950477998616399735136343018127076
636196256421829613557147414196825197784512923995180948027615779051
505299624564676859410800319655247777844310184875368377693048120859
493475149575363519083664510383481178383040200872495432943598018399
096116144252080810246154834377215900747465469707895682559178102153
56444060139689315984451593321201982737878074605279848063188533935
925532640568047587139273617127439049444206400176046596009726741995
011180194421994703076386808201891521069608033731147927545046918070
866330683047177127699388843497520361508386403092367707966596240746
653032058855795435358985947775420846585446621311741732136381937611
174526719845377107365956594981659688759535272565530522586777874361
969955452700888850431275909414330236429519830928170463636710577004
082355626345787874785234482399846943780739800388210355197146779367
439484397950422615555306393729577597612139082829477616090698661599
524434740720825487274741637905412032043763264976757883944911594852
617550814823643520144900684490375525495045287112775902440268289660
239913812266687287169439142423356907167219748529854906502866938531
390027800622281054659491949657677340871738526222585319584765741013
650016883548356236992354401223596936006051229704848086706559828336
254616249888405808056838747680592416721489925466769707042797594707
443992401921713587689294557714824440483700282760938444366726557959
205333286363821183436202774646087176456018236920499752142614111949
509141365939939598884968732539054561689863096296277455693159627111
291389068753371428581683265582291531673412889027734335549344788683
553410612823002184662365260252030829905573599629412128403615848769
828447672166506050843093323577916341259867252410741162855560887417
648349820714209069639040582853918262162289982686959759493805904885
753681523517451496466142696587956201997664381005061504180068707658
470453477147005963307233577907943767064211961192058242544441864130
889629668960333915001324327960992277835339589184662575993194526690
242146365986846158650593407148400860403033855263822463815891581183
633596643738185621040582013281656985403167355638163019680564587348
039675160571644904016838278201603100326068032668396046855898129134
031175368012912557689000970360499259145265139775772983468530585536
936351824757233378044007504755143509075612721952284629606722106216

074612377151537118688504003714786281788426461390580536475028946907
239289094722636256621257205691977369329031393413587569782287912428
335072502728595632347802504078961201978921641323874369299169139774
347271497800996496729789539148727048958122750145899044623890586964
294927230354129335323876189211564588764429713638978164132213843945
580346265557913144029141250116885199892287079988203332745885078739
620195842849169988096256663978461402160950597299728709612433045766
253129268156432918037383948191514649529198853619766896498777534700
409893333797271594905193918030312440938121636064720597499374300955
796162204706746117408573410974428749024072224071920084911858181518
124276338523114088091933669905247375517969791533483698607788473417
923759000206964547789804654420961655824545657572601098292794621201
603586459098001214611081297486526766493775485550163800936391440387
470440680741730711149120395595564763786368725212586641996518155272
682610249104716189727921996372881405772954371894830012920612558250
088095864823435031158427250447144179924088583160443635426313119988
381503447473273977326572582918374248682532213362019148473697626755
507600478474750713026331527914424648583105426179273255959789950211
636498056801672170239863642215138491367894696651895996369818952892
920910915814558041583029638779178693541218300409986888887076505606
757845234883714489299580313972269250026344239337293778361219989460
046080519291815736507140605213243665711748651865109586655317669933
181738303448325237239280960676905236851464558273843589209066695731
835462780112429104142056474580713944790481665880981587834729983910
031027522874694740469677382116151097247127560918182160321327115448
287990220915809954467179102398577577600759370662369931528510617800
162228001306895034828243805988974280780978633732375367387515639962
500202688917156087205681980381321592713346498607978324698826325052
172467732321585052767727690807395180206332392022289351307434265978
605937025106926387895048939556321921166611355155598132690575754094
401663689426009267552040653336553951459594430336472986972522461302
873983497304830196186945555297910677872775472113472308106665122
026618370236590083531181275297824104741768120054732854088244838854
668374142336505912599422868792294835077262714575470462006165094003
489129260399554319578326832004035426871828068254965253831583532577
307988741429846387393058843241116758545328754899971955023003383521
326423565271107017507937488068307856033254146019433209677063749357
415395330037478839099007025314629659804152645589779939487647541071
248509319276032948979171741362137841981035068496164039387135610981
878533506494822506753456264515252977403298927537561691817485375550
733716370480511310820927684935994530695581210082285314541817055339
623762767685236462658936773733428035587857812808211157430619791553
712435643454768881163180868339377582789315224641995493001697844790
000797664476198783361464566192197575452830238998411280198621038498
301577437087384108280801447372876668190323709674289419709340243364
458161318074772282133775375992468949488568872590487141814602376469
599508013866043470594351749860090523183122013945918488907530401736
869961254394667213996723140303493622862701101830211066751111569744
130936944850884308639209469638005567006340478765610370824098048678
842658505599647762752933451721794819545507384938113304238594644463
901683723440199071880860774745846502332455205724897116515037354612
483953355037071663354695583359220890033148110931050356252415751554
607393244446202438951629450718397676169870974697327731850083632859
062863381325773471767970860082863657847710142436557087371372940575
360685199619901423261535191218781832403826601040993227680387025182
826899050139287494337547628268055926443806446358529156983797510240
859940571555962016906118060638530479462781011636883711150185564208

पाई के पहले दस लाख अंक (π)

151

3240988162569805452419611080501075913425742311627438861264992086892643935521215084790616735964953417920335729931922987009457311999116978422688536651053937230734148336277659461082027507201354847990537719775211020802148813910728443483895833745239607913126446165738853182117046599366534312649590347241970089105720731051403100314200160783683427754926384781255572681147907979017869070658706347495144162525321346591354161159377354271127487844264010320913869535451417510456835940101622677546837090867791763832995134146804688956935286804536200975579858801075441759285242964102754439417498319758454369167154537583187985830646715342764626016617073652015024125094132891717472435772793642305284204915384313671868862378670068866990269549824223482653556886677643797575821735368172417852613962129235281465101903304020295980863199433281222029898589174133129412548255309686872331162921846782131002620265685696863338986031149068251518406535826202849203691108013004510658289976889398622302002987302026668239598343372148343594114186800944102423948059712951621528595803182583624588407389192471713075627136269742883335952005433740229716897756514385002397963122083229688685441518076875750485099198641600385192906490187818432826073803657941537508892247333091289023297839157016547098990259096337756258327711521976990127206542767363431443596338669837899069142731429877121028098135403899051819659025752871711017725535981091889718059690665346225255996108710602903850682610373659519036598094590387568023489581209837818456632847510122625581176153911397278786965663647603878330958458695212974136021230392623072758316201715327098091760294702138897544744047645354181384402323951927105008365411261449874776295766461315292730408262464670170879217673162155902352103397158595470580242283827027971494018602228872477449515019204840639089778470639368376384247027691843714011326399534905539160928436499378627081492308485158569104536572034214111838272419259960984403071513288390846139536707141210527220506102534051019402940749759574527174929539079385860638632271697588309131577548083427308450034582094375678511762382918133228500723956526732881809023821928341494144956554284260221379058861020041883391973178632547226069678634981468979548112924564919562757485899108511676602352010867035720624104191113989650805631017762544678994028211648920629930993950416269193632852505659071223682642913459750001143812662446396194029226124931396646008217838602422263402909882607071413101340225182292518114507453249611798278098090904059866888739465434533741529283527320684520374228670618018757744193084575684590083048668952181850546205836400727652064823160244792294576503502716102402360482760918929259141865443107973061585721689758130145997794166716858356701456279748137762877912019970773376009154885054854373491910724448878268507976727424749887750371695099645685066210523598133155973577096559064049995701376219792921438423190219340151337337146388569975602575260969199204167969823087835133893409721274136179671333180216106553351478401227180500056058996254410874291771059638614888712165342027420219400108982349163214334109664552364564157442547616280614994862262819794712099533265692883575707687423148256547621396657615870188608830873520634213818055080953871062643310979218340123910155873234497899286404340085664332440355206342945708350867459782220190720434918209816527415475561920532871637706698839126538932588300907859330973252798030071390325461116679061262209148495864246313746047429285121225840905884715319438431133107476804463295291014411788533608414724183078822879553889265428666448434674012601752783005323779504717394619894984126586178838997327667730925977236372511240936935715309934453343631595721100047780613195625664941902661002920527566702498156483747966409720938614287428218067177294446686422969898060104500552 71

 पाई के पहले दस लाख अंक (π)

8204741935330365947648428619741881735991210918110517831717355723362048767977349797951642582972286108934350157998396311335671442077751224522159445888123539318317898427767907761957475125202725763459241059992691541859509460537709471536644233681603453774944782038031479945248541902415822547307801051092213830438887300974159589762439285168272417354024953352564978836174476519814621487379737335020138996317498404803141747331125357681087728205440275301579499212248228188315859903217642180857611795898305076310457939415167540135991645960889661120356360724099260713876870353530836023137161827587949437078802623545134999471005751616584083140181416096414848555695573048403239322052485420840917721499157966705053940949709130942603584424107356659675150594129765057268149531775654706723150313046360845483584572144624672088377626519460492307291085755171808704011926298599674373996670398429978562924491578367945605019382322891997842022914384619287710339811795327919640087064849999273641610192982828364419870228318235369601337295269640031432055042715716563003478017192464206518546075681103879480426458869192365485930336260644027694822097406835423424397801948531719202606336030218984998773957051431924279415742837146691717756536221538380395561258833625325561989888138394131519059407836144156978797339022026664366760566126034177238527338171700746543287622673577991734420640145957598560581198520436099074878620106330950503989497135317475818349436118333585257563921246465585146177331430099874708293493663050146531674574921491274225822088849460920942321143346282517160783182427482236806311975876268107227796387411914481207607961353984499878324587780855847079140358040322793321570138959365817735396784757753859198605907702571498519979291886207175540665044143674061959756902461075245136349660724935824938152862368659264139236327584459542351653026603370230664555840862306562445697110879197830061029764884611057424265295474176486625207870400490901790467103598496470060348647617110294936726514970098727032847990599934789281851306023690074930957379371813869516821395468129591464986234149183262075502638768248950956748676320264693455175510292818249839119646790918239352418715552522863268318942087699775967873611749834858899300898246311854478422410113101911458213306528058112412300535896490363692652436919364069404865160756328368948571924613377198958925336526525704820267206476980220983714151087480827271214552656540049463226137117556522557855785438620484397274512811246989303953851327557208738586136332845154980999121622176081942298329537528843084974815265989509596031707675498664537413763046783260728838516515898281905983662442409841239767543381995641388773390255619104043407092540587331227195150043907332570074022910892710639857026423394507230166256217803265052508088792039039830239056304093083018130172614570730839500184286195290125738124421806436611596997022276933679377048967651600229489255184171690301299072120129650133350627007142276635497411119992198196646987095666400665324210039471451781291000017803245406453689450147394974900566906224257146068056925494622647946704886636289350462532097847012868109030596278379131960109090781603725759888909156680494319319589059697362378318104294372533961007287257463297767480226244825115785530275005860141541908753722113152887672443495488939371268118235765079757375591862260954758793900685505379226352071301751998848581413739120823909552910494808863207734526534495606973773156538854783575430682309858090330634518463435242119359009917725193273291229892982399848033143071342088986768649183176648276455164850978318312757196668594096546739916866673803114287725605476721566676445897568217849958036979388003509182753585483735102380350966032255255659914155544417369194496215692433112650812479498775233971600989640432045163241566124325014550343166056753603

644354019814710729774780115502323050776586429235572979795505513976
023219507014587792644147392121187155759311788108567349467436775790
869700486860076104855396740093966826692529948537691346709983406583
106232213642074997103676648809063665818289088678365447656052399611
687466435038854549657939336678299942212390575467578961132002146388
875142770428485161410379085362672854329928261900912400426930018423
089741947233718827707653645996344376750730597244890946843733502536
860175083172039515236001787907322728885243637033300444409278129059
345368663141470104659341883474689282629988236301306013766926988217
798851721245414573378488230382467191665951105174632431279031560874
148860708155483110213254013356868540558834310188708893876139373250
234088079659382014804830316448112317620154024345025897217767005259
876857529110799488761703346812320199323113219287434184661259987018
174656117914611868926837025201652991198988874948829242061696496543
089442346341753064626206632041270524790465222259474852629882180166
510377391520956925717676051391512907908330630891313846707678071360
829899189944905399843274940243889710601762751648654324350417468217
404772053579072978819030064762179565605159378531746997543678504299
622806859383605835065216371814375812035946389801353857890087538637
799944252751397164285764558538815095998654259961111212635252183537
375408938382994071476719479556565333810335609209165135879604317564
521490021087374521940701660790742117146389209287184760160902492319
110422671510290601789567464238340951983591142408642645711070748530
076249802206736383779844598841477515071622932192031026050055150907
697894319437834821122313171976968730832874683832939868019319165370
266382003482464988882800995308021917638041975946273043423705049816
862663146331381992449951350409336852132648622166261430456380155416
702997567018107991459837143013400320349765295216438577834202480497
460481356556278767001411676453276570915946987857471095170775617589
719547014691405289876238634466607521691840515292037064341671434458
101488124590410883667693696301612214043030796233418792780707414554
309612195098803307323271225143074674379294908470001118157872176047
256284368744402999903490723523364779561482607275430475073383579416
952085411858141421163366331884361393046086404438120305008737474074
303519812587955651210154379618540181768351639553142978892109793350
644218922063827926017080859661513409231014455095980500497093334182
603462822266136524578624368933828748180808311663214088601896279333
796917967023892600395108849232222624879146995246944822132220716228
187633754117440717644082563597774910049844113158664565521693479469
938534589527648029861584022640999942100043342064493941644651586082
274972790568046591058023199814041816664689710703815899178259905244
379416476766531363703816495568807841719706669088818711189296355409
708944935083808672087408738589167828057846463873013356329005608175
565705186898351828853855818941876184643188554188353220558655149196
084013505109130429643867372670176920946256840482169559422438162836
317605490729939838290187707137864821959627958273728438493021076517
011141209712718951367781133634522511943256406092909203989203031142
869311029961628971574165135312265097656638725415021881894576960633
826540252017462748433137865936683535892728894413722271223237303189
976271218756359030552405933440680406716588549910892233951031852280
400316307779313938878812426373994576617350578045486470971336561226
910545268032335170946578223513263471197754156648001216476189153839
445438270741357110988027382524358192945270638724302898388786237397
269948101909956476339872677974381882407864696372061345750204043865
140481454084863722948089187495333684538332918569261160013609052698
074850778808097199220790549384644912998116044510512482015768134230
369758459793135250764991726718978359204624413558353968020439011298

8082084879270599398452081514555277160455545091663910861465981010943648552995834158940501132217591891822740788585450537307541719807935765713476422566400785520271235964984181478091852475405178298598358719450900926456203221456793600320098036589140365924802970597042389340141784940898340588942082813754108453271947659401578491808798841278671288346973044453463300113407842446974676100521632523146960746179723522751888911366108472825044733387698808997882496174571432653895931989193809453735620069779566007329207375987877395334012242628246381176046655295493277601516544339879779657596421303648495380297336297340540953656602715666209562420401897254100269030887306885967583236348486080031367493378804698810817924348705558586126044335111341550683472102803886307988424864795993442691070980705308289506513928987245609474089911504991593266076126398135041864212683987924382810639019024427167350764624024576817524129773437704721153408616804178294996765068580625127475299506559532498818661118722169921472095560654755219761455049109990697568423675215339297355971225275715087665659664502719171782052938851093694472103279129972997894959537217965414822046848471079713315292422565810659490768857512128315157570089156883907751592339497055571554396120342875806175188670398308678334081013481683943703392193419742431633468771675540102879059518554697024410748369099885315922357683605018587567855736374585771484106340133489759087774905833455397705795352135901682664773827250855655781354887635988320027857706316422404683951616571696563311771164541224971808621652553084508026356189132604359629200964032384354637212951594753702934135578205609103465031482793641410656603454420828537160023113668131909196410287304920850041743703833744628104646209427769637855809342757875987841833403996601935420267148826128194886255395043815153306888198352817494735425296130520588989474529798192765362021464927164086320292356592994191752454776144084306022379318567606483039434162187536270414749761396384298639152870831145938517166848536922452479133970185679661898100702047221233180454192307994392215089918339722129466485426691824780579878782653881338779174799929862716454333930424609112847141100761105420089712585366728363148608986343464569341024174867567648864999320167607691395117456163032737449804460907809064030467634944431558869897372150230602240876896280899677720082954009728621969369799905628637818920687343124342519125716658608488533132234261843260558367351735755946247449424091891352020742489171844022318266702073646768610186247364849275801473588812961571164530777730991879061029888628714930204679227525167103708007163943912374316792866821934446224765726040705459985968287895948181229609966449841895435505126974622222840558216017815638489324156294294102354724474406529827595650852308039881041767531095394508295668667009805968039723878307108887309916708399098666703021614657172247840852262333384257208168100733965346032149843206972663930918651492548013701038387054784958056923908090714701468031944118829167741001086760714636703460970165877479386198655725149160321261997199738034901648422675449125967393123979900748310553850686618304829064433556813925304490175567549772245865537013114885452145575276500340012894742742237558340321677426586029415028540595957341787349070980159085826530220465780692136863441823833585505804406907890487694695230168242268953030195038490457409477237858413080942448126386762545261790718566784949159447575258904329859715562539168706640500338691147025275287746323076394773662205002124317111976697554070733311267595581143076643508377661383937418821198728140243019592577233992497745653599173737048234552569017468386181605906850252368717229255820454717814319918580749491682119101061410175466753076202891546321342918722601569145323392446783536092923925956317992477364265588541429930

289457142976436732322262923602401555030564320283705186440270320700
941330893074078971459341135466306263658728571889770055691796392094
089540494967577669166831282615198053868579516388745693396126973669
872220449857426520785733934500552182495973648387278103946120544515
637979612030291659476574699341543271014074745772892654422996600802
191430751632012114712233628868911003141982697620811610237200462099
132116432607069198868028640972266780902380740359354214499157461979
683557148136771420102843682700410344318799421436138119770538705702
515776750087453539287747201965450490621594472377056510619675999908
569487775939149115942015050991367741964053191223539274975510275226
212593290315929202063227431563163988355989476949127802825984508358
367998620353352020685460559216786552835764981566953231585885723872
988882219155944803787090891648567299072137386053604371214396169103
856951761602847570707412208855744548038615549299960111090089529305
615092834665028803983155291889086590281766493385503602113010042614
046121856202729086358517057052077500603308295180906193350336573369
268872311459864004662237348473629802877988102147101924585493748777
453115962897925405501780747491964778406746552790393195565813896692
543928611681270286078016492471757947690040713838418710229217335189
894076408089714318830892216393659687537987014204003784913012750100
361893552864648042380140726687789499470242525139568329366720126727
746887603228486942873013499735546344984108290399024614311248528848
255524681487627399427149890898964065884653827774882015498940055948
650851084658197861933024860833800725503537057526726162627120895748
385707810716790396321406114798575892731652066513874141839901415240
806942716415312484146575073671621014372856615067280484820945901214
115397057048462215390455053205451408649083481693367506628520708504
476168704764247062925198421823405671193175977385071213843566161200
541291487091099968133185503456755250273948056094553332426165004970
427369923689595571203234581644450618398094463681201084189262133146
656721599470819817686659148832682318546016554172883453416704493091
663748465689767634231201898326438391034187584136241967457994649202
221979834593056563692756849359777671093103041411307312539564248638
501455500757943604266544947470225968985102663374383018153260704636
104120350698291007740247523365758424349259806781961067661254989366
947457932038348011891804623993440204860547400539729198870648908353
273846254259781523770165393409066396161418136993626227242206373381
984306775264803874177190613456070869512882942134188943261411559837
419843096506180799248248599557473975865979178350016251247911768205
661124568789795467228944116120724622182150361118719603867594046340
815340520931954899452801363923920455820705023281591771107908638599
432662526833708351622186279069635134610001892728789722396733421122
488552537949623348050174564571416968863601005387174928821497469289
625347403249065911079477469955016629027142984650883917957439011915
442316633387279050548931573371400843033387711793984550288105152253
878558588527678672465468225260139414212638002515110525362020285088
336811671179131453518274582690793621433828736367147855025406183150
742638171351310767393576500651872257966213558484525199814004650496
644293694462643253534227048108735843865153165747836934943817561843
938910192099339207935917302351336134333617409378894332436367662102
057520640498600339476261177306597900717338435086119046672830919191
405487618249035409603611171758738428295310712978874130067815729007
187202852534737368305268388208851900652888992067114141756148218048
590301612699363022004245730365450630834445212718140481106462655021
833491808728134317000593894546477780717800755411594479566368752313
028096856384976646741642397940380978024006822393043975148776185510
146807492444313049368424027979663806970107218594446946675695263158

```
838285262613400278056513954164726797847201873928734317431956342714
686128687031868026805130778331133364970514243458619433993760383134
891953616522198517173400602626816423331526275325615269986604467428 2
100016307871335675641760570610365397244034349964075523914459700042
488278070090182478520476973060681827286895011123040202596546463916
882653440624513894380086858263099263707383047836303898086010994899
412575125614015344638442370874909562441301959987563891046520966754
587766008659039521526930724947593463765524999573981368704682383578
222135022751562771743922399554134549014307806588871451328133 70761
485025768523236382933147428059668809646209984224762074394269002794
291723758974789327985624247296590853215947205332369490434027966266
307402731316432230471242896578160810904602256804488197247067993494
893743915075505173557882736746630113365128062806763873894435107340
477854284494581032402153026889267092892734321622886653080791 72552
536648253192224860467190401188149796691897238390489921449906378342
247258297448757138716393766038353195822125838995005317567009552936
485078884042900036232460798510809447041187766965698527002242365421
484082307424965912899096508885363087254327321514159891816287567811
307051625685105581512671359344832178026783508960472580054261710332
895188363891032447371674832059178733650962829745596943462409255652
816656642813369025930758740440023467313737677792486726102625840368
808169386094183043542160512328994311377533910651173174257919038774
427555774666030406620099040630426051492029870431846013273895090998
152703064336944690410044571202235451171011328756403959370242331710
298393490082072739036495979673246070117441657434325499611780691764
675964746879791515527815162473060583345263648512898167784698088 18
991132100393955511186968360232676578194608392777588773560940755982
917754280861145433013950045524655124291004911372885966068671895355
711890373330064908975683351650049482437502013368515728499636967464
259149536303019606903248443143510932021809709359780329549759598
895081104350136062164200304054235251820091558762332175442175880 85
941929940166160003634391015340094039861381614185296591895827468622
176004007540224052349144874115414450603504256362329696036597208236
492559421476520771374574795122002325330757273544066672546 06385566
002002468570446003727540392329608743253281392448927596263699974608
198030761215869443681254346476005823451709865886875789643460227054
800708379004133051417219265941576156879115019134029748585051714860
817315609739898187117889639975438593851481271228565920278693528607
609610014500468628214330810028800342379908031603885040608297629418
230827838086035227249810236770590604646347730952402490251187179864
243391902530458957320390858507871952255017770376521626642185281981
740507340026663725152809340520811671011269698677937225985693349519
432693201259024230765182777135271884472532778020551144835864447823
011547118441835229325114932572698861749122603284020727778843300201
824351288952626434850401801176692189400301384623039255957312898153
724381695307731589478556460254890123359844526030584211078366417704
984380422727756181463614970822052978940468419642105195952976344279
449380087623752745873654043686032392568120396815397806203184411751
734063549646449468864312900565992397103980260552719134441217649315
767012502328215866291339917094347218601990614994727041937223244811
365777364784334202259996962798552988234835813451982181425675924349
886313315764355498522016187470094484862457290141545591894888707730
437495867207924838385743401098250062896166079971094418369987478443
956767929238886241602443690271546527600224939349036905471674482965
770830739421001528327233796093569239903388244656012980079191 76430
314202194237399396437444250881398720311047330446839944062988196979
371957773532541936499970332980309505730194490517681341165244535932
```

```
9905152911986147095703537452655787424518568889601351304446546702707
5880994609033018356953660132791718794449541015603436922864802222247
0447675869609032209684225636134056348368297174343949134503501545 62
7121130706912819682638673322131840444149770373845094446175483054 5
3689936068205803889877247411952389292421637467845624985427985031 44
9329953315855430027667154026296265166958091460788101747143069917 44
1998658473290401655356658576263080502414955884775334898523646722 38
9341636565324794364510059025225863213646412584998467961618435523 40
3523247211105212266360915736027130213294482089766141037807091936 55
8026221817849571220758511904228780008745928677362763323009690437 80
3137089525207666717572718299861439365551183716692237254194667980 82
1666681110395660439337503728075545148480681660436746789432640453 71
1566586375053151208127132754920530682200052569298501430885879183 8
3385888272261667756834554600420387321665037563085408359999738344 20
3187925351510988383385390032909658740548739885297296837997229366 01
2923123071602055097339309360503459039551443505307799861679247161 44
3270747624508513019789738699270993325789524645475067636682646452 7
1525522543338805354836273916262392529667664587548946734475772733 56
0138382737290053938966565922305985710484827743980497205838211155 38
2009892096613694689317719911147471703733748269810596270612913139 96
0608821877214852557889824960571511974099550713992866920154565838 34
3101426030808586884932719229841589509264357183140924710470518451 28
7586998841092873590287431203934376279851641103244122629263110011 09
6914955445030945335769214098033156765480642125772776756252536621 01
8085063681829579287160839823402147203536259820636455200852312805 80
0326716866834481511046373704849973483990721027211903580088432422 21
1643344450800225977952817971722699732374386451794698445764806394 89
4918334385251804287869326327529024478904759379404285984527499222 77
9721000238911215489383829313828729899317311947617390611504478279 28
7691123764755025225717321948181473706301308841789881959816299954 1
0833902444106927067375959569971195353930938496110286574076506367 694
4908930185586498703728972723433457224927891532609223247702287726 29
6424917698080302782362172393798854005036257155488753610089011456 86
4982824376781505124828205504920676147252714652189663004968857959 97
6775225939740603051102898580396262188197128217051926323230895174 681
5864772494006634762523998541731960261610369241957159776019716949 02
3993287274397465880436565936496880168528639775155224759997649418 59
5026804050064096984351130737971104411979180057464654930780215212 52
9810087314060469473565906468924181483912636000073624710556481982 58
9380887457645362774299376813587654191797357229612700089296847136 96
4936836789635251823038913103992633758596525796164964499089095524 35
5086589025530278599077553259012730600235531124137228839546404865 7
7783316157682986151786509241374742372088701308805439522592788530 23
9430921659564909840770609594261296282479677881113353326295287479 75
4098788355667879004291954515767441486784044823639223350956600727 54
7939140169710723185824412798923388200237794063975753657251625013 35
1636726443591597747506119257130162300909373451004745276180163807 09
6773700943768059667142294135896600824755383245974803932607960449 05
0176920705851236726198458956830937968062543402509574621659518879 75
5057796549195504949286712332513375567387160573563800289429902488 51
2188012405686792361892475560482487495532826387314646416420598853 85
1477433433172591297317119740002649872224381061421103274992413637 1
3375474324062966725181565791386437025620243039647904890050442985 26
2446575662362188205409494236850573272737762283655293864213194617 8
5260626049990625479688474585304413059373947277930775350781935576 27
3441069215589407275736285969449663889092158513270610171061497976 20
5385708528120957527632949857667771947593521524216768778681734370 55
```

पाई के पहले दस लाख अंक (π)

6742374024365096351799715330205714311146401358640282902451517326 10
7671692022525006337624310741617874762431101802901331809722311238 24
004466527025579134333864823384782408364150914263032146655473661759
625616966594331206659851276704614504355650567632319272380345140253
542128096185364065860659568650090054298405004609354853062062677047
658456432303555796213970401284145071551329589154551669286582783894
033915299223882332902538885726058492433074205048077496581896610609
181058545419793248020379655682803999261459692054638058771364903148
774404809112742816548241917457211102449742316156169247547908473075
166326609819523795676463876788253431508822081795667477147068016351
059647568318898324971204609208556997133757414465046934783022432710
038421476879322142485713565646283401032424128263276542081608944807
016915495419078899085838997387070670154166653384195835071697145193
419203744574382051040777729732736083932416374562858922413376538636
749550495430566377084345083651770046466463815328674448226290496018
468605036883440776084482397002567762132357213772691392393095925237
942205667698370439260789034826737347545283328576599177610125695553
501926205517993980215710312414311453023069858987010303589421288523
151506444142065284953493622024421560328509445445462874140740184508
573337343507763059426122501925255325129918634214765821403830797952
738737610527302639241822426415421509064600988318441525643072600146
861460116194913024036693824750171418942259202080670774549157595384
542378138860870217866424786028682455382570607007852827332226510563
344566490874361582295226450690960831695617260526525349150207041380
219034005701788311831237419981786872388251010597475120234906541684
015733501431783733524819386198287179971086117048195607925864281956
197702496700421100095380047388039200472454678730906292796860054268
202283888668402908313352076886505277918656290128921312403151147840
465000757126177971158769600362591788995845532035287764184783978631
665070737509669088361316739147668310680483001761136059412558390261
849754766696217285340358592190345237671511643133726006710559414359
332135805934319651546323178338090818578233195716802322563645435465
739653891585126961726835665295452993366536165073980298734018388646
124416365174666669893892482737826454263142720386501175530970761558
733454310267608916815162421264870580775063592788200735717780569088
816079843345659706100924240360984178262541720215278830719157976674
288514505877381337614484000839126439568917135693227613352816047973
256116480024364781339419493919981444634503389773048307901722189787
611415267584913782767136404814522241700976380245927541667269859014
203411158804515183793647076944899216519582332638281683336325513023
426351694440084457734264891932074127715509564322610386891038570095
852192162848418489882732686554704236675275075298431229087305419839
504408942021416678082196809827976707749289849712423880933541449510
829425629732782669230041011618064786854216339301274558922324247867
491607615769541168830213454217159658460908480197196494872285422924
913322695771899106521926823520973428529362798860921167917076294858
474961499783598343087200700477102185689744126172310910355862262499
468390249780248231061077389080430317290598477045224303210033049575
696595557590980897187735513274829633988645718778469106403556448961 2
527351448682310530027781884310676814363488368688151979359194805864
518378586597310271207805878176828347642204580417485465272557925932
127542209355067091521746074186345010479544484728043228759042785327
989258645322429852338633257207854943441007130491816007509571981783
809560002874758275571459591214237982410344201199042980008348466798
477917366763391675598123307360449981783300027146207947153962607424
019051778269682879307334273726355455968205132147577968851655215785
638215061003757442106878698175908797231054718785979450934163531730

971342755736848046549368460858932795193878054835351838457955127888
971075385264812591819795227144673148897830668144129480904387647541
720328836793153948731927842820614083782111123855185925737202642344
646616985206338453406008552668716999882546853183684501164335422424
676631974561346008496308560574537359030332058584604742117198315800
728930013561157562071742314893304796447468064963812931642923523581
139029669949468001450688385729504988003174294755623676743764994243
612959018878163634223194934072584973173897184738742749355098506472
696968441265206780502194204287610736288893858850387324568556438816
578846280988661820320357823033380099305913007233341323450960259737
460520043570998600298145509578462832001513573592546027351596756441
636530112264712786403244824007737996917646650602387339665635679340
398356568072219654048851193224882054279809129711007700450022775461
206617166915591398097656598227169631737132380233081894643812813486
645249599544573599602734037495319810341373545859961495498360917612
628539530787384570759463293037148822519303817175115438350026708995
826545263811037252548877439260135406025221454919816995798737164535
132550990520879677994407822530807758169956027111277585448684402760
529394514288800290953802848541101226157784149158140774999841496292
240198891308317859666915388229009946947450247844902571367356972639
792830403286063454681985901480867741408921089040105765750311041922
161494187431458784761367147739183053531438322669545383299223940456
133606017821411886509292207929496640912160035905115388056492162705
446419123651890820653277589199738922293901200268232222369773672330
039382172367465305265074391406830947473212603208840098990148026780
199482685855351480657053914005769345471367320387577245130697596060
567953900372658461138451132306458337250580531679344725994305521750
085317786363398194721774384983941664621448550518877066168902788747
419777507278594616784819648879238392429701230219526438487691711692
941913676453989753022131894427468986445119523361135808699525657384
995132272344858932311386797831195178438771350648230787048299803447
155070141882053104142668229481600816095024682359788933239467695015
594757502235926020424722638494100311367044097453658610308012059308
927527610728526394257529284362186377642535427818993064800665696367
275161697181990722601937571168925947974476124876288821798650136747
507500638323479883964977400488412357566686571614215831108473609139
345000273200513079812815702225616906552683303083665638141347007081
942216648482210415934349190820405640859522403880037807349261650300
231717999314825929118003774744659501565939981386238692869062652382
061233623674596407209835077011082990790280690341091750963573145618
231904447704954866187160692280303501373595224123316964183487990807
480804086899822172755131619587809677521653989830962034894093683856
539421196123081021103471051742416434655171920779277138529506026751
864243969265536723344784100681455951149036782838817570535380038946
002769070563127023230141413066316801746797335097254146260959957881
594107278065966542285301608309809482798087779954151330634185197787
230301266392253999559413949621100419546078252067442508032881805033
938921875652444516995541376477841671637307558479723386593926352240
182260803169276708468269071288406191974911765628699969084970730823
375647797687484667530526919298507928036681821437679607305087380808
301446429759825417007864397304961083418619696619596322018403591635
634118435818598205141363191530912517440662404939092451358851907627
068893662709905594646893766800692046828363046250164021027437917854
480248512861821612512114570003573467406925367903689095025923989154
817162254182524520806003906004061554058929077320687309580061749971
920364712097884192446667092044497498748240886590526693588948775257
516401354367423792014530722023535768345446812068659513932726355927

699659957377441103790910715683586584656220858621071395493545391 22
567328062952751900754940904896394388806425455707262211593631243949
164597256491018425754082200472288884663451280304483190178400740116
764773956154364713952355819997693590108417752197336203083262576165
968411936614585331142075321195292766971704206705185984249976283460
412316390812279089005602391472762547230446561373891934829119845493
060944629450961591153675525286261059127121220414468417749781863050
111297400394111935081890835733329055114407430444467585330390819867
745858706466753105873320444866438195473708480984019014571108015111
144466295074606523305173459452577257589307863700719576792849542202
391372656825993183849635737174554050387357805408322354286682509834
074246191721241065928405281116620092328296030172136384928510477358
529839208709892631698435885742206374457995610541443705248822335802
675674609925440227768400935931817775078576733453207311853083797369
573820246047450096045240556006415683554046864181064155915986925744
890303471460863686842071415295195399688863994416298501262198265478
995063129214796056471849993133924449529728833783355225306656081139
111557599979071382892418373574090519324118083275321057583443407862
876642948811335953007811514259578279640928378127631674688525323298
028567924732045320938542101580714740180947946116048627767867343775
751143759233304925499457206276842336439469327017336108444018756535
693160788031270156774329211095460374669864630589643299619579908391
638851073583655397358685803947562940402286352096347217039450470385
257108531336244754542001052596712178357874633359416592323562570393
312801881979934876980850885387379015678885924959933804104507095668
197806890979130475312701446911990817138057938235367271579787439956
478915490640769381923678366723218190582136399034973143981196742174
048660691965065868831513483401876813467904264395573859006548375807
152818128951074144096045017043965485359053827804348135830772445160
037860973737431472179402649530772942955247321642858586419313390462
255573142876790225334478786885637977093220704754382447137072108172
807262161922034516766385698542146002937106613178446743494946034274
590970779402571198873753139912381326000956320636823628583078987415
322744621275917935463121492158563100688909580778060593728283740660
451733814756940668968790744643728903240457174689316227991526076700
874957946365529810800605632053593234614913221150818691711550065566
655477454978755929060742276192490131286777580134210840162883087292
122615776509522101508044663744032978226504795848394929088091378349
110527018915866659781539522433630203819430779722100749295291901417
577525169929771479350013718996448891152064736296676121821839308489
926024600418991546699738521967567293096434216988980634192953311166
015202689067552639251081017259294741159705724670208362379144576573
076310550469479661341506294987476166418457078238555743704747405720
187095339272312325000336576544182150162660235171847267215331210750
964015851018981377491426545299866692087088903694910230493046303417
508983514679902569728765115044510267583560834962773334541439538796
196861122862718377702626499995437897566186384522424473949249215054
851012216707555240510210387330028459361318458442786733823142617697
356364270842120283188436738192834713195087173122191012031672114110
939589992288467480174165676099378781968770763447597018787011536350
704268062034322219624818967910905627992687206315734435950789785292
306967195110433305566783849538409612527795838910548796848486208679
717493008452144359425346200112410842665667586897808277627684013469
829419295802033057400474913978971059122642210407325578913140477467
095216337310954671071478824347469732253620897184341401689515209329
372895796179900974531322807631818289943318969568953047237039953890
583965748355015081947010033649460754156809390948275449981181003115

```
14311243716206028508211677160529015030383998177874986196350048908052208969068279491550381572239746651144204071213280056065362446019685738573258138094507943474066036054359116810385474554139010052108568269641743645926975730111231427615691640643829304144191258097001501476260450843029947397770443406025584831551837098621043718244490932449990941239696807273557499097475439290255798479709348219032808505910233185056659588569341036975217879661677104230494235235108630072812871321479327804020664614262300785614084032598348925571208511898538223851362097287919518774650641861010501100015239214019881155010333190671539149661273638135349062018988011860264881416943529275130201207444850693949715656963700528104436457965400855804416248425718544837208664333866575252285810948289217257839158191476913646032684476202255833788430706626820136562567060429166096739937396333725598175402369018835353007990159396724928774572310017813388850629426776845236106426208547207080605367376268476687684621043656625525457715582096848955125604270948386990045370602363886713679104249114919963014756467260027940693936292085268041593916556942831013701721500246134125553880321201748024661994057160259811420538497330990958586477131121900577851682135465676925436958683955395922697911981510567862427873863559696351596525780100887775161394859476530289336591762402297065783698536071100495347567572284079338746963969820527548854138638091280465567957867380247796245580749357238874918172010300891988993237953392756249295143063917541756523620565537533747840354751434991801696242127730575175317271408992841799710543799766469304839985765697038891618026889482866498396473822403052368385787917654987361628471601522751105553564227093034129063412140503747065387611044057631277677687955828396936068797492992473055757014507128648776037216713666399647951681218150895635932214508085348626452441380423193763653355274835333215583412888866477801396224946024358430223059175741552754477847166515158060159683143469938602241167033961033143444142152378121270529004152968328581427504807634173997685403211427870270994658214566961420493586005178320307495998499945367759639015443329837295987702158798404530424172368853956543113249128001668861432133590181459881534511564969308722687998154401637903625847449402767622314058383024632327835558970491228763755160993522863875948264709234548966040439552829693496273296194539263412540443583064912727969941442577153786602121596283848008077648600684421195128428111186065633816275879668504679093930302438194147134504446109962381417080458893859796343824476120094314750139145110290353458464233986653377503403288751178445621701907008268753712348942548452679529059672899114162168717207252789541303662531312161687184002908491401088247419290331003958533280903056898161959584146403500881838354477661617640834335657628291603652785505334292017344423999912982156065639233096831232606113498474590475348175724793522899893500943495075396373482891154711017298440790711638488229884179218542831749857560164435622264612259464028306477663873594598842450470990867877167500913930038211751981118425649944996192501939380472533739945933773125252463064043429925100636277264404252212933536398388712558650282148393519537829121923251329550479427077479817573069098139817583642674915675638034024163503008997458846644559510526377303887533487344021772585481657032600335620490417735579097347598439475995845429765463674121075351507013851212617101709438816386818003253445607801138931545723258763168759141418393365682229624660091462055145978337911564647926663543627823302548582197820709974731091603511064700974874000731522287664739629127786218446835550020204307191420078462790183186397870257027722687823910369724454864110588891669111059220294449329436270354133098805268800879346170956304846028827660119070894073002B2
```

006643598669430991288386695237929866628178898427269704888604473767
609420261537717791790967751278719747104408091559906791907723417208
080859904286004545456751422771384737823411005311824430632388715284
408626875660506972347847736219620237658441103372159043811894698293
130692861159856453139893139948999833404400924228379125175552174621
891287605139468988472677187466504785270664362574831916908491537125
880541454036326747869539649103724005746130220293199503101987750602
880237975002552157499644642453349885915909369543958084528045004936
639830563782254105626241683217301132374663650818321551390498019391
996251482034852336035202979892243773111150091658570103260035364444
751774246989158935734705658751497625632680396958169694903975994610
639763432305422721308762466857346704606223493784199198380130993928
023652274191986054264249711792282050370537587427136667271485530946
080779629080935838546546834984036355521684570343035006341023502853
487766353047125068844087232667590565579334784591133212607890192869
809935963677578312895726970428837993551303926951240589199844906046
319277629905646039476875652776188987807508202115485364253791970754
729071126344281360599281191735709921525555198027605603718090518902
071857735055523271391396250159427253930237186445017661783595005367
424528353346296600400846807272853318083527248634331602064968738739
216160955927770747209186383619128575571939484457227933909841306594
059996512638479997333289827244713523630011731945879729854695574966
414860678319364121215726453407658070668960253185401478248747972806
312019166738072237763920872324754210132174021931705246883119566130
365670703052191237861779392569076272238477050523927062222837494238
143061034403779823821088774143963139015107082031275456607954643371
353459928062871969469725559248762340560859976025423380535602919869
909560761373682770704428667046412247405699674920985983836128293650
677449802452216780957009937928110107393230867893546477556514877507
479466500875692695049132556126428060059883949951551625764082779816
057275574439612018147497800451321782129786374375109974767337631313
444066932216989790648141522459605796036374929385390580458098260355
681952893952216695741564220430366437229914696760438644194213013675
900169324226934913049246702707782481845523113461103453489273315060
001230285383342303638247155025551368745632166936656044414642455569
818231927411945082796887046941767029660195074502498516529806186805
463813475251438433278991996092710858122008935766222569799359869922
149925464717682101276519959597824700501422174754586194296039239459
092882841814687748419136141898738281264835534324101696493465526295
345563461708335109501680694022867505677634457147413217775167306207
782187706492244447520828000983425570457784919191688417677178688630
332126895491976457394075370098837140048702542926032963877928754377
069560437339990100294852638150032628997285511301036985819326744885
052228421918054554082277475276074653898905064374798169834717774907
610376006282890619457639678129928802002759672944986154770652047321
954189029670858378060569502688599152022861683177931813811133700846
648282316429401940350166748929939240870575647942513199958612783309
735265384335938416752475309684246977819186243437711155992528282731
329513697878214074254516312686452327578082174391542146889435909773
181565802205796404419421225370147991892788537903377743287340955117
413783520191979152796500139386884855693747482161292716729572785638
473863246938584052924674904022413438951883238010793146018342916216
331965737001597942739004500063841651314517655908597002647003221302
219852249741391577952987929096349728985117601811374469220942531031
313834496135599318178835441647145038785547166597698246724797440311
660606198912250415690904476466245712836382061667427564702775968974
627841810514767013580425903857530620365729378401649166948271359285

692735430676917886700049220273231626404070255027956209349621622733
8619486811060844935895601787085883133844172887638909315374072400007
280253256276428402648656501968697974430425922584958047417922792534
005525247449502340839265617239093094230060936630323480202108678868
089659181684792736833014327146956844570493654212738523641976274894
176037602975201615359389448762202357391354683427259462829509057651
431942095955160726127413535983319184123578419642134288725668738970
843831141046585600376882203246308656515410799296469046577706523795
053459602461494020615605448430643787299452582262636091970063423456
958121081018804294851368286739852132534519851986806527920161753896
561841182522425296893463498323878626573832248821467182212392161452
163325275670017042893990524654825877851241251856125788689455531665
497546430475350319035590232143812858179275339840124608238907170546
058359605867719902183465283057186827751076250665370945298883021196
273029318588927084757014856899852966505733847103862059963894320941
335957796447699221415378655112464853794392540736219275246848238284
997312571864576555150869582415134979815701743782733663799343065090
606498092983863033353942502182256638127320974354662244588764349940
735538863587706720633681111322942298365405268821561270245962885723
548264218314546143319125458331181255979147364840129146862219867375
818977195188232785208093327828052850343881380195284554650513932469
026911560267684358544393507628566726126650839453589830932080370010
789324365829155080132238129887146480913564402924712524410024525254
450802324615782206358687167110556932854380162468346196749237552277
513105100126776057643879915719948597065176021389146406317350223384
643458394835435027981902728797303202850846884019875949870378146179
668646287546670399896304248334225490492446701329392472583236231531
199712398944621765884271933825466621610382140069902302774264438571
417574587943978979594815804972905977726218748279191542139015671O4
042498796038383987308071550425303932011381726233669143418847662675
503258634492672941635544061641605812600689785048902465409536738448
508044199481231522643777835892801077052872357981319176422544079026
297752232994316244056822824048979585862042095903016753077009841255
041439517370577205755550817551260179018120073513341772372476220812
000860440795123951426598964340376424506082959966615608890385710684
640291412717376571513488794464268910769410895310119099929995630930
905035222777233262914701401786445146353118738378495543882500856927
308783947452874920176886447311783104110199160063149881892999061015
277816870842162138183955707918405119806759776959987531377577268878
910886459165446898313347423547929805191092151468307163238553510387
271875446767082952974905345953765259319251659451479336850638167973
478663688327078954395966772983270966800627905395999829457773168238
326073880180654102514617216288678835870661909367729796642225593369
082458671032121453015761406563848832046204655115731003310627177636
632725355105114011372947974242341799659537348942142140023658440811
338831976175255058900924545313775605884224762865238760627246990302
126704707809451241471629495570270401899866663201798423005507008440
753327962569991771876542652570331254951397086494471914527294488305
094601841529556251474040952579800990146338379776902129394085310248
856156735060633863492368448950752823340100752025828306207113719059
426781552141092186057054209610307132937255536822579473558746256777
651645331092982287602837922593025131851658133770605209210865756174
301233428908469922349735151163142174525426713978924805002517223209
082124574110776116353591686046523764118520831045560051390958949873
097070872311142547023121673320381085480920178739148793448883726854
568921487783039001654774176228126058072835541533136900793139630006
376970200762535050726123344151011142807093681940223698999130824742

465401270194011322299993204833287467135538349457963583689928862329
043972258449381710772590580394971625950663691604242881282548386971
596653055474254354559734332016501747169426140864138038046659532238
806099596893049398139891441778108044017768041263118730703803284078
136515237865950551008740358384973781723210016623052721994787990743
605742314099283345866153030265910880284894388262719286059268854625
261181150655431439186047386383201495201419924016510173976740922604
325484294565925858177689977165202674986419890749336425882430300822
991408842303703349200032109476423574937082515388359612855402857151
199968412130951329760106062238446785330430360528332459477151752110
913218469296890135992039906751746663771754089316263526915922316675
852838151330957335182944234019485759992887571589611373525007335299
446864517727781072935550662001116627864068458347421220153546184274
562778139563100350380090185222039972627590546827269914375360065865
512634531653422399403325698761990327001829322904538021646980531553
098829533761896730953445713037712859925458180227261374655690582259
578692098980461167400939173233575445142418155942790416484050121752
751116222484137648793952894876891106208346787576323688199506508172
349368185004920139539693115045084063183316979565001151633008378271
107497728604641519331149777186200581721183571765889164635570184488
733065674121671104599185285061221968011073225482951877407666997960
230384720072533276005946786952679051431952573547714111157306283794
871723879901011073719703379511138790244228576611951347093824055168
672986987094588552809896555090500583947977681636213599589645466936
774116795236559330196254317145982816376377348304158535288710628200
928673451317867057905586242287769770380335867189664400760452105077
801090263740143632780046286289324312169848956969268126996557009611
629781048808333226401158444986578869198915511649877595008201165471
079495476162725359744314069895014347915521487018052440688805318244
505486151055750824583348306015305152714103401346158717620493273768
228117936382237726367695089960600576457607434908380867249533034011
936473642216403187735017426283830918160337130530819470054814566633
422929439437912961361179742997959789822201838204339375151390081879
567578084988196711699577981480046861111020299855976962841938868761
232745152462773308044657336954636549384040081977760970663913237654
253918686820356685427661932684390288591996788147248350231950588774
756415910641899124069125309416312561954109543530881464234340833160
970495044930981167353983129373553934118732008867086710676292802662
313136660983836430756156824337100324761286608742139189356752130595
062633620498264655008206650187746333184048109653726939935499250846
093222363891818790058724923861078321577979026003556222664391725444
460628932945945429583100156730055075437247426211846516371207702459
968277475890212707746082328108777465643762205089221176286259492333
732230679917615024643599135638162060740858439742513315938986338310
272411438507532080538973380115912508795623407291394530386270706817
801468194772402893961722164417584863020451648879583761092985067605
371677640104122787817955001823319726057461761188377946845473203989
183811701977866220808018101648347143140329254503142495220082111433
074466401362422531925987509157512173913243296534940120953928653470
846315882150495516801442870649484831563843727263048169479579203556
684457786382972288953534411852061006954504177044547449259708669886
360993447006199388647273449927912722231658528362329253648259342107
355249952854844231273220467471078064243669958423852863743227324420
182834397340003224185901923803059005872229289610551499388306141350
064936910473902129154397749453605108064872080131190490223110707230
770624283391952893722091148778390879044959631522298968270822053048
965601639594558607553522222159573834959609286492041366112049876816

520941632691258940484528222903607027727550910423476071510260847037
204995330735661652016080315883563879622431208900709419217345047787
877409407146870679225942590522751818094928229533182148904042084393
337728589025366508426327725814394860195937648754924471152085966166
588308595533616071705852042479775057905952120494899134627373339351
797353749095540180502086242529471556100879915414706965354572999224
070932580384255389746776351480895187698836463589425494284220731203
645100502716078039833613170002276335732205805047209990128777689353
375985741664585200763921687804857367539294950338409822939797065831
425555392829591922969806877722796639729390777908217851732476108735
564189670849418232302926913249449134037576977880000852120689948851
950118704243081970477677656477051666007382064988485717104832272345
711925918065271167048969229098580751536275170955052842903922436500
482488074481318574364656698445218053666467548379873567916422013296
190351708641479733715775410615161742404449579958031556111579103087
313472099035301894999465821929921964771056882282986141014201946390
542328584438171240836332265624325123838594776356730120676441085014
753981446342859310494968693638264004641625964695149031961110485447
759191706584392706760240031145212717647083332009417568873875947770
632409980920684630534774332419452200217630004662282023808277804197
794933893918898522440855068666909872615099934327559421951361489460
327548540028247463818557430386722484814571204128940220014152688477
096246122211499922887643919191089940007645004267363603359564464427
081897852741770774513395840957604462114327655989257121246407049760
606889475217788884675365773130888483170413084708302811779259466701
208771841286594199018778750963200281102375514363561230486554615329
882829990461745177485814776012313343417313877109055770936706573655
020317579004306722930314450241991977428096762212425199286327402583
704007529728174354804106393450637326750684346881838874833235411216
634188042412330340349096757794165377908412586879828861032352788573
321553381519883058804585315346904313089809636940664181370415485931
496667115981308994408254571535523006525082284961728723967465082519
004532455823574868772006674794971216360282085235430278386536117112
453214864879424132133170085231543372774607680663766996188951228804
910891117659551573649847388606952471668475237514464152133654892467
276122585393614841651438581869173841675434827813176631429116937855
646181716609663402912720536530254447638306533550451146415224708651
212131290099900196815169592152430391022949696439063552199065139432
163036534539747151573501445915609700314795373825072228643267911802
228545445051006686838264972907481325848087102088749505142696429373
925813677184169065452156108761573780205352795800446849136136917468
253717280353678435036189012457777583386467700487187551541811503714
129454911427269687720886195290311000652148060479389430426121125047
463622256753934768192222192006351687668258215068279880160735706110
805557861686704947486404202700061440097794418761478549764582395624
980544495512570910640270832390814460092511777876520638039371357117
644763292216214126564837394710745132290507372055423326208635230121
119230099328216475364369237906325033568253135543303478962915330449
231153809199575553294498705280190335116740752763665598147220612180
438573003072978792173568500012562331806742598872401099689698138523
973061919559283369486119032394925359441583659581613839121854119515
199265507043722245110633671266896256727586677388238790791336450938
651172201396285944786544296218326678451700202781884192400936490366
272357443728744856331087287895845848235250820156274220792392203392
045082819462261529184460706197582285213387796963236786401331304109
955645374774064577757684903513791673253218265004401500646241636404
631178277966053575667603716137442026691617218914299163923048497382

542894221998545478689482567054577120830606966401517547011398438289
931933635228885729811548286913596032428511636219222076679819006388
404842715260865907155370497185933522605711810415045793473539632763
998872325606368960841031544136421487826119285418384995743044276868
385145914918918742400661902831447985922644596334799531028630278018
311500893000765762808870776888556671136106186168996249963879937029
113619500621550959100266394298058423177896496506627565297834415149
733882552363364465203622013216280321350049361959750702691727832370
138371576432302888101329633287393824573874624509689508223833084417
619240847605102724686019144743039151080377748192387105291127959055
174988229390755127440803641693282921255378008849192870285467542546
669735739705365362454007222398956201306760481133915634972776056714
496409064045114809482486851179621640442806897195762975356223618168
885002728569433652880013184412121411238983851952785119481467901665
284068838218695868306612959039774599056148703612289809841138200615
859142471286229860041718906453010082032794088580385760890512269876
008642460648269485048618629651722184875183556528814663127523768706
746675269172441672973545695673316677184928439431385995773850485061
097313805782920944994446323943060687595811900386026190492109839871
969933647463311406629451114715205569480402798735824309185973826397
713404114160166237752693577223614775634790555275216648241460998148
628132876631187524107417432987436275385045777742542057576627393156
984043856772914383783590182351736877088048034374286323665907452288
539522835778681347219537660500846861989626330050330936040997822291
481514752577183795281384891568049192181238360412271358296116497247
108026125459205952486511422783391156497546662744867185218756181629
471196471380668777153608541786941838614660748536539552580901696623
778000065583681884719769824445873229844530886990299337887795265719
728089915979394193436752271866343782907936824440320624639601866990
497231903150243625040813055353383065316109237895273339143697925936
907286974042623404247587033791700221492583435241015718645398347845
451758922412361367352913626017121554410849303321644230075969711058
854695869571172632037985137192940144871195015371587916332125383079
389694412746892273986101183720851428693197150286469098732848172073
873815201591163794512301010196666203644541295629190355481051912534
387131600152412478550452245480417085800974416436084037596380188386
074895352662695035328164809681679448801761593992935630643145711148
351667475654627759421672537822961337952004829042288165999567050760
734870429085908499684909529491046326851763652246317013487998937688
779842092948512962785230159883015336126834299177661463925494770519
302050031055605493677633916328395389557886997769714313544610132496
189019170570120182066702116577665414605136853434511733028437410975
267518355759247185151889091689894865760416453321241702808114846759
077301327254794609415509728678967187961801220443350296879621964404
832788637996040983882536293823039583969837394961017123582184217743
974270364691125810751594526635546467514367886879782290229559947715
764306712652597185561511035747661042096417841247683015840339793601
121187811200823174503714075700409271083743540108919934594983756706
127409717699213954110952101250839813654956204515024366843113398973
858736113065124745242321542571509170983114140086026489053937071277
441244066907683167085424057300361178690524323205442682356865003270
303065015077480473870024026729241448002051530677327019111454898739
634929248920628971290478304492685380028314875358105997056148380692
737300968661098886378902955732473773218392968237265964099999476679
557605307182161869394599277816445253696965812245009356458994432191
727916867639855789253996966098824872270586902492001784902712148635
395532805946828846993357856689685299143803410528336938389808106541

631250749494609447408886469083652165710685290293790114001017104187
582043926198243372615611135685841730762865206310031274971446997819
103881992609016646179754069102972565847469045071925244946583352764
174639951788616905673265931633412458545178258082449007188501785142
887176672083115995559292672621178256119044595069348961757228325071
147520441276776575050868936709803366686786798668095854516356450456
700098282130467124423758025533584949678345502763107561618567611024
200622908622178680112434591564775661362731079617325234681409070011
050097945863457244190266200577367179046123274420853797609726268687
700946422725868500716364595723606381633847494349975206543190488268
758253505156910742713458684179456955827177098027528168620203131954
435974916468654922876308046662143131853417398650352264519025805451
724237931971335479894431301843024011898085682842876356115113592545
051759006609029317534197237037316626763104552677057284108266195395
396768023500467639232238198895390409926916785915668921976462053713
869576979999088841317689151137434627023755761356023595321292951339
330688041066225809559753015227590711430726120998040611204959544702
529022458298103260460366610790784614562477180721220945378224379608
920847836988153399857843835847623311114552944993163589565451707434
941008645637568236524522552890279717199986729963816213783471325388
298076612871462553478352971463013937978843229852958454395196768038
647708119996215817080944398958038250707113582707983347809856610300
809248363340106643785171705008672856057256658249006303816659250276
035940142072432533503290715340643720991049554417219296172851893187
876675409135877109975306839422832961708480658343497111814009227825
302615934813947551736035584089426644749330958461998620681292484299
900690495309560199167359270034227705807777257942989192483507500026
253575382687483236342276724808711441393032576445162636301415773729
913585526476183106154750550543500397887915345327702159604456635703
067706610019201793214017147969716738469733339707056058598922830925
312952649427953618367607928799401770860176084753039347911247886123
969453298233627503274176462432178205058631210032808102535309052281
121335769067348278937719290836686403502827994706248624768867044020
859538534724137046928259372275289596415597499167757872687009614379
339091219386991136301973189710945603730161110976662442440018178065
055572462339859256865538611682612704334070095180088689713989492131
948076545616095446512264314966934969743616983961687411240926925087
916495101225186752483635616057123486384689279645666764984846476716
504656126699086548540370528105028232541582319648245828614979004180
345759695865716578935991202692404754468625626567071441627711432070
572623204570586425486485386428718325923588272100501781925910321862
102525429061064196493219738482292467214508802767736310025106146589
875281845672592050079006099263317935029302633914975478998055915983
874072282012111603184744607313092642236057201406831874074143684735
669302813859684496367816355466904575253185482659911617918864750699
221326838807888021781507987526270959165282807676731436874076260554
027715833284666790562252441503160456864894181125999979503530707283
995418800406218376904052860463782206835537443655485694778361506263
598993634787027909030997462772184241100176482159012705671182087668
782275764676994285411305424284697967712936556371908112434752499188
941044238998876558149098163133828344398678830561422069948656437056
345681695102097143423812653705290231148917416269759846890675493815
136882312553178553493746115050458035667819443184768513482917267953
046515495980756411689982379368626545225447682319382165559881689756
544989847223360804023621521263789857002732047970983507338475588088
526560046011136366410695357973449086862143285777692977138838668754
917368355359148530578245719109983029831395137570525256209580954017

897695413946151720261764966079521063305486458118903323277535560804
209288079548131044308314254117564693796449370088051788439064650598
699529934562288497813679005684246906689823480376722839141414639383
441970505255527456615243070311689399586409521846800689011361913009
089342682782883757056395195330125180182350049293106972725805703196
643197756434141864919570951944115202257960157942174332998712495398
481643215884016823180156768220588903344340576906238372620605419470
830269886808831940015177925067757175174593722384717722050820930704
159311736220200038813060788840091117739664188836733320446529646445
934419768596428126244512562577886323153831909565428679230834512402
761688835965251028829254701745885087785467432335413143581398900523
422703880060771431783425266802996652515958052673968256629757854112
732459999634827193710570217727679088300584907363364013164799368378
780942754761608277906353980263547708948992177734451897291008461649
056912644584004920708308526064556605541887941017689160277283372571
529263391248090560002823379201775264068935118044977919973237802038
054845153464214411215740926117175317752534252312656527895654799495
249996613418668561137172657535761612467563936363465852902198835935
831392192491393418642454135934428166038405794303405858305951612584
120866417970404500557090151031427979014579958567197456136453537244
757325971762416221665609815477651079243328459730350221418019104377
848724061746812837199614628391664253480309667240241178483790511869
883383917902679307649564913279665781977169564574759333133134262607
748971367197005879051641105756086803903926865826348706345405515763
139861676381077414451225941285507544942159529485739898630568471553
514877119332279431038600662876069707269223883921101042205418231418
783870028474888838905667506331222092051480787061361084283744060089
044614667973715826272029111684229324748247891789685877780597760941
818644316340028850264536445513550671213401188690785557499410205012
020584369359438338431421187984966957966712318296941911718158049435
257952406018375850997934371130880264021542881644344306720286303061
244985371567180909678367412752020111345413499839171117253538517021
424306732100031441372887105544078958247023764904752320309705960620
761202742331730176569032003677492694227330322757762751700794150691
302352338229522938042374299195531100137570087357404896049301491001
310514828563869984292941736475578552941533379493920244023171942716
029023127159436936461304778015704697510260615433560235322727132552
378164940552536518894649839034517885744396354358013434976027147384
385511984781089286682294577257535978429545434990952690776186980501
260973242575667396516641860943350384149618387370350938070380101695
366304616092407294362211337355372256317992452086818271670641961004
506900017835172681539217865847481240698829943944692847539212047696
704008917516980044735013401137800552105630498825434932067996417341
838113208226066190871983360217148256562393710727708004426030257864
375469141406467379988133306274980434048844433937285851420929071406
931327851505346968127345232046363566630091702633597632388614244380
188240491008510158252293256556727930099661715167571103702279090057
724322645193485395815336762018043079066346938595228276348528073739
266954153406812865943469956911804724376608938315621924386564103131
340589115080721932867391688323814944776071992081035475388423453896
732654849684408063510671575237120307503288768536916612388601773535
404009108803958927512100254971669370797871866429220140145588245623
424144670313230350128103244201632163057653771387099052725968494087
829811861525888492527218603289522182402628298323270081763455612997
145774658378547242967461824664384902978653007763159379196442547839
488282680655017633162340101463270947259720188233353881335302545653
904634831051730084970426153736764062033013790647873873712146452555

336583558282531298690853960026366890725505682714100041735228984821
717599940268074649141888703063814711532964678955931808651223026636
997204711317478634905277669414273422723279580870002598280525801378
538783200311808721509846232270743162776152941280404273173876699769
554819153808427735709328137376056176693707288061211955806890081599
398264876451200332178564869843209063760256299992888973076124774122
838326961611075164891522825064454626830641722718033834317376581971
24639514478783200093513331865522233895566025164708101900224467477
939875010877461626988940950281310748569751286370900657719141437702
967548562314383251595038525173136644265502859810576418370704824060
732078711770552954530969818351972929411541825195835308336347495599
789876319942510417438087738564230771733254051976361123906352198949
174390525500247755923939446107776141318676550924068922230286443171
562375620553253594758883418841103183260566160857078012412132972749
166000048992747414021583437012481574191298877094711693311104113046
464573198787106957011354876601684723955558088729089717469122036925
118972468059171125745739439114565180610608056378653089578477353911
887809522439697800184582364439544824465655627892290237229846083255
470549406822187880347317899183416054026859967487218008132077885533
824305278895252897097708026085078817526844197474750300894424270027
730324729381969579912766676269025359762295246233268788313894840039
368170446872185101395713247675408223230437822817504981212218492381
106072004410173724029200225719476280314994515478334470303346453163
731315274916269277287196580757976562490296241213427394749494996058
045828871922218243736016280861644682942178448664330819416549098050
350619393537344184449884818559504965026322264508622520870983941795
161372926156316664116379086259966195848326953820640610268251704049
489883857919242168650982917047583952932601194431057299970094882000
646282506414298088578461198438509317434993315875405684618443087248
169038284969445491491211283899174426980355442566720592375940150852
875841205623818670543118901668180971789190221229351887427909219551
551808886890313447708457777145492835784529617248746573332043166606
413022240780940992408614861966164617915731781241135208581516991824
554105441256762164334410701735120323683692247023947522319864680946
657670084414776271127818203706739477302725271299203114384513520199
463470898105814668173287078775610244204807475308420410443016348726
332678834504450244842310917755167367076052841051752145229349324802
842648388484690020994452862646418420347221657095686434779811103662
204260528403203412153418624039613679265397630572391767808239419738
793739699311857904544687873150027991647682588517407844000561270342
803131241594006256008060316896796077526780558515844477375732040986
866150895683261795987193471910824256221882689002334105397189176036
305647134218859359916610040431195689986685470952963076078686347518
088766821399004676927370948474866326257852632299652649029047557265
564262817106736122779326818851162138242414638514198006184825602021
620796477460122499966967228685245060285138006176482634185967083763
616017717878758478721135242571274834527649231762646257436709226621
130773355520568338605430705415874024492900357561116555571699857931
310006819332853800182877747232509141158198505769545095128707200576
522663427177149957535199423758520108327557255910134198306611780920
840327015963024197359149660681090192953878864962912091547913184092
762346231311444102527801585364435130263119592438461455078334368713
210905114872712309587577971222071836071360236141627933630276200661
513014317558424364472527128448286083347674941120679990018473193190
469613014178604322552671008309502966151612339140072324812740694337
484813194585701844194851954609071396254069592655653623192382949857
221286126450946391949541107269221906175681772129328239509816329423

697312472408434620676415165837242952236930174326841387410209413223
159043112309008559178089809863981147242343125977273072587496545079
884608503649403556360642136024636725029758258821423970906963894751
585219601005670875761743422200688184018678289640797134211987989424
200542623226391091608083282217206238321815660095637661311507035253
943137043847640671257073659863704705747299557705633292492870667671
578426397484164818987464420627326291809186345695140821112621118307
784231880550483902301823855961986897258663753836854851880890027567
239148796757475871447704496390596664763884055513983208511051808694
673344214696438893651987429294500796357933677630658354791344094374
984874917811052595293494608869603961792375636352705682866323356938
754782849604914955943558112337629627949110896272845630669590312923
738949873906464548234526530112459709369166368198429401975703961105
018093963707677695746134167365949186840715979940977492129514475364
355705104049071822680477534689219219223966559889264013833854256494
287750824045655818033979875280750093213251659556264896843264720950
845726942676196203246524253611380812855410809861388993231752761000
593682748189193057268792705270668165094738441124135225224621640589
669773776626694722306047925937658904054510890872719669296026156460
569223470830776597249422251734490049588103258711734985129334074828
896282286845140658705958220885463566222379692684577270800624286247
083910001271322746693291077595784116055523253942755096006076083705
334480806961357479866100345694290504874288654158520571824749343029
266450201290152285085761374552109727391108825404901954679022537325
594370109330222334353367924791554865089056103150920105329770033114
909933191441582540393767103856151258970841315151528321798116250944
078384463599269824851477998262383671542281850696667162662017616097
056709486112509359420925767250273704083583389316097505678303544284
000039700202864233335323800308367275769471670632072715632881451354
026654528053705616337565756556156045683973582112723349302665713737
615780888148416954606951892450897761458277305644711560367234013737
512391133422213509952010356177643077090804473048268999177976468760
034480364441486413463468999507845551020302988863338483281810726992
000889828571936841389153981116763523701359960477679432735219462494
183398303417727528719732165352397478366615988300018701354800725499
677948156412225073198207773749493693405159261512147252409133124328
535226609509917886242062147076181444365168205906693702697284844303
506025219140497755126145044657256971231595797642958217968313207204
976676286570471311714659716899414141941558552792132916553410803586
453942360439763461695335289846339014437097710317188526335297860098
669308669843526393418436970318857439062865471068519080023824792265
970669579691292282779776008111989619170518765770471548040762342014
690147470123007236720063747941465248848800218697254454637056860047
232674220196980822142277847213930550996393066658835120573420953623
270683351905374323509642416928024349246375291319682400703838920994
682079708205085530265060841729064678943292489042266623714939148718
520453336050928192722002667835450900672192934483571874004864525843
619500945520255338530150193608275455081483677629431734666870183989
663273687066717388978381705851435561662657530589349283799568837156
619051174693401985358752506727461577175427929766541124306616885792
146630482653762362917863634478732060481168564451331963377597452108
914206426210773371687162905791090473783763999340317610132958656601
786861508413202599439184688026600919412070156736705275210446025424
647662225537968562211299822221366194969278051234613589388009378700
644588895530093096780802205671222911732449621946663360850150959491
680911944318831887557272880726049204842257269502347772736256681742
643079240727324305549238831405486394592952167346120593473310812267

0744358544306390513548612458469235277295559595081633912403448808846
1557483165110280565969126047382200962429878618959522873019383292 85
962799349844728509583416182154386610869136544064259089115896981298
9744271470860637344088950811207925632434391216048670980372692982 23
2485582499570894311086376548403737521383697754037253509308684024 08
3186592189475434254656819933192028697364168763807805594272649094 05
4318608688358706239930380932489377606395880881692788217232840100 80
0778744685528493009535616813369878218813198796091570780060658751 20
4136810551501389914072160545407320984244571124078690275295563717 64
9969227320973453390327493842246971775604291219637940043929139399 36
9638343123810572712316016546238186080341693779232360806484166851 67
0088458007079905399019138986928867888685012546791682529572979509 077
8140077583729195952592307789852900953749693144648856042018307248 36
6816453488890061641848721314017619792067384253885282960239842855 40
1308933923814117570120808301554188871910117122035439604125881368 88
0489293940966294766794056226564819392253637168630106007982286989 05
3718470719552486361442452983986054972266738139927123232697913526 78
1947508154247515825957071821517477933308380538542252593586879001 12
0176971506948468723239775696021905302772913441798953328457172256 95
9513939845008081855050284617312093463323897674396686784116298253 66
4412222350542063236389978613011604606427642524721199538797765254 70
9899138757333709587544460688181033307915923351694002680509969009 20
1681369502875893937714949331121572415902123622515497269878580423 62
4412748789986559314593826975693143055498179506531441866832732881 95
1302751995672175382370571522522917889973898390630173991729947859 64
7328824514805731576623972746812720692835468599720491582006549321 42
6373785365377765776310542564915637728001898109944412679472769211 50
9560728023628284880601982030177055736035503431347690741276028424 07
0278562450186760493680921796666305062857919256903216092155038298 15
7384365049568333881991420375632076289437684602476610394352022944 81
0101404116840963522222446526698404296402530017006407037233171935 22
0761783135003574256845231020154486184741129462404963288983640551 54
5380230006576243147668415333980526779819872375955284634559435087 59
7530812254078311528564591382669854061989075985920268537279230084 14
7530346162184574848815554875180280750087011486020566300511079526 26
2181650999704624609382003056246103553110403422874336687869698965 89
5714605263601339474029550277428860048235899761603260749857047122 18
4558667132271410069788469581712627149938589828585921462536869196 07
8653561335684500757664674333108632471158007102508635704220042755 10
2796922229828867950516039032784227388738111830329773296824160426 83
2369253343439480561513027747565564224353863128341393926559729662 02
6384969453375872939469025962873887401488070946338065979969831651 11
9290880251192560285817304991084121641799684325236402041202666033 90
6135644140131389322120287306294453261319831333565412520582119529 29
3214940536488230033713781306993375262675257342720547182598519343 97
1228475497423228254040766261730855917977487126298870022667410474 70
6114686980287027351481988793306907804051852169828722319131755837 75
5538329306419343327670587118572766871456496475004679237066771990 70
6913870008711630394429748229895181509410741915838284983000890515 63
3749970923445812684118905572039013809374492672632599147334552216 66
5140583847415931793774701388310929207297257480726892748636254501 02
2618036545799496941836305185203348583061388608915374757681450689 04
8305047432310417567254445678677540565353246244263845011254015881 13
3762879227914457699932454902071005719389024332315818067744447266 72
3176645607682348386279213909238724304151108883374048260207564476 75
7768523134578578434649845829336240746480141597946452143509285544 41
4656623672600705710744294714808993054625246150539546672945745477 52

230988593834922732118140121819937289727478363913024222954228322658
127299397886975817429336440054623339798479236619185224022625456201
012629622742562381753005177632863755395427686041957675848786829356
580164847516468108506725307386935018654431860678211748070671023860
613289732571244782397944323926851468558707175932678693358768547160
344896167761171634129966733645058979211075460183012363336069114496
418838793412184219493537874996652379751539176305915964610347152121
465642747239185396502131632591123081652835029486819565713588747677
239629019169319916776864587305875528874759709015918885841340231494
453516371582046119392953865006309019687811487252002463250058595509
732656697594088092488527662674442466726398494549409633358854494438
550708277866043263766955889909423392133453243745869236955358408441
578541048678823088765914992585877613493789393381723956612673264586
058860998331302388177066929334834048048944814411828434656375280816
656029472988769848951911289727995059763032773051776937678299759925
957344752814862839444189362992099002413580600242332685520325343646
493589775270690343598809038877648352811417289852206157665771897459
969312690499427459585774890071501771028005051021850874633374802818
267238663761105936721215117891006644603828092457244431417385808314
417365876863724975750172418050556481564588826944241362569737929225
594590205061321039231722794686286895619967419234007390131687938180
418212831728509935919804705998908531525506061112902960745527654160
555432346261016708812851520318516352330546845016309787686886251609
553921820193843043220857880847407848236511516852457920537636285830
047248894990623220277150103893542479206727218039032318085454935230
021570322404830357516834614195045183770461312945022064049232543372
082330956689578982080018613350050687537855173898229608645792613460
122933642789412934723737724118347105671994749881325566302417485511
254461353073138250801775959002057552568829353541033294058247633459
548911914800263059411228562902099198297089226752024511822200112557
157924073365057461275883823812394802411040449071889793901792134917
798575028751711212449707103662889052674505062509392601996539954670
766856145659300467217310496756990455624866338937724735088968724553
086783819397974149839080870071248444061484882489613102697330738591
249879037418706260010514215839040887612370365371352029294878765054
888518285342824841003839855366231337645767092370447705443448028249
088623220965866449859194336311920583162054531014457848223373995095
568172734145085035650280593064829271852974721285323881753240007762
565488990111484683462321804607071758237816362115737939333656351436
126557882430018387059786827453486224103312709824869444225463205182
429773306319378288052473627727901023657515838777044573638023243101
059133025223974603254422842530476392499368741225941252534427457191
435790426198559803235541075551717960222573100794037929632241778553
617780508804949631587383212867555429706886595155552168285084918184
671511976087907235697860364620410919720649300412315018883777045831
139762918700923805268182097875166508952119937827049455139920444798
943378848423122248762725989299789548257466434857557926460375862242
308540160622023123958379396790618608202073848623338500638603716795
394641282798171911311961478216700083080895078544581326695481816638
625695092523164821917822134624141759133543797902834142377835388892
059566846197981052319282576652938328809119668761048185889645442440
220542748969112069333534552351730720139527954521612369056345572702
560858266064853839180881791607076066138641953390753463104231631434
614551495468392152545717652301762790713467029896411934810468624873
109129058828693056154855010986571699431794832040020461502892242832
539872040350919383645420568065798193492377797399236164339232844122
291241613102368123841230940085955594392123890261014800241184367325

721856692868521171174389577355671369440365534188266303219673712204
778461396724242393438206557571014652108390411058025499057430927093
659718121325372945327612925571603381159932729512007956007811205331
463611272220893115014719251795352428209704638353628132373305039579
921425714309960203390688005783518739818893141181303060737189155369
873116976049855114076377510951304991139839324182677506786129309334
341944600471092978714189848380110311027418843783292048283906220114
592454197652212689145317872121451331267798784556044561595952497545
298575352221546817148984145111384250814105501308548962342436284979
104194400095354198478294098804365041833757195053081693362546548668
506765948602108440320888369791785745623588814599483392712832581756
647814893076301831884503175187702543381512172174738086474183691780
511854271392830592551520369615442655792743340951740879029284689484
767512818289936936963800520966258096309522447841141623347063886751
542015041317535385000813287716280810470018834689655555443257656803
765673502026726529968266884467810665749563509998596178894324430751
583105497717634532380639058204773181162089074001240149200801923869
544920213679302425802464651769831056714850197856958739975556787502
966173286707949082756613216383025793652727117235764937197729881838
765016004696019807626071729733871958649870990996872471749476111410
147825901880118245361021522042204981976181635300339885999787260560
375797598680307331475224756400757151879220164485890554090220069215
710067763592498572399552763201444121684915435778005526595484999851
247978090199909088142554531420111741169391548331482057382804145436
271804646866262913735823496648287522089699583629003659621294068548
508879007970609715361504930307097144793566401490311205530808240950
244384198758241647086058648990739406875441311017445035194648723317
674626024900661157888610971626885032390425642166579301971423307771
445355387862843251433602125018990945261445400526852137717787667494
322391925935590651440122799532365738785963366718867982100511224848
175402924750136695005047596708441801263734588010662253040018506698
181097190490881302291872876366011259816340730258132566262078794293
937730883405816982294048034393246806755200085304321405383703681196
744973642664329903378153525502252468254277644827260490649082697721
388698375592442072377285780670194840754825024590313667177787679458
280971200747091410334539792304070212470478959724163063167939042624
636533153824680278462999849295582970677703673617809127448651096131
947837554214734726097785221422069774417333930237588915451744621841
465888174063321925106639986263693688001561290539774891786922752271
866000006486886069438433416956897619104793155040737906994805414239
314034277212056417610191846519831622755248470937887500888830317863
573072829187673035632713538749271862784783688027045784857087073472
818436550765235117062567559404561475108174628886513889489019616918
735866440178911396503312482862821277323414956625703814366703949649
642201742696525412503138667154925779242582471839304062211931552939
524729565961088349107731184650661085378223722765072330072986433681
676406634827126596611335519405462150242795988260339343777851368966
589207774770380912306198797675448538884934886151790229895133551513
178169447938984480551016044753872934602081056423999956531329438181
181794916820664342298614174888862468891091040157838357890464703385
062422545091526178581720960154959041901980817249863332365323996203
529983358128818444003123166844128209215710365003177932767165548592
678876429119443885218233896509449510829929260775654351813998833350
031659441874901573825151534911730252921091190759492242574830715970
710339463947729017711117954838753245430821919571097116313655851113
361677992674500225456746172702619265822809693016765263536797856218
150440685524250206327743120789245928073083160954493228199057876042

271412546989922037225580941931329073979529846907496688497302828612
768342445094025419733427838637133216298271886802877048859039816542
665131221746650688390343880540662876132415147364980113225683524539
644591778808774654570209538890575598696204337257885828876643040148
602881347856677752231677008528156703135170869936872283959797761427
043044338753674046103409626598140079595373380376608206680710192988
098346461125352172626474614809062450843560918326623328614765717887
367070432644964237558311181086135320630452731355013389325846980396
507589459952787098686773661665652729409662709536189923808343523250
645354065363667008123808431421291608489392606475750424360773370076
978010486226866973272061313087712428838079513682325960493546269875
478506976087090621394446709870504353997170682855777324556183385967
258415295843880954100363797690748326392232269676310863039981067968
923416082594660541196578250833791005176430719600669142267780803108
635894954912666019682168984872798099736518826787773105328505919123
036083903834063911136575293847387327396475869511903909612921446578
009656278230854852576498319237213841985818804914914081220298366647
625638953591530954244210238114009422010543587336021765607515378419
898361830584080950957923288723131448256881159002930870419488419522
251557714253601969600071163474474393500568456344376900335741760282
554910888521532392506087844859788167278966902631720010672064720740
459424890050807628233972035138346041011685589515018945459228325869
99099358318483888333495905712543219713999285566983682627054269275
987881498938895553277521957161988467584092669237122724294525243982
523836417638668895023936487670293181515076725859767848492337458449
430892319353106512504708445945982293233904494552069195194753050359
746278833569846132022212993897490693428402335529626356027699332292
725089430202063972785105589058443007897205048804412923489474672886
783891502622888529128742952750435565020962942247367934640352551269
544793314931432012374843865246657866338104602907702516740675225470
354471781686148529224587986189617232446589528197151406141012192732
756948471047837285769460924518169168799535580404984124110491975743
929251100959314280976592191588701463865514029775960129535847007686
116829226443748883090358961861126606849828180729560094573218650739
506343957012535482591503536895771466916509576445043362651251199168
204088534882183992149037468832063892195839677180721260732788561951
313557657524341345366570848659341598443546453769453590903140796550
810660494682247214518383466501317890674110392803618900144192600451
772699029465191226253027545038060324885188360479364632249905482580
495776019740854482383090288704159731204703163934836548926547230251
529080407727077303618518251961201662424935513390875866910423295025
219622274262425667159298289304043119006795704120100840947826597883
650327603103028484313256421105347720758350314603861753293827376171
032952138127566993973744418533716325063558390500476440504318465550
507304089903892699362886204694026958443150631088978643382529879170
065955281987833755417779176288761977750252490672963806218479450140
143711027157594365404088338258179644194308333085998477598891768522
529027457842168969003684371389240369032563217458039652881882758186
777509035040778567728215280374417828553924639303017935575994696195
281418099816035856227245541275974536963753619557098053523451326657
464468262355483975934275684583454305809159838250894738928769210297
688742998711895415173204358065191585613271735168111490983541922118
283470365728867448815599802621633472873434300014617603878659001368
802558127766026346001449208170959073372666103607362423085988438525
246934735966099379697569178349256036933896156460246531209080086702
727847741561036000878975336766394492456229509234066383358361325146
393239122021141047583736381538827391201590659474884818049489836365

636223485421468944007752508002307778637642480862819102818203471183
174373034933442617797543695377194812821564298546505610964355938031
14776643035513388829485169813786387513074991074046317672875953236
553329126594764048735628441175079713904740055133239389619555128569
785980204776976005252060680548352054715812429473628012190883115120
816936817092279617805040894557835991309347632280801514996988913569
688136111051402341987841705950776564048246311888590148083377611155
237681938306357143194096425742267143549818473954077948135087788954
885441300133174612510004307332540107531424253624326777980106057834
007304622567359488688561912669235601232984355772650000647431975147
022267052828038895005700215205390805702685168817909665359775812636
888591476941979748297001132585765878572669679968003208967718995220
502920349071802140169102005628654772960086926380272911146940147119
550677284396877248732715812748042859781030245051328997441075754153
570752061036910290943137069230002758489532125119784688464230106804
490373289192260583773886130912107117705877528703187465304552555815
4038877856524173249573697748876076701195049289418324591821807077006
224950287899840599660972843531403320074981937074803208342455636186
316599741500158189254372358414756584357119349433485975635464919175
251174560830819180438633576468307192414107500409488685010605996185
014204586165368969551147587396066060761951716262525023678143505929
992743236542178715953380317592362788987829491326901896017961588736
995835363153030503048325861920935222145942082074130397798738379090
640621247797034395114163048800821786819413639283924963789204424567
103999952897567048617902880627342384547397844728193551281160733812
632791742199283209721893969611128149769722842643702754075034764079
013453331331324564963028811571355381128154995238826309068009825704
032522248214189545731194710504933927455593513204206562153689294936
64686409056310958365986127655029652850490850254774598215669295127
371133217455907531571802909943258834053869948164099672325312246083
210899317524899234438119482046361676943205728014253352052621878287
214890835065610874192721644374574088327016759943094565014599538832
556482404066112833332293469447382298147582021317975355055545776242
963255122256361396446854997894034439749368161016591941235650173277
012122574966526646311730711573483666997513141825911584614328108578
758134217376132983820767519555975541957172396642226764547465200211
9862782287820240364525990263546177059646470411183230009657954902487
137117915631899562108167542835268880911798918327001510089430933502
265509880417268148908812291287082952109766415444761833098113691278
977477122980202133212746589852634671926624555388319277144999140834
101059524872569030654767321855578141002838442058890414682109669054
337555206532913423204111494441007724598556415289012162258426352551
147078595553213609880932895069644837618776325259427108701314679076
750276325987325766791190434282627051475245364942311690421570359226
975853210231171944589747868172321561144409284498744812255972316167
944415034458684482061781214268917234825687477876627836168367743249
4087732449489886691063112600380478865818134246210720845544736421518
472876874593713829842803509208275211768993845949109624624375453677
491827465418467347459270497448425473396257541989940808113988809617
88701145201432449905869529262140219339730031606517359189393323587
541379546540821388091274730654354517356644909327584900617263889764
584218459134590451977008403452259990961887919339840288954323562790
608249368941546323611677529403826834623555194286330995651263696800
115648880489294626619364652318434098834586027305854133387446270545
353835020397571542522128525212821830130299332661790412226923870614
682842645748068445855575824866887213502541730937126041796912427648
131997461140265341380050202471813955693977026651364840094792620145

897591381816690481772316593805505270690768397746184553099126023123
008399979841076047829385141598878724798422390914376454307318765451
890953265023109477426368636396795651027995433045501962995102898414
290991155800188855761777033734674454678487614755250966994450659033
739301500313160838320599729844570358016495399357568734065602219921
218156704559208658030544608103653688805197213057760336977912821309
760536858063007951517605647629964106247398349695899949168518709749
894440934598359352326346812880259885425319651316359589443145420068
157243560539801859680943714942865566944149003491115569797346153042
368660689450470004538919216435945629122204204541554833978183611551
289833126210250769674369298551683203785418677422376337169514555308
472609142939192564006809487739878753639043132845210957787024572168
036765425369755669337691689372159682642757537449497418005416994427
085677468627943345741278193459750892923701449925344551435339662061
684616286946318834116381687326356609668442661816850878358302201726
827279515949196298894654714150300669941787908569445027324080377784
271503413853735560505077429615383765820055942220959407277510193188
046442455891294859364538378440501595920916918099209322085122672924
749205144015172216109792122102691572302365693498551243092306603059
365779850296871735291334499724162964734825673764078783302942775073
65219596517539511732842538480999346669701185413116405189495265549
500814393148266488144464640209407832353934236123495389862481501646
262872514068441540323241030381292120284342758340771587145838104201
688625456195295922502893750379438292604020974002976591306686065952
755327510698794454143399655516194986920940659152382011727678666162
834438312481666252038836576254126699845464566305626956300524145350
816449079591479909647782002448130287670724944687100703971599113759
347014971086244076651521471989330630186021305048086070345183800627
956418712285362423280665412324259297091097700292972121994744426228
543308684127337911626984752085482300415690572101220265546980356715
481577352519046914043093788933407978357663892407945831053809339861
714613321315002679579725818962290576615119916240999193263215059982
468159612035086196162185140955383507737097381655129651352026318952
939243562395145390317544223633130657390191841231458942990560684292
537598977918245736986947330423936923373521115413358476203818142692
458622068160517057737223332996119298888705213003969668000446336718
096923708853050360875843204027557567729670050070934456292198755900
985174161171010498958797084469521957848116947199891507108449626352
546703160579177421169382207722093235260057182342362393439411167924
584091526061686413002559143056811111779708277736151832307889385667
509092809708369331327427004104019029461443725910813483549170741047
323029756221693280169277049193289319141114908869724389042049221875
825979970675643926559694021381142671289816729574280407646858336987
035423399064120619089258734901166405703082400764912261285010187293
510024604618222568315323826198069982118384010719482289989607372010
907570340147326678500305625838998049807198497734231901917472465983
722720742108557695432505903407033405048224226143087628088834201672
994184495616288695892134723418576797210819805461815839733317831479
781392885064825825088189657616971791871415017060915450039966398970
448413092125469123200475844245375100418446477104934773844112579849
619665499434168902643712951268056230282085270878043999881177877526
438418231405761652466193118860690405132423239531733139514493709568
694609307469314164276161660931859705889566352596023775307483043131
652545728120657912367284982185753474555387547682602700226624748154
671053178253911427371720745827165096276400991584750433634318265463
544026404059732843711650722540326513665539498189050993479379819858
069782186550218132703931536004981536976329865055365877436341521795

8775612451858034830994833708860254890915258282377983668348739557098706627632980572519218791453602855717737671378299615779605186852177462472797744589456125497437428319048153508095360334517620186222460126046248802268144890302086995405340681415438518493965990384591117458690409573581466833603032345644628063430524441222099497111347024145602396931181520775528928748789363961892837294870079331117133257969760228398317745577545861299311051810723969487657942820375588446207770717323413389041519555404647557632702765338010792659045019913999111486319557132221245993272985911849735013224173775276724983321615737118005690929970080181244718689665787726800545551153681979719882684807894522754243348703672318842103520350485308724115445938475496586200922220756979932033803693719701186206867854194952555633246609115865504217061767650666487720230673352128712295728646285932926867706130769255514137249340019276522485394327005956196410907039162084403283279898661939875924646768939114950318280834793998604665837250695021325692175649023887656152401852170122116212746858948178985028647447787288052235235682285203593722441279936637967428244839643780680849492301720946887774251866079593245371729080261399410969767654663409431271434368806589206992388966339923778147478935028094373660275900364624161300918734985959634280478473695673504965124278435885422229450338001132620039715846114551960415420912023544705338201478038741000722524862318388819378019216582103744167097585735374113408393955228578747068218429437450448918247514388781233455586345077626270217716576308624209174705004017086640127559230703925990257096154954742574332757651801896883382854955713228848591640290722819747439084329162549923360313093772591162447164874142268157619944324616057295606007775572712147755502821957088598761030861652699743456773684934533075310785509520368342153820268676367990480875512997682554833269000521950313002848256936888101150090070833401009054160543970501044880124123142517279266978094246624616089531136154168053097688007906225531274958649556987999188853625530061132458335482857506369488225573730403719252797800932401965754539426019497499777946963916736741873698798782505943711750613684512558358007146559799183227867154283537193419549062224893595622487235001596551595820360278287417452051357454840974327538257555219568073477789127242952528547537741631054371227392203054066316539460792954280119497228598688626209597057713657674576946422985856740408549931614689233548567863314418192212213688629970654031711152797921389343628299637884132778293950989205495568478674730118373845505613147815705416301181460518125831815266099326685656447494864272361110063990201531934128825983210736949495291608627029779390422363625159140824703432470368192463982751895269102279503149337308998377992792454394116047159119733154123209971781337228886015363032800532128349392282194279859554554166792585108532064032098488506278156616214881284667672704162016898436880694859910074525753019823764538420560472267979845632601505549341618925533263566771752943034111901878705682235547120159829502893609563368361185608376927023150693340265942304195620459672440770113647316949691061304972832176408469533539206481500583501825585103085490348803833748183194421881309584774220376952264714441724599395934119070544163630797214176855938286411209471656201941013076569395469755996400829760053541886617882311102017271557302255059529033501374025869285427719746698446360302981411834518321932934662119104972061197368362956703341942779167623834154639216655897206710021103908596866839052817371965278139213450154756878629131833284334547580722012475467487682898189234688032497121578622185846523818179160338762205445026105352773016917736647808824173908844525891385240418917053930136056205025322890909131465997522304654649626487270505042798563552499956894

5484656290533528389052407476828234694425124220524321460496911515995
0274511921156829136198777574429975081994571497877404754366466712183
6718639985938647758480497379574310313556106922648893323794188621
034303009967129575625060330359032217667494155356337239116889032366
927392379605559478222318350257576956904849957835534199270800453710
290967308048719319218734905095783279092933409790112305095355177878
797425730259126615147330971950212836644394579639594272143484791826
563859652532019504389724159269468392524242186038072871266166423738
352176839344656894225000557581315184030850597256194696235696507258
485093481378292837221706822897942641654257844542009284748645428513
828372778381335135819408279535792283988973991137735931487315643412
685577389382827974403739403858089054758537646920265681816610003762
245923078253690283197605974266134558262895200074717519866139348452
285860670989229139860073767216427450218418990687512821051640714206
606389587802832431977581088443726138355462961246061281033813110128
147483064925001565512390649263760563155724150594446447578971934930
991026680957081484238104884185792550051367684291351141125175793902
226258740088453641633871277575302581962372271590742555475734011936
308352925466276945714811338665484639021230369169058049540678417310
559465918598303503065831399068316976483876101199519366253613888976
226616508466733759478466304203938446589038464883472822845237953170
699411613641081944696996724440746928392364130567933923015291910836
075357808954407226578423150840588341954782356879973662184218680496
876430753139516367036626375443913518542939738639303504732241669528
654384395492271047001209217380103835760953115694497464875956857723
939594612549508301794218645124976069095855328481413039828332195744
156994123083932663795175897709125491779731184593992615345221399614
109834910618405773674148244441335724652915031005080446257502537452
754598551539294860423302145828071311737531913940893517121551804301
704622055447973766966747893173096271481780432052415373985016954090
511688306812531486809043952323243760231622525043883668986857066165
306618190456852747466558716177265851650734155065945175613667842590
715951852649232661198941992769783302883777941111750144741042290808
902366083391940652111393237267613597885389234282889008977305473363
126803325171091298392614849700054268616029942960963848864440600491
029455039665291702342363466065042222960210987858800694421569857705
366984484108686731050696302960906193423160663874899001882894951256
155911024044628205315937709684265648034603378173148140538450449907
592035509064459099090914452597256714953028272645215273966122182604
134614750102864922445726576575452903240547143706012344312177520657
776455271900115395334250541807539121915059837985261573370516229544
119703078887431739989145794825349987158969437877343737675161566395
464762435208186531597510366689707775832838650575235805017140232362
041820853877746798302950844233833110374580653641907944749706284770
654767948296218866925906821760067313916066581607858328425138624683
306260336679546791249223032388929568772894761215153639603094062765
311976690109113804874054937787515860827573236354566858067490627165
972159902992186708613896895137370683173156800919554827792046505577
775066888521186692976521103907786318443369590672352028399996432396
387686732036137916466867950311217912679120494226863196952264941526
031838460165370450925925788004244059443494676228555085452556602069
422687732189463339027671535820222547033122347985668270282524598801
234683953776355174689122536788123818919954637844127033241873737633
256130422332711844450749742422378266197046104011122653275889557238
498505763648049409248040111162770871555279884079036125727883591241
446081033368567697834958256973338399561692398900085029353534299965
740696377950214085190300644954777473548411684055102877611086419856

726622678722878593933583970287883595451263588076265414634051480829
780026991158114186054762951288199430838665320484267405555510253322
746134221993103619477720495243388211785032250462292214245695555003
313775842857102650520168844871279318563741260727741141786989397154
226727632286584861696775818739529467092943452537335065005696013460
731802577679099155134503484158398467526505737423974714748125400935
781953545973458470765007447097325493931035952440878024276669846308
426444638673638016286511939259851334195630392655957116711230449799
232117360684897591755826316223902262248984622865793572796249103764
038231040804819749428592702463212739006905074988773173218854689364
243894209649285664424617526423270727279330815571558866484163195316
141173690908132019027389528425154996722430348902376328054372916139
822725299083690889249738852299592377545012678088732611954616362090
049010456572723812186073402918544779953528995921194551880521382956
261774080412733037942090367807531125676008042604950740619056487808
050234373558916155389927465633076200800996912907610063205373231269
372796200739054334374622102589957213978891909703175501973559378692
404636111602720633833840903223989418916722494065846038688359912725
214200892792743098661635079572837905143855138729527112983667896161
918139486407368579422616671178599051403823472914009009792249130249
978704003805414564064290663790392252304492171609589052028178161599
011704358289134091358894393049509659960511332429448250983651074985
148901512823058472152580251850119996729092301953415910466349751480
976575854195444193866030102393289408190947927848078304524045296572
175086034722585941757724710712442707798690720995580682225197899864
793298473283077934323740885248180241259936076280749955223104632199
106829980811820415770202403786723523630415869096428133036466253394
949402426868625765918335222413541020048878505699747168524067286575
194342570625734736675473650312557208374721707773173242611280307759
065469239502290675828206127673498471063519764466442716720938461560
725568203791375209490395388168627203084219274933011968906502185542
429917425792226204508851936642892877228775513009477364630006424109
929900045932466773531374440548668487587771578864754288251325710249
958355230509904068164634131457314484939386983313477742735215011666
976795032349208702667063334267712152648808795365929937351899242067
225119480731326592334357720796452977775486743842476892616068173391
692812463591354946096450111565885729253824469117197557285107865529
845427871658302341211115530007466352555048245234541048573187791003
476233058840725783349844254988058458762713484532692040225683831642
322237097645471405091236413440636195922050000387149001957833598078
100859888605597284847911653207087459343563080218716211148958962680
089733082142060670637691930990581223716105016338135993918359318713
030449261801897108928204261003161499659858596679590094337472123334
438951788213921316896137345600884721183405537041739088655022155389
774248059789541723435365861490158428369474900604308895256061113875
543858496272691509108623975548059013623804035826260053073574512487
107741426347751250977397730939072528233632100264802882297270641095
201052883807867694620371563957604766114500580804771764272878001313
127741324430272340885129896856038315246574743679823704601279075780
608924227128322264403079900615323141020797123800533820530512191173
870930198385367908173470015597347513283321602546122502724867125834
953157390056206935329540235971715394692464427438802759614864941292
475277337413495071487803353778663631185623061534867577670632549018
682958003825878848517645563087087772192083183889862253677915514040
364912819332723464641041042088110931260983961840185584637023543594
672485749153090804859418312609672994066748441944008425983217548033
459861740020043137850828618329975681776571031196315818659950490672

379791787367219075156406534377644763062170576698567087492270750280
876724620422535389447414241343631101664366396998808785733504534672
454066921810426881156695438451339196056976913074521339412192950876
911121752555025022707891471738006854236503032373748677870255838 90
598936305021008716646978571180516617315670294795858844262719841035
509462151000546726532666861744293511621047567390241977309661472422
087045241117074333885178666262283897595052031288720189523544821739
478219424439975899983500607804123879219306567932572487287019768589
246523250669611473973008800477104433865437226884395682500885716481
309468446127095654313955754758050793514267563138193621702422973187
848122776831895740704846233538362165958684330857962853761603136764
747847256586609266766292576087452731246222355044158659706369989276
817043499411681279792821296922692766507086672448008802330978928203
559308288859785353411978502118214004684250546740254977141733336689
523049168314443762977348272050599618427960138243826409005405005054
389956220325769403114107296693855412386184534165135716337686204154
882263119603753953515796511561579168752008167453622412708438608227
154950444416068767350715278673616499068407910205043844601230826219
496186924400308314293044784092563118632077751264305941995949177170
641308906867774638543917793819757616446811106638932358361840915953
211635978809063329517326102817101486669486439611310171755365403322
789044470100197631212341076463636245830977326893259327741919571499
244985596469761730467291526992474055576981593496630773754704071040
347974975517710849312135392429329973675722029345975758802576403917
756905121552802314521029313049965333937302320092050540968566150405
868034163793425219738612936589718569331253741457848278270086059892
165403956081731874297587191910693275712179952087320826981863598460
067276433876482068156113679122840973794403556138714059739036867993
047423692350310653421466641916361401970239342325752694299027469339
644081593015791879515442905334626141049155315688450125585550009133
220611127010184435006952174617306595986416881093816304249760877061
545783954493791871917977821405022579049672212207781602380149238129
400854632371404052972776933521421226846185978211744358524205910970
289419846246899952324223981655590466771322876361960183848743194653
729812296335274062864396104175916247182063541974356857130071675436
810628538358587361141488327923310460061344514130864700024719564721
679855282367690019636214043564985333197688806488862002046177902558
022709496834234610834925724753544521339268873693931289850485958822
328147510381188809460451439780369235292336510900341393458467850412
291741350494370619605866619482665643182166566296456063733475093289
553432517497273791362242708239356455824432730660077315547130178084
016931960752234418399227001189768898484463505526607269164237837900
804794161768433438322845853768413811825116775638388925839402012061
356744691967075752780470693445818276915779568602324958841160289598
378405115255979783881841029014784762345089670289667288889647657977
823069979881927088351349330445898170864681797111283818200204419749
911772154103420516542702703199984663491469520761598650684885220316
328732259038150648355010008451778437545074361450592219424024187262
824903563412652643119265503040632025753660531509186269423040093331
024829860919247004411577693505738700428590486697364230705586127356
402054048267764388090325802788508769099480925732901733117165305467
839238783985992084494944282354551111075567141794156706197119864199
564089819746965038359856000153776319786594268470653207291301834658
782449250781987830112350426129913080412937786711714417436494170413
095998427749615238523119521635415716204185542617257732897542748964
252455836900805206971989783405327952496283264156934156139985728673
098742262140288518128600190846032317501333078074831236164178261380

511779337144704148121189959190980223746787772812890453035799593400
567204305644044935478026963464639719156600092636864217347411761939
064145402317939063173828518903652398629007099830986252248923437122
606098581030409576388510924389509763364947748584167476644141210442
699677685198498165067537953954532870805499052982680916273410272402
610841956946273759163057030693604930495517602916771452567323503367
130957078176961089025569013133837451158173426087208091976896237615
824723279969676265949176968903500018108711473857434983640990927933
694547181562903452870089331778646260018484583502750939465657435197
966246939627896713327530010336216705802806020327174553177354932757
128128972230169431756595295821313773640765032582412095839422766174
898757281848476302875186074619815953091451776753761422878153832469
158203968556471318706824864146943554341864240898653402265297935042
531053074556474458598776518827085892094219965186703306605540243235
853057412498897188396465826949814140327296804009856740944722029444
144102681929134110942187415132828733107982329251450661078279210121
801031119704277690769430354497528305709508933635333331851096902389
069806293571634303881507485149898279017106593644127074761129851868
177731370472344540374560028621916791322136578270702407950996791418
033482196255862669519743611248846594658272876564498977159444421182
349275517498968274483846421554452254335777101571115312646908838680
103921379271888579610984245440176035892736009257986197434102460936
289896955972601919021738070097558023753808355062111992331474090884
681435199033503297762255410262247665024469857171353572652882185686
112393022122353021905162773569741286349835408390327735481050807116
389655729447668457921741120944840199655614355306898308612084948698
645171066737076918157254460466820282052648523358699249990805955192
782881458694136822989769294696665752303826034310488580760551170830
091971011984925364807283615697678187742215071103739953692766152452
449653509100345288959777029742778854153397858810660715689492621308
277949265494362107345696787855068738556113335206511000951672238444
435331586671798353595357645119668095745274000424340154400490626661
379629574706527407578371460940023326556772078370794501025269804793
497599536312147248881206599950447324540529569491611354376512759235
712601428038891439971320628419546819688588417529292266886442621434
063384323544903587183699050534709475844958153940545298839146518631
815093973623321405450969089453531162350231626454242878880321886191
725362579809217969251069766315534866721289025535342766321179954188
944080231117124107891063911791380111690841561471043264120324352019
466878197773271630704885109519004363450847138672677153789281655621
250931993308461735522700918562419626104815284640455268181769832360
332944871799050874485624405258466705707820296738438699369354654364
564447230044536227375266531452992196223098811764568067671397854379
165847320950469443043848837077186501843256927011517134949617369807
824269408040645009225068239337956837176121539057082385854829100457
156285405230944770923367992115848871886152442294590478039610523547
752945184329182177647040126741902556257847710396875503365299622144
881793526405867813332621592091349044189412312552153995977952657068
257462407649548661139248146700657227719602495734508058408702213078
799454350725560360218895109924837033130076618530852539127407692038
969809967691756070148475757791425271380220941593877488494049646831
202572153355580648888199949024491248744387026964819045617856715182
153214214586889657263425577957562652700629297845964506174896425300
021092247981808889462516757327350029677147050327998757989962912792
874660757819647948475239203522264559406312628324841753975481745701
065709260225931723208740932749140097978186970260143742147863179385
313081557116718016184198850077060828811446496753514621719552138523

925110419841081641404822044249417827953801735743096369443649506351
874820396050910708920984431416784064461910936771361505772143004751
642927846276061258793264955586447186590298481822016021004997719836
180377821189595651689225393418263501037136321157781214602370936691
063219118839169527053631999425358449086023980831429872436326258410
691536617915011710034582739884502300190025577477431214334215609102
142563004729295216805128221564798791314836123033461102775203382979
698476487510753086209628464767863531202306860509871808751282265505
281989169994450545825287427459706340229603356853886949799382828014
710998600870595684841215196473343476633762743513560052413635371901
147912029922253153318866025153770683310154889099953699017173694298
447066677048279322448234182065674258791467811151897477490725584891
554664700433292220398950649452770755329322994262674332988281428255
689657332667865756193371959390806642919147503111328446751487396357
728793429897564133604265814305092134813679852888292572515952463686
670526471898396196359849211341569531986380455814847907178090786952
927279184045229430102942836711083950634842506382085558653923276545
286227266488341850748741393854930741763027955503102908136770694302
897012025317701849418209149792382963165602229836198034820405795231
938132665460972135883930448521662872143525751137236845059292982495
611474226829218305794265334692259325226372031701919998447675715410
489691608200556092938804385615393938861080003889314155142519880728
134675709393315430052569037837144515997302344291450569986414675950
303181271527278942502383466726331733374558809943544395003677567031
091909407161141154055734088483428335359931921443710600685936602646
993465720093603162344426382151424428391715961465813174247317051563
253482379314749449200697954801646821898843327591528070953988212683
989364231810654890448048927684892185471067697886135033352449811386
163739573102680251642313394115498106267049750201361285327167945064
131000846851005211213639958390314022619108072899098163070206354131
115422666078695487177382021410547401402403263196456393009621855171
291432652442745944144182756021445515344045400287432495777058449408
098403302725818096317965249173507014948466841572546592899494762363
700598048903965763138240276942366626226901514789471169049802549490
252587822206853726045733035973090775835393170308887085423495312230
318022928795990640501773733442130627431431286152209051808992390909
028791205122311868460241332786097500246750791712605774045752925643
648232591599931664450989019146148028600254823438719690337398705360
037631100238503088551562739426231573907145932473869850297213477822
607116809960060440749909341853400572171993409130820882341230507612
352696212454550842224014986166215731602997904014966994917274623782
673017894094249596068843773894743154058947327147016961985825091282
157140530857846619186132280610365034200390130814037928612843022537
881128448946883053710330312357004346231659076876308980839541591685
205458809476237119278899074678575366992814235247044117166525289100
360537755973558843542542374651769418514470731452547687692899700595
461349680397382329362389980198620565056246066813102252036805483248
433496956896531003852375466758785679940094642537266615054675709129
876236192670083598762678555030286306687993922650993773988460839066
820820662301246129973037801157482964498260524705900201388562441463
341058145336313282560532052005929264808303132120350787766295846454
418916953734242813903516292914225048390362614442557358107486834892
518539656531498196305571241999503513238219511869672381514583393490
828597559919669721704534304327316193571896762686397897886844388611
904180944185825869579602634563037552477583111543114762035938698507
377670742765108248192897681013385969978614342443000676843942075955
495740760932501678239929600457403577583331065860411555508146908508

483995958616766251290531530322439401172444887403452240718053522187
971473853132168896260285312534875858556725137078186863521169633110
572031722370604678119508611426666560265806290848488172315565972646
242491374667624461437195284569352215618440020898130159548600299025
188585073573071529323123181318499178936373414539913411022035565410
510107724359860556317482778472401379834746309724538260700785102526
381660274367109349768677960974264539232419633798976824844220980191
330548596452868142462908735370534116434769696472966752583007869309
307984984271168790440833818632677597338032526824224332968073950641
806715656027142682112303123429485516536532152694576106468247007076
793291110119601654687799208741506218692435255860566081435007054636
572825128990898652988276265682300743770361058062226645479965700376
271442571577258126868254662946872399564065097283240776143891877042
497676234221451309179368774606291685183902468031364398974169613588
291859736553890645775130811934551982918149128457651522996407262983
389641873938024632247073639276859512913289625222675690312898982088 9
247134957014294468682265559575277458228284299728097773832127325305
141699246552250666146559135759865547489426015712380877942847279114
372236711153038274775334142424071794886020283405775938586047439950
943326511364877543242214726631364859057771943537278581043718337900
951798179631135089599605570568421753214407989559231848085248780836
755006834594839342478328565635247641894933649224929770885816242315
020491398043590449810043149323301059449024747184763989316316844434
740475056811723746439216134318381268547094021092795718799369313860
000384685143684582116680021828201299917480926398909895665394058295
888600282744802699916980106424049242658107592127246906309924560742
166116941838972040284553170733152315111420567850949657561203900768
315674762721070457356617187840296262487211591769263270635913876784
655361999859831823045145540096974268503775012008321332069588601973
051218708541843880610883814334713432566689792627702443419921807686
310016485733840408240758539913655790811783908542062933068122947293
355971639367946203353915270906372069467342338151383426947141024398
224388308667689896244157150644747905669323318085246429562923101600
511186409568800680522593965491379781356366627865848254046068731516
751685658713053052115870559273837534786890808148447224684033527700
001191254671233038886156296696015872181330247282478791621978491164
332860672224463528831053208583604580514784985209442235498471314113
188173524407691698381700780317068336361510531335515330958466236553
926008021258336209667955544462962234869224431908474639193517496015
959286204453799127924439547619127992304158443289127305216912408131
923408866168091854338242402945446101708827516088104274721924920945
394697026860285263079403107069099130922043115964504298191085799442
609001524514242833415815488227675820036415251050279035800480534280
923023699820894145946331693593899070015559835064469082244498619717
044307628693201445951564848777012594850115140539797963393010043840
531906790743647129958471833213887110909982356672212638054868387418
940101075400137881018393159148808747865878795001515539644076162577
508186358217931011726144046668884818219456044051379248831971545712
438419343896724755144423665893647185182260718836387507045929451981
123641178097230743409552194140524464220090222166686548356081018514
431715550874520307066813582038843521549879449603949472960654708063
982456273947063974406405137892953357285866899900859908690670394343
487080081760714050432569032008815369471670760999678083787526081073
299247949817333213953183877832823591673701258312428906473547421508
878255149841414235013016726750821791110025579725174276007393731921
421039260329708107698190589880389161813825799144434322105291569057
878847458211103826605498946693764305728200945740752925336116365750

936006367349850284388726581710725994107849303081301175864861158329
066057327427060306999694824005860864033250510745707713620352068864
946234411905631680698924069541256556398194247188892203522432260972
317548885317282667739103757237101067393376638089815158426760468520
362036724078914901879273556180766175587818153830714572203881772971
875938956629614975056785345081345976592828371823671924314009741054
372978445101625754395876245790382089029349315014810483645135388892
803043860369016426589231622072189666519355916274979550480092555159
519046186067918808187226970297962202088800248778717791258102117894
250727613197954310962466401977209732226100268637455300186190885982
565656265279366085407822811525155118261704821756956154162785139637
782479952394359312469752436905921867794263833307337392092318903473
965575739664909820526187772708461695587361455929521981268933164433
823973142384726159453088525408871886577640223851051087973101722522
845299769476173758249952632471411817301602018331119181122281350885
698210048181611461676048518736999561147171048969514528496967581258
345361297803477323132965359652239063357421420204990479779497140368
721532807064357987712128372358671861232848101428938668857037620723
484479675929144219538642201210820779887655110250311529371693291996
515388780425162560257463240850422884499776238946926963152865729374
134301693600760353293697064178277877377930650105697394561162192403
366764030907835414551383164348894499792375578158750144552064869347
130864983300738980880568943446065207348759524887381452856331188696
371772606539290129962451213621618212497585510924608606703292781986
026525232632282648357227323918383492580201275938940571530411273628
188361027150253648154993700996249826124488262917986728249764948743
752377218823270232860787867414464676075600182094890673465740757676
455255636422430212091679637261321178552432544516726617845496108737
903746066329417692646345850239275544630030638667795115643109766170
095008053674662921490319228931546134479522051756730507822406654121
643097744725130449522884995242381654379640699109303726768644369871
596745583788178236999390729136295113565859212624706051237992070
98
445306806751021923597625803820917599940362293224160002144948306949
884479840257115758866426014882617247760922755278249318006124546804
432703694942805199693247405676562139868967945410457780679381898678
743896031549308075448508708413969377697387704317742865816964018
71
131875555139837434149480436738506910996892834084554865883150782980
444429217813519681652065459628859248994721733329206073700725483852
165986589889077098835465950445851468112519578727298313561434878739
357789016506310758644069444839738465088854124079935717189272387
60
433926754142118240462413909054293870612823904674491829046176385817
767365973869331068507357006883922614400496752244109439386794743104
730175735221430687079113899275198337431708032830179968893744273125
215821356317063512194580243208618521125215636094841086274928276882
562501686289940598158930419958816428678871076201109560759741287230
522131712605071600536828028137772342999177300500943273641748740
89
319317228940480334599855226410892982215449118147136348851808329524
371156096051075765109787038763128124395958783094617349039834758336
946605791545220589591440569186560964276508524589570587748288120413
261239285894873523560338104314000357289123785627432502504636500743
890095572740636949446188365286660543726152454172205829830850965936
482841958696169115725932419827358324585383144016706816148734750861
264875198978077618791749682700117124818918466138987978076114957261
378239841534622457347391337669061778806054634749248021501000016241
121217139454356212000027292737880906863891198335160811628709104432
730701597837680528428190952153900899546814560480934772723899921077
127088311999408311819022041478882923964542865097988111642859821695

5662881290310706500009320237365625675484437417993110218176231008020
0140461666848991344989424122449701917555764928542399239724820650041
5253703922881058863411919720344394148701657599845533847868765677730
4770917667146803823673134016398284078802053495468329590014417804610
5539401292235930446998544589414974439097524012233423549654251547580
9721418489379143502778941401688528164981439552982955401128307290590
5547761225000882002512272561369373743769265949008737460443447568740
7917170247900735627167818337666364901040589004908919037464562017860
7738315369910284000822875981974853524725020143724210479284879675990
7055778633111140447469807882752130953990808031170918739221378473630
2263320076649516350510825897887220534451471505163639234558623587470
7446622427362128110925795828761191662541536846573185406772626628180
0746456123652705702613999291616530551980465265030554548499179403750
5411083989139053949669149956241308657657440203839651663557873061780
9061420797246175671478853580693617001984457984350911655102002273650
1984534847982496446187446258304767464826173612333863217678883125040
9127792009266884842381818548089727394461806922746549046732109474940
7459117309631426559931051181446498491646573488929909562360569180740
5378234301662743162359500345076371867998693071862950698331108755670
6876752095740314348590022881123782362422610194674169308424929581880
2290971159753012490415058393440528022350651030862184459727403529390
2769896469538546962372842851718870062273433716976454998828682355300
2327643503763520442330312191859473589456042668354496126899092401300
8998337870135124523948795384596903934247060924693398335944514283380
1668768390601454197079224731086282168592765472336421218078738429970
2932575872522741969211008889948349564227696402311427539124474432410
9589510468682513841571172266308178034083469444691605476793293889420
0433966208647272271340585034694769837848111659256157715352284042760
4824972916255731478640882004014719734509654777030128475568141016320
8618137324409859068562663716058890707199676569693695577718697000830
4782679846572398312806248566411958355946686463368241014706634969050
4555589265162962210076841661897345442324855875315765411575235082440
1977440508940990094515586829666106709670902421885672635130220769460
1647419610124835004883243990996858554186876677309613636285574990530
1672834279055520874941700667820958305569962494777334336350713831660
5009160994458603070199120636209472616281628154305055797300197875510
3378835228335930191701502437749238293956379358962954953801061735070
0050621153794116136924540177933110673136807906291585771153435290630
4174027337465251218836939159355205715254803914101411607607349325510
2865322420066828708349329470271123823044819108063670170555516816600
5161708525775389709427072966869302260064896574146620726150470861370
3723724645325437825575900925675384226193084201930141705544579737510
9753004704168611858973324224553893793995888972573965585786621204210
1377058501004153632473380634849308781705566061533411288607376743430
2071404068751768453010249189447882289246709247645453578114727268340
1198125157937479385901365363192228537725907459494891650089063531030
7329346048208127547665544803346897509941733772273008008835138661210
6396087695080332774463275202112383366389075701736586883407143249570
3763761318902317957201193318346840757130035560035891019144267179480
4864097507034891571557880121672194813174243874698484019368355064250
7538885953635406457845952580263489405368485245661207135202821836090
1210728244860357098485986214991107205603824591948598298235436647470
7244318744362593852443193498859769508476998303011442779166402353620
4406948893643366651912063300227069643142891417815651576241366067940
0864427739315087645327820000514311441693845021360245385952735824120
8082284051480072499505950421581980220321191170380602272622853152770
8225079828160184848044638845423818778217104534761659376260729708880

```
4217699804406003609507163059379235337276032567908429663771490318449
6807592422930615928875788093754556641609888103227332432611609552
1520558655728880412282000087549230838283980249303701852920622387790
9877042781012562268286458258207489374506573468058957357127024469933
3040752354544863848261179497749065229880663969154916194567573417717
4146656667761558913022851724937498914231544042036008376023193268991
0997554626585144244130691699988162808907485969048306877241500910922
4822607221195366278356268880666917145514720406546986724461341839722
7546666394924222757872605386194266203793909264926951308081431676599
2825048764721048635839380560930913730692084838813775627306414915511
0911084412526884282244779976528045167088789610015596232545784169444
6031392298780545287215559674980408504622708262598609921560665677600
5919647866196535011861033873012068186269889831755538563493334962033
6254588905835339704996418141434400220806029988614134685842391393401
5356423247214253014285912056576385693562776247087717263782078595311
8143314668428861440577879484394185441455390118963375663753705902422
7878782986981491497904899821810205290687974249099428432273239292733
7922935894937563464044717174134618118763775567553171353328694467886
3368525299779133888406252053557672745226875909425026988026230290299
5919800718727154390507570920489474278808112161753705708177786065722
3273944368967597196132409349773380717744850676806611000249709483177
5850489613168171047157601328115997979669711796489374936580182829311
4688532667068635647384591938163006141247385388455900458292731183044
5319492375073949535971393532734157355851621085639294721898095939344
1482083584956933469183118947980144332181463352839107762888449608669
8696378265107375503636164492166918087904910333994884244207474508773
7919354745696156441020723233200904265039496704594794672172322314114
0461977817932227968911516033387085969994751284280501000750793666684
6448833626725037759025211026258813348489287313666404959347028020629
6700557077340622029755773349891842778084850329492415000656210226887
2992169408430237869071121487459408905047676091555973770140654311536
1364199391015322169319775060536264632456293786010408510529572253251
7309265096592347969499224833117681165948060880802861892370405949807
7040017396745821894295489507168771331001039785153353453147106859
5709445060537335919536586171963149700601821601511678164458777993722
3274548437021671969832403521589516853551392478205591282796153491663
0151458051788841148097186706984272264732539627856885621860135755148
0258411912578616981540276091270507419511403965637929828828528522744
0860145039535211265389538838677939951729586292709478412739115243311
1292594640007261346492499726818109451514403360630052871288117634555
7474004968524233439885902991306423665017309231172549322356936462
7082647365396147019361465648808236638568712743181462802429670841661
0218758998609649692350312984468202286241015811833808695873215776
0182237896180157677998926335274840895731040846106853771869639844133
1858461150414828730502311806695986341793389531746981770668663525111
7787844575853111495225289209150428157492245559138471133042715891355
3411142349566732404385307357246228684692284083793734484706029169
3601399304095065459619003081838025272825630822093726975275298952077
6633889581100393467050195502721525407078422203158690015995130826384
8441974877768499169239221965372316654475440764101009965061712627955
5901780988192588477927081016545937332535284128020075751048259116555
2513757834010089518476852491018622117355534863696984157401995560288
6512422361874058340908447687897154212595303559132707207606150897388
1979948118563835674506257294695134369167891826306650795243115582633
6437199760377444620187910161354244770062736476565491962676164446800
7721909229290808662281129598849247811486715342571553676031195245477
5616523696770385370476886604698021385248030561176382068757506758111
```

```
3641286287801377651406190726700233097845877669182283339165129078707608669375171168917416276908095517572796980520168210271626213606970604160915617887053054072097976849302663763896866273605011398898836733591351396031547428897471385416969392931830868002123289632959938127165372211852951450167108432074694204902097667007422827466722215683386341302328609110460240156123049845591409523921046097565436483444615085503749970595533666022134626048399601227327364191069494399224652457000523913622733383284972755739335649594315523090123323056343415235105696282286778821093084612156866114443870760958284067151875349808971433102743967023207286830105305585474061120710903593522245318973774892871222393887443165480209039008108108852669227724619314382529097258631124615779550275982207061668708048769500542419875562046699274663988639348486840142233528728214440395478422891745476582719454397372171674600060853686206659734305152428332728939125107799228171714059172236020738527892642080373792927864355780211583575735835906020737813547108144950490459183211755301545019836835859869923267993632243604356246020284705006583453866926334314789829914678538149164332937337706472856119777547178021057206562416780620492496050681014505544400083691585386399196405583027286332121027159254780491989067089066871512194394416990158181216296916452965667288822617346469987438060666365012549193529951563426706148368629787919482858285181278413770269402216755806828356762152712510027225321755011753916761857082441000569786355201545717750960983903500128251287302913885175974609715463747851581629121900284214937284094101651557061686206462220736689554939314543518226625017737147979968920612065325275418413914476113922152134614069286419355821654479670253694488544417123943334998602980270985027141815954167802543245054515169222688322276807058416857108824894008108059824363880693049401400360540588251472745588258232852976555436600609761418817454395068351899430644076770973415827497543346074110326888197363251029598689127139183273239406546776520570120856425635783854658757625128673717973052008354520571151156379671524228543756123193671768567009006373542503094551019185119622995140325974379209354374209118431551168349851325491586543819283995573831259453672482506711473896296729908788854888259970107422725250403548180496285225705208236348512269383156280672836714743505598392797326066842950726351382751041974689767672591369017306512365731719532431012869561072580283363158900958266984173539638487201652004906490640354985449237229427418378411033080777386940393450466333220017422240536339407527505982935749108698818541052273129910222333976612533246907300802700490258911978660954614122133412138919626388266617865561463442108126330771760786638063634243190918325419432274732411523770487756138092796048357649969536874851130880706247612732575037665910783165878576855066198839794583026908602701964112202257366058640739291438772259890740735987644733155270684661916708199094210860851403328060178785143014996799473634236622229182069032445301525015578576015228847367151823494492654828857197679926316352753845575655764406775448906682489966134559521800978142208672688630564291540138296534685734899671972420171760414562999130251414447524884878859521922268437236453296433880788511069933976961277826916254630973235354514622641376521392975068099247765973472612690939787221392807455856470999815894296685155627040336605876230534031098345932290012698322692050220158143430280800022365801546328825529047068250736300630781189568719809407671585126103344019382962718808600861169707239670394318126130974247111717901985743012399075403547165062880512649200956055134533362029263066498091540875817634021299600161949111034937515765588752482721423767976425642697736819889088217226992655530498724790479810006504684342655193059548646351596583419325 60
```

पाई के पहले दस लाख अंक (π)

1995394272542463731715151763524395140380742442385772476565961524567466993162860282648550406859122463407696639769427013669388291856076758200866943833756314593294171455199666977282218147062090620349763171208646603060567561493310916735968692629980336515985213008880240461816833186087792966500277922134760116174813520006025989515021896326415385131177521071464107072577934971822527267900599337018659615793278006617691118316761471579646487410695224537611456887923115088630362384071769195998900356580754727010719916644775922773065889611193942758602466572916464778295951779252172840786074432951131565811663618629044736315551565582337341020541097055398105511858777484725531770169456197732740007627466291601557814989384991548006700158802872713964778855533405015257888467196480205246724244939551864372558440999600630630028981857811273531940034448275340042960655950892253518601554222891764294635309728390571552519220067182252044834569572830248581587778354371951268596542670816960798234661679259260735618939895590289542298200690113501199927833705761754071258348058278068123894285619311111413250493316426052802330398141690067988980373760320995164384890586993696068307101231796152669245304649237463228462799082423347983303740344501786448039881275592259020465366084691021379484236888145262969686621356647670201426725320564435031311714441377135146736716972654522654651061440382027435161022546011116219577553769090129814813688328624816036689927739083394051471433848747692011642619481923964494632004463847468847911151704484391938676530311008242387049815245204055739620581831624869450329535091985805645898908744256831229254345074737341519527423647641802819954873173772129012524214467540429458554024239064717022570044642487593638766367067747962024427680943778548257665128437769009314209866607101870293385933104377328530343716889518480254779912733313963366725069762400444399984287154827354002136228003638783578086193032813099949059658918893750753834426925570332089037583246284679499477201616184924480670726066423943232192320717600372523136002600793811788852402504577314925350249739942544051399099724277891851189238955567249088332253210798862708156400032252780315109766866228334677738349417461225894542098000290932969074377260138690910279140625985152505977668184401078167066934000751493482854055561430475539110533143757464229486209744679084475876468363178927730859885111355095794744954218629866774966961594744440927311320066978611380859054531762649459016781969714986139949226972233845270514380938951350464437551225486111708913966808936677797309943848808619331909104357860720849673073825937923963599328475100407272793862627167044754075719202503934191972545189483117279024614049668955179079986910253764890964845981670901713935120678283957996122631197331491337781834338419318523675386629019004633433285328343418249210719160927673080132353694726484892764429798706811256546280611726046073321917630474121506403020178932057956876051027752505304361222709604675845312738661652142419408683408375891400951141339295457700947317481168853640941835286109971034167235581786028234982020314998679401740417191402839362105194806048190182451800817013710421974592127984040242689630053355368549416400863921774567695344586508832862982165846016450780000359898521290123959007042026607449887850627176077622255060639074531947718892509905810093672989195409957663353865837809804479353779918771214297746197640947272121402353265517772361634196607437639153866019450177691400624068412731629586080635067629377512529343675960734271996751352015800873739548389734399012382565682907859114425882852136616920140299004131462136806323526508654112180847499875844111836290979089198341187537664960480936264893291043905977256329558138877674469546181579787041915975583350003772867246073518535088549546420293097158563694978576404837

```
1505558099188402009343333512819551455518573334888164916769442778240
5554336977311920143722541541927450597601379841443735994202876052555
5718937804114892612579830361838010771100500423923926441569222779005
7027947401364942291847933692535432484048780231777445184177958355825
7547618425495753958785494583430848044173708798492674195289323031489
5899160068542287957892948159000687353733333386381390842099487255117
2617108729440888684478508116345585269214154029967209886937158862322
2033148558174268263590689362344813422473786939460923256600754721256
7414103421849013118963967654732916742471899342433028029092698507522
9490797094430092386728774393625511131362876159197383241349167226826
1228263127793811750807408958943971900254264126649479801764420164541
5881317601897265962461441391319206785035246383065776401652297320470
8920114691713372287863037038453134194264414249664984474404861773851
3529373108099859472815111736507191398812693074826906140392864227662
7849432955882859383721484750707783551198962249119558823704506458200
5610170205324844490215022945617655618592145743990095548229413751544
1361329150430469141799412246093381651362627902827884213812207758942
4038840622943317279892594183668293679259604224184594177065301954864
3948170335524102874704473117150703477508343237333116325876727636834
6858444865625391872394608273247135004489570868031503250386764017353
1507940034557285503700184560276996150615682914161170610461617408248
4626703351891525518824821272600725957656788991256787020149786679084
7106631074876467309890914719798729585906257336497349823503126098309
8734686162739358057907354908246830497284097732381167082491516373468
0870510521919176205416988262547605445817711179937767786965421699257
8557720426344244304207449548970339043450720611900769736351740195265
6322139282583120528240037466954590928045259687984608140870719534254
7613883633535119112144143148505520123581380626492313538338767580918
8923797585515732036588317624241169167523814588592075164035236684372
6791759063705392197981126597708113947351671962999705209017090758985
6916389066427042357007445027751201049039481483294574438097462603510
5789819540763987060787581774072491184506978842994138342060812428390
1488148725998541814802929492278783243561055491564109174887706706782
0119859109589098386883951171838013491482549927491426985525951776536
1262421572662448896096148297970308420210516027967147856159406461363
8247758902011025199234215321006017523025742122375421074959187286751
8955215532994532268942518840942282675774422227552820761560727710394
7182566802471066067738312063031466284744338620474325956850568928716
2653290832787843996507167242206138294532916600463808725630595241532
8812093700992298960069813962796862795676351987418240185629319849226
2333643189930901704881995258827338807953265885144939381241154327320
5891645786422945268411751880818405095690469138134430777848902114879
1211628397734430548461498007935624354967141294733266642248305004364
4545470274917232078399565086801876173270331906565795475395206929252
0153070643504713068812890320538545563987992101095667298287304794661
0054316358462344874415554071338143234413117884241960190370286869624
2276246502400420813713504640159934720532755679503533906712721617790
6030216239978041857633481005448388703173071625525647995999986935319
6813010156297097871167306964940274916657267494343208132314613886925
5334949294118316387788990325940109341115727429801331814578281687913
5142439557873420591561458773689880807917071145511547626616820817775
7472484278797129815482385203689591652405437305246687313030192582952
4987639320985731209161056135722017639271699598686108867606133843649
6169518654848604616848482407438381180741734222448394789399827801473
4222305786541021772926482091409485035013224151559999016307147814852
70516144322582547801434401095336602393626424931385229405475364168364670415
```

पाई के पहले दस लाख अंक (π)

7430055837298470401814557100296962346985059977885573699802182230354
9238318797629894156977212363844088917892752775284714477621892057425
4531510374799770686236242189906303096282211773219708230347745455060
2385859114038989691666220778768326012396174199976236550636326601699
0661168908868774133378091951614977054921417118191101495434786938206
2098082787895731327899060020863391127847153684304381498150970304770
8868816359741925341341221913962874578109934248327141091782763176542
0963125071366926365882135751199875401157902802850780669833384183382
6673945536831965657170319462933641092726672742449927473229138009835
7445091340799308568360484677866535421058668005211542648674972395379
3642156653587208185541259819454742751611841693662556324193591585695
0889053531412183366239987802211504245660015023646910815997419202544
3787361022671294122829888805336794395032940480496167711072788810316
1467730371502183528902414648175430954905944887541042501680406999981
9671937982082773346485581585910776178828497505468567913990401138456
2436040357440246191237694402200760421433573387260392537246640896649
1471465473007219529273741767961356523306780426820002423074121866748
6694628057887878738299523278050107066101385402880119138557309113805
7275589368194030938071886379375821544435162655991203087848205239374
9351895597158155182804814807831310535096823567161235509631615286658
5785901952871775464250641298494510573035332433489097997209457291700
9587840832214044050147411438170956577125267157798170976767384786420
6487613679394578442385860356496644631401310486670561346276901749283
2290043271120819229564158948152826558422192618902530513815911803423
1088514912266539179448174339043227005068742888199670619606885006733
2835361468049859608140287911963112748254664043703847828840079815791
3445232101668673741121294496813451012237984294021947946916648150312
4318739691196021567121142279430682010408767568093738982054684214785
6014277688201880717174141274936746781753122771090467300153094677730
6922329095349569449160116904681818272347781619751257278515355698616
2922029188474530269830156638749177021947605094174866841197276604440
8543297504989078258061539020030103521802717920995081783912123397007
0027832906193713368218336961540826520392716151802279158649378624832
2401723837072716088641929421181718564674811856940087052996113141059
4582938703305286297918826493247420179551244232947629034883495272292
8308040122263722761102752038001209375208856240645311250372640153996
4371233707903743951203202853502547482779809303020219663250932909448
8190574510298521728306996224219547101651939329769370654576333432433
2564331363912210835291355577008126505397931646814945134120751218835
0547396859555387809194737465662790318681617136416152155407745354380
1479845458406344747450856802808623241269693993112296405603273109279
3849169187933359614853517001814969826164800344027822813958790148628
5212867461753848508346806838652016807476744021147665569643873967579
6644295886409577559154192615071966573410817064974822204191350352239
3203692779239073695588057799755260190308143550849247598185779798029
8126412519269808310756574659469351128562797590578003419323476001369
6114472901311372932651887731467214107412752210105151558657134939127
6885573006456556663593525353450945737896883580027707210807546851979
0215677663559608589952449272204977529981545862535929556885865521908
6203488574294435488340176616830553266024583599445433095297362056428
2947453966410175938780787579040143195672644502565389640520071487068
5370656271174667615719181064228046438268678064178170171014557998785
9492981028674877471679017435503993169683528592116481487861286289116
3759927684710887436616177623930982949823406413782807112174123783422
2414406998486328823924065637743898080846310433981419017041770458564
6785993494113

```
671018510482888345847591129859911326180631166520977109326025457766
404781139798120273962790521780796565933483031963863726360548172617
544026268435726451474111436197474885328135254323132104065537475356
091405133576448451265031599499398475912338676258998862826742421410
656317028268420274277535478527849806255477967309562135010751357010
814376712097361065693389811287700643950868226352419579899875244531
513268435771252695511656842606249795300564134236794032686943202212
771552845229455906013166300233297861842729369705425640895722473147
960842279960643121155722898884134069015706079169855397062706949869
226131550595458162406654276265360989882469228424022170510920884522
641938004050647235141065446293973629500626870691857435034689078702
526688990310590307332020997707019556267080078421417500402487764369
382704966754069144895634000929852354991296996046540283212995128817
182931733802589343360888639561881453054936332102246702371234907974
068125687248833528018208796868376748932865951563500158437345427148
615342497125226151780864718350199049932178199155353873785623455087
143139050384328696513876903290534015238428243963913256867292722487
084779696809273656042151690402300750173661949935844714404152211410
647497242161523037246612553017965334543540889800869016307189158808
455522198431157422312945196703758626058776263336684850752752847903
442501653764916331792832073572043631496293326217198412041496939002
157898758405506883631318978280327068182062011470970782464776027629
635132451352251922427860447660178455463586895641834408259553254334
088710161510703674682452922046780848531829560302603933699879125 29
602307327858469371627037491448388916337500526216973323321524007087
580984856462897791809848253427212024812725655515050305700418119895
186092167878092709372414804711203209275216382196930053667750846835
893865445281522353475575590763802378521519460182724568236395490568
125932747289545698934471141809813153649597485154106854609786330324
864298777018635531367450811076763860473346402957688211528898135664
493094931043589036451413175524147809925350591481309531471226234135
406460905980393007295406992136945649578781314849834710616885802
583353800866348220745875457576920674100675717787021480249068099354
034049780869747523182136878867192069420344186215299004686685357497
787101475284582152153509827098635277035756293849313931604238871689
907398239561898872218842061190277094299032275736687186079770707721
559232641813601697172777407028841345717732062530298816172640649801
780192696415503872932862487451156694400901469103714665895280769075
063099165801904028249123963456798392695655715947613669438739333006
837383081812309420441592959517187192492679792971295029491581185269
446544888160644890910857473849722526625613598337391783194959915065
439983793983509005174338788171829551618447325706942293753652551534
711785761849774779331677160714994214526381704752272729557050 01733
744013560297812168718861307295720086827047281509944936557613530068
382030072487238918604555823405676318762623625890434079602395529144
081868873503916372993471628157658628534654444767189779664009434 2024
901643410848630536408494091288711996506980457880713797795159 12042
538025709198604559673886019016344148290099729713922827786387126308
017669213704934976904380819565618801297909146507544068453180516940
496248454952518633632422222614586995009297904562688659703930983969
560235643889686329923323765908114248603580354516978206769488924866
383306879176594263820092637789031658270502911378572975097400493867
535805163232169847363338584197352048763394553946427392885249745 1674
899046514594738849778743657589470771779435627074325722855361014929
296756502658510060032181461536129285910693432148786863743429770205
982545109580541744556250811648819563443233555509154070228734506176
634898004928111484860336675880522429802762450658064166164609330 96
```

पाई के पहले दस लाख अंक (π)

```
58322774120168700461864708735460759460023553734363668584630008298
11593217465432173511755315755510186309658856027447328817436176453
55926246176438777403799768860801841457644764303571298399555691565
94231174530659483625020603643822173544096553539509045743693865104
12934271665810521464773628560410427152372939781248710605985932017
07577384367065631135068593058886083620234778064987975853178401672
05978765702813875802603233337988320303896853999145202912912522642
48966197633971826810602370959759662980918534819012504031589962520
71707676639986835315319660868752912542311537503475500515367406868
69956767733057751079235049034577877826339647387642905640164433316
22456509039570066856800982518273305819042432261128948518491882214
53968613100337137224301868395596441734670841783204007571512416808
75541314824792400452430812536772968970444067964317974268159359203
35821514639678923853314691684801923785613665706360942213296256718
22140853765807068346168583496375655648152132788002082516961807984
40474867542864812471892324572784880995178492002381321495055976860
78043922721365667914325583872939628855575318985133904712378084559
07184483283611533615780257058364385933712923478051058091607157923
17358883271261645606567945034809907997205084227305474190778110649
21601666662950945932469680827885873268960848774456118379844865730
45432053689268403491423450881535101678575706668749563760666307293
36497984091052840084546233261781814979761412181872861268653460711
65095513547783230627411811482071716466526542709914847880777689282
45795486110671504947364739973648066529953736779993402353274964801
34460008563976976736337322294714697302776409407753962883901258246
39693889770158620893799185516933084638159965395913392629245005644
67609742316903078027155970074441832783863920059150419266647287527
97954927703415082639154789692688330816604795642091123793125124523
26289132391142592592488723531353414037167337993061711996480374076
44403610827781509371989266789958837505255476092942001843074443896
93496814253542442287548263467259939978795979725472244117287600771
60884093950481192159674887395558626710654903021324022470792652497
76944955205108056410448220680212927635615227385106316036020972031
94838908760877304444339107037138713316374909281549212966094355995
76542505065970239239800133971925439883533581932604235533464070907
85804865214153390352229706047122013049412345535778954712486300047
55628889455044608622664852384731073317223038564186531180217935120
88367893163243192580644850051145282276974702881297556723041938969
69115168403425219126668605613003845205389336911210081205025241087
52203462366013906294095868063810486156703491895288959444342180753
33129570224126076566283785776310584133249700802109639513491608642
51940551379803738265147259899902124751359728276487048030240957692
62436925511139223531786948292842185557243747361826577956003518901
87687598144266576265825837773537988011685811161188545871990328237
25765974792555501517035225204329594566890545977985931335460305804
28712105099200265391999022032802985513499055895296203508118519116
39331768415451061065516247882198069414695314021638542948465099305
59018425477258768576414740917080050765864163376935814660781872244
05837942437576287085454033501105370926710216016889742519017266477
09118773401965876131923824401677866944731603643323591053046392692
48647340576221166484269983303050481743973119350053676164505084447
30473256376421666139818171671531112891024558516207319700700311254
05052082382908931287575642187541678615691797009700938050142984666
52120015915113272059232133736245100927185727349413528948123231159
23461589690978967445413062762687256330468233531371596513000406153
20056264213843223148270354735863509198844653383568400484168465383
14752987266852104759009105167315924626485357070819430352359875504
```

```
2977333075317220355734702365170793159327874445498164459324739383 77
9436527800310927753543734929701120308885081138511036298562059488 34
6961563623208283108425028737613641284672645036795749821634469459 92
4402320386636095796527312504891201235999628480875170027135590882 12
8244592123659726362362619317174993060278006727038520443869442023 96
2659430717338754484396493573940165446942543891831593959675009932 98
4755318320197095868111474034114643077490787323473238318431697758 00
6951047596253478039290531227897202831710307704415204096202753606 61
6877509538749135648654899352851081375466230230104416440607874337 99
3886594343197397276280988725535964218368862525286842920940766935 31
0174676061436150402241061006575183857818459430973816665274228223 59
5232656315600436346060661799295434268127824698023110783192217548 82
8248443489421559050962496809551681614178408105806817300900263152 72
1796074723457974475343900826623840807048876766201256697542263247 68
4144360299612706320364247672556623958413633466934201833963782542 2
5447430632805351464492080284011693507171925134344917591634464815 47
3816005896456760840579801659025574897671187722539527000178383461 80
7683357425061963779397290718664165775655492239895116050443618102 05
9416850541876584715902962594030767718693860546243793895291773829 74
1484639269221118535479059909509729976074738729626472760521045951 12
8274356312709605950237557318061954525987653198881915837078060946 07
3010461531407967225257577860927309190246919298845173987163150768 57
6635186493797629738066031650319861817206511878673359197652395674 43
1888795336522908865200801404998114956576645013571486997392219460 31
6658901192022613706395492150000809680804936515617904441399365473 21
1942270762716806623267993172218125745760915245516705097654927987 57
9284966167376193685343546860426007927821050502935106026991107729 25
8332233138942398087165405046314658617867219949974969729059791579 18
4648037035187388643820270609804934004556786093076538261926526318 11
2021863895215659258659483274483164346145949396469617235805971795 8882
9058381523697885331682301331452292999154059230227405855037406285 35
9045976578596457380652160026315917742888124801830766646377077199 85
4694714324604154308710677882187690707969413136784605770183828392 83
0947916091577622835129330815994526976068402659423392885871105440 86
8306366385810204736320944965349887762757862699053539155327911881 19
2633510691931273397666740914861397456145254527568838051822852660 87
1349632838841836848480136264582895400730650791560741028890834546 59
6253808696255262637115923594826384545608725836860376198170672633 74
4812876372682998877722944540407706789940164381250027554201698302 30
6954511629983134310718890986254101600293552441548625913761597478 7
0918515340256888130198921884456611164910632688832423448309628880 4
9657974271034082237366738282557725076771530518606164830633559801 93
4071098971630988408746725910445988759596053032924889936385211939 4
9096828371086457135234560158043864297103538466830596898796808358 73
4978576267855658883649516272354520708779533467658672049161720879
8131491416989137566464545697421666338802887093115965529089096858 32
4662094236872595520958765867639645258106276095395529149176518173 76
7291898766779842511921680755258160046926728928376965028649208798 78
2224421071404646730748519743713976053074322345155253212123587085 16
1628521453800836861246295154803945332968377364248629645702435818 92
3168622649949921863498324681214946737511994819504507449659704327 17
6040133835522236081534000479598193685223092588145754597956696947 56
2389495724732524848660706542882562876735928839761419619059132908 39
9469163841005321889186943256572066776523238247316438079769604445 72
9694465028343061665221698708026175757051241641110920735772620397 04
1168885940376105843313029314448290659556842964872963771613219507 32
1997164144170256546894610127030824597238418283604031166034891537 16
```

0762328639666165618560009467155491519746730842325586767411097334029
8461696756421076322315367897998858068319892280859763375092946903
8791074370774008463493623624008300849500735581649669167597778865808
1118230477072426964360473279351820384719889611703590080300455685125
2805095510667699602373878235376637278226774052051061532018998838061
1491985952875002662945542273526058148948809979407952381788622443 30
1332364554325741038837042323980921416149632755395663617686752438 17
6556625101337430464808207552851564911671828345413047238759584888 99
9156275919082152195943538943987391987885447878558839301953170347 12
4025007207286819666318891540923756298247737363589629303730274864 92
5136919788906763582461536907572381188900038683408930397937519930 65
3817228736677538511417161821464063005399340793672109509412332835 05
7142652831949674694850212250586274045481109395874053728880966522 79
9491313504114857375818994915227341352040220177174269756103240539 00
2593855895784915494068759108510900445669877902963589995785804399 59
4722284335544039138455157545905101223677094900429072516327250643 89
1141494031439293381604921411482989696151260756811930048851604289256
5334373068623996218120083759114317308944198998029337723050652250 27
0984972059596353606069301554054235809356221999017615513369475682 8
9739010093518988689102305620334560674781595563737372431505131046 38
8436846166022210580766055016338443951339275390504719811126778937 84
2527429307171428737605543790415357814619485598470604040101633653 11
8930683696593975950084585133272847308800484877403931718396492321 21
2575915598639683100503344056052789887661147243089207390677171334 48
9995904995565286687043138974556386419506525626338200725605325025 44
9791258937286606936652747569545855493793654946690595626482216601 10
9072227166433627147859946459999267490495496151264230852976404043 69
5030783887567665223227853593755677217005441761522757890068849222 46
4725810068548316761687053704714029329379429575971294561345245527 54
5656824943971433138580495097372060753941257415629101102326051852 16
1087629611346623796743611234251779934005960149443294796416460031 08
8377668870592004886201801963376976145058292176891376685475541938 11
6074706436461835509504278367638447274620716138197119177044448797 51
3778892289958847382008296507046223127280621051269910394458936078 90
4429066128912161448673293277124505955764999531645688885359374049657
6571688091303924234856937644501999120287840027354636310802804883 90
3986446286631594078401029177968777418982862222702853291914550355 49
5243566744611953366897039280307633613422784813008059024523229864 53
6534759379247009771237251485597896223305503714082373885598999635 7
2576815282498573230291020966336552980975186916429280761927498322 96
5219448169604371548847590855272358644048020175814257540052934387 94
6196431967349029347026961869732830560212662858359414291417643270 43
8839971403798486296507440722652641634634289829191540694582238400 53
2287197813012034284651150002141596938756059895846743378832151044 58
1733491029314084926196254430106947558632673613396013154936002702 88
2265375501691319481721677272774887979071308645912517689622702343 48
2671737444762540360443612383426668529097934730262217743440936100 4
7343832594705561796242470147957759938396128282186704046594736713 46
7400380288689067343505606541962915439823233191663415772757772625 56
6712728756776474403587825186324014293512309926524186105365262390689
8057679590093782672125122055111315834782392514171893266684869674 10
4933862880589331412583648730855968523648709573522735515641731600 05
7043568337512858648679877762687891197017419892629750373901696681 14
5531056396389133491947849112600288727202243629554113302103288831 25
2179038609153411678577623388013856363434712302531331275834921496268
1684346180565506437868484432169160099329793588697132634594804765 80
1673028762362637540464177371171233375552907616845760984120314814 90

671265447881308749669265249507283763395824831279554241699844491415
609082123420144663561151439878692836764403819996073613035658764006
833411029087823685230451771621814804943262467842034037569121810020
485713346838603164091890493318702825651133422596513951836285179232
653400316253031177685830439058553031434700094995404289931062006909
384298598494625764243642747550200929598219970537138567540242399582
249361468818357839052925627662578147628254905215311884516726792585
106299641121890474290326898290300195391955649073481812466843389938
765229124423119814574662009378080796511082080902500372217656646622
654628516780697561651229846904028763819653602313563613649766389022
197923617233885491819809573522970142320454913947600203098311826513
470831957908274217779732291100149811042092919972707939131054168843O
564766806828814326393122924847528035155632827952732656083410881616
979610239630665231004370268230915339990110185178408534796664576963
995643862325907256630756039470551358975851270259376353252345454607
115787656777517113231407198493087072741725990383479908377522266238 5
016189000136966533102252957386519369099362589633379104117758605187
819207087776560999410980515517605243383814985788441580214830037738
072942220576114221873419120173809741916039089694570128691961868 77
182344133397780597593991704085257402459527953589551683671046122414
148488235070420989494640533461029814818149838496287485469500407432
484301004237023770269359497780909390095551642812541683795122263408
103402400601731856228367117879128635057651221052346487547089228654
757979991986634913433674573178080001015922803245804156062040588149 7
336905468838305683111885642692744666825628260569318271149711079080
222167427372520560852398097051928761728182949170796810849563420922
156800522265765905027081010596468960041915941397134432079748752006
197036214365310768194923146657468333019425617725802965628710574635
667936196429335090417591547605643722848231520544883264267630871114
746063603473283432300941904208674812321963355980892981390137432172
319029440338021383503784665824784928237160284570901850939986308768
974636121392228744643728222306898144271080876739847451986859735656
832475850237902290438743386565016354309204949751394651712042399638
048515240438271400499873660922159516794366552097162467190287849723
430687941462209330654035151465333534381762121409749952908133436688
742196085463005629418718571989796549038922609940064581345769898902
937525260315947935205172873837166700721547961956375740701285592607
563335804361178569570327151086097332660021100882712319916375934099
712303202613810988996422209731755274142553634130615972948437204856
730536334535661832196025697236774376640419855390845866547731334424
306172126008629760529672078593225622923558462628463331892928319836
100025921871137039971505577493204875978319767136286320184428233653
934716363794571277158840984176877770551144694652404220885382028249
892963950846704657019347597460108210900223798138939388917366199587
023532221962914991396048429927934116586704877857111337265349285 66
536892887508962608405860497308118077965006010068109796230455954801
189768566196762423893127565241655983194566147167582205720515073318
743864995920772921715411527070251573742932740603038899701817639249
284449614498921199600874145592011971106191781356008311793943700218
567880801261181157994641147173035479067670391626448036915230016380 9
750954986478577153019332075870767280738241627299798565721981668444
519311512147215394626062415474788449253147452223428981444393566896
520817283520184910446850123635346659443910177128605907892320369817
781441406576579531416934275662744275647924957225617711224415082059
057260848147140459239530795970604271724592752165506005137153967772
426318259343164959994084881348962944398019280504469903074332958696
420234779944060855529802601687627459481652470013204750956993158251

0565956554511246812167410441892014971291705911320468692995218 9360
7872571989543326870276421120797111258063437179070285365686818 81306
4931529035864912313662571902811608044992533173093318861973891 37211
8396348879203809214817739751512155060714212378478249514649493 2858
5000899517323133417944919571954937381022516204335585096404429 99506
5494821817491829820980285016135764697993067913222478498512958 74198
9762340204826428706202051130484543207456436305468298589979035 88405
5646100674589972300286489589524145330379221860767572196030001 99840
5346104236967394846598198903322644713641778288583186156410899 81063
3325669588014907548911855294447548777707033254281654048701145 2902
5916253519801238714010436036309205281399601857821750591992044 407
1679901533844586401542054227660394950985253171464765665886681 45884
2246276815471774897706020161939694773855297795179206393425938 19635
5238038842483958103927567056400517745841545364779201707342682 07895
3784241931871811251340019135490752230188536642456151886403026 50415
2062258752697464483059606000866480846739758746940310044305071 10080
3285756185260033706833217834100697307370364032129825039545915 66451
6251801635854889250188649041767130862347416451200097805267165 91409
4586669529719432662613627554666276397479883132420766002470825 65551
6863465415732273037984633497435417605339118055495848517100306 50471
4657091740008220220333420842716210255069982951669623227920520 67901
2499910597901723864217585369064213618772371091338814995600185 22736
2965360920637316839784737149841162314047954571631028508309649 29465
6142890777360309568914137573724220084319536767372075167234021 17432
7264670777570720566446538170861043049130199330474798596351648 87964
6194492952890582573097904095062772066683569442798805496198375 12732
7465076018212152053349220805191726661708361357233342510069683 1041
7820797186065027973257761157165072402736511990861376703898866 50327
5577438942275815661730769721836436801942195847681141757576578 02259
4122936937628548376150113712094447772678839072637650618932744 94741
0926405869319895905855996960097204635671095586426594222507134 22108
3161078785452083865526862249687755895674284009651707897439983 6452
1940287896992967688552250992454811316798119609584499945128301 74395
6586455425349246733192769929221149864428842742821896234377707 14914
3857760805808485642730371713537642453067937869457905752335076 43881
5218106566079270751572528839185157105260056188339108536221275 6884
2615368679981807360170875673642170133324263530619346354543601 72603
8855255677458062131463820548899779437994865952528073247712770 153356
6724305128745511130522707692262151065261479813961301205482595 53984
9829038221658540002787182817945275934575981606268256693535910 91970
2531758789585078642512381690228684408855504623386176809374387 12550
0306276779114604271750236904826053496822003468062797939752823 7235
1973107085666232473255481566912018466156539344860475403574057 35326
4973565944918990736160811763133524918574240294914221910553466 9423
0286637390630837957952652291658230260997650740918733400133052 34310
1030377785078752063516583462778448353683665590270558349479612 98350
5612394339024757396930505229513081104670913249882048315378942 26132
2355663430981141830986684768102825715502868274838339757192587 34740
1153664671682629370155268224421277110523909179693192391277379 77176
8801542246883496201400997322757593293917724086463489283646444 35387
6181138341439888235343530623717836037727092220679014913157494 61235
2486498036806094484885719893841191968471524836899608147222418 75431
7335333742369490081762643689316367885345454285713963603275099 22895
7125803241463056342872931869971175945658363103616835157351924 11529
1745856865483974709206998158899997133603670512517832216587046 94156
5206271294188303672861697327759547489832700933761709103805515 93860
7797518316479113151091832801275251593651504886079398848586099 30811

934938012778967091084784084709431548945577055045503618218115460265
023335986626211907545728433334065465592365267796790097240225590376
662770157178745301067836845974624241194146092702551816535744964080
370763592182048070317078004950305152791980468414802926237591441093
882117584542230025871050989743405380196080967060017294461315943539
319021552498639177030603251093959660382062356444137941788427652406
438997872152898548739082541948112684974003413805877029331600234975
233143783250683468323902948629612891771070449877062308584555830072
538581936999562749473165520895617944627647768827751115761470499019
482284323868027347074673862814752675333720121010716466861961600633
771352137821138857212155477397216933044019471665348302682850980553
100367604179853359108399121356009460421182548283826080594511633337
459993309854009095675531282250406764600734126635440624826166056357
691252799813016159259426864869950047247753327706499938464441139295
589691465220429908122439062860004650357381269521702256392168217733
673202091586750450047889816870364609615184600485574143988172609738
447212746441954501983355932317688295578306458020898295276315490735
500546541111137194763043626173297859028465131916146665516766350641
193345758667137818109841564659296236576908362716072233814788508550
638863177490787234919198767989674636254547126044095416819779922071
042764025154843319647739055810496100016470598951578529439919179851
978060893956786471973638900985242234000544223763116403151864279380
217952656842997814288383213895982439395887701557990783944892067091
706552034967699860541559021057651477157873786751371254730446603349
942396378779627117683623689624459677644019969786930278957043516744
315098022898650128774540393407397242671605002558785498888940993842
091001681738748983584562893527517079117054900054362196217064294043
278062798737866767302228520183704159213524224275962837503729973495
914312511292396853190129753561162967230848617432317638929881754024
703915228062546847910309796282934304213394022884129310475940434608
356683432324956136475425798625445544988963516713644459379357350070
277317673488451748870996682508104389915567709984887401788299074948
442331678830180605973715188996429503241991398806477821402001041117
774789688395551080742111648042275079877931031511511084338317728872
525585366801323192752339690786930159258085241915908837680453626089
750834211044419117285563214646123720291167406146603573964319013326
735113831808685442753061156822006420507762762431630907633957468027
315291779908101253549436125914719887523866639937485253979788879307
769281320874570272961219939081254625546254109008343052040387108383
857226421767563029049301769295115288579085478954134272967908455152
662497710743422153765699549216931190035675588797196959360894440560
279853228297459230057292902250191869049960515196346658738457662861
655837092622954905255871509887801915359854417167213573070063569746
236645069994385958653045816955766814151886375167295828551947025681
486752161213458539326242521744695255070076927008328053505369516383
702482620563452119086436094550878637455568841651474777446606868027
320905274568175395157132037546217069826261484759071069250556887184
036300053051386810957538874806334632999487695537434810824541310981
083736907075104526381461571373620350563741206115436983956431136731
850971749634340583229072358340161829060871658710160130421591917139
023645897059027348156810722898671953025796837645639897187692251759
331558679733407737330432167556539107557542389161607021227173759207
005630713684374782121352889897986682177628325725333451832303927476
186540391920879656525892860819307040357396420809893210894322008519
941676117175273539788820266187445622820220531528314278483033868602
799651751797558198833310256254382304160189423391703863378357921032
037786682180618908632648674196620083453772672138030048353496696010

662241386427252925300053729177370611623486543873603335731512271393
004752577030921799026910568336986814700700466807131900900638769068
942035418676510749733938247585986386289190118498516056762720635681
836412579224498280289965361861777668677814102903988473476271790234
863835367198841815377642843579068363587905670058581213427848601734
299273114985258294263813065849793217196027188839888813672103025293
737306872842842526768184950327932957470704537523032086408891882046
920257811437470677421043931464527865896380704085307448240780539431
479682354362054098652425446130960956897299253200046937227651926452
5234710438680616284415026327290612571927257776763140224201856235148
905903061312244081943896347125981067222308073624874038823446428048
391759971189069304948686931188157335894633373137830646307582206036
0727221651203940831736077127229108945530997277713041310614156773024
875503030331197459367823569692069290086840655178435506990979613012
085913420825236538319721640025784386531552685180455950652762182978
072927001626238075398453178749321457176744284224049806304873363455
955714192165559906931601168545680475785694458258146525410569094213
041518607874243640505075700116978451599285143636331419198562203928
363637698073696424802317505295501373358979603598744425903636907172
462752084031212380308926131880232071030140461195590396734783221472
762103942851915451503469923928686060878948272040131551785488924211
858750326012076622758794866107806199431669460231246670036640694569
880337894191692790930563800771255696111385511106823071862635087813
016591596657199561663926952401328193712268673839971023130237186061
442402816750002785237013297428005731412337710767305263002918854321
849520377262517251966548985863027520198580555286556701741242478139
844114794561403613372359291002402880016954282527637001726055817408
445343080511456901070920068537510749800562299567939370360942165585
240126826086201398966399798182668381464268876294549868698695601835
872133246870517519561716040850360702192659349072702510994757252219
108424455952078308514342748979583140906113813687321865624780519973
309894011004757071818985229378443814143454127508270984979196457929
208023550364363535096012517177168056554998278836687203057953323354
892273581439095605122292942545110596156659899801588064005422943187
694927076222111028476180826159644660270430972905492918095775775902
696247824342719684252106673708953912879269571039131701552419895665
937962888409428690519523491907549396833743385108678868311297484077
425614288802420254564707508574033953987674644706472412244050841574
598773169274280657938451080829334713697457317170780121504655607730
879875787050244201825130662513284579379669342674659176754473212872
979925532293956541582868358625639296227016169581436104796463370168
169038370025573649440139581902290259043029179330141319851960060539
395930151180348550630214863817390059278659377962839746005016600245
619242505593516523938993857858329225917116476018331586739589226917
986771992642677072280445165745545012821713074850073677934454702487
148837188476688243781859855683230039182925072221247233954381450812
495920572738582163867174121455444072000774625667799993033885814383
952246841860609946505511749493126247475454114900899298880244751171
439414717156204843166161483490190460011909296255685162877604368512
092217653725203066326102792604571211234638430897691005760760382050
626948945183133681297570084946503627830445034242988558033635619845
445054185239483989082514808667971595308723718732952461752619649890
592054696908404522519746654776340655367050839612952694377982971982
255074008724675796073755929885119227004014089922309976925072908243
725293025365545849629334370195169448316009981695382175397508939318
308818349025619452689772640110604134908045313145010713937697105463
476654293873327884965077889115704433899875968620677669411702353257

219697006335598012767963217354057017373873456002788461555755391888
881901579378055441731521247110485252795976660872618979299145615755
209797040480867560544694283122745402563321911571044554296315225230
436082636308442210335683371003474828646197343120322024724439322933
802978839273166096657341966481397117329057631860775941914189828747
832911366843302535292524964792110196464906521782428021658444801194
148375608706264682217052788555866609397308492117248898807055295004
138866907636839943008188779348037755411804546951933743693074015004
386915629027469361458814570456637297627949440616093119931117418045
204492835456146997128768235017514453738928383768007204168069639536
492505786930809325864323795839791850836678526870939433960987834815
131423664526254152492755877990653256163320812718635364405049101813
148648797280648360849666502489207356975362171904757205540792696638
443542621309943524325188309713530823407873141549480966574879196207
04298132176243781081796600036278059616864585833110248343312510293
526638577653971473510052211816165672635135384136775558921388335613
754616690150611753776496372976412757297961854600653058815433746646
375024676618736828601359389979661048870373212998988077189303455828
424798632586508329716478813687836934043158699441584056073105170080
740906242322983421483645937540666898879902452967750380630886424623
540006792050169402576684226733377623470073850861041947110699435804
534455704891685726842546490009371256247610593669638899731278465862
443799144139951569466810839263252231819117286400745587634104562885
751255056808152522939279259781486174754526947763804476995955050607
030405723074802347057423446724103122965349505065170116543132428521
975922325039634918024654316346612918022256977140890212339328788604
173941013526311520369111453920038754109001217400800370764068065824
627805087557204105425815704573154793095847220829190461794537539554
705589553490462381008166373194550235848101992227192912016177520244
466860590096640142655724768436533186703522065580145891365214214884
279565586627059338874918786393912310949856121262994129219570550982
159041459138611252665621879456917858641408418466291812312771701856
076429841403475924859795364139295700295399600044765241741180636090
891070329935760123567450289489667243683113234827356381370078481809
220454448786971363944071406838108537502379067925491990743545391118
754416978797744588070612794679102610597267850687549686191026642898
726604155400035593706209614687774802119559012974434756190369015032
298765074421165940749484642116358360774214267964398310275681555461
210571679153107221777930254573228745372929891949546444430214743494
433991526199764617560500446876141445197137848176211789772414355467
354670242507347836422189788430240648952846314388163435075296533334
782074398744784424394834378621580005295941201695844997595662195314
594638517065744940644541377088385322747539546226747217816410785971
506263948291174373316912308779475584016245243467316076527923038336
108403393227859230437069614233618515120201630037106473392360159409
348761413931578014737552099930571439690936141780868692008127299950
126894063381545942618042524870705529369512012093385006182670089611
255740262928428939779819953658533467689013525133165447848621138975
793953376384770437896000543746315267922612655403500132944795933203
899504403691234100895651264183332718963511651306511767120225793729
061014842352467437854740469612582211063998326045158125475467792932
216010039689183516686733683039313629853299887287731336514009920077
181159495852996478186606788956873041297968193338686403654299825024
897608389872787996832247994861290621538119527811750653500768127034
638069985321345239607040850382203113837312467354408540035498055988
976284821825502984175192421381995295183553440312578431076669819823
628904985956993976147201950407415341828849716367955572998115769289

902945365175441526532860972531124706097743100642810215723199143928
724718284093996741383269759137019206039345242446281820941620536688
358917458615199461028929758611633262539363485791650895497475561088
704308265783353395487206043619313816874211841752981800450246240132
138892154135406316330238216156546453399121918866588028283036730994
712897808165487889720625876819014748657643264745543586479660505441
931400783305815766575393391766014969017251101351930327641254379081
724668999981078707432988286063210542872923068461896542162578575560
161255234030058019732943125553442148865206998097004301429834507905
380923445824367943874916281483401529428782991908462113223908762350
246378918770122675476308791945324149114109125348773470452902228567
697375702167027235152036832281449865303019336247358246400226530178
178623061318267347574556271918313859370386942322406078341585617375
014810320379510019132622268591620758399992841425836075502370367514
373472500610845652123178206902693232717071701807175007667107024383
008821349562114209666627925762947535365612231196303487297992396129
561001441176843099144359806556684733183771111489825166860528824315
829668157736742930175053096196635158767553864128836864640168032901
020983641453901361820123106000007757966076771445323744903666453819
033035659640537748486377056891952143606796432870265114198205871409
962188495412759055289662717437163787015463118234995808051672638789
869011697057433252523306688114102309063716096539338291754247405722
813182485286562201408429483589030543317686693886272529901374301298
828533204149259647248708428870868121562155659055520118766992099534
928858695129349256205885299759459814735055255033151457349813024963
566600571562129412882016229998481452915802727452943367134613398954
992519726142954671341106550874868735678990505261841864946700362615
455651785900747434683022033530621263319828205481038832943772784801
543529854234069099151220711408191653284216286828263663561083432356
662184583496584243511408252713418446704388546056408915331118311239
118605398781167627676137036584284818073139200562490471623282329910
806606066470626403542859190079697347301887058565429921291410650831
050249211811525610063742292432939047324285859043691099780873687016
127156576086252725630413794618685327159089484682802764387819688303
469013986309935348904399396141313859646288438544854517861469894836
359302502333888613866057882534938204297542053481966053943726434779
791355298709044097516714256549173418657402833105637868993037656181
566235182047554994194349715215489121425206470792904376212845403635
654004264438858799154465265045884415022083481899808252376263783493
919299087741863311950233355350795095501985044294646003792077032647
231653837167797632255104615083447057278649843104069195521190290898
190955066437540036659891571296690373826058688622094315856762141694
627700344614655883709614541838367816532646717988704751624200276984
105681049934797417474275556623834482187239492559872480817902886979
178082113078266738822717569953681581006834944177014110353141107098
279679604574215573467737293131835742900988172510707001027056816105
909256197738725262954967064382697487631527099633231538978021419584
628370235855228029775802140619125039390009549720689692293515487099
579621681865172941430023651007141027555894312623499945262174251834
073149518226654136707112054359504770529840551641440823160400941485
932276718335610410319523348484607952364661069986963176588502819331
709092775438097502969129282902871827186867656056560103883625974768
993319181508684635102020444319141590772364683025539168088913774267
233213994712884977597953977347922967893621930992511200663011566173
906575736837676365937189211422368499120214755719722305574100572545
257245385556505686460537112268226795019296310394584417455806521223
889346737778117487711085358563651048040070235138414083943449149587

3363170337452474420769031046589402807065204049010261018063071440950
089011836528291001042631126121723016073039142782998260548259374871
970789455908633421705653769115599133716964152529125865507192748345
937113075626822331441930750599400673536365037293550076798042151214
351972532560562264394541411316747298778368714099675896563070199695
608246280145049119912407121857480537069396403892123464697871225506
696069651615068130060629410740080470757013091617350773347556487725
473691225215098135033192993383343821078855438332361873569071608054
558098436700574350850753199409765965336872104349332228061883499200
482787381125275030492088881748464283190165396006304665029156208905
322947319996678910429991774534128768910309099767188148030932716269
812365720604331596496493420535930974995546353415998438238620494250
693932014266637836894812021997614179860830589838293900673951455175
735499971707538924803152941090118514926140875944737211593932892637
050695832991810086208404102864899234632603456423704248242570639091
293808017046596536307241449281837553304794862335063366363758865610
589066033531629111765979002365301217285753662018901016498159777247
290540226707862683387773011170094318514035776219454816762064375319
687841485184258934481405295839963849702539597621263597859456691106
370601332279533419105303795404259783041376675167497687874652996491
783423364270007454754819494713598668069156666458532914903082320598
902812058781268157674309307210176135822631899928879732309320101492
321263732671517964955489689247766118431545671617574939384016165229
078440894231508766870546652757932388055491266616937775989539255610
804069381182248000513508093720466860200390550091411653944819959417
321871903409718825590726295842837197700858179418507010239247599882
896135737787564358854963425611467807833405187109513125759999318051
909219022665615695039282619479016017023122433057544312606544646250
086866227480438667441944201539426038115578275400004040207121819013
157464010934273357483361014694036854512564432034707528448389317545
617646315722092878102799120290218922382824703505463383094194477974
691308829245720502922062498555235510565416430457629886417680620174
113480892342272883474543201198072660689569258822932702454477534721
765528390806174300254282815982876747135983139248677545318468446083
804815081566354194625658132963595505948290763301068156449665178803
283777234426495734762093975759557930638671004777439340064983405507
236218119894844821271727778513899568490447627008613126978157757229
546476033592735563430185152565958292013820915022620088003174972853
899821503906535593312828283530229104248499101040960080812922737134
515814582959625143817175466341676306580012467619302739397496828271
609649437231135575629078101961242402981117679826186714048395466852
385580727594056093297312405555373044799293256493279811483183320213
731115623240409254441936217129357321551955582693070362086939103095
626257928849446571817529163361050844013855636792071157188857988513
496298042756138550082816695303908698962080290303553800625563214036
681779081802116484387794827851293781711519531292060253499397876175
464080018854911265094773779403380813851658217736547421223193282082
698080401490534839550396438927820292472373482716964374678135415623
079293493072403367516992521889224056696146996814738788518603142897
635379762432426981910159665618186293922048809589153523367722568736
438466816976741773574492402773244271852172458249037944402883067384
456400185365607465417560537108254681792569364696441802072207679501
529746750838413523113561625499529176351416883845818879384276920770
036330816674413405717150430764455055708620196218750902138849321558
849314636118516681921933331068710415721922258451362322199002670838
022234873215757971191139682680384884040281459269592328395964188662
679614930515982037118628310945019769133557938815895114153272504224

9535888645052952518856976647677540641989646125632782259701702333375
5852088622218260028535928144630861090706741716126123002253062294432
694397803268357300881624868449638061833812906317206669825392733974
004947585695873513934547695113481873226417526311905776885921980237
320935229881724959823218020514164654233174602677104795738569517467
260280709681525043733589820550474008030133017558152271695309675197
201612009205662308775428710696458634713742806675167831937351325652
214838331736723081198165342239802624743765589476756921634368776691
564947998944908953335482608637982325394916672689941674998347704699
021464089968375824950582908145331422006226370265889085675892630506
217725045902749909993279197623786666529191863955876879356638777647
427669516078960839316235252927832503641558467802461815988051429269
144069896524719481933963231368546341865090928413827172521695383620
063230092109962062494250608111814867512981608654863784916838914202
440746125373499118074444680045657807234762101130684460779794221320
441751848161601019084311857783736923028533939927561111606255009383
801593115111359078521625604853869143238122459042997729469643222737
151895258029733660453560070753438041266967058679143693280921830411
392517937860772590433010536938605645312282575394317372233585221168
154304436358497427720836342278796178301536250280185857848442597198
671328342485127694810821482898998745431722097792403608326198732536
158595601419384136517625882323166497136618714988209130428155101622
439116045249633842565407862054039684759841372950931581487773712401
871797783804789899494365429776732570157053812637852227469724678742
413007936423284978184783841870950009202723276546498176971856311594
683012099715472735317355702526409742948625381481400785942093756263
839468673716324465006694756705315994726878112561704600640744455807
429019997012621053694428071409221661518213079348698972837001195293
081073666728548798578714822353168796747873575266193854236240007139
113056755503388529014237718541648922941556716384588614111063333831
204110852764582840261025555845472259375961872346364309939638012344
489255652989827202990036784391510418687495824429546262126155525198
674509444652902219649632955400007038521056321967658248422650733125
362054626026868452266096888043838047437262323316166601591279368819
959405025719999329176733931027100125953609469437966385968083266431
931649658496339772919441451837316675736885364518202302381482637706
530113911289136913462491327912603253534591991632345277581424766602
795479540704330509573058571051219829120944316533594324084681380748
875387297085375441682806609884935066699637289794431656792687636706
605922664955035210430834357140335183877561742096308666225048152511
378485882570025040515838618361645076359197566456471215061989852062
746107207788534090089741333788845290560643246783723784423811624539
607897311433337060960525973019965093743954562466866281243275277881
785764509786865491389233961453938720160995472773168875997332167711
844199589484861426103891518757536353139008447216715931361056590552
306882270163900604646542371934043098508250773501548519931747183573
730449150694975724800790842693598291438309313898554875494232274494
916279219117441681762258515329230906270288626273271727137367472885
363862123221521565981401434617442086412238248701842176211379848001
289184611502913407235104009968281635515588496259347022842452965644
631458122087796414813974052131898287854284269657822434892186212453
402142291873824879831283655208388110223504587132896511975297239395
600114252964021960676967957581479359799931418498120411115428221651
323925590709874816323371019161139791981311334362875608519136823562
637758111952015928301098024561701102225736721118075378393997056197
834785899801039586427329468431331010946879646342978777226821944480
569992455368546016753353994086181176225929427764715341240000276901

027411761923992248717212932198828213214581558330810327676656821576
223286102357888866495575706551976714230950420576201061600927036420
023404509720835648577181668241511926944850681518629351905611712803
659267821369850750877498220731933486197900725897758266414280631975
955986314537097065477664768007258785006309940108789455470972063803
894836930369700269745829254188935682769767592328677671016980350973
276936027288312103987040472950733573175722327139128868230896977588
125791454937934298535944730061655931505590245069290180294939653193
727641307597943503018619518284940068279455659277338106214901644988
342847501530408357214322458926520002752148468861352026832020123565
045190191187232355916703723297903459787550694692772157114718237996
680746390722945122990853465326174679733821683940916461117621210756
826473382614614878022120885461094160724950146164718017557452315757
256491655201696462797061834737046196119470719316611275377707519894
464868916112464067799340622219650686591370531036233918759281965741
610783982987951386477074064514224493029252407623686643359498661139
330968200431501561171744028457058929342504889972302803590243885579
715131545883284619046631488813005446165010619163392539632499566891
885581207683296137502319540263309630469405124798684956587276452876
970991565736177473391905312486844946258722691209550207072170716218
796791877607055804810151922950743263378200279183115536826437678875
799119811679688739631778145299544256657730927567143291248470230227
864752245335402514079094918254625352910143935228966648242984559934
255755917775857582423523389737474844633400472593135729262448398487
770176548131880669706150228893096106568820300579282477684565057591
640181294558696880326458117051128812605060822201102948137886762347
888324825282503946688656047914724349593624085753393149412855950658
025762800089063568814923209519216400318809729991980254670328632185
674487704766797400805244494123019257706168607933337726166795237231
022560304560734945720635603131707037596272146490194250879542596683
656734967847796401786277500941708392596517921137188850269605808592
871546564185389115112448280957513693327438297878402591292425270152
380183942827764230778659980071499001127186267256977974935585858827
620784419210115012275557417797638627058527065459889378332964951877
011526441421644875208632942410854193186111409682762851290143784802
343912480472466682815277274311548964625567080291229410470366544127
961945872451600591100008959934764826857346824604969511368019113143
213023072466341637342509019213619905879348610301168491367031251593
211223143289163231551486390389204907304675379060333848146223790476
336372022317683354114329733331141893942473793198755133365951923692
060556418153629274571724953820445747470974338111998252069390559257
390707774360691544834954645439455506517513046593883516308482474634
109905199496236797103589927135620109785056162499523189050215581468
446772463615546978316832482756963135717558314707897091728778337180
485198954598438285966997768692505943828099531163809644381799776035
011308707394485192851625490589031108723329631488255920742740143440
238814712545595907001193665470967389125872702735685273077751939688
620387064305373419963678594085215789772443560955383209737122234993
636234092989901253196033994721429578747514768554321732167127462276
803323300056382327072275452949421725751941251053916721864335859445
349268769220823873314300392613546630057296367331556490979598048992
472669386456437462022496833800005055789826856676967114280187672621
778655766491577003524611009327946825636771615396243792771294838137
972344729096852205312331820157895844795748404966542625020395674682
354733532589667464821188622077302441641396400574395899344512407081
002310766672834298600575549363747498649085556304880457349808974578
492631977514473595857773563077254678529823332546870200957197489619

002324974468772535045331727309242308890578830620727285549856746790
484861180492665365738111300318254729987787422632245052354172183013
256341795439649838679382945641196752277218079707950556444508380435
789200441015991008710562086545753586198813375442552127302894241653
075803033080796360397960666424281579324486052872495607487409036181
364062430201765226239558683682892096274924609118894291902212698768
197461064344788994633549049367584304851434998064609544967328877300
152215440295681234534489469325923497985578607921934790424873864420
679228419251327300496390538838157937479116299593373471044258657372
191835913423118924681215100564175537835673127527720339420845773309
322939337741474629120414336423758453227800104181991754841646907988
966638034903140420857975127670234369730901782041202312016332370681
609809619376238353166428146780856607220894937814058508265825612064
156690803913301450378737470086191634207868965841313273363314363382
372598692478567010819887206149431011600932643020534519436686730988
893658736185274628304684865086589316628441742815813439912058343184
793314382513612576865309377574773719660808241387978909568631924278
782136534145351715120124156321455772612571711542375752304356111855
891966314442308693667051199138153403226210621594397427120765465231
765198966424475262047151909698917445511843743312560411206000481062
834177449518999061022134126445340065348576158006336404668827392202
261921447571115941454757056524353886708217499556288908901677082397
310205194838871835498343288088860711036176903323107813796305572738
981129127703868279932165904053146896325986391942915207644121837405
335668958199426520915206072234787011150784945992637942582738100456
093734037384700526043240047651510339744262915897859421619027654612
437100731415331339560670120992357055893555586437332466239368273381
376660988561386081756085525751881822982365620593039848026846892564
831572720381963427502449053813871227283653813817411890381862937066
879655274018351601106777215442748763186693851665268919096693241241
457652517547713861679070746876905028630836414931896559562354278624
551587599337404868888059363509476404640422669023739434693813198094
553983059637952785004028188017151896873158310682541473547504832093
766879887868201624977207965462296599869709286344427118784043263484
658241672441603790048629063352273962632643689695218637458554773792
770810832099800656037854978617928168238018443737773965967582913220
601255392869706131183075749736498210147313999513780119583630465784
586218819441497849370098402756006854980263357350276903501334915999
410634061547078733290603707231161240341870550788379000898176947025
974081263663402332052347594946286477202796252113686448377842127754
708906075102553014546480725459627611374316793083227144449518251553
202530688993058531948318061909762818016677230361216606781369517176
487597906417672078274900447456671143903026184811709882218889166496
393868513193469112598949862477341922210392931856537346282447189895
787586796112815110996593701003783460366990836605499539314209994234
926019517200560034985940409635399105472773946979904135787022632069
202545498416572677427946396129743913685217948503406180772850987428
122769011413681640284675288754276648347172854512389859157160621106
210386115041453249787913012138068893780887857411356940236010861172
747490768634586796259736100199117029869639675360563303585985059024
044857052314430822798558580421066760697846685856139920532524870355
545853701010773500886495196354119145399547557065526277584357657458
461258415631074749536770190450884604517896103563009644983256798030
526371100903483368327380092585578396397697887574550409776166609902
795429188589308917950986812311563053892116814233795813108294191301
853876649838432666048909688018607869899694639519523554122354444951
091490427932659316891653845246476121029773238049491026972063197314

```
4576872230188864547231035203360880327345189251460428378272357373811
3799044513964614587724157800991829452769114892564495544578208112581
5497462991227232646490397507964230600261945260981238603894172852561
9764474274292893781644102259782780808093811884898286656450750469901
3550368236404570287861926400784608310625668967210515107875998062602
5331021001223580899087864525527739274544838949424609773097681032881
1810483775584905357543698547824872097962396028564633703672244472562
0265313928132432260277494460178011800643538046561772418288441537933
2797330316564262549644575247852251514033329218029943636689200450281
0879301458362655927453036932085819923685824058244928679704700489293
4103674324968078716780528715571526979538731761613935613259300309851
8745852607460428071453029533444248363527863091514581116770338434981
0903471380868798951289092704710360333677107781408348446246860614725
4988365476714350789716501445276993860022792288731246161188868651454
8757124587583194866819607135129780973428900934829960916137217184080
5688912848320307378043990298011977674459526087245017878848275822031
4160796646845338401373003633935223913261746422839714692012729341080
3224014862978907413563620435519583015124060878235799054599370559833
9963964275428884443219350837396044412680349885498678014241201398479
9469474267251345750432841611528318934336257825555762486044698920810
8295158121308074724848831737971440657552370929620468722922975057390
4325529358481198026632909340398949735809290273565026520968682878766
9265416618779365146499963351891859198281123717705808512908891479895
0229680227753697818326436580306594608092400801768907232584144129719
2824247203800486590762483298432666125302685103349902657657857996330
5728578158044815065341472910340118651075275759146213859575555798465
3317465242124797035629657648497169968778459841432813641506265880323
7353726720510020391872086548894049163339238448057175638872509301231
3790697303446402836948914532187479689036890800919107964472267932193
6883797308313632855164428454385518192351626705524166101161919395623
2121540447458844931776033245684699995327613115608198673031798777096
8854732069736111069687352300866613257328235545132889270735840381580
8959340954004776686337388220989994775888725251392894710257611581130
5813730792569508911106036337471430048180745447071235856967018761630
4402485928102941244816533043001976781251848873242914654653747653084
0785629909045373784763916341069713494831641494317725925735989877414
1042585256506469922575333866702293799929902483384497963616582601770
3760240428543525146892938266773788401005040778149801065156552974765
0230253048184829022351663490708944987681196121510650807088452894029
8303191343694788607197230910879065454559290442696210241265089620800
2377548637921900582213754179945136773755029344213947843454088249680
3005596980722742714752346186384449633003720110584884442628228471835
6695105783641807090871181197634134679230482799192942334443374526571
1851958275817242955697536554765355857153715878867315582373179120358
1943368590246116895493584548438102182098056456671152278111528663148
7979122410467150345412263591740231050726757815651690794975354569546
6102343506351789262820073876715784184485323312647481696410450093295
2639391072551402638097234507421452663467912487992195042495063983505
7563167002422209788884501423549332644770854207329564200647999045672
8288273089736342401635598151271655857087602631934760357479711367322
8442544954614124103144112136532959073184466267811106274019900800574
0851336021711329191019148172385811035976323362159445906860688581745
8272106636078324721105539882285311162308307722493207187603142835549
7239999095438674791190412064095816350306921536539525593982910836444
0577894768655906426959078555889278014811531296052829739637830522396
5687979329134158295623155010561975005747882584350683894802720131680
054492
```

पाई के पहले दस लाख अंक (π)

417655413415536722967818672262975219357296762159745729299827845769
995818570124704106527552347093167602108874620189498309990562680354
732391917438803528523945196855902262991234055623668168420261406594
601661426898163648963226705671454527615520840319977552181122228306
946402827545830907880095255382670011748089440085824422344840901443
930995076045874992960929194486787284244655294260355040153663048572
784575067890334206375485651802605864654535049231546366067214955979
231996128389256606862453821966213790956141809481962680234837370486
445390985796041171310701243314722770694381624261607791747358930604
032216117319023629010812414634682390910147478453481264736939378034
508669020117854092269189072113908427362640084022560952795366222687
803631074992951896334937247807842462077385456462974698567818779464
133277559594959198587419166844783018668875825985063358095304730592
627958788266281356695741856635183662967796335366162569000658834528
478932612307942533321209343130986170013940224515939863015330027588
574482615552011632165583054011090247991317443186094788894424719176
565857393833615293891646315787775206926098992237784272107622675471
362967726528338260458031548818429183457905620558523138467486880987
475741829951436089527571148969698465913305515718249017264063469473
831622484570295688213478321860050219757949327957537140194691987103
391921503460117489549350057648311848003832107045510003197299460626
690817032846523263802422485817403542298510813693111624820378156824
026705402650609276295741300394590674452791979966472993327500323878
534455218203096952772541183313194929837454299674345083494569207945
583308957219416697425544682533864656106651416194740273233068918055
488714423970148248814130243332211602822892880315913275460406393144
756504510247078478270031008306239833790350592085387823674384874690
715910716613835270975585158434913210350122255865928574296051076914
689252902235938279127110071779878737897902060104053792712655426027
857235385066544466670386663145087099165571537120692078442628725803
234558565314378543259039018168386005327549657925726069037995759888
134730688880747447547111932240148505713258006452814851064945062178
797173665367581241855617818186509256591508967858838537346006935149
766940200854142411958615773819902618019957555810622548361640410620
763090175856074573884732645071333857565460417325337113028013789407
938579364339953362780923121083970023302836469423386202991033137697
450725192819304481060536148898127237275534536451517984386997375729
723447961754122638543250152317808397255726878502256871216813534253
902834781019191542034324259346091331136425107319399433703843238861
375880568271561648549365380237850903934833622482273182074099684532
966420066268037268782026486705782985119284503022158150530356417568
937754210631387943008169086192587428698754675509234944739615670759
250191683691129303774804955199097039823363826364891350584303996481
957236211574077257682336990702374463935429270205346044803831023144
481145913795384749239157294312780741204406080309758729669731071819
844106693340826049698415157716592955194865581648675779423393689882
775900357894212761604704734211672187920488769423319638405449947511
159325479617623938498538240196477081852094864855924228773249668730
030102462610446676908525456097605252767542609722175804231532157673
532907534815364111375640334493764477315701074417762358231865170035
472053759404317824599133598339181781909632989815139125754319138983
372544052815081545703102289680299577227508331211659770422199826896
583246941224511283294989872970025288692782008856127159949775135621
524144621201185726015252469722909151404640753192199281734280327618
599645702580211560174620906358907518617575300004249196720092148567
640159697615970405736942590356827057621726980826125845805961670618
866332840263385648286426103859307490073261464768345904157879793049

```
9820505904321300238863933029787387361962755332185958012662216325 84
6640775464765793633808544964957096554919468161205115569439108079 68
1353938460597500671795063102561224792719960465708625384312721919 4
5200310509319123694795458561223792958467448322080383851926631532 38
2845070622235541635575201604845859578772796435664079289773151778 92
5432460163741951653324854866212599811797246357628056178491675839 23
2577223668439231390463625063640230283172300137855383978440596035 68
3326842799266546160672110596063883424295043002336365108733945914 2
4660824687867914224109725995512135343919323395208857001590380446 98
2663110695458536384642995474068040679609633400896596476123350118 15
4718221565202593800562590621502729012224260401472615840342781626 0
5459873338572456371477792160474827443344111296731237676119862978 669
8630802417950047309905486807868392900997525783605684325273451249 3
8846464261174378459017654469540965159470872997650711276266611757 86
9601903289742862638348064602583518365195914728710254160903417107 62
6677581504651694625449579938289961786666098572735726068550669586 90
3757230549955720906262171394703968503952363129448708741524764225 06
0652166970795528304128108686049739229536592431541725993932707486 07
9566741459387068412327500416690860257614875887987623593673475462 93
0459683470578182433923747399924993182137763038375299038515104921 38
6268559486228289802909860409840116650732228999532240562234847784 26
9088277733330025209570716387891375728361113161508282405867748061 28
3780997658812245009750709847914399252401416224053285985178406026 77
5338192282678495278866724568933375945160731956862168560635120350 24
6309928374185078076042047738430532548387635924125575316364522931 63
5117865222823289644483191026924741636339992805353093665926179864 42
4954948846174813289956813731394830959499581124735554883738711252 19
0337005154680402367783261544240656690622404363579199589191618731 98
5304828006197422232098836693647084018123214174762767322394733060 04
0517262859354854118824613991225459936046289697141341652030935025 73
5593612611451539647646649021062754537497714471550805882686031359
6615759788880825134084175124084231421887595702639616666768421788 50
1511665029595597861841596054792017855481164654185831131412091278 28
4596904448081819980631438903805220749709996445926804268473445415 57
8103344932059501563201963053976214180739908627084806430321780024 76
0901439771564231200722635434932737991573155185911006524727748519 97
1019847797665568944919671648616867079037571706648356280803259648 67
6734045842056865018193702426952536481695581459090936590780768681 24
3863993425655353304650567850655486555712821183173965998363357678 0
3088710405729720638481947048233079352209060843986280183867089529 7
9494559033980397505682344935367837444146988538880452810081360625 58
3295193112119347517762845206651922252738669692630025665605713798 7
4677472263219110395446393846121845585775692692112744696565407157 14
1418197949229614464039021523936521713197016823791016253905630796 28
6769037036699987201010551972758839049026661939716483481149742391 17
3870422714295049803918440920353535056464826470908831627172704391 41
2142384229216009271291236006701029524904826889528581360849432035 38
0413569645159309243382773010698290740036378191072142201091906924 18
7216027755580459326490152150594142335313528627788269126850570087 70
9441767082111780339161323107788454769589235628606267690636811548 0
8619448865059856349824207852248210273557171168286043742793001905 32
4214732698076035933663485592468191202394714809212332841860500625 85
3791085553950069351432571418217342416965828916871047738311059705 0
9981349409693995533517245346454725301945250021970423672563394199 25
9591390300437260389765339723331018927319980366786966546139807538 00
1500749940589639656960444463410488891018772540175813648299270189 89
3187435147571951190164326245651420062310747654521955306220940907 62
```

पाई के पहले दस लाख अंक (π)

2656396770318223228595936090281625230627976852910671388077127464190
2570560244612378307890264854860064900878587772245828110243449387066
6147744535679373207145334080832496103686003164871160455763852964000
0928899056590388078720153816868605784536026239537615843658764131568
8954201845166804253112509061280575860518512612612637270196042362190
0166991290755289148425500020316639433680320405711411604237579803585
6565956312474994695698495135867617171614861342118764921998574023604
5258155314008760929919647446288133829073216882269131573555149018421
7278167785213038366037635612900765445315638810905871806940817781
9078957451433595938390351399592322158154787478672620334227303779525
4810134334887011269882527069457297044292547385863958940316252418176
8010338873389259782856379513349072256643982136040806076951229905479
4220774558697799330344439044199973576079750280203525292863656227166
3753010434815414543327065339165099594673587113493338216698948567055
7380782200217312093915300782652612868451424290726599905709582548604
3035452329999651555781461768952857780536654894859263172911706262038
2979801608412159318818869290282871579787179368849040257669196947891
1970166423079447116300479691660296336654116567141292665838641676558
4258346626506690416995107981990415638970961657836067803458038588754
9043983668110794625922809484398900347357457657221278020507663612424
7453027283277919753687094602692110264128505204647715113195909759784
7520095406773721741184399590135072729305996362535527518365125842604
7228081305017016364582988795296387473523944228984041274230766926575
3891912937927022735871589067800740485921648396309083923403988400951
2873222983061853071494441245528974454318958561187400018095275209628
5137117256845726219543878785925627372240011892859210973591774453090
9913760185710513365526899609798279669130166471364566970732370814846
5349387888981009948329822204546100201720436127512031538116582991015
1186943049114475937441511992148277698846672390919809215085158244561
0520088718540698730137255363463299564455463872644523269557824381689
5531108965313406984204121863850069053799209011296556029730496460548
2196018497149958716016018632187928577655514826098688914664178673554
8639885767216407980993078464470041589252981212008077546940444869022
8534770939508682132340733873815211764044476048345552930529995893020
7165021318455760851637824162907159794086617952632265090870625000097
8529459880341211082557760720141887727490710128389363243734475532766
1099462982029247845727959599586690604600010182553848674565658275750
7158587296867716751114872652122065893051470298169911459357597062405
2380427201676090897193644031047142701890112291972783281602113559756
3255486999922433885045198582826291038182261226559925915970829197862
3319316688106297525410684117108625987030714408608388908161734018394
5217867616910217840007057215115331818346398109048550598419080653798
4039319676526182549014496282638131368683019053727762902214082282532
0503157581449110521496934008005917184288674742328188920822109870751
0096094222717960611868752310865130548790473032475585515857271295685
1667115026585753721524970207356655428748048188381689438092947193924
9707834269119816210471308309570279144044887529446522288091642693221
2089143735326343470189414186549875808544389783754276111604821944985
7339919464163451058827596415074970868687065333087674685517086367220
0413355069089822703363808724832477362384276712729982790004723750336
5691359648505894871179717735895375235172704532988089768706037171689
3813114926117990763868175722778250303799481053099714133210679111769
3908249785759501734734327486335668431549974255543428798138728885884
0828665550630311692303426240065192461820851294051384109483338309943
7323561184083415610925254744545426678744153945274380854781574817180
5542923017257708254215514552311689815984157603331041024867859344513
95633720568858 89

```
0690571190839996799521334483952287592283977865693169705450275524986
0375938138006589525705654871539925942499971731716797625183078071
8006517305152956338263279321271806269594806341649691021116023646432
3589047724347766517250437018826211584376442266620475127825235188
7021789802726728027711822773152103035872642082452898843316831579166
499256821611449903424669515324639135704780768526898998489320525337
21012467448559451168698251650863150655902335060894613325964758574
04743071645102198896466857650930833004568187275724168076705921604
35546810092925593956489533295027971567218920273257081506277090717
38710313238424960099196766657262124887134992056972358693324073811177
055573234609021579847223452138277157958034722054025896644153905341
21374470050890338715383493907836511458079202721014790629798992357
30340324996976240607889732184310882449308266190802620499901128597
49295562772174646114689939294010594942097338175943828780250444099668
7534019038860177170124591227676884675715236965521220057724245036539
7376969028517858272010843359833984544568178406257490431917087743
8241040318671414204172036811429895036772565460710501286018318843305
9026704135914468999688471783347040829146812415747309300998153842585
0563276047390876890492793224924095349919034162115446082138983645
43627345255421371578915213206037656434612877334642326527949078838192
3864447557705950091194441225760474872733464246079592462981704641
5346065133084095714764871552128608657847073529551768127582320953381
63731442904741798402689359511383623361903652219368694895392929861
0560654350579702715511242608643085927282057320382452863375360040537
15977663220991349122262298215524644134129456551577015191898692407
298625805270698483128954807962543531974171285842576611402820095349
6918021677875090640963889389104845046640865750372940522104112800
095473196600465004394421684859422090144524292722558490593663824402
773328362645030305335399309698777034309071233257624941496016107928
42873166852638845275126706030057076410952614298966488181203960638734
0849855000941732198779667532749620118697725690414469020624776565
53506566423759146917333072748915434058300807072214809831677481930
21736845370021228649151994480864391860713650673852662802901568680073
8658482695676254210529864116593386924825383378787521349222969889
5497703342047861740980716210184415161772214819110043733371169367430
87732669730859901037197397794961028429161868412757556991398649211424
7878143531088307012871037747664524240630432837083773152561194473
055755237910984617735312906442410447089451669048806950914607318268
944927878884930939500099507022903534353921332558947652503280710528
5424124294687830663108279951403992648538194334618029560143112432856
48469653171701739125387897466609714539422772741011442393879589598
789105456641042681478911626857280359967830398709786663444404744950
23780537494089169791738537209747073452739794605724927590824927825833
5068256908378083545693636681739559150054891171229458934250193970
20896398720423360813109299527881885040277128738574435470581971449057
130415919250757571511856871245138617084613762199481388155508293884
837569145259023563970063111260122118004370384777070672157882914472
50470385711950858809347550637483829353177753808855894117419263293749
54300085072248392228754394422626269598191189695630525279099346294615
36093616354944787917503777137415907062317596724558368532599842155881031
6256244427655499025327501763136294312779601191643050971659595321129920
45271774496546336026515365658288419363879337753552210
007523306249938917088603055134982454203328601498822518924449789713
65438878760732583968694123983880820433462661172204379981330742351367
8499084586481666286201110167877285493227258973179629008389380937836886
224309281603626918073213564653715350504886916477877918584277
37790818861314754357370438396461610866845447786051856988364354553943
```

146744883622569075822976566805177777484874297315217407172224089962
520271344638028938433145251698363807311799214678365333421747888059
772842616020358430828924451439079548741920599467031093767769273460
011572635478653303787050882558626169169547527360426276524262803824
771112903565310920613755010415351635002947736028030426515606870445
034565865327374888313887136360128083391312685040569730582623675060
661853976157041742174275940940477766295856099304644453696935713123
533139018447310167028536689418035023616326193267872577312149724982
450873030342047625852256587138441719279864813496990033682366359258
820601075142130599354051182398221393595842421288680155694960131634
265883922903517029638549314312026857517209243416771675953673854595
891563041515434088850041606705334665408281307008328977614882496962
892401604211416151036179777932102971347626579979402154699780387784
794015988160852142135353041497943485318919528301157500655585264236
187716442360830789734582505232932436402643759245918005632908723050
762970364843550869676213310828770177163493776400157407706192909977
311832715705372092053654029707767867266532779330859965800109221736
238904135842795193350888221454365191134340143428094289321478884830
738725770497425332464660948353516657817670744653783648028470969261
013186450293122961659943735558202928820234450728277138137353108738
681566684680584165539524063151157367921549112632477501265298070868
653207871804612867924288077555706529278259419430075884278012095910
166377504140143144565160939204213995507274987872445710941355550450
157228970947059287154785784237549555530688277162786068182464764719
997298003673328772074752265359103975496408864254765241431378861906
622713920337483035553828434447644598243634065327813631957808343899
184020729563312274240406329113697622685654000106238986047816686297
777840312794899917073967230675221629509652878963150378284676791610
967455848873593475491086691961722460379433265367175326679642757594
399604997668066120400165330285049499728607042754250937207738586370
041544102605952449370758500363784138186077956760668064617234295007
523977651459432948967190018394508535071152508262845453452737577969
122483337192342761582030801462801767562825024071460250971605630931
767245930760486882487900538471580520750744820305264966898199940251
579494232115902784104325425835337177788899239517463665743261372851
811005292757346641848185181569944340408818037687535197406636304783
372844055818192994312492820699574561423826653050981344664300969883
579889993336482496472266767866094838218200691764477995154100648314
950923402313298555020760129765976548251432214277265806665755782452
114351183573372377304924371425957029585515871156388807799567099240
416783945078541847459790898158041308296754681520346603969878439383
081839237477162789771382844434051340951168427734092176907252476310
892244466478911687943251322200736515345623118550138742152335445030
893885398610146110690748910956635966294815046854675622928941510892
372943193195614918231825611290602583642878172194929175345388235279
936285889636367951806699435539473796067883863943299218278556841255
867799549795461330287862146465157139916591402845873487027052610698
170625680635866012816449797246668164161969879886773684747096351963
496757677241171938898911618410167572490652812301639681693150030825
201489745797388900152682402377798309724004631085064997410591209501
570775841414891805283246730618351409517491370788512597534824769265
004236854623584360159707296182804430916802637005785921511372201216
585722336541374444765941395496439553132516160965801809920877908352
579037577267506223225185883060756932318956337473318071536686998849
863869143703937913796902175096258692842571691290542002081554697777
269088469155248117449993657072604850439508091894328530447493989630
060318518772745821052465577410812254858746139841024552315469728605

6159900491973013387453043160232464499265125017042598959818255652388758779542910909672190883553577724986861366152804958762154417326193041179249699714236480394563630993072083516922495396202008388151191837244452275263668892099295766770956673835188966195961605375350086023233648287212672794571825927178717732484309528273573981941079466564284153735209789228890021037317202758664290118383502401038262269418554517462360055390533684447990378023149350091043351555983611865012604956960259134576936587622265577063207518025910297097449295178885420211929716912663104142091401078642523861320813476345472977531744085673221032254607393016774189560202729920316247975376862780784597105213268572645373624225531925095186171876013451124337629905355546195917525480430389044173761791316962743448785311550195253699780779344712638424889943435819171956729612216520534622308553410454617535160285303531706014088121363733345863747449007128683413621307466431499196264587662383247945685549526493664650173730252699119087348889383808220490313999050562754439889044634722325658585987911886688740806970103202682039916459653939827631397675758675630661191248528924856994955452747582595838059266980566909315279118773020597897063137870893388322070950897673353008555615294578493640663912452296012669596009626249236235435006717356575093246211009787638785940003781112255481862865919130265466121607498035325602344356367631241181589646973856150829519318006571541263062289942986318094470882999697782360083731932759312453730293080319708391679211238220377593869128205704012577244486157978289703237209824314199521913569339907013764865723794090189731026773146477049154312463353149231164982846119122320443297987988654550488550281722412719641296214255244081433833184835548531648915655594728454941595183299317885179785723333498219716745220939822794703894830938700688809500950017601865107568261901821225987911067357657410237188662724699351075758553148758506068892653011018387189835211172154335127593826432969022233949380459763785580907317116349568750327089865704509163882052480794235222753568708256026031828129257727003799185301263523799010619425957035219797869460379340909076816903937424032942224485649062429240690413555579781762809939784678087508737889272173504157216861062524353129717528701700217138926526862619668687123822200180819981055671128721788669286651408685730731420302602941758006147543396996144541957801734713074532518466502487391866312265912601566023637862665201617416091315672128370430238318580118360359563761144021963419885177735871538027980839239623069592894450288127077113265979220538364752490063865053846735265471279601392705742533572399284392566821190075920761228272723860856213827653499339217228831328929444554185591185233251318300351279137925207603882293290768317757284347671056843279974476200796878545960902303706015474437242611467397637614102508918193427878230418831155679580454124311921034413514902690955017999960420723226099427493619621259445847015799426738408269168070342003733428173588242204803457761918055384418670610927864754468711090427656490961336789669320618650990481167965986055034049205961741584031837366244498788910350470616500092549942339456621656246048636275236757195846212709710103586783737628594551903569480784184420461164274326860787480844054251871227322220026214347989542952826749324038150098184804657007841619183863492574776926460569176755318367548227890233180272665310931271164367933819622800959541330478706842758615783981596678635312212649107416283403637584898673238782661376903593013623429615603116634579503348069604146809599985141673315641663661063813593337029105580951861002596596933585381337026672093038574257421678642906364254627773712451614250089638653859527580132228918653790607932844115312395719443330597111674626649023894326671796113079458231044119190079783881

7152230006700944002400638759226943622851083989082522875583396750 45
3543274241265645394801066480187933702647796786435630154195928502 56
2439369802444070041489810128503847612557665321967998949975116516 65
5256803543642604731499806941576711495717908706191447997252271479 52
9327963073535876112075829068056459270752877176117312662945676036 63
3571335348362257492316090884997339500082390802270834018442186023 97
1562268946975901121116417635281961788002013550898606998035550395 50
7696017523557173491367658050366348098917662374727779443889209867 95
1693893615953250815761042649807718788583191666025875455855802071 24
9602035690143602411606765094417511639955251176046355458354558683 73
3327378353855866576517556532384665889863983862957934979865807839 12
0288373221654180551015045183910468920950564429261871307271889759 71
9852246213142951936737845472512841913917280843195020814872144868 18
0912262141950796248583678725120084959052492536635255753971301282 52
2666319312674727117087401687401981820530095690121079949369324046 38
6341005226062833597847775099361974110216099153341241745632227291 42
8984531546044679324631658508205990084443044529235683561305958572 76
9849765100357637380948890437898149713389441121553404782853834102 51
5862734522092981378958015125267959050168838110797793737852314075 45
3642383267753725911397231685879268790411956752555832558943262474 63
1695959323793280773972152341316510233269555100425671347816568789 44
3259010203076129931870611713111472446847380987616613298215895237 33
6732356716715456141755516238807971200015234531119945417833872460 86
7591965315696494597543435262414717377027351623521869084588169433 26
4954360963069032786367827217343378723421220127791453073615284429 17
6459375754527665511736166249377625834123266947038661801099526416 14
1446943686665541214653557251088231326044430205947829570646964208 40
5066397206393173650735131730038804452622596036548486365969426951 48
3721919405374886648224695513800141661753441310943976696304892594 97
2320831753099626143078452993318016508452080323635826442101627431 01
3661298558705422918469185853580002596570936106888670740836870849 07
6125799471641309963888597728060572543836777759459494879039592655 87
6319211032276505838730439987043541540772170815337122816972534708 48
0460678481530339827425354606736133106255364807823517193731976382 92
3197606879318639973939709329235846525925254878475606695873672602 50
7496468659320534760333026702258789399715593846707346382221087165 43
1159871108323635901506917046254335142205615002339931636212269316 14
1645163467224870089085755978428672090870503505953911028556125649 91
3517596449387846853627188016450215023465660857544006212932808424 56
3547806671370456568519259335922474643444968138939640957288030077 41
5667409023826142450163971489926715058806214047363887717765209161 25
7743011347519545220374908961631221049043534651801900090993521519 64
0471458864773560214651224794178059004235182076679650785800263851 08
2616667884855895074915864512661930983830583482629690713170673107 17
1972808077684848057965875444137992944910704747182972801787259017 03
4033300092303925380610416754846698895731350680386861742639924436 90
0050778323469824069242703312234425338168695545685424131743688576 72
1218523392455145195436629288774904004394559466550740842702513881 54
2258012779936249482761255301095759410701557524570174019788509769 99
5259561720868943409159725896349283592949176418770735118875573352 39
0975338613904611744197549108582378945359488173409788639450617009 22
7355835690040585622723780649116217992575263587677173378254508192 81
1081021590238831184952959703028904546355239277603766971804645500 93
6638939527129375661836498772135574322758352117961769740289374567 77
1171020960197086099888919748227818340645149632401913419859546667 51
8630438217822980536476808596413487848827651335906070316166008073 85
6450236740863265104795655555239056932413659061767319157743940613 83

800816228694214783660581227966013786881036422393449289901558277560
476721452887526965184984097572531141269697999683583131116362301667
967637406820847352207648198751988229863052801822887374008463358398
398351191797700578244819958671237440728854255425882067330386593512
348849979702623134280932584612061873144905739334295261855568315864
723465082335631116899039298074623730185896175127462011024135025301
650473598739129966877316578879331468114620930068822230887206158330
968583647938117175872322118804407563604562665101608344367723134148
461871266939435580944729922205809540034174771169249485722497611316
668715094906013042427878611700218095472391317944418416770245763014
022975018319380448844816047770140408137418939545475965527353961460
351911339301223133299133292565079896523080905985857406951069192032
793347339726614955417056166160815429521787924208501892615890842770
899908154102051635179645981575455968806942601800130355785547027159
876006807331451816194078367221223851733177317836585699996221593848
758839224899291106871277741693137472569565133430063065227379245510
5626692188808078118325867313696011209077146657944366288330014408158
630986317264190633304404450805822811281548891619832293273181879995
885127378387293850969905006909581505599686237771294231761972940408
139418136027240514820820737951363148433542279393342776536861035254
077258399965486187460681108544159937826344218383938448584852903530
456971510991250442313825249252954008960027765387386635741563882743
141102359953392227466142808950302357630184738996956968785796476148
133852746260001728400766103533599700110742958861790934485688238614
022120262810098784194778556695767060208297297284932172835947885074
785626883541396045205032733900115976899759234882378960037047435094
401262181010948157151330500526967347505159579302414192467718837799
078970967419856206206033657762606620039347514589512123138896768052
158583214858756210049398274337792910008563459608478727443346055618
482163033872291055643309346721926478665631468981442003818721109343
897389863038172129579092991127430767197772915783767485462892852180
820396714378507933637369500772766426675585419995885697258889417188
547324570412654538727929383555423041284137013213116316861676495031
820781233528078670360575316926111114131927428779044645590745310830
304595611994778892976495070646397168145146294531242943635554886863
612488265612400644093270462720991938024993538960597443351284906593
630428301040581746061232043944596786199437588182107887055290972403
150885180446976720704932193264273274749474657352706314008460022706
069559676968769935816122080876142890824382822508271626545101507650
711225487767831271048985812589031480801153234822354857562501636134
324457554897084018525624878558411615590629157064001861938267871916
714542297842701318556353007592339174371504225236871430802869738972
306594087472615583200288560564305436754730126975992391214093078205
163473056839443576608050549539129145864564189519842126675570326140
401652646471819168255617805000436626398681263260515677037375763228
255723722403373265634399261010727774913476271761697800242024174542
196335423683421089982050983996930900966833517291556051800329123750
279741383363465570545278348537476157707297860282642316989566162153
641506119169118695850763008877398413314433235221610864807537627562
795357326192768075059179197538220805055360859214370642558820407949
945680532099845216195290348747172915878804337898027199175755284124
951645538973669036679774585106049237316474933485138913107670478168
931509280056525080740033602625587974658733895886504554910594418711
510789894764277239141320085902731348230514711471086256844244305561
264573131797594669083041340349698418952641280813039237953542339551
451643685832971767270338799660705027538088446666132495208470595623
603513288763569283104042351423073689830225761893982210451471164975

```
0864957931331023051640070274041872292552531255505075196263090141904
2881583786080187226885330334260324188741994743094870980900779689622
1521278204036387184986911556892852678851436920811198966991991759394
4222765985852960731611027277193039228750373527674603136498728601485
9087801089027696481017841925051376836394432779858978349967075106459
1608079978149867462129594299294951034556123952851899664838931513416
6342562538722904207857003100507667238782499422930433187629331075992
1633410348818530789457862130438446990225971510953784248396404519561
3952649940910541934802783338141050549750386325213441665253257834624
1054313724205134365610070975026474975060187932989700495263510803848
8001221708113442311592330182506552329000805329609505296747617827764
9903380464927564246078440062247751022984090446457608824008438396537
5725163309086936595011316680590317606539941304678318604500629809546
4117932227606439454509746403119000404610136363756652514763392205640
8539488115656651564144995469997989615517085192389641735048616440196
0282228370231053195494455715777919567588597530366609882202496886496
2402373769741490896227826267171647090545458964342513581072155099312
7870018109479337800194288116971384559781303437591174498305039727200
5088385100204864527669175972913171516690414586990948299639788578847
1241582151819151311936465926550224699522520658612371086170777529724
8009628557381117264350439772399159135333727943712149397486397926247
9245746309268806016126833281080137307606789638853035247624795772962
3303632060797531311700321563157739611414172670968457919889678233174
9802500904092769839889486946584061970883711871716267890598037992818
6879083596767443867394110895371969861829767384589543924411217443260
7281434415683337783965800933241626531197588638631457596991628226007
7903337395378068615499543343966625340413723933605837613571366314849
6022846567534731883339597694060242585033382282696716025148826483767
0313936615030465569440359099795880865306477527207618121415394106818
5531517358800563179789508106998207123263575146714531162758252500806
2009835302998598765345651577265590577677705235068007347211604498064
8839123443149699456629688381099231793759615151983265012059878144161
7932890058633209563904496732740967756156579216951256957573430650111
7727944676997548463963676474095197874698574050025666304304969303782
8646730889074067621720816291000927084108802198036646903200660489829
5265441973616508087089991399726806525622796418049464541564487670128
0058394443003877713557078046564329913218706063220815142750622404635
7396332303341712920530795518615942218913417439346426986003963040050
8002042870415729593735309957711667761525162452409290068764840944524
4870829637234794663408346767889242904515984050860716953416892727685
7026100718961752877525160511457579234875828968827250058296434832572
5019488704916732932741441469386161100821207301489450942209156113531
9660150600951530042151879680050092567027746169752691736633588478953
1048751627925415229157364741848801297370600826420065741850241704070
5431717287584945349675596925660581068000917355323392465539765805611
5062668571458886231368778250270750779389298522128983767573394440612
3896019462548014968669537166756920279450041465728456706853099431195
9103987237024927090104353255259805011571212263284707450745903405964
3855282087729191184983955166804404872154753233912561994593028105975
2503341685465676518494539988852432775783503720834777412746381874054
5863929254471150555432279981820868187969864701046561341186800539651
3134672323812494414047414596471311007233355202812338522140507238615
3693166608946059307567586266790750537016110407034090926826748877502
8597523751023854526779620553060275277743678194057795338407659371912
3390416122993896587754050420933165780695965341258929276900210583534
7234056106514555429320091707450439470199566983662770224702288304266
50690455121
```

943837056846708382357301181632285434001843049497985826217684156199
179199351241530949158010079374774040392763688826938414993758057175
171344755815931032745774187576371187757132246892272242493377771139
575584843469314320561935228175997645633844635236679326941663652938
292994731554160262278104340459712825822426701976096925423356800253
834894656311249517014689940046400911880740870773299643030944043581
834084141758018478995026247389569075478192665221993496740541728819
110503325279002158545943175734588732769586397741338302654225157488
127285818892732849776969110852593856521723918404258258231447031064
760464814502022210286533308656374402259588047132186945014436681753
853073158920051906575480158234491548443177708176712520461196493945
018862567637414537686456006014215126129242464596730642846488510497
611191884672049866454759999268017756643379003400568470375447562878
249348984087140077023629650417075010454030069683112353172934030263
172213170861762029604344548209543486763695249394153847667538095773
551214637499080503829564670902052304673985564355823807120013405179
535817759266117929746014869213202630600393179956484944444731611937
253694206234756374504782675939732127033728057813431266211173872224
928063336398345193036803892593096889952092520352785719809923805762
361228496065232769709707647903913942314021333686903948086876847433
080122688699462034708237163097247047250281060331416470144741205421
382403081283471910093086202697490915360722527512865977495195070144
683595703426614602530281533848272776449790077688980744583010805807
625802826525398467121849904439425891880218806297599563142816384851
120947134995242272909662562131057200278602521302716524357302013219
950531711204193338562432181159685353143642809886601095854368526010
852934463784118853718262721650745414154290924125763428168346424803
581833399866073577309409498606570661584407016735064684551083448304
103407143306886135064816123133500844233624141744252203847162068581
577800344074422408997737952507722722425221632527079828648342393603
199360077015781454854997327914957152420477718325986255747117217600
047591868613465766800747913882388825260595036961456375550948364552
494331849375795834470825651120297713054890598588936049041984366155
680280639101693150794123984426141463145272074906342167466656220820
733874054410275552773264257266626032543414164518064646201359107463
690481409139488173491501909058878658865756080546331911539579519922
691510175261135535365480449153805235243092095683913392366418602184
865740565313865858918038882901004954410539504281908521709568970985
222660491497703442563415201133543595601620804833457056785828475182
886943264572847094155070663900420218474284148150729321142555253848
768239840596403694675585587065077805288811843705437076685394020436
679087947275769976742717439082411422515170231955326014929205324852
331644303361410581348081211878445401680049841863719537750791225098
168839594398437434905009276907430497219732166826907868189429886554
326039347996027915286663167424520499357683219759829614090609600277
500754116118234136595195436476826597435387250343355756076030942645
937176844352565845618941330436265854933396448813667814189940353781
251863618098614310938046860842389417657170919837530273529460531821
774849806764100727806893539487785620807660764628864349757813849167
549694801333616458553592342187444390487282202327482790004380974372
224090556657982792540792018271917640731568687889908698234433324298
461713480779415792607894378693787932181927623832088562198256262053
706157053365099866604373352780043029785385825777258208143493068950
997469028421232148054362521441099265845132086983569503793412192787
701548376684625884851480353282100576225953123843954998455977183661
774696948771337360294902432014008936954352464284670390628296129253
331756090545801524153362697046334156094771470387833114080455327202

669851691655054580885262347227009185683811529132516075575147329831
048174511690118544738905002707966281357373328915219473513171507142
118196223950640360662507937661011410909757198751950627907671992084
156183831262327870536779495872093480853103370037079676981443339865
319473005539550361373716903540441227441848250897255434113291414099
210105027940607813434527454574891039787039592557677197303266292058
500218412430561101471172665885887585811098013622427191783601505630
084506126095803511462218689703926560067677522712781150869182409312
639832388951433073092080618183670533272221996712213824392494133845
030855374291395100606121406401527729920472162474690601996875361612
930959443531967021387026224274713425295198346411502152585217190733
435287605089694898596618737246471484457540042632111691306610800075
901992768527723122943384537537344556192707318420770035251888198510
000910588697024636141339463736403629167648502431395922261089143124
584310802491853376636547379542810198006394675491656738822093720679
550224539749527936043218760416737125294186890416787560507158191846
283974995177618984701201417284922531659976424913961553463045596737
003669827139244746172240537756388452506057383117220633099522461382
751543842624841830545461614239767958075757928929553582315837910599
881000136355835802538193049608748484062324421301967312857279756963
808915891141510626829367132533904432204439351225627134258357193758
075555470995280586509274891485606150149058672218630181453955271543
377441157484301460454210472371065909374589455601850747065551250496
207976349526296285857419106119868433743595990276751351242842162787
382704073617901822642116190565452355982134650098443468474989342551
941906125685394712155093835778399733985359799208044091401401301969
205884816241657792074385061659298842954287592676532576461278658136
538693023064324951487229156834194893397732577238311018607285992138
274399553167071797786946310241209656299251563690707097976574622302
248111836993379540037289040035528138387916696451463050174466783026
773391565848513133733221345559120169428199446355869119901046702572
488630391431318926902723427880765595671435508100852332873676188833
143306258402854461381790916491511389868861020424410969493039946188
156434692259238227154237325561865763731911138393508298447375787630
908881906697487503462616077362010561476491958588895261757302986600
028449208833098693563896669357365831543219805114630291803035328239
125122651457960451129136204814160742634836890487253477414604979289
686654718043110963702069366180038156492646017632282354675257725100
634810833246049639745818948562507159279851400688234565876643286169
649944702876172786074016278793760031340305365372001633610673119735
402165742745526613772464146797016342322109483927352053992161846684
431657805148578748738995611735615742292710799789378304117463423317
231236870629887993956379693234381409307730316673855875833658948792
192292991702925321953131063137516995648955562792077326334439956069
913401234556618660027238644091295776817456745562042696966397914924
854631761555583478849112031329808109382020016670821426195383939135
194943324558741577258369481163492140484733546704852527626699095914
448570908316042386634335523479952419332174312708264275715015373811
447046489614779234323918836597604173276069183964760678663226749291
933231611318776739191327131564491305693705855153395058229226297936
692800988901273744011072991307584839194837251638752515268120935615
506896612815652785043774385673706596865712904074504021396786409805
016287163242664226733761382152956236522040211884309169244962016703
983772402290077519119901733887256549451670248842314466733016979564
931389538586123981116683082572022333724698573778725176730167468852
701156427758200593935709812258690125889277275347751245969545250389
826116680212877573805636856315644421994581874028106568017531855645

652955822886169552862742002819640306143910590032153797953969302185
194232688079468527914072587719484690411764169152274721106824390965
834936817407243912567260141392055375044387785097186906128308954214
450904545348523815226121360913632796256187136414316494221393554422
060053382734515307986723066880135629301316501765553770471630091506
247921237391937057541387260377844094217302591125049238615493819007
039732269827084459330938371631480611283411794863130846199594307896
849641116870843379334405700795264780255324299882702122395890715726
215449188311989117964922556872579518737643726521041961886235970807
637082519160197482234482099443332365004015103308033450987342082127
921412004204801805010797985617232164735044013698114855410588119726
087395394254908628737839037468098832081722147968307431302693815436
368453784576155752019947911774123367085935717692095928402888000062
917208716273797741535129580502970994424191380762872308506357855702
200290134327092777298737515761662474840473928515508631642153028208
352650155756311959083682307340304392715181050027526500337086894984
288132356849650072493988474010569473433805637338402382436072538873
309111373884076450003773447847091001864804554117110025614054087836
992886952741392619379085138522929789581062839805904499241387273763
985719482912844834765974014041432598188502453910670591768324622694
839736115718148985287706502379213217892695361163793044646771025399
165684431444320202981168593661665925520655979568482691676299777340
317373780308748208117848767254586837334246334524199414107801536921
241598778339974669973954295186818200906496976103678215280989529876
069957103569096028371008599789898946334872095708021792336657487071
467773673609724639922157532194023698804256015000075840411757319574
984167403330352603948097378856539028866590990135840319648037329389
860459420398689661622275489436550760002345814107089615093946926452
773942351146940111277191491369254378585394835272648575521602087204
812491691018527179951837560732844266771847679540711162180153539879
182477498161858356464522803086323997713849928359209270555307866515
564527689591621869203470156455573402876692638413257703601605964596
904032255123102029559970989164180907129145748986244302977071138941
462836484848715767856779487814312512432935502476872684689469338789
309686193721724524216873927185950326411718319813570892707560107929
918514562750286621924369798417811414045403196091642478439214390278
338683726417115549439630419405888067523818774291085517880020788117
679147787731136388027728566969401182727554750200093592740494837691
964174174743764309935882811490241585671721186545181954032744630850
849001867213652717887423627513368543825843572609765763398593536487
906202036888810270158500580830280052905250059204099540095599338281
560551578080569277503764059324228538216945892473083726933480345155
440890818030000971359031387603695064629525581193233191042017397696
851107854510205884117474295667426408627622606677216076333832609244
311716326610442814595860625069986860747754290412444646328607846279
208041631617188773654072051469312121432516923429453543324728241729
604332479029063540574426435510165761886887575528924905830732266885
794063610726347131451280390967940936849793368148757132986978132119
247305994960140277818648319506098399949029248482264519690766949366
809185292465402548007721990891772919609315660548678027148447837660
439060031471464522967233738210187250391731552458699554238861364979
298934057309118689822968756922198783526788848165620121799323557181
193394789972941131625038237716074760122507890913913600736981616449
615507711562475184867186427418752220983699262511079458767442710260
549101837714149395384601730899334493604769733019287791380270313507
073210981882099042177479582446759902008357116817844883047873914753
449351938140117520881370598439846549557055010189474633178513544780

605002453222898695956109812744537200340506843316195198363031817037
478986266327072440653794392777506117384377391003701560450854244171
829462232309874159926137923103063979751962906214954936751493482955
342557326734057366254563878208772478017012519108061380763294191048
376862061550399017105775493794371981498602274574327687358665472119
372473648368884738636955047230458616875778992624179919242888086846
632765621548945377584642693660170549041069679139658565047231426979
266889208569296287842331651540087970794840446062660205914207157264
149118427257725445185179225229922899925524179313295561629333387610
416084919966631744230877940588735083947873072830991697739834979436
847746344801579069104208387495354926175917185412293597518990089222
621721914459306788619760356221881278063881322456355560680694152552
978974969052102555871166688039462531658155902647017179900039902483
340191847418611177914250879578322003743133899943887879017493217832
857091362259345239879921194135829648604238718240674170986228121901
857333681568570323594309199084131003274241630856070401839676454219
756598215258342288679649061753328803833759251880213557889351191633
363591256530761963446885955567903191342675338330663164340 6076972
503374612045657857542749445605773180947349044636421152998533043536
983846609846137669343084617000549083610123916548740215520180743832
046374678390499993518567810792289725874690367749579133853503513360
755073213256002919103155131072831771162507725515312573049623272208
602252146484022028427985932928366887990771408192398837850356220529
453361568028203753139540331764315894056325311235868239472892104281
477709045295704912875935241205135868760328451425827346944885456431
933445606103927719582129219413108746666766592457491385391579446355
239886906767996953556594034008392663094891563705155183329394000503
226417088488994601744966590766868472286681018342347335807481678608
256992636145794143415773796972761953625148160475046445713935285259
217578395278564412027696318595151992537064738543750734841980458523
109952456640263945256711483053596867831113800408161923406923403260
989704104568037934836010544929206927313239109289489416122528772541
725880715769800290232769299265396722223125954237897818796172973692
312698629041329406930473926903407960859369695530828706334988535898
063170379065510234555035981104722630784324378875026808665286661970
123584310754871934469961351102465382307632638598946857435306560582
753001735912983069515639541943378121211180440701536153143845798731
666720361840466592291400072861570470923183888837125901137751101546
728156831261731358454449555693404016062515912144520263040073167 86
242123473984156636061570022957579512596067890949180714872199201151
338603342012490334326901903152471111177053767490379250704771080007
807243797219997486780512705438658097738366084557141592231311250769
943850574957208447061617646428970167342485313072653113141132969224
499732589869379336205382310430468811672702967817935315147925262277
150873178413472011750829199181400243851651872933219223671393302183
937180182843192346206861224877124816144643726238466722738716927043
432266762821335957208657592529933570469301671377062937231618402812
814665403393929976479945083556352931340448149974608215731436782770
602090362000236561479481796166953389820330364315197605893882403131
045864624539039457563768870592794191446351316565638530341380551160
738301152349650160262898331175266540895142764548739436429000310464
975634186467063338393702640432719993444501765362119418398091405 4354
312046611071022949147957282230048881509892880050209822219560313715
553191807236758087351573949415863863465924264929827124687428737887
107211779609342852822185075176120316328786505095678597846969439706
685743639441733419056383504407294386217526100606739944657144525650
821851108112347349770923533060731560343833666812802897283552949783

468612079306536662298488684458973023686950573180717092710488020936
988600525942346855824214663237148360334708879050834675141631859978
731821377113609337967922671304808400635712740447619016990212805036
249551464937562857255534722015529162736004842071745078807950761845
913606957788248618747949602794821468325536369648055794751958042265
961817575455372575780063850078828942880154045147286645076936364292
616561464092376099194423025307177606647646097489013007128320670095
834441486795964288442656533480626985008900143585979343204954700739
790197624021831864502251873557681953846695713070062888292637561603
278764215965593125292492422161329574504065382201672623986186616485
814342988831519203159057960073366305926447801768242805793775192549
911613874081655519618008061914487729485116625699772451508213714632
819036518087733473753221390179569455469855894609950994481976623160
582738973924308531049444078708472699064031783593529046138482240608
140130673921194035926589229119690168304343622797153048445980731590
371353990852305554135850303305994263075300844749731213292281390041
493729257315810390367157343929813723660967707037239975647113138365
036061040548871609861903961849936105390323056035908952716521688244
120760002937772054200549345059959328476579144513894804179203585085
252993874450064907705032042624603929134791860529641815140735430834
587703620162613635647536716676059747800859031429361333792933191750
084855096043897181104098877520049212223706955858124962571331447606
650693367882768887310324454243982890773510726773326678439323322019
262193656446632205485521963628598869821245905948414538983552431719
342491299006181463959235638285940616902975647631126229146674653662
658235758329722166170996892121526322495409725300927609096890929815
398547781047546039704805640970194386112437832161330172173520169538
667789380518472999961133017530953639202007972943843344271324196298
010719595118940802076078542247534707659726795708604373801337156148
493023257101981328749438961494854878373297094278163362544363330826
939905579688104948920375875078545376405053657575719555719402413921
082687609088769052263686540301870822701883547584723999228940340790
795136796379635072634422455419128095770590315877255589220778969111
186865369280723830240389236271049807288831287553507175113342480969
287697201586675189142171434255763904895946985807500609279810043909
249452408176625095274172741560161454315945185221718557495526847527
727167389139029014720235059895496157417316989042855399440283027838
377623650108590936919201540276948681440882683921593425318596862968
867707355681783603419705184191167919396618337297000193822980150272
483083508010971773091110587089489467230542892715118246415440910664
532953239354505193052789909317281149964927253060347021598719613456
500206310713361365178616544164970357368209762583749438630392248773
435717559667110116693127919204620889828753887107153631368815546679
590155314546236533727710941929274840416913145419700177540191661941
927952326018882537303377523360121961711612555388978356176708377387
852607563134205865681970192980420505034509501358373027020583244706
964639692236906385933110811220139677100067477245536145173982465787
334364145518521246858040728801878105976487177630797893325464580093
215613548419484217791755933093578596719469919505619129316799344119
459729424346000102857975899404969436566619097579329566805424670138
374499909488656972175297862499944403863256488733167600407677690717
691102171332461667136933577677517966874823798119741641389329665109
832191318891230612883213061753473064594326312369021942487650442656
800640372373565200124319482373191116415861199401623456107055588036
662603162216687847134896499772571443635703187500753298600633308289
970512791458197779206078069420505494926820444046342562971575340949
274355797251601572079797266070199691870098612224188969224783312230

698835193026800133351582348097469113783697448676320781546648812639
240828418651602491495497986442720986605182035717645689499356020430
710489295815865063951917305638559382217514301314348075986693326504
847479903805646835095656163984160231551047965988593168474522978453 2
711563022567963824580570873833598486159426999235303174720562022037
261527089760668460260887447119518675285250056178297288871967524660
489541310791051300257310392626908884742371565183091635467374572 39
943835000925165391918101842370641827844631996490552888569939325282
656262824286907604695912293388882636789052588962979926004365835129
285916601681627115850385950992004502382880525787160799914857795117
410714587892789285944554229757489266391490601225590184674242048 98
306960326099241605373198039930958031845874187561196551694103025884
274613267715286041675625997166890091974462057078876061938247144306
820078699951582186915234809462059947336728416187438018376244684311
462271997183540419908572126700675220557081779080207642238770083023
145963243769724843022813747480149945967829765245111164756284494882
391126580223207233939672487353483796834709037217278071821993045796
170874846683226075483119464636316295504614289181870344025516066109
960439682279760085105109039362910919942119388266551364311045937739
823375470223489709893823833496062224144588181571744869858007680176
809831354488908073098010459829884067101286138185559779131126585794
627976344020932540464256523214487854998370452126786486295967723599
386702875890628269927949214888088902597529717747890672029936712367
876345198659570801187477179864845108982519553391404526404027575286
220156098390974367883923433686902937949023880629769925569203312504
277051089435097832023702609078772210288838691730652029707426870592
354303768898474913311508457272408927276852932025683038229026985498
309266427981696215482643789646128368380420732092446348106248237628
678481958108547337889172165033709317162300827835446095355000157087
325853718296069755081704358349922043478239737270858232696362370176
097674845003041090604011687748131236415722492541367350659699997435
146831130004790437633894683811507504479836224977568918706331215982
573656934306098101058107512832028464444446692258358776454107654245
446160237778278842301432414837607752722866645863176868757284362034
638726464703378104558038408699001847001329490672016291067320866560
152720035703770087723639337084619152832048823114035058253541286718
497691898740183701119711247408166154018970145776023023745038112311
099710264661414041857261089563696058312446625103344217698695531230
691835330056188518487114675653747128425378375360270025404781526769
636800281490670826847143662704493834208868297956055915309143195 92
305379389709091235016831752315693892208172366779477179713627192414
555888808601903804074946015109518157321992631630815367277863953398
265037693509319621749307103605468274638519238401058938048215379 60
570375541363419453179102144027724400228595051052507885300563625487
962039630514167505389028154839893826056184605969254309230501184482
024440573533399486462324698164271525520414183945458833906450700 21
120281626903764372367863270923848083570492855665422565700417166434
679427056693169465903559002500981102046159970692226960430393134150
112385202084330783492768521280232291152519737913751743284056717195
786548200968348394935498706334104510911558023997896555372867167199
806356218822908985971359456599565839007199084113529007032127984868
173787637691975015965034762104926792800297988281614426247045499318
735873796114461220750417737680384233088995124892738217191170599517
713453429945729725215214038343046073402932129297183599023367167551
902048367988934857854281307409171121274913518896650388059503648866
001930517747973772006038594794431466501041077192351722447258169876
135731553947360636102260817195494774873346573076976238292997066 59

381130355666982838308327669547610966886531811220411325508888982062
797980648030112172279233418196079841299972072008841839387221139034
724731085153277483669837824867965448539605467332451782821837371290
684884322609750319063553017941264823895351147387863995054860224600
033576913603183825695223930439416276778650226367159054260821794162
606278653413781787284203815659300744636406739896675492687649395718
490313212113656202390261522984062873095648128169303501869685037131
095472329376747222478572964170819858940521696598105253378892335031
987258494889372864076832966453384003413973368465664299812962074532
556516610754825373816739692277169563653668258137853929592804863934
624068004561289736777656499264445275561622239943174891109978681413
003408786160964068909193446601068578173996496691929407151979770619
673556327808303748676242818953299379935017437703304126784639410742
390004075198605918156465947758609699994125596896228698815789024265
778977792045289457268597880151203918786449716049993622264612495868
772143477181778272154033157908743833318094502935381915728145418326
821124819723259721432234940262895469574762101080787425847657147801
608833404962554650632414744423711596789923705898277665685897719457
925992692904083389327233247930254203274120827944369363547913979579
720396366395782104958416314403965424093860475283325924343500781306
594917949907703881670567144856475901470819362884606343870830873013
999253725298366891041033135943943477132545251112552111092798727785
951382708916366590952074170927525129902620455410308034810322700046
208199313497741033969935705200813490694208037872203790464382890249
902401221380463397980242182106839346850884930167918289662130425493
338799654874386109320851491053327587732269026724129296625673645906
875591489631205017424394526389397902442323703264903596852578213780
965150454498931866068559097566323944226182229519656421572541809032
099804496613813953120985347967114699342694938245149667475159852900
475180527661226007197757224967081515058039143461824012521809293563
442697690775936654520908202506027804671493363267787205816815970250
481840076454284365495003371942335655317061100284423030042053052952
933086763760286456546110382753741547484910093128725956442056976109
993020881040353186694892623960995356572233574757431587861845904831
966429563222726105271648198398546337943708365729640939488820397486
960694333315145791639720748072343344270697628656850889473094981597
190683110612001028675230952011106399785970418819427843873191795483
746036719035569303839940154837381862624892618158175467230946628362
055651216917470327887284570315345444858522369606979868892249345328
209693435676167926010847238262589759905263792325916415032763625594
607746274170433254493457444889477216876271827727072947967992940703
725682106129508999370246217199889894467876686273457941352264033498
177530833993906702966521338034698372728905324760066193925458206592
897014152612950727426292227932465791704383716269320753650111960155
525946940619181818487377713426834444240529306600573344588869058880
393177484511774102397358775282284385958672028239874374352959211556
243224389289630027291056872887268161611773035695272316977436959291
424844621189894575011690312957425148284517441987133717486576746353
974745761595416087815219493803821906317197854636480687724886181039
189448975073053855804909207963214830893523184803790906668134527178
233532246612521949926765291427590890922621175108174670500059568093
135195284008043900757261786657751257452884330535531748414291753374
248775094899335437358359554578827060373973912922693703012439656897
123773945167318596704193173930742310205394492793725566951434978805
545703305908340113045524208837745301823471483685405703839803008349
014666157562782972454384494736538947399853428754328227478538137311
632469929383670295832152967629316901577016376459707311545568276634

पाई के पहले दस लाख अंक (π)

901948250420327162355437616062896101031778920813007133134968338654
865407252699942438188746548272867272278105469899924363853838917100
915927170823049066727659616237816864044108587574547936667543859698
670955474999659120236471863025134234286603123083288725426148465049
133391408455713489742121332627956375141588593834370232883676361427
210910916326438119930711805813705320521818716890340408422833149561
397141000910171509937355016250498698021280775524186200458708968444
383063445989495551440098765192200443482688701270198303940692242853
914434437692525690603785633163635916959756362855116855631624525027
754537619629428904366194589680239185158067914386065545763066653855
089791671967227739752076358291905766479671803885645388188660350645
431683355124532052382832782772109259629794743650827334190694841174
771358669416235515154189766502736524377829273750109051093082586789
846241868494722187945092867305656472937265721055693249737530172030
034298462939903576040553269480197521260030669803843503995362245864
967571735364486622960867665022114761971906683670007878619525727724
960774953015827040191563034896276315535912935217020929815099957118
977712469085446761448508350541333397848261343953149537191502413214
925257011457627010326835919788551641036147376475962509762230288111
889540471348042461791153854163232840054371084642690950362186833728
775644555584451321260709365088896899626104066097271490158259265168
477635062365733527671953832978920009067298565323545222748165410194
800740749839188230279326391449423695735288995277041099533947552827
010819433573369718431950816575181773136178920372220046232022502571
019599757952402244477732146208376008348553877306273902091886835251
019639767078418503278393034561640141876545693800041666721878598301
833249780430668413708789977806097087513122453733179210477653219632
269292062444118602403823939582693848769438647992158275076780160750
653635601924781632884895067393170475081966462719511896879259504855
981422537353491882022522322545270640311004505864934019626832439967
502709419772579999621126315498180662935407155836102749719065184274
065659372545125747421356527406125514208736831953589153401830056437
614755600059018875594324899873423544185362988977246414291129851849
531060905307036852909517474704662175927821270284427202763242218865
003628293273448127781908247371971787331228262452933903310566123136
943767215970190562786251023149650838505178495474625792863354846764
750561938956048712724763153542713060257324619707305889144995762866
108051940160877383993594759687934206306164976101628938474378762708
398093652868909362413539742230974044012337734528350622583007681949
535057372712472914630242934201182055942858754096729982477433299525
328938891028826238500291868606622306007695414534401415437802743546
527798112480595010881568865390958105517925178926168594761989018512
885485330019719136580509343086513733915671442531069334558535936906
805731112135220901489843226163964326307761140249595727575518017958
941940131977457342289223309973919624542378153163739920532476645534
806101436730683257957605166743647366202346212054883257962067779465
896153466662849622512559988373663561545738099423982234139778573181
185266945092193334002783956605221904343907952187695286295362583451
142883374188013897668334834519923543727595099724884754998534821287
541602121420007167425273228186584713024374038012472127577155173543
806869321781709846930477213869343623935185177209438091902476791912
350163419749830019434925143922732839989527528454309800613975570079
141708167825793398258034505303504355997163018455281682926422796379
517399826256972139310348886952365033887672353459179213883115787976
624404445856862661187618660778544234578255621751391515121750699702
826712148235376167533902997247943869400984398033723926082575914971
225249699909162516822418830277064831538112236871275612260858402325

217728238991975461696687100468066683951394054683014706632437280971
730852617500405405846357996438713060250466532450985137113504784066
696740812062280849524708273677848967506686806656952046159359064032
782602281023655208379777490999881339305724930668665438786938362894
312535175161385304765696084834268921637953176445418916273051752216
789720804110223722838862096566304326937505381260580743571556442520
301536065982737244631942002726368400072903913523216097806820898002
503971154135638074184333838437755945688993432757328763589953934333
013215225900120838600512520109318668826735672604998799535122658646
076878454488418338341366254221969714632518921172825009741219838894
379964774246111828756492740080109580681071631909055544066376841992
483030382445386120476391807877747840955329367731266650623046349154
209455030131869928385870404977694987623086816011982250603784077829
331371486931955769041248096002894285901471563003599521187511349609
284646438827763668164442908723542365626241849131109707115881107599
568488241862765942931155326435533657810786249366068097352567283282
438804714953365163044632204199356237763659235469498248612224043693
305064454708669838194561327173167062872112922330882782287685661129
367040431097366815821566525309531927357606575536633813081141261504
182742591979158468609756617111553592650472452890139797307483656845
667637660750300080388682744809256019525018228778677511683518513900
923990735105970327066961915407328728911684660750520909200607145646
383935659156554266871106258607999663404577588827698230347449917712
787416589237797961170443306654990881949703719928121853092042455010
101872809707443290433948270288632007292968230071606130096726729562
697918386254192392746603900071210997349610532335584725675941583353
650389695788836122277161020990818078499423562309210965202007496819
097023368204647962109385232105587621508865676768483543211634698215
738765508378320373381431990074202634978428101168489575401021897545
070983266542762146933390803990467531115202415024832005665615806359
792361819323007628827294668878379078853974048969533931470031131324
493093227705326130028850543429077890063403191002285599374199590545
341982948388657641910838216642991461141910541040721718375771550615
135153927714008775520012284097818725816627089312739645464772598088
949046387444120338340398470547482648434216601506040978703871976045
332968159456039741792770386611691754030605604275947492737317580608
753112966079880717230218830918163103554699678999676814113223840584
872150451109777541309273348085613994313891956459179137461296122743
264902894505828696018397663266768184863672978442961082457532735323
785581012799169576075366163284457154796775700222592039479012456471
885952733235380132049867071615509158782889567274613439615495902481
052675789916395615629228002473414729092945654241442384279751348945
730605833955546620662702100141027670794584352116489088168624369796
568234197708223331301580282187684116710285191137349625550441565003
220132187807208363215672758328941194293009420176277343107493222163
016969037110211968178145961129850803567824717557225952337646404023
992449941171332270648140922089039340677416590793358224796176127195
757906232160753334804425925247216637653281249173787913554545318283
886538707564763973408162444498793361431231856965340138644220930574
391287276338158138712550673712242883009985818632101563534940227831
056311703310767124990400513200129348970272130995215492391507859042
140268931300460986561523614052530392725431314097867037236715981350
870414441556847409342428580682669188705870133146463205081915056248
476004435207080754087821149494621150927923356416767368335016422842
786529339283279284533215152892040943012000817086185841075044157621
681026060833568283697384319713651082936212468002579767991155399907
648403804992817180375653459518384595099340093392603110508797537641

335490529395708765991342899729770181614294760801328372843715905906
287968664004706149178465951433808979790174722888221305314151452675
047969517343623347261533030009304974265653945794747407885636678194
708758120346048621221197326839850319839880675123556072123142248397
682069335797025454114267856882868576218146166824675502952377526614
089492621794102342151635411775702690729443076957090896064414965881
671742121668318114963709144779139340867791720363604718337590738200
996909450123084402978243198983074299124747509659505402432113462983
344156393868466638451130417168804680082835017990969544557428581327
744030140033636837871236116275322391852009315108695478540406038514
296753370514492285816823175467578599332489704331947481163136568762
244209211961639847807493990632550658610472649946278570911848293076
400523023957169404530229774843375344969347910427880464975509168928
481102733559380944046934895784831966191619156876786647442091767696
146015961430071187637115981843570948763419739913808562861781819516
833566051319780945322585426552516534052564189836041918098775647547
009333545646386374588183707193089927774747776519400712100160212924
290428843775188556969379841374619594878664049528851797029944034170
922571269836434779234200044508972401956427768435740004691806885788
296382555685769552433481059235369632377665412136136594165896489360
126908303912189079669346387826994625689894323842694790019544917649
079925967283332015020405505639582288322986542152012739038571255115
833894601478826796130705936844627140731766358507487735153608785471
059945081573750376872175758668974763714204508585934755203715928941
449038455518882477822488860567681794844885054248271176560204127562
510816987302947899169290417780732082029453912387288505780471150279
434067819720679870667734689917596857017096422149884386213172333014
036484090622963366139731205126785480197514010687614978678223829515
530144775438800942091958111908455931728419128447542459302404344156
046849603652232207039181979547390237479288943062875587989550434633
272922942658198189938496433903901748591900745498519432437746889715
163506178404476581726383698089797509331606867090273629067967365282
770315463201164237555377992984746403323273985355161097777810752126
229689498605135171656024102871037724129408278075558919925350758497
154770214909146833655432231086547487771386228875760810079271785897
902598759188635196306045666633363192174079445303345927730124049043
232891698863107254908590395013066665927301170260376629810683291888
015400774006822293021385957645423568417243649753033910342475954667
977697080027375943580064715248683506681994620785001781035428128258
352865340395212327966035363240822318089825447710520475037042522647
972286991591452243000708332000742959773227257950376529937676872026
591893146678879839618766508408972120716214708050532965530683823375
864780997017362177525182662259448897555479107900294328073777695412
037888193857533624535557555386215137215790485645195524782723839043
922555586085459837832420422489960586622158423688887828188750328772
057840977870899101239796223592813041542814620670946907294304427637
357079519463824063853539753893251455320403986581318766650671801285
529209290281388464944991314896215110965735382736711051946125607048
321120628812596874969053325465166098551532847050207218448979151303
859961827075525350830941788153307371333348324728777479051810609940
065062184695791416090258633376537026950336325159012400610772655185
040857437205040286964190345060154341482587482135948966805169716220
412921890901365194266163349101517770935418782341159443425730184584
604796749773411239673674607693758490635429993974545300717430914967
401452185883758079084100939528251239939418878000980008529832501179
715524696629805239359426053342566834841710659646899602406759318187
300760771656964600274918478453928375977395610105436229722833079671

242759581913381790783409621408277302609459830241168133924254021024
790829584271922720912310498777743600822820404793982383576317324431
719483156971330010828525340178091758465229417473591973493722187334
865037756637694545173480584127419296480623788474696003236329645607
187500856199400629019636181432769610791010248477449948177473036975
189922813557693575014468454703817964356041927482029664114842647553
884616092843173667326095117141455146642087759372116066400571318718
319403782493035660264211455546550963815617175988326306606354150291
012138175740705460347589437776573433474433136145706954995855206815
968719207955264670235032289325886926552115837404571767926978698309
365844160521753983979691416469213052887124734821526840486335441603
666716454520572878920653903968965700988330392782283124639883225936
818488973007620295019139221746963919008129822447578103017840712413
711813334742069153806373196342037227001353128231561282092730787333
606573188224330352677536168514401284814216046927928006261490423726
475295528980672386898011246352617089223609419514298318505493877642
205598397842354960683843080444630918738982811032326174942490245929
687054290959893277188672788181490220518594249649786437220191508458
725241513773308659016343738990369096183941846604804764128577485733
960243288848561594816539130995078432615276124274373041981321913109
713823323536521962565656841321009977934658671253098091631236945456
552408670990257957373786907357079576233304152045776015138834558474
196237479266731639431708110461614928063588389189301292776504366428
922229524865961964742501563936513045554221841369811550560226456922
426884427092190824913879746046884262153522223215969529720460035628
448018051430923514649064831558147073373909909403306351628476364524
307039902289069103226906335776036486055194090278268031593780882659
283867885892833398144312107432421057444077972553048758075438271808
973816058294605104830293838632112044063237985310181200968004784013
121041931723115880198941289995094490518235202855017478454727620598
636970700962150536736780071040186618081413859627807691530330859735
979222742977968064432368930843822216161344502909244442413428682045
989239144100586494855598206028492271624778702699558974228142701436
725836202019104692411143248113656782388531661678230591013029577237
394942182206285322925329662810562789429374661505175320710232540395
606954202499821431539771325543297586855252724801325259204962363918
642824022950565291717349820738772748645347449926663833468080472843
102113780927195036693983708889807928735328153398474260645007408084
432945021048660235279258531331296531322453687733089541670661483631
106827794190105286544385525475882138943087838755469743892676454966
213807228842572393450520834542156644577393590327231975817176591609
149922300536477728381273341666225338414722426299424119246224009785
447297982912784403926399816969824983199881028202402018949606067126
365661007469397089206468940335704923809270107051053509385611794273
021697988253541628015272720389796835160423690238188359887210402920
190710560875100167903711110517939171375466236838325414471785938653
029705646262609481596059731112820725571828111332460761042177477596
454839111797136188734748786825398458668974921061770350321736670657
082169855598660531527270236429296210603327629512934921752142974883
617498973053872979523177137651695656076009410257209652641367228047
189019484536577305232471845768564345313341809126025754013903941163
886109277630735614771042982037148558809988280770118207688604358180
555697428951349392085027036099852913656672420004093406815626648000
477503692670100671875654983026784039497790284984080411286490427373
187873235749233515777926654640587552701973317415255343693433358781
774394766769865341090342418288560046824427173558919562996250797908
273745606776538490242262424341394441051476683286260981169869629957

3291894803130938365787720305440635688808739217336431685630197495882407785656469110058448506322174856027869870825449234350094624287811424792557092875881603713337049894447935541357861767774259300350199487881893546457069989802388428594340235293957359036387799554858018444355982316908424883535500656784002486228853977905919021010083266439140423785834714153921125211966441271967985001403777378161139546945562639343963722916983970344316180226380185350772747903835838776038137578386470121363152065502850438209268547160480494467248770511152956399198461966070480199092254387591936048994177642432378782451275097624575285549009194966343005632504215824785039438656573470302650698002722496538162275541258123830022466850559270192809527663208055323913607488598549525769899507927614076643457646429097181815270408434116864875195291524250698686972091219727276416639989480352938155720610365285429980422793399098463092628786791888447458228183849154137902575761730557372190989173358087060952118139139228370173304768818085099171090504440130249073627223745299812479422165881185896380881296789286027173502479061364226669709655633060101790505226554257504425919798843096292810306578173471637056821333169546753852570412755704075586258683249666663999607717507142454243476380734993509255726525019287640864927618497173045897625148716488591598951255375228222955357809275515771773494254494064636532864388734334217530702797210788843935784080519477756982541739321292803528190432830422660811527761503372809322221614627280225517275940258914049567804027668536835600648375121195655603792908901749705688289249537680005511704451470904027647709526612617891164352708494766333633037504762668181349383168469838603671786180757090384099944166818885088571567337508594523816058288505949719141157735194691638266329100093631969376262656339971438859083062405002210685624839375451664538977952645501454384899174219683121931401372995118410097509794199237468840954250132123647670753289568716490593510289684443170331513881484844754291156555149549323986047347014309945309592965732996406961790565718915571395922522237799661633492924092690021217235135430809375801321612313775451234872903356146091481642758104995200236087135985496480127596933372611487822048271416542861097287385314981069732753696855913268893124658863973778605279647314577443870375512914383631014808801025549750185056343837423264942884038079814325557800163924992969085284589836391329251793706254015022668173596465759859416332244151575736726621923042569556660186221382619088019258120372388154600776003859044903886176642120015712766244087630529283978600293770835310900439186588120008743195074102899806565937988870123097310069701795579926044738696361160786515983764865016794328593343196281286555160845291905914267792049399041189678877878667430392997576167646554681342473563258183134122662690037483369850318720011746032135725115548751022769220143344417041475936503892095454997699002142804930356954589200600890881228980848054976146423981241706535745430437630406316824995543589767797872906794047694811267909513557437820175241646753461329758000981295779099727071190393638094497139562962587268238358947185416563847329242758695098427673777219233217527653968660617728237159657082113035581036381518279132569446119309158813353194273406654288407415997081949240291838849762574831533937525466736508284396554011389663016763904630178354753694786523936554798320943468147633789840657847245614207599449897741287517449458145346573837899796025595862692807395026992775699077608492022155897434673926377917530366643870530714852519470220957089282863695049358558489320909558686670233457554319254514425181288007849915141850033013801828358291916795101513506325891573568794876741918382330615913768592234983322508319995527848625505908486745504695160242052152523566763826664320624401134[6]2

461848355382319190307897904891564928816756949512976060226185159575
0909144277224633135683572235099411255280916228242406941132232568 99
532000390302021969682173861309879698007213116386203903272971919955
577059189465177709310867334359701908675463750777494181642136624587
122836257130969042522142409274144442862946764111157333902606899283
995914207344591821012987893827130475037383316679578727390062834881
721234327931679007801792778205762794247419639511777509457395274438
958633533473679660705505270121425442994790804913464473573810923689
307860356623664611507441594192307991226358053752635962493588388549
945357860888234906479016662455720947882310387009991721086516270017
412776478931430636070317268396116681796735997405243721801206234819
404677351511011501357530393553613503983876540463630317292404004439
345422288665043755952167963855990474148107366357622269326643306422
466225136196475599479394475167428303938849538786086663136566087608
674016868254243859509309839009508247414611518279715147925387823632
311603910159790837053267613356530501089255973694782566935222898154
208014466204855019765323210218161662195303465718412880165026448317
775303785757210757216727037351922240314148705332812556025237909652
855171060447447911806731970710020686033490952336928994351734601699
910718450704909528695777413179412053056639315825980800945415945684
740167337619934446441859524845857806791846718267214579330271628648
423325497020868147406915857052483014262513491301317931897383824525
493171754034351063059441518585179933228918463985687661286780829821
411290668500392562077476960056653243485162514854282704856142333971
063396132693140524821184022802087649328246007079295186711877074641
645736456342222618471812428438354882660565417559049879536936295956
649725411837193356979846993998266970823283120991093412559948081987
322038686457497615007315013080359405040673405601232570978746962918
829946496700955322993288831623762277023446084161786295841810033059
517722906006608958130305831313955885880482762259625175518394264980
631200451271810019222194970576697488445965926929976916207972664234
143396980960850145452991168678452787722580150857428597643180504071
622549465121526895079761409835692430941746765451817195667472044498
428603269680371841082593827335584974386855805135952284552875963613
860275898194531001707608944273324746872429589116478218853620984582
946830304075110083054667661213169494465638662336973149053630487890
788328740420726733833969258348281353332462611966397276729576987444
036547136001659167477142386181991645306272289815577356622922661089
717797715008346279464409360584315732063783476195170000165810602100
928784044356820652019452702856826432217607135816017522219734672233
277802743989435971155978038127627806526046703857508556025560810516
667781838263691621120275954763575092735610337565179769946577949596
114491162131167916004607234256813482210917470416102540842483992404
235096219691263681209164349037926693492225463510174034101546543752
831620706105390821226693539714144670163871339195724562013513920405
091861473232182936195189123645492088239049722488287914257299133977
822247818652101339141437160107780810007161296620936804672633770301
940591847858596557308893645078579360008786286866338079763689028078
061985701002322447725140393303221195720569671864238802321863347761
125994354864992447475166117836031669526375416043600635663238710592
793579217568711999822811110891424646101546553565962127042099944031
975873515343983331956098941730938654745465140999389397693553922458
643035887623157615625861587462872818781337112351345878837855804216
977643985259927890499624290653889621582122218978878116258382965907
363248496977987612007130681883372519003703774034872250429734960993
476607284864000163199296066954370714271183192140992442394695825665
420541914512045536142364884148160260537748661498641102837595162909

```
996220912329819216783392396425613907277536570773639372511982297369
678692468915137165264869759651344357671228268583753144012628041840
462286935889735824637378784844748164121073381675877592282230791549
822108047959043483193387634330733994992519424337213632119153658108
725527549390349701179531056527436888894408547466647272707809098080
469973094052028161295824460656291655076968023561451397859995356144
918568579496089902281540993189622735210747582448567245261951004826
72561527017230093439430290688053019264553530429770997828918871272
977567312250801215690898921046206103032654195355883084346331184232
432667935024698940574739104932355738728624978680751440498738143435
118385255825859650848619765348305165577465354849251847062358463611
289612310634756134878291962080802902154188956716954705784126360651
280509700448653394569212676107464890218260151360021764042075934304
25154960471216560638269072668810603281420741220088866734941517997
246444314878523028195667730092434525278035472371332498112111447527
1960517285263909324000741008504010135349534043775070868269290958964
50567776975505181699765477424907498713768970805422310307369986214
421344497048083338862903619246209941700659527552349945608408883527
71199512564117884877554269069537890166583717050597606881779084911
618570218746070392004112101273866342584584512364593848810490498891
712468573926962218064811341034779991028533450433635293559946999107
974838607309383222418565543650497649458385709575475892418107954937
764316896260734364589130152744656521145786141557709921049334371327
654855020781975775613019026316273124397224267414660169404353621126
647620668955718147149979122203905936045317129530955540122855108112
121026572969756546972317828275358932526338331110696576581556117359
486795475942419029558201244575090753733704603536226154971039544311
293340778323908570180904613579628848552716340269965063129190994269
695966225589497975628721287757198542419673475301587463470733050737
845796145354542520644230878240841408078462796736873887789585204470
9279081010712119877987278359242339333557556193713249979593876098414
779898211826503432240130638575448685493589707048625142782429652
100656649787070156838838645399590365080171114364104266278696724141
998326547334111284879330934395808667890754340702026793784774345535
26566512929013437234628978010782011552218872393731201609370970406
863255367709261919003989418841145926153701166686589563673150522163
304107798488677211494160046621106586052485041079547948381425140499
636824970739689414424666717487367463168517045635775424231051505809
864764641739106287459904737924888107274308142629524890931985495762
898324171908961998384100181546644378082375332840225441604148959931
908730084724728557488183769758189534793908801984580628942112361133
354632540040466535717316673238652078450308016619577080902713241189
165462019807089554609187238543726113874966299766658252314714818800
323795003806670118598942195994821840489226045885487688802337594014
215791542925871235682271939416595000624391183593426781640483541623
849679242080877099637573387339727138570051017216390102814006199640
295555510920514823727888939586225063582005762355860460670033354514
888308803206690796123184492379733390033115058829483802068767102409
1648595888839443246563446675746335844953224141651880328254882089918
241029406831822065117122105635810950805267608243003755064833828150
365835077439401630802437480979848295664872770213417005589113966218
009352304353954888255902667090006571188533595233013070087619042828
65576790762169073394085607061588936193013487802952499670315914362
442199778519830043798444145486551659082820414113937673181040877195
9657893608900600092985718784824543162180245386116837858586234510782
849182169145864330972476771131495903082734618524789221595763617619
415803413031319184160775944101215743941774531300010795056442252510
```

930673752322368854324279121353055759262100311221186203829750275381
784254173117337551711968165240928436766301402843312361032923452318
918370223034445497414188639739865083728606861694362513165598064294
041596095582815279474489407960067040156066354233056608882241092462
255818735880428279346966420627411245975215220276131826209673609273
703418630680429620948015190112156463233546199496049740834443545314
211500672682516687795066725418216964868333082337244585492412921673
190981802291517170276395390765960845015945874597607378223637182049
117249030372172847521476818938282858524186640140709140991778837139
569216170769790100601923052662978421951009921840123220629140060482
178194901561947902646631312875029083244483715546624849403861524853
532736635483810240007269503753672481333156495813195298329582489456
994701540983863588375105274450387542374163505345484390591298010160
337024065091419654406408930992874563503612249158486023751328733731
306177764383349114167974279563535826432656509343897438769712540489
099543976103094470122301704959677916134546024092072149464971044874
803825509647557923378408501570469654092609937529297506575632445478
640178182086899760355012046052898752372284096564154010430487466276
071995929003518139082264656278006917499381889757550412455262811876
953735750525012728015922292778267737194613719216516400180711103260
665465764572568399041112655103269898477620049452573207633661187946
685468075655577881616833650598047997528938859344621827274827697573
534811670385110008812060026845121931613498729227973543514525162066
264467550435130099588759986591144348733027605783273860610819603256
783353625213985372146327137143733668525942897840927984778786647466
449578835896680820451477672719070312628807710771780875944659287949
105828127513178451193902192043621739992710417481747355300551496807
137461376682610245822978890268640706208716918408059066840210711797
550731636097123210429979833192165994641187673904738358239727102066
913868675822234076837140251287860243360137545695612101211186685695
275760983876242013180600973001510948770418647501460347190956001644
591325816011088700342409510860065966824661861370034045403056501560
321089611195643279401133232062441296852718973390029304387526826413
252372811818734183772668317079822366819849255173111404842922636004
972983664647174703203589251119031455263782036974827376444746579634
703436277452109556074920999706859663108318811970526754076084185209
907452641268309014347673429855065555504958367106871903849244388501
716241895924159706438955179197612480105118326621083951809191931686
471500762285491546332100294923138434804057097770139827445193483922
197130608237016546337256801393503481012122660511497687829462858623
206434741211262663352782157747324524831241354286604414019190563714
456193361673409966378271496009780576875416953445440599479396181489
149477288393444938623785445710715026668290496140379849969979904177
314534985205251546802967974626481966870228616423121477629241242965
831276366150132159956875563032138349578504195023669392820440838149
111506865684280960304485296973825380024172676987094580558823876675
088046999123811364649817803232713886275399981430647461240477541717
786963338613965617885964831756351902365389428609879813243105964107
502022049060393598709159547794213809864179132509391514302291823591
945291150294344931341236215198182158312032029486003940276690126632
207066257065165460052747522401019923873469029975061163166192818509
767792260931005135445649361164596566028491128455262247857268747061
159462603273049260387319098427270223022793637175671192685836471857
815155133520340200942557325702413567497929832606616892374772379092
315644836993982219062239598351292774874049218848651486180067646836
474766349043546852270441815032947346688059802599704514719086726975
420909271463724793987242908001465960306126644166022286040507213318

```
1508294609888507098056622798154999892792431405323990348617380802149
3341026331550511037223388751481620439881629614499371181447306543 97
2563580373206053741937671572155162520262879124347517695662745040 51
8338716088598437046467204976925718626306817461111789650712733894 13
4312640042190022842688463221924960269928537680961589319489023042 58
3390128608529021358552535228729369277257311248398058709622089306 84
6646263634164743178986700047406156685763785710758427494742964857 96
6762548769795941069449268116576569257910637391280917433293427660 08
2347445122646817244791345411283289744575514650789565899052824665 3
4990938715111169679515364328261519827898668897109310169591041784 5
0248828735231923844862422636297349757684392822631120200047132187 20
1701783710975756685537139382475853381198056805524561758925329012 4
1044606138626252972014495518845924861076157532019523792106931822 46
5517728586422660477869383984421519139188494771204012480322261461 71
1385947975656859117457472444182755643667550318617371053128406159 15
4882124971937173021267439200820411175498546836398413567746088381 67
3386741710047033045122372699632967533503556837425593278850528484 39
7099534151765903293840285069219964260910899068429037128452934549 49
0793498403703950159436563446313995129824581333531389648303954685 37
7742386758238799595073127916663391213576229300823813749950880424 14
3677063411867945790202225519770235995448842923046328754923496722 0
8730074226185326239441584686508261531865605778576997292533518074 40
4638289730436121312487416649557730583031985264922840033821229619 8
2940003572188960922276078921737321375612817140127894768086018461 7
3476133583047799555570110846589918465264716029062432682309721379 19
9995026002007677928428128010218904655036864494068516374694740097 96
7052287174665334653476683285299305839175291925684229461333033502 99
2661474903553099705929443017566334383432230441543437034764664049 27
3950265810912648824151780638495584732129259848639143378040535637 60
2806068612781688892152483564543619165845905112065370194484792425 46
2055879015583333542656591018391532755634325304791374070246658885
8551732641557851082711621409191150201876161758170251311700794414 08
6348631483190552961554113186777476030955399998608079384374976227 30
3703716974916229200218300013533918129991829604023592948162240375 73
4996478981565262268246922466182266003346563155444069190919446133 59
2294764761753098401445696494985417874172123136077955700462315757 40
7016476128273409638979769774019876160194157601529109109253122761 83
8347867951852419370607979165590705751518051295428310185359173186 36
5292029130842057807392675741156313456410600481485906597772775589 23
3973047601761186109466893983170513676765980608645465327538441719 3
3248210350034614387006425749998217425218212189042469834596946017 1
4541080967173547847902896490057093695658507360279962669616846431 11
8237198194995401755550793724878019693376504513474123702327858171 70
5272875406768086778657331919180654146507023469304107602604380764 98
3984187762433538838135818313963322978304519273542000124434770143 91
4102028058351376152486834654009224148555589073720292194609496783 09
3804752225427153971564461393207175620510574794738255630340449984 09
0551893122525815170644691359945494107897660528393799502191260261 20
4772051458836877277402039393492746617423169661272448881420286391 420
2278124193533297421694509467954520673956977382806280091534195572 09
2962087021781623595731539858049405991309645978436746168803327624 71
3133218716363946718093667473440335755526219772584420249996339317 4
8616681168580024161019357181587639139371591531076342504338406774 91
1006239888597954611355539755839653053924251133851519729571507256 71
9493159144543886748094127009297425772117019767807775541153146444 1
5888813546404610034367546339543813657379417552022983704633781240 45
2763115958787429154142041620662489126162385007770392863484726233 34
```

```
3506441746226554888964328960847169212331084463333503371471733330331
9017211530774818159753187403206520654666303834024724044364192958515
6620772019573193519488591629815330055105279952540010923346567985
9706454051429106571050430262847937593593880541200846812071657259589
6827794362993111922904628749893381516161241807541838876597271700031
9388966533656527359657047298370555651002680279238516795033652066
5309178435468005322118117845683243680044326659025462859459910385475
7965209123438950325105958302845145019453098923277198489280787845
5467496436275646169662618364866620367155784981383986825287619563857
3608520419332025764108658530820783460937354267441745879179816509776
0674803423587943788166111998959566679444648382154771584452235751309
63086132598323044566468192097250293449035786658988840520552887864
0659389827094109866215273716175244926912647222856267443179067066051
32503314572067834404637951426017333495920626461812732873779400130
1535715736623761268528321103911201661948115587795504039408651223604
1949757935718979740811556373467207427424157737740444109123848555
8451967364835048886830993138982344124854956202339198190060354898518
0440671358033140872413265815580856335529235650556243406221738635871
0059109166690201106008519210620615217298897083613379458825841989297
2813593784638640814620973215748876458545452905648569347625409289910
6691922560246425452910014982009451475388690585078215749901642383258
2661233303084236017133133019740264365928105169746006112974134995436
1141507789015523161636275821160734521938551112723008960033993710873
63400847445858281169291728401471592927127197382253553963987645924738
36932611280374299401387580817617506936047380882591607654996602854941
5839794291304417893741349812851299433175675824407673417695102424433117
3208054198122503155476482578701650865766702309785271213432609608282808
47222735516127980217943248638989060292519154480885294492491323857532148
9641284456505833651534983943537063222369086818474891634082930268567197
8579660416012152288340986449503006136379847527887901953417743484446727
4800436348276180823399161008740511223516597744517830819216702751251435
49469966872668737082784919199168202590371147765982606846429716288715196
48270565793794566304849953425828271002028745751425313487886988080123918
2527547486293592025797500281821975100994629178378511034667160915765076
8942405764348823245410625517145576852355740815455232660177674320947901
56452054668753256510525147976320111226602675248332139550899312683263493
0136851924284030942602387905323204787679384881578179912075883998951182
42016254924399375292502926833808912965124723281499026982302378886144353
1898799215072001787269476593216105185240507686364891235175167193707377
421624358856294062359477043120052660625697625096842178121148882988002661
6044059222329331624176122908743379022287804561701357723750619521603426862
80629053786496887139338571256241696407932447583136988591827299927578294929
5751304825043666028532371402054964473380738245777555825709270075915358213
622487873951980644753650922833873219737894509894881222431666501069873961667
2989920964420596817569619231839866191793408474257868154615941458938640602296
13295003812003838976745020863385578266798810656903699908156782778516378293459
9361943366980652979221522153666288839940268038621838784138954997920072289371
169507757061724002344872898683808889469325821863378234356912074028956871885668
709606127386219349873263224096065960699176020054536038165896602143871771287553
098370990207133084712303917975574483810050683280951189329272191231654940906640
2145683598744632162655757397928373087028606129397723683858149199392584157425491
463351548204141285052561164143847386215794850259095916940167019222271520515924
463847867368440341019760225485058596203745202103401958672160817127019264607046
07959928713121074803511882506823353044969812655
```

पाई के पहले दस लाख अंक (π)

```
2095670808884541941022535199131368352911597222819779651917510914125
7490667527198799284399037274106458867169811835091012056834981767733
1009548469910066421703751012964027952668079262013464908265708373127
7308877034985381688301804159107350878027897814445251654077081274887
4737965503318298936026105151709009201102220710016694799486064988417
6099255778210332925422203824316169379455244507711661278195720289994
4905923717876307137916207732805190043595063027837205242860716863197
7568319944953596546175823793319549221835571406382172621701189906248
3630164683498799430673248974840299006267563686639344986687029574633
2955927635822741739047673664683270987254008256582740793730134212505
1578722469359336023202788021334475471169254724427882347885720204780
4810966824957325946506938183932899440856293295484523469547324707200
9576815500031362868183058735976655244562923337098003902024465397081
9808809751677590000829452339338253837397516636684848199061917189230
5302932752820522887389977798577574644330667384284668342381977782239
9415152243638987424951701065667853026766643708546240614507510982380
2650823292192311694659360552162437012743002394924600084644191371340
5373908817105432971996259217859583689002275346934419927056354499446
4646484635692114739545423420930350956191259629427603323140283815640
1958123992168435705926115521864367293908114049884299540135030458260
1668561511919247042480677784883713189871896738261924739749089221
6965648999157671704289017449662059680086819909195664839871279960000
6066009833665085013172670506678073810536253324043615610980110847600
7554948774942365851637194652793284979905770184510490917015335686133
6324438948796590343675903495600216642655815244439282787227173594599
4830789387202484734203222900521336068460531292940974975988932013490
5015546639978806999170087371588917595677689472706181150301964728900
1325767848161909193884597730528881739137963419101391228288186895766
6691581750664019066425759118576388754829343629921171912710549773850
3730155778381018844418606578305924104527243196692276439468819023020
9366036893929143527900678345492052288961178860518754083109480809170
7592609625711288327086436346727818162747255714850253575093560194400
5337057042972793165183243690737363874856092728216957075593521798282
9317630403988543895057250179465534119664384061183281712258058093130
8653669016323415504235539488039771007125070410567877416202585990840
0071768209894144867462299227628920255085801621731508389755388405300
4942791905673448766048309707910866592252931017597478538255714719460
4529629087845195651740959478943963376856887841336334073539072743760
6372205280224459160534537540661837169580524217180032186022858375300
2259788835018804231788756894023197519743744461335259745789740055460
6244243249759344049537626823640150573472695398011010025658251311950
7538915849382125129679967725362127646076391067226918441110591666710
8231748120661947722805350257938618987107329311431962195583590075730
2545492654405344858762379970486963982129062304652602371545697463980
2185040240616064721224738628536914522758281589303257867192003815200
3130703012314500162038355855970846362887285686618295880381514125970
9242712228006580721753759956097530281681324319088267581121397864580
9779915670771233413006140507207378747754227133477723187913877806040
1160283389280732294629861094389948042687763090413828200824932764370
8445694666855969135097280929656029683784248319063766489758940229740
7652333737070759029573229676410744477902854220571083318641606283483
2840393767133814809415308100383634620986740923141625772592601642410
3107683838536096774393896453881219871847087835760284657585006626430
0131835637759834394232563195673889217864742511539146483061056176180
5226614849862117352993003941962679783511543247197921009990235995010
0185045226336213662954175879041155291163005950929887093720510199530
2095191976119111178565685631458237425273363487442621789437342555940
```

4388272109955258344048078153363012318172504761120985862139119503812768576842227060228808579228022789927013545026898289812867084694808586907736873104882413520925337799281517828072247304329560570662234561899656929407990430103180055883851549560037101536288339329630838861183757251344292962374362569028623990818089667478407215416482153646698525111835609376953883824779268205403556229310339823461721774992876114310711261869817671651010213281748432268604928999621374426489178747080052177899145979368325769082544704995573654607383329544550376054556169384629935269555982548143695227451351596350128443816576238782190283447784194348491675433220898865725107216380125745592050062613832353331001746356326967882997952231221335922955987771478425621528196600958248039796074188068648146222184673502384649962094829002372167471513017616183486648569009580445271292413610774485501645401658821009469531851670949653202836855634394275525867623093990262646880252100234839881081031395915672216752103640311682769802044708468275102160076529128596181232892391998983761546540152884764023895640080091117077716866325847151888652134181009630978924681427776744424909848194620720991186061783788272560602774892025077565496092241537218489819139994930435616869362159642917710952569509706990063231006108564855544823176816949189203353825938397977955201780600261504538466022348058428066808005409727242488709889918140301721083740851971684465550686866825957621317618534741443776409811689746202037121131861503180534816370992805100579393958183960538157279905317356462047256467564657337523249604428666275422833411947710115861482251329057472336964545935077863028139703502693355867202542065320191136456842785222711304993084740155083205534502207111518292503782458415159542385729092055909315552709371573043650713919706627072083660506535925780753879966242782962602719086367858420342617942729278387207422703925864789969888520172854373296389141798564954987123131742107811174584783471481011302200669188117139063322377463914427871350133910136146547582354731321638779785942292590928732660398061705145105189352613846356490075823486329152025865510311034138140491015735161788607576439646188341017565444148747743969587125931820683929218116808835597127226537119526746391354728890901025277774299066816800531987062324755696316479419943187728998958907371744791382210691683031443021088327187369372236371598248511277737658543952206649876302769812346134536976210473975484439806649685515001824287241396293002078423904077017175308740062110388698127516133110767104226560953420656279648030919591712222568605086606974919587195285117201863014572231112559580580300595904517801620915600339271581356193961524505829409423830675223104876027568331931395370615940569008254671634076885187380620283937649414169522478976448274159243938907385870336831106474829591656363194075978797738936856825365656798119405558294689075620974863970515862806160495538019929879010726988526406869489610033232728420340618845421289794321886897072738273627785013727011496387088466407860794265555255548566482536726238855301957008990944181411968192782252147436730237577264790630213627009294351935375202448246504450281774735303130558784042890529565361669557574603044684002013025834728578786034796429662285633839093850405959963382052013134597759495495915282491367582655773708630985343103165699186477493523558769856167640256943679496508265951649361856390677613408634494961092308528159575947324469299784378750695779652340662703489343992200393314202215964047530798772485471928990319033113606753874099262658761458295245462962744782530607137086100932565610910629015937032345784651094254156584863367597171410368246906821364595022593823586898034205214584241562109771259419886051741846098105218023309134915930553236402118013539938273907609601881270857002216149942023522853011978515

514825409266951856567653410404445485488177660629153334239355883040
9770803826294318944385077023904084750171040932368683097904497849 32
389215598500214358700771342871584700693024716766312285302839112029
615848332287621873127025440275098869777524186719725803984567834528
672337262681942591376892237327986963699571947508280574929908016092
963856488757743668130599330030106516567168643311600381784331809476
982492426608263925647221085630282122858435912911420360327206018252
323794629310925410251245417005166491749697850176586800128632544573
787252932671277451624334360127340397859302221599617751736148666793
967656332219514934298376790374930825170161852849338344242504183230
302641005578188318544289364087403203966008892343871002340926852388
496732284456687365704234315669893811311708549805563342411090390294
020698788366865009641636917052815658583564774755048831911648430645
989966327033980010970627143154871743704811217006209186084162459632
196275818916875947150823636892761717485163145845180705435637970723
278957450538758447100756455874737245671626075875582631624163830175
894812372734658328426433498421199067903327699506187886673063449032
827837648590916868065398440393171382569665959236573482235687609504
600206957367369539435373448928789454142994492422965419920687071717
990820275112322883020637409332430828407680236599622307450723954829
132510014623152283856699636464816199306108035011934098551287730815
954501549790983261007000843516322091409713166839050930777067825793
848915921320992865980751664776274042102287069580316910197690665849
294116301449041755241528407985584192045942224722408579545248996614
996312956745993178744978341350197476002485583093556978815369731363
214452511408292841812804502491992959845617297886498365296717374065
350275757846534187078421309805735758509870892321833860276680968786
744587673937042506105294559344800003379484411869103438489819927217
800456984088256180027740246971556963453537058177132496654317079548
795257766421120685694340740736941652110453017077751449502966420150
856734185613308793690799085988881954177426188031441417486935293012
862868769796349716441242177380019690974862799608946093642530679104
174593571283190402983113155059303861120619275400347429960129769845
672856800757478682568526558880550446502824723406212267230987650952
467955511675760755189736710818664873391355547303871771482599249820
906556362463688874428163547597380200927033727972357562058520194887
311757364152085688799839625539506720457656370866786849616739928990
516639547348064688416321612696232140430043034978793765895525591261
273349443137493187558515220350488771542061283232155425010369584201
177706058113108574067217688447392412151890674297679952843460462085
104229892955901538861717778596259659024537479964480573754259033955
717369017939751600199875836990940353460200600611457081297272864924
415558859750242749010199752785695834533449432500257802043444408682
890750774396173670553837615787863853870009535733359025946681197512
373898387266536879554300184150448072052764944570257994686803499492
941686747104745236313650471152698278105520599626500224544073428713
991949802538333850588539364994173363696431899803695321146317461717
020388070866349064786340422458469135590424245140281425972094336803
940426469576220351976052537466919686468405748522732221411263468200
732680991283596804337124898651248471333865999581557036241284311923
713805206985546305223962860016932609247618752321257009959416454501
759791304831585226900924405531186581531978459314051354967975019715
913056364079678742743886974318121596332024245369509081085401074867
453223366948874174475845601897763958449021749345971047703154197947
217559031048955150713033750922642894743661501146171128540489836287
823217755403355815130890086002311190892831719794615273396398147557
956104816547218228209282412622440866173161182953146270119621366199

594108793583564320932964189356289507521834160949562866054760820233
943903693829441070690737842159371100843550809934951258480556142602
794888117357782314109215630977556334356892809062401470430406809674
541428500105312911014407193181060055619529375994409816126454374436
773979892845582361680657305686818893290555248377738869788338482126 9
003385525577296329485036257241617945606880625056743983435840688586
527984713205682033268015840118612253710729945929721983140398249546
430136414120937944647846329670804124031579167146810717215465797 59
508437906546392689441643670202671733321428687279300067525680895 94
724605400773921436623774703669370647989280683436306662357354918836
306740896905345419625492185959482963529914425068124219578493976249
362699766843201171783094789764534282159211054419253956738906802587
429523470246253627205862445299161425787499201547834925160434238534
924384341030380727377077657014743734358079845112149890213877261130
749312518484971289917459090503932190625680772393254545546917673500
211427825159153713922475215102619575181255589919223775605562518625
777871520402423564300801544064737868647177454853375685133039577305
055429841027452084882456380181174324411508866694170292251387140 52
593329218903930234895217837323533446532626937774732504109205508 27
627013601076268805734928341061501432117912584109328122674911529496
919441405798335403820079492052726207312385833278588756477905672110
416544166147076128836100062438413053105014008101079875557731522504
246358724208134651707819681326647305265266870097539010235484005431
910303058505073284856662189230736101609798730109604578786272596971
821497774593191217242085520383223097743733627260091079170854159065
400695404757694645269352738958908946566093553216942712942611401893
368175582123366092880936868361084129593136897668254634161807973379
931143491994506197674140383673959104332508378960976546321634429684
475047180877538796601159469105846985693463154671519673105401894347
253273510123305566492446253089798552598896344445382941448382 5709
671236053389198293136490349913321228421966087365757136943286363383
874965694154477107061380343673939543299455488946044328621170422810
297576490108461303625809885204445652889253865618355437466905075794
821106981116094362272781719468844223901364355582252243301409371154
840113662138841082479809005429724928690877078639433835697580891344
855483753767771965895936587515432750294934011636286284193306048171
093923998791900884203487294343721494612397017034303370791698316245
766050613624590549183588052452030731298424258801870960784918163583
376321417765526484660862674494777513116337460985326156771682160131
478190445605770892030801852154088126888224610854206843331279758480
921954444388966711314446178931474129366512819879025932919456527368
734483639889338998436121168068986579756748851654888633769003537529
198775769308105735517395144379527270380044704900728573092526263167
309907400068490459975878713209353348147998072978030685925274921540
325080620629679368029096365711965545474983265755760946724722924089
206137105621700979339927932066567094589212083904984604758648011445
523278136028145344579543873365991854029550601001878962582320644671
450963980891996756614659823701412873664688038594032665222408750886
052884106719799914085448700729302201722026030478638071088617263141
531392374899477819178104077545255536936054590363781619286394200226
696480397586822634537812853550796206064636202276341001562539119 94
632578678836087025243752628303301021044894326226275322073667652 91
091628199888719161678669769861721068950090236405929175721859458476
306892124704365027536328350650043346183189703050828391535850605251
722344229331896294372577616315222687395005813591563799500907045720
072609689883738753698242621863149512139883571673563880630056290325
475145199661817267782078962727991656377480299102250947244094198014

पाई के पहले दस लाख अंक (π)

686901886252851004233665906643076501671002367873518980417508647603
805560882711984788639116966057125758111614332203162398619539960810
644891151299038321892449671151819857985027704469785184162807329531
875221707375427807836745060608436887769304983023041436468913983700
826939640606945628816416952916654437390847572819696146411957158066
368813124848782960051923653816696914413164378212808037745822319142
506653727318660158555763100054588191460863415120134066056861830539
910928422209722277276664200709987582315907629439129515634967208380
989724723042038732783508601474116048285204200743959607793967665745
457415734381437629295610953115848209200019968349222746222332034922
978797720932593734589318530363220021852332922660432632777386992952
544003746065480447629498272404229146560052904598661490530533034118
423277471347528763241774686005103519680259504893354161773876502389
319108406652138046674665296435771960522892728790582333626717180104
787074150978653274415552281550979015314325699141091329952502769916
412184798903534173418028880785943704747003746871669807291369878105
191348231743199718175697324716934112404219323832375815834075050325
121024232721599976225595360817163965955459215200626349383277938717
450987669553428787897746644363855170650265044857714758789516639052
612618767173875404593877592449369724687022198468051519182603434146
351533751735439834658403665007800825133761958111253960595894171880
472178746360466850775595608766461497997590725725466930950181226605
975633832045120846386446499477556747110488258186245181148216024173
113511553376394180161986082932584828502972156412493543549370147221
837149093135274651614042298840347258735848047100304971036786199690
396640031890270141021874714397393047966712714696745248582196159044
358857504747116108355827618601159886799252327767007791348806270678
430582303768443224083728557775850821627326777552157538549313918894
433113709718797654930990630437083812107972731604146887410442732940
307277743637828844239775948723462917328964323648950423030339525477
232852922518209786329412792277610699764839644615498030391036874763
670074420720134868042097834465670780850085124892609127081572378968
179538971471665316354179274132493745551049067708830538291046609861
801335492736471578823175170229529255747672943807184323528278938787
305850717216987840870936084891275829673184503523300910082450089460
001683728969855347815677089860663702437991818712713748359424429636
432094727572711041804433460130510702217782472919884095444291559247
296793147664168646799094563770460369988700796128573467050871763579
926726419077586482979580150961497179864393231187059023097451683435
712523358744257165025130783843967812489541028789968672155583518182
197672923726750882719132592890457053921699623157341359810162606343
841974111595598712194855707915404099126084315344947293618259714666
352094030430179436126307970778095387707949828645366676326353342206
894534303062697485729601880846564902097499552566734013380282307886
298068187052054125204011999043042891991240154630648960755234800192
945487528805570650554523548791789559874402509130074164191809399729
468221035701898118676721549044950284462599683767825168872707929533
499355139851172380491169556661244188049351821195423145457932954973
290115497632797004257252928851676055670695788818916668926496278266
068428178885513568220105986486442689731040420642038862021415931334
335650607977648372861174785410131819538820963263739781867501567020
103516138276223554990781670817625800632651909072309731132612645394
806127461576397469729038199157580630745875385173348334686076088964
622701214040165795597908155136431792697143278116000395092953053015
664053854401446819567416891439500506012989953252062425640256999735
405633568511706263129378820965576305578326756161629221703945185899
593927795463337352050168898464364888207314613992856015764619060882

```
7005218388294490528350185640650433641753501393498570510063500442324
7755328051663250155536001685586063216180167882288985927773980708234
4301218764982988219507648793745273249775716467943768259786538077709
0931582686989321856754102218113706628915050719169240557175153729798
5467954771694404608728583402007168255878503502580689802794309461846
7258018625571769991436669256776624788825636710239050892975798248952
2270941846744341466441191976248630886752269137379560846434163676355
8830851295486537112507449037322882719925727151996600021666938956050
3827951906623371071029645261125354820180816234059316123833832787215
4509090544271980320064422532360012498934484363675937191423227785159
6265768452530758485537358308416515247778499835560996791452905537128
9933804173580332233138043482601916191028053475986623854151203895606
1132700556496689281316755129799676336653554047090793988866895306857
8101733026605688536895602118077216225892191992431173048925224971255
3122821175882252826509235822912252041383700828638795994087533142292
0255378831925901788817597894307727113160489156785086783738812236288
7558552661186573367446022611736332880225562068614958467226605377935
7525558360934098916382936365998007307845001369945882120519742716629
5188936366178872451938798839149850746367011614623559091808914648782
4769832377597870963455931545706800552820706294643107638448171836412
4284488322241634530641777649280600316789700191373441459952908181300
8273571202445417814606123726714401875382252745351515524245007907975
3687991871156710284530318732656311281918735814205042307746297225403
6963523357483065620485610864093427383318334634327351271592642393900
4912797302888378346374423604644196581584384053191082903232393915006
3705253777010659429219076639318081087876557596907078407317323973235
5063441358556746002928122819448262638691858136721604139546331879072
5616930815409969437600214768482366689595833864458433913973419577395
4458947379964993965019731801875821543881858049244015386570718876089
0658943439705724396806766233077750215424777082377904412690412076066
1717514583290656812401908880652059214459722368760226173024555463740
5620748081399377467009412522215327344884170636815244358256118696626
1363834029286644970066037996750179376316763918069437678433862149089
6235618201056406140123778850988356670847311437168889139426847948538
7646650984117195433702892158483507258601976515246040154356067627464
1178103795805511058527509424472965571294588954450204682256720106209
8620677182166748688559677813336730489413888303965661219189330587140
4778455132876728030143220992705290210617713921277375905261246803578
3233612231672451314301832827898769529904655069884850334348398335992
2741648106833596317970504048017163575811696110988752650503945545081
8904578203398880552733617405890660762567887602344899655818219507130
6798279843747014713056703678040027908882626096875179843306216168364
9757733948961813441882416886502289967801627975625692274980874020887
6881035943692992039572656130506812883876144119591862400223644524800
3947999424405825317268246513520948959665872693663488401509928375984
6464753424030561559065105449169124218607878117680038993076090690483
5067279512140300340459488292084535672716329501200711214683765449414
0706925962143328567874574683801853930454624313698559873264207073737
3620952682533002246595654211021883163555532210223258354198699266649
1353192963187823490149158700147749921910894650128017261865842411995
7747844638088817923589672365496158227535354999684130293949320567962
1375776989665420961561839357548510610187366314026732506199565814384
0958843545927104275247444855320153629002887902736371511709761157551
0447444857500232585814856078889512835095561221244135323878162333181
6561192925762099918516879242862423080170586007655853464509912221386
2919320062916671040534441325309940503148420160032899923191032840172
480360326
```

```
4117395877373643931580547563446116674421959053416946656368004997 46
0891763261639369972680056711919008111640000296009990629766649508 01
0850800515867038581971813055231732463017352876930349789853304607 61
2670691519805210418792169386199911313682841025843874830863102275 56
6524082814123688895195062447293752240366903159218186432340269192 93
2376887151770807674952389899214924574176299185804334862960608936 31
1062581001413806306012314943627930687332687687714744546116824196 60
3717301173226721154889414471580764346364474645759070334085887937 938
8551175194674235340453941225240645707121446590466567348092426153 88
4175026364996764039796403950645360330584671065916086949364276706 38
4187525076396896156031731192926863383238674463351811330830743913 03
5433722790714103079528227165884110344434857882180908028208295544 28
1220038019526602186359524610566606314957612702515823033352249470 78
9046610507885186132600708705312521009241881403331109803432544721 87
5356433943220404659540269285044885564614251052654795847216630572 99
4563578827156077280214821750447870011247793657070567309892113872 19
3059290580864978398631943466325792242834020275207962010766746046 94
0717056095351333399376074927130117650602222407844780821493839639 88
1200547789380056657803599043114871016372770352144947284480659802 10
2462962863743293337500534210840248586097715946034626507089275768 4
8032018361905498852289280953768213151504355825172037286016959609 58
7642513950138220984049612226422817340434028089399726225773933036 6
1029868199221337757916373560345378075501813255961569355010328329 94
2384997475152433810011519501213178050138796465628491543324891943 37
1832694701926816767596061591878897636526032086512685226424524119 9
5901898187884508287694437676631849223848799241374007672294068073 10
5280395354023660352099842055043059212038827556559304808391165973 06
2450177252527879079885468508425855173838383385199434428891591225 3
6441186669441712424001358879607219106134942308330297896634430882 71
1074670005236299743261023180271422662226187505725439690773814742 63
5221552448324008043756966990710294726405178030151618910268009263 58
7698184180130345266471055199507316064326755040487451772816479749 8
4931681635188811325461499640318314012084999754505654405665114835 8
3871743810710444681995736346286893002713717643069604147832273275 6
7890305080957691434783086703540161620281849114412320084399928213 18
1848433228813425512488866865448527084230428400988313855490100379 40
2648447623636375364651105500810294066099152481479263173087744064 20
7095391999167556393167624758908322427072948295443281512295290316 47
5060981071517094932166168130222008489990733519284840900143323698 86
9379175997792387280564485863635604716964436602044525970486822151 44
1978159123227475787721639865752760984089988937377750893740406584 56
1154045344889826356794496286422470716326587499595583440080244940 0
5256475311275829458245552383399388616021670954090395096229843697 53
6057944381677828156635171719015608678501022971066937877214909889 19
3684543867259730079749381103429453581189213029104857204996735622 11
6733366350076432627405882954486157569614320478963305917252500296 55
9546804876536262815497576765802778755902367873481625042453157027 41
8353906499723714308623953642833379852588093656358087875872114167 35
8200023785857917146541612112060342725573842155180158746305776779 9
3952936789125329777005082262500819374164511416847373652252267778 90
8745799682373452773273606299464292416996715508622928060803167877 15
0190204161663020493507588377690661867461629647016770563441830896 76
2661887440329705177881452434012512226794104121776172182888508159 72
1642083847933339829566994034959379072820339780087960497013780702 94
0145706183227529603485302837192226100593956449912415092778754613 66
8231461289469981672588247118985447614664135974724040011672646403 38
3299904015026352712185799138187518382154225304799215388902846165 37
```

```
9294723637963334793127084664272273704354107685379121319034331192450
6345207673334380916812903926710929875717714802822733070858590225
9139290525897400243757102169955326576133351851876386027619970039 8
0523930527428933709016910236752074517701696407237538638287654319 0
4302903579819304468286320454301891421607505169966851233644518831 39
4315814046520685035597675284062096864840014632988026383254956272 13
2582757344853558300022255133185962288649772494481966641528190407 02
8797109505677755838364707508929280129921465508984652700726965716 88
9740132432879571982173119028109909224921069115194270447735875202
6602177872997393804329178321634672128872843336979031693485924557721
7598633216922910131299649345656945683126728480958429250935515615 35
8682033736722013612851719579917906788879489778741557950785828040 05
1987951437931024097351375424452291066587300786546251418820808073 07
1926898391350492537754374420265701651485490390378491533578352391 95
0918422941007958179462613046216881844121746806220722871046251493 87
6491783338925853594154399135800585902429854085572504489429103113 06
6841061052521529436405894282256195150902988534967011852089646433 20
4187932153336684750090937947458624405009441979525930580847057304 41
7142280778565703712794758093456290877047988346971693235516960591 55
1290394654649194697695656580104477212211529717885424206301449359 9903
6470488168696394545987395664956844680082797406485939762888615420 63
4495952047787647960222481404518711220576212828951209642426243976 9
1077791875989150916967488496901404178146248821899204721539789701 00
4100445191637463548493777672408963056176085749019066419920856498 8
2441665925913641149797211057092004834635621911259205315949520772 85
7285350227717869113431709507474177404611259771054406639288875718 39
3323600024450260387599951742135949797649404000144093986809319328 6
4233231380731072605234702226995502975336413333367683830769912223 9
1147770558599778428742569645259730458979891618440091187547381046 98
0438055951700629630329433750112437691659207229530151254321394054 43
3778916278191406215516820884736345341979998879516117261028410632 33
6985345662271408982502069128670444116902582047965765068060833893 54
4908621143783256599464349788032327217582926945169986312673587510 9
5484558784631407597172019624337085219967792883082041708362821886 71
0429402426005844004377358753310704188814221920924607149133502963 69
0584664488320319474101734611287867351794220914546604185340301551 8
1556232143165747332666107989803109068170082688732101936459561785 85
1734505472858980078728721154172567402441979028843225315410192140 13
5091238671110323213731459405115614706721289593263819675803769072 31
3032161582473040701388589334636633597677154707019773249548814517 14
9561588915972704031644349512185974704146717150973113294738480850 21
0707300489521237484215403899818595132249014418572919357094375241 59
2155456929631150144938470339489307624355383423543950785791770587 58
8732868726361377231317957631881191749399736458295599559616847144 78
4415189854307741455943009162727770640067845262221886063381067248 47
2690244026426741339072193530058424406225946425394836856547845053 43
4905296743058974864956438929352506968728255730738865347979569737 96
3739416312512211357236612420140264683198752349137532591965158061 93
8726661939160510493592652713216922096224639699245339494168148769 75
9450227569316017372978252259321139227972644690787079721129270100 7
2893164141328975540511298607130045424497219982559230173355939919 66
6258862848902801610297741472814721799607430468636839435837620966 37
0592178003581516991294767315483262434722529800380095958755554513 63
5248529233660366613345215784920268506151949203452902146178514203 24
2331042284863520896879742184540038734941728320117627378226479639 78
4677713658735111930207072225600375074940781039463389519984544166 31
43229731608084400498281354303038336316353145405299148316425601251 06
```

पाई के पहले दस लाख अंक (π)

8208565690016030297291658467891832210586994891004078010769247782 57
2806721865866449357592377066019997260659525543327336425038947983 36
6014319930730848093451615088048076463666752908667169362062492873 98
1488779904365333871639691167273697027312653742840860973486972932 552
7885419930190416842823213958579660248737540654392608495318634134 69
4686789235833606803394455761856487011325964277558202631925680997 15
8944893454073545166932384492149911855493382844577076688230525469 7
9612822440415996689237159295093923732119547894507408067744489003 80
6244345752246115557238942268385930515277549765454318083490238729 19
8467486931626088717921512482924761589351414914158904235105073534 96
7969487491863344304793625203651055672156988823952034980523015312 23
8521251326166449473704612481860990143956546372710175562161122110 47
2247926506088187921878564564770201918708174098274263885178517823 19
5293419048193157156404001782600804746415453642585796882213147120 21
9506870737039312153332239429647101433881763991811507421555422604 82
1990245008205203155158803107676568812198575038451204473602796923 88
4894398504077669391919178038513117904637264578728005664995015957 62
5302767342474903557787303206946697620679371095314087874660907190 90
0547871502275738615622840311999793601481740181407268559346424708 18
6513726761279734277641240894070241225057591283320448767508382482 33
5490062243196257292826480566009677509285325730388834182425044101 94
4383749082928907704415181513432790126318627093441028058333197183 93
8084511247877577905287996142480968537580976667637015694843487431 74
7574899146388916335043383627398851102955909972689955904715112917 94
5559126983594293067385743048698989855944326198964253434921711717 61
9498688138115373601192528376348122187771094392593220573709562698 16
4645264593052541308176804768491799670945909756270994574641668731 29
9851777131558862076554331510263023608492235320184002464426949822 20
0938856198141742352942110120448887865176204772310072355773711756 96
4540267737869878293238488465868548243072513224599718195176378206 51
6770173496390729119732315211045083889636900343634564977138841805 68
0298414053230978368787887332357458437167785962319311821299654426 42
2746033116562189958073857091407481709077707207206012582553725598 81825
5400017096790909741338551791505034624136279629433752279803921216 124
4942285734805540929961742218675526706638715401971649592580419828 45
7272339435872738491298062505229908230414417964201863239335975640 85
6264721140987102756842328471054420476927372279586934325516237287 06
1306248948317683005950316273539272221555960371912609270563209001 68
8446422399745907628360386145156011467908671952274422534153735630 4
3636807658209294481681575624407583542094450141818369400724787199 37
1608074714370480527241227205762001482655673842585276152042257561 67
7566344890835515904034755970552781149851302508741216556160585427 29
2302899331654735499079156121786647178134339282499415905014092363 20
1698408680599677236463118003230917231449065960183944335732467994 72
1363667143093322687259227699597866342198486047640383312151598246 33
4815753891362137470506267760949391565434449665030715756019052561 49
3434123986500863349768772582014261603587642188657530917405182417 49
1784121530322238300418806639385455889187876200687881140876692760 597
6263885084187671723906882151375344690742052796875938629657498654 41
7762942518703009114961352844389205145007155110873094664959499070 89
9793052340129573493866881785927244230815215906660649960755027237 608
1272387058512137274552888617735445449593851589568775195180268779 85
6482520266240944486188286727054207475043536799845846802118161245 11
9179164083882209778864182756810585076775657286484828360370249328 71
5819806043555879980375757476331720000544959849872516688565706303 35
2876068093081590181410593721378560788103151292531750411050960975 16
5425371030855174854899280792792165082670247752463749983785047234 11

```
4872240388787779685621658918415735659396870303193507502981382895299
6830357304306071207546629980584795107732290419143068162870295090007
1881413421458284156116327645897977943185244670333572201518300080677
300984342814598555943657389719903262861007167469115090265946427923
755624937423512174450803121349987410210504026254115763114123064033
7384023024844739361327771431177832648722787200003132437991158454107
320083254717655335778841973881119878308116128253343500137910973264
580456753562692848345510253175697613783144368252477854306937063143
255096407622494270969727621061679816307458647731362102916913190193
505391736338772095930772880211384952253085233564200914758211321508
141634559373276638164620996415041814279261478485611225096974418073
994012186495761708774298539083941990118885877336373113130171013577
790334756204439526260767797656853850415178002862202601739831535789
490454442716570559649205222318835447428311193469603711941218609396
474369683521630084113092122137612361931555091187753464456042937379
21516689602425471680377818274638590796820735640934299433427179208
028875221125433179011414911600479638960331877220471455192593058948
693350499223357652070639336657861080859200577595735770605634693457
603884910805066955160938106943662128758827331613228648314314717672
115704619235614650037740538721762741113660178235855845173100298207
789993646817768759805771969044293265641492888950616174327395453482
331666399791748498402747835405359120022260943990531207076601966727
432146673132505991961537491912061092648781953777906142535189223466
139609531960625261784257158699243782660916171746497163472047738961
314867194294824902919894191675830888923397311741555417268094753310
2737779799709817565045054736022767862106975404505926143883778151617
925379010606402291673802696257343430464530042110425276623030552072
475739306792726393713188722880126958554904248663228307022774015552
803422055731726091592927513287204433777236381546602242627227955242
640479069128534664743956703901536664482511862340278040253780886661
135356644106913769723882365405370572032648513307118001886217776805
9795321806543675321022250428000439406185181288936140733723950663
115170700057138631530213293685538018489869696302851089301202179506
470724877503209994836756871724700290558145698405144674694507188717
376368028734735561968531753075661201569305703443098761497230689528
664441564074834588089865256616643797202895868442203921819431715127
564111776147563714059368640001035880263891259692381706227637167628
74806283816022759410511462692288809129430277664959472497384473093
376327460037108435907859976671800558687028730183229667292566511959
26100594158100365089290626039978910764693101952271744645199443616
99915556415641215108714382080886807522978501480228623413531843920
566639711524608904813184451923149291063281540279224893782282515457
682716245961176395668864617423953715865744626643996155478905163732
521825783332535644589892905951926058659798671344827447826266678984
191962736059352022149668157043655690416708257527445881757281160956
148185722436954647505083028443075317077923557132934876117839081302
910599183552262237468671157570593774909379757938195247331632266235
982695699804734334402616879654751304293461624266134607473252695703
114881469691642933690719481545481790829291072069429731875971973101
542619933564615328361822870151559033107061465304217006688253379701
32344950607141683526860988131227220540903094664066185857999914153
978144847741564082258903540644906463510615433719400401386160350714
559736014278623451486573479621797846757021898995133336443819291905
300857739950452349349571896846127113768895759793323495332089538145
398467702851241091399996240942861535615495201564188996212593005126
442096865972528994184350366818804807529105972336008365482357019198
685509260350048765737882951629237418327132367686584946400059670950
```

677834536100367442594918858195595926902512393110725951212115633824
158960673748007183246877841307809693824148291518956042755017542065
174420881340145436070713556026763499597575960041036160961213773621
820223563980101455924936015689714897933365854991863497304103495007
905509710373294892197640588699532018966493350820431004885230594298
486801785555656453897152963868713982393892788628313053889870441633 8
748532366550562543023828613176831474399344615609310765384947584648
931621515835889933195673294433479039090964500201525452974223609 3
348737748570906018648070516991257559332518203044120573389116924949
793744441817210180048695274815824860757712217241382985252976703526
885042133034637030205901112769270842312247374039903446761895700102 5
917858966147045611886905543180001357411454538480916238456019398214
576980154036744730933242141647275552190877396917417373506414595184
607851240181377454588376298517906609425179969503658723513291154069
411855800405756107804357919105154389529301786070568857811721742139
155095320721197089841522154253164791930461604981176009994043413190
991189215513651226115501831107351940674896418609402848692830550 22
119924343866309661229983761658981274730669004071331315325819303202
814967455702892711980502308342949072461054910957995507893660263469
846566281880554901043878989574409314152964143377690260506436409832
682176336287098826272397430230055063851675289226483750950886137219
833353460698489068556859024446788863364396043781823649316075069795
253661777044807862852104682093268266828972207159109800819778019264
952538304724636079589391737003693289663580220506598028533870299680
922286754271291338699940266335773608637540472021149927333995596386
713941415995063555038162271317992876143298924595866321022805072720
176632829028139513624639259879408411977424214784978887928534813292
261758042969536056849641633358836124647760417166303398537726717373
232324351929797334237646067007259056978477822590102247186184955108
700140155276349224305850649791746999412247016670031010443276265 30
993015284206842468595235910530969681058431185510376080853681033317
095349081348831311722359377438741446218392650171560932790420718935
612694496396714332078290473191666678085182551977172880062773545399
159278903401078628896366115708075792637125157532125643458797675822
798605621785390463443878260224769831644730911677313769865439441397
481344800381829810375495058853983542914632275329122606239178293199
621398691881771111842441962771878992305735044724577538311943385179
322128576603521216877901140477658976778435696351365329151493096380
391047545011699675878027999795538955850059045533297935637026407 70
333481120559679109660880465445819911756967335381794020297742084467
140554762538001665796195719912620080781668202885918562485723615599
401625547770791411160067640782608077107894734372899115676130685073
224963159123163419758846276472881920236762716375194766953325420490
891610249164837334965917270800147115271012908902961211040472462065
622820963283626670888972846484919450548524147558133923773626921276
628090107039603299462627250947141176912142913353975130151431774671
685840290596862221708011103666071463020620642207396736740275444511
153186803573711970612632143552346855443824565325519496223092442 22
627616181076353271218486711038748633241670789046885223329211115019
790098723766740155479167534474858911628126868673604222994356076826
978331735176394113756818731185310939147331613471464295748025886612
098433336264478923277992171893811049025750898332957523113851163841
181019244991329300877847253627365880167927323911956677377346029231
167147252754387732395409644074174493088103356901689944732650629356
812407468591689254650921109142316433966434965355399905226030471148
711750195108603621437887928407449825270332425169177953432393380537
534154286334492005727579681918742184272188588466626602813391591226

508703295556297431210060847646238240612020974088585109713450244 5345
626967484521749379519983660135959995980442105533930579946354121 5659
260373954548130709002681616473580753090700579469859512185766928 204
335931333658021043935801610790827942664487820352801574984777718 753
666388687146928492233597970201859216375263706470723923280711774 975
523653624170626315463270059026630402473980453353020409393130497 397
130791718151488632385160351409187151727259632060397751818987737 942
983354896214929883065168797261723334295186029197912354209146617 618
580812065785097554051812624547853587142349872282450762802185554 164
393735572873413177079533182641069580231812678272926217247904786 733
132302602879014764854335809993244372349188499585994862583067600 012
204733634466868003021774428309567321206573109092985212685308293 53
520331626096123871927047491031694115164838847479745677123433557 442
981268446143275337106037702381158730688628896939413236300606050 428
996520045106037486769136491725117214171045397236983765748250928 62
531991761037960505070047452751987069243830797208133651074580862 533
987045295036577394794375194325536600142105546414182243606164677 079
171658511765610859235634609485497644779621165511318700969902914 073
151483903908991815918578332650277953957841825197056152467518107 456
330457082959442889150666715929760412803354745155100439949339911 357
400368108214520100371663337695212133753239590644515065233379074 750
428578159695275696181784704238178420315992417112157281753138255 289
908317222708031933401849974624661506864137178679359480593272851 964
335736880274143158690076520872345466373639831869120209656207541 348
874115504351794570520219208662862157046501295951312793744072467 620
419226655674453334447296817148735449387338480166542826423783384 831
756543833361744087321879219971430971939075615289979919334816845 664
869894315760143802862633533136185723793167236606367549438005252 967
139974035099407121933737585712045559496028444564046130603362226 362
162934122457651541938318209624695244445695462125087911893
539832219637899949870575517487718861051045258709120015502718111 214
008330339459997286587045234191667304068557004717286117263358849 68
271071745003538903363106665809112216112279535205973563154238786 279
221174002792992766027230910087889644867197751064485285423676068 067
832870271602149122089073835986791677907984654684765443288633275 459
268997647136118219193637197094309189760958933074195091535789981 594
562681740310911862136112387032663287459251238017221859237596420 397
178011973301354548630311562876453973330103535199368908917165821 184
472025394047093178330601239641672709312163693791933239184259773 052
761479229302123013163652956137623330528454637744966783855724163 055
532861053275520784389404424723308700149400756485394938970856366 624
723511554968426370422419853407218843317118062478510999981762322 5
805812020490727023675155996038558466728397347325959612710449694 899
692807040872355613550188348609827334494211927951159638914217013 371
362540595915840065763710336218594354090721495079719264247416878 866
135096201313031939816564431842319103674142051255686332809855207 709
323995574220458372892438309481108423300876415366308472416897637 519
419399848086392769531790164372780297768880612490841933764103645 09
612604065127369473343213647516686745418754235332490452514001261 991
025504942206089908653489121851977852080353829793516473616363948 528
497562849714885627036425437615253034856791421813834154676563036 293
594327156888851139645341755011355523422660951773817818038938644 309
083053992738653198839237082514434976695795125406640558213249534 760
824464237959520467403716910402286506016440118821281688727839234 273
692926062064096401959614590431451723416161791510706177671741511 29
700974362635716917980979131076075544400727482316585363917076912 591
900555112850732808167705134749074145011950248108427677735773081 036

0845003755565026865827089490664096114629969042922698380843496813891
4924798862248716712812408926279700650937412914280120188192206542159
3897363381932259127071303848942169319110049071492253628218620356176
4468544699594307641907271338781826338479026905141348852408834159704
0931667176458485165390460010963472932317024526860807864918007024542
6053385920091663315079277873248325901604421715668749405791589677115
9131892750178044518249937438743299329143554374680946834026083464252
6817073513602678441171175476803025782843274127129555092671085740230
4746960026445711893018058112189257572500241791066473020112946937549
5333839271076783815585808875670613299964991589394990408749778235503
9210513630164671634086226936539403456769518652775268560312868088156
8916991604601367935600028878486501738703611861366168233700637624901
7187035483916530088806575237376799068155478888938646233804336788144
7386263697514446353315136450336525098779541309399414676011222285012
7827345575515956198448726728886216911391278644418265010715934333181
6055288098093137576021954484236689181404876129698357403680117551891
3300572269947591922872439694710724497704047329675133848537289891985
1448791269339956272762863015717827057355238450193665288694250301571
2886490989930558977451480649740071081376020676606100283353983207243
5945672059494512168440253056141611504723767968712526931563193098160
8232979504258981667480087815264867736414493569584287953879511112090
0413882430699988209156555403289250228805141696787929926626862224670
5254906674953625013269700318245101140735192981527091168287631615254
5336231324226804522889614970917397113535255440123608618815454147085
3204672299469390714881886033268282617228269647851698409755613280910
9049299420589020997586802701182971438113061665016560694050941744708
4136593172946036832314886783783401584666526277938110347185652734290
1126469689951352204381388359254084508757429340483048052570263674681
9999711139249943082380948147319257601152853824737208314910527160819
9222281418675329911795524477927920246982478577017905817684337666777
6890217764906219369958965467659969428721801097813692136744622097478
3004092718190513763561232548612721452222616805180293256818310931413
9665924531034423688433970673528726638300045419514644230326230190718
9759856124702358650054207598252489819907503165380324950260169372305
8314817314752430435942498914879189062802634091227267353344853777985
3276889704761672615852883514060352527088519992171330705785763874939
3745559400967615375217782801162690377265289896203441261598810632168
2532064438164061291711721200955674738391672229623555746124390155905
4488322626441625687126870485003449211415757614315487883822644938257
1907205282243565403066864339495278663919782619662128890293170809150
6933547609363069503877964838065009708771258420744211499716985561589
9897478765137505785362724536521780662897775073271570349854774716789
0295666395835111199772543088210830083871970300163603754823203181103
4519634199719570801626375425600696966183436297269070662230614313186
3618116113316841849516129647994635408155166288645312201056179623810
1443846201413252468510264137934116621666604435554339672608390029334
2498560592304772543016048596898781615324252348894799274995680405750
8785961584656399668277050582480803752624440992284265581071965313962
1474222234153507700313618665229024242427339752232201197300895968910
4985405447427697563805962622690878847643676551937568195199630442280
9024719659779814112299761130996689484065470304306161542840528984605
5561052774316709454797654256999443256151512704117768402472629905184
6873938440317490922778671374650487756540035261833613582209691595165
3100302994702612137983269955154794300452825040411617899229947911176
4121739926937741658202028350242611557935771019286950264605435924118
0066807823341749833422352511940395786903578680997957355566463481846

1092353566380532162505873396127301651792091526963077416035393436148765086569589441668759310281972270842130060698903276812481364340882914506935350078426900283389692890036766306519621256911370825149526413073002057234260061434794784184662076337424740196523490639302966223377308206402287040880954039448926023755930275783186727111955590362643818036944102698956099702240268518929057056341157634566345353091783644912706551465214527451609570926960198193514825042308309332402085693823257373246556197838050798236783914896441321211903253837193051261214351205434672138024917208445724067560783891183614420617219609324188787153906531193456242314305059597581389680014593272680369903153148589817842184140862703541323405714063724233441623052011460053724335454408580478491527383560537008329841944194087857728942894298905564111848901279881742427130941732502246499897761849958444824319633387713606417005057588112062601890354612585934515456181756840973147338420149518937581589960120875257562760332950030118318809564291086792993649140874263226672138684915224129903291462932026823734909566257903206428045338516755725663359643282983690679715448949144144284457366131214716525772928322838722519122781850333184575375231181388910468730112025332934330332281767444790920665632501883887499178312452779568780325185708787710821321817542299137029990346340824319822001818143016950158675647723184551735160193539741180681625549863346929742793638368312286209015008476329602715420554092347219774875557737277125358437929973367550413539009626075460177047832009209000043703047720623969311236199692306945192122807512806261090339608085511993936257664560584547489298456610516437763230204762933488331366455334573480473571567444997734717821981573926294356614853325635257380075373424585696273226443292539121854835008471872615376119359921175544946875172209534021714967332300854303127734300844217039223565805237469978119523847444933383738577485114274622522039346757212327850661052691327977306346288737262224195846716672022151680829100052670223641512652274077600461979496685044241492903303752615324755653009315314577415607854884372041571406008765128076133114002015176092898248986294506264794986397281334447929847854531512329334051406847255746928486263150354770925719144201422185887802572791283311779822123368077931168758654777139994623954398600178217140445115877933764582521759199108819238300516633102828372361341272140722462379539129338836418793155329932894879874861538613915230746891741006626186077722679134871363221475165685084419917806948619546019340893708192321419263827753375919457032645023630434756871734529583995536709739473113745139433281977911222269397254591249383798231266070963822259670190083814532862904610606586856320978015085422334848110590617385229862052817896049500732570427222020393613638247958310354325985507262140340985962778601721689559875030328828176804094685209388640336365236494428576533381097953342025875230660994737779174834099640562083733043167671087592982666684354670095997048589537484151152214500249945441528386578029285301765856291013881441726693837902070500341910121386791346354652287481407153382029019192351467212683827510001739480517922357591031062941178267158381863781954648843122973630207590729496131322642355108491026499847418870181274039872030679358123154828787803868672076345498495199113445099124424731050522725276683206603485380567348512636931946652992516290262646589416341396091509721872364027550026970108838683249414212571204886964565829636160986536859883788390280207060702963996208929169242011756462921271784144386609444841530713275382741805124756047008456141960786049544859255813071615271768187109610417028646244510638699279903132980239383229230786002461112125625374929920696236055497397793370905509150615995807462647693070614654733657295388010846593077370926439324

```
7096173358979875513329851735335805761982037560717396495121026056682
4215353943220657878065433368166837918392543102962997862558313831508
4290234604146428506331820780266740857504296549353954494865185227564
7088143513231959734978991714151693732568833893316283389645184888703
2263989305568945183919124308293251565402367538500430945522752298862
1936349993079956068964466187459894748823413664085188532193673131143
7589463565702142223037174812012726282910573318578392273347952606
8004131224044446906957003432657910956173422846551383028777081709 28
0043703275264455762009029489870172647182289327617882346799595389 66
8011402866870526336706006304261299460849499563827559906026477765 21
9702537583064118146128754387609857828996342210595022534150439826 09
6187609835216523165433169772144125177003803902159813797489132029 29
2775543871170339116322480752465724972962312476509351794356748381 14
3152864133302908912377146612469044864551164926799346341555621188 22
8175642302405169489544428168314140490438057886059010737006718298 49
9365040749470278557386272032710842602732695690064120155580946913 71
0129842552905449576450645756003740314945879082105473559113639906 72
7806481459191706433870697147736652477844433863025569838810258987 930
9501971312840708918719696749394002657194057221592958688345786698 10
3181835949381027193116152515301740904031945172383224596330526786 26
4210007457363367972646143529714988846055291907822957213456926463 83
4792175940578051303673488795449473344645606796676912782679904942 00
3628806990026035221665252664880972246721212946167822822474271783 41
0535858490938180843820769671226221556492524464101160066383911818 30
8730856354226721501721889134911144340742316720185801544096839417 21
8455292470306663317439699203209991372307939208706332681495027024 18
3632373935577565948355864342758527153036475346746011816231218086 111
3799324835451482289863062536933279374737264046931267375653401997 30
0907614262122865011585689448208037142836120485831617475039077128 76
0465033612361352243121404911409620458582922554357490090271711431 0
0562027796642732820368408835142189973766128515417417015505596692 9
5433553384988687023249020610445807169228633433918553944346597418 3
1033154532910259130360646226668797794557349045467488232753173759 95
9372322731037104452113311533828930424773972419572744011654184843 15
5648940489213580557085576275584955348891913654379163834240893960 2
2097880195875047614164578733384344319808735157516674968200379153 796
1029734944321094760732700463633436612590711792603829657765048983 39
9682005284642342068544946993038712496466424858116044200046669339 85
7416855517298369829263584910447179338446832504338447175872526993 66
8623375707985863799511764743787742210295932621738817179921125649 60
7665490503647530112846059719986422397278433919677740389582319175 57
3259941937900854928259806607678949854843333553305204429781468642 26
2154639070566780479389131776519220499357616638821963223572241387 58
0488187287554778343055337141624291591814407249101833736072586131 30
5858393796369137316050463865378761619976568352789603916541221197 12
3163706463843508750588046575531967200804810632083118215379561380 09
8353559526093637000645317080644202888377266908268009424750615773 65
3069536999464734442641799088072365856916238996365175780762373186 13
6628030006775952545698030359350209310340106654882387605906309667 152
5803190270180565107741796599641778895066406027884717068077927555 70
3510222371473067950065096075380534263982026154071272137856032274 32
8861680241733894597905050321379748466149030953017402300954957526 17
9588969836097031429140848045338420177059333087278988292106539860 85
4978417702268001994317231256072796693509378461673808145347108132 93
7634521964744163193311786906499824823727616205615024443944723233 79
1069608396885603267436594476132436682391058343526372587026552727 2
3546810973613675379988543402247829732195864738470798498514172853 86
```

```
7527792306584091743206050109910223892981893864572160416894923402085
5940480597988719907538994483624575918179587264785482436871784280
5118165701035999489616756458144117743599941557415640541980940777066
0781817873278088392351665272981172947045182489488694025397849704040
0125785017085252294800326448553982933954102504934105444614356130455
3712369616822024270875468032257772246764538690691735846329099659788
9270857241360685294722841899888111976949257775673473149204541882491
9353860754485383273493160249445830184005201100597121112488189926017
4090339058430141050559807188441154763356093389295582703356383918922
0724411566241363467937554167389089309186860803126378923091291660755
5009898084043087717386876849306238533350915041060003830601639488533
6879210612389410574394034606240163718548425217716754516397600255055
0226439611525994294308693498690746297837599701612950308438036606600
0589226585293056378866958466784875726002532918393071854726101201433
5318123008262824539075652638481662843067124140915352301737357772231
7054545331857330398636116290928079651400076258029586832521130356225
2134998540067832905798100266637678051720624754016353702521682187355
2872040199635961887360693473067284096081288649892281654521852408328
2791281849386363527220300859827544599898999583511157436878788812704
8557173814857403078036294204859420644334157901693839596815335852775
0878157439719243227798831706054634005330969611599543732039412995517
7197409249372819386910424719168074575580541317281683365537965275951
0402582937660069379484763050243686693087498612911515579029908914751
1471436165509778108916891593890432286116309808961601543654239707131
3733987625561383933492789060574714538169156926488201510262147218325
0340916562454293531173283968374175550697887724604398556261085337374
0287709972880476114915778576510475290891138178065469220721713254159
4679805559574054495325587792843232475048202572961072119305427203445
4311190184326515998329511924254995688662924512061554435485187784337
6022845731855255302038578067996423334739432832550797681431749352903
6353552357083362279540297603622459678702246796108729006536915811032
9772411271968718463171201531087202282912167851368328682884850835059
6997329512401834379280807586687788984960443772754027589522929366853
9226751399282371615964473729827017509083756802744666915911149779944
6671135691088924379199309424721308073081984262593144347965790856700
8256288588361144633070690191063606859951853870417106238568043241122
9940699769765217189489934971880450386432175982864331340232731735034
4875527937834864131041994965955257706690456718435502156201896727939
7342682162568608592248811316664734142989101387571275704830514594366
3609924661062720112440987239997104207565439150686310201357598460146
7302651199034298650639676000696687958282892433978259058748567826269
2633034683723321240661577602951565372261068229038366133683415049998
9593428093201865424703607359076560816219599759343820172461807695817
8347221271503991239373308059816434946231367174959999463042117638181
4783019102133447356926562588057101644687984556617203758742814909984
3393046523931220003564424865028020022103872381508554360806108595381
7427853246549792311015101812667413846629462674003407290924306775649
1785793427751652950984600098628219865193501486314131133823408186418
1019598887229593585603437224236723960151462789656548533533174007419
8424260136066735529840754402573177714954021927548762566366320979513
4838923239847309342827299390954922268685258280376257104081404140709
2153377982471219334648252071838787853744500723852593605676595762204
0219451924792912413075854648591812784555951253394853773274395465325
2016862250537285001304537240004647444790745978251029444790475972689
9493753746928089331155435550514205161236368344100734984299470708653
4872826168261194995444598888503596079143671119639139320911200954133
5128855089924933928
```

पाई के पहले दस लाख अंक (π)

537947665616415925452758853479068034859304210143177857711724511374
184624321553372240565412149423223467341003286409237227571473170380
930584666114105286653492921570438437193875825489184989446589748921
123980435592536491908658906691739080886750091323305426654820771573
640252081624830165898730360865980837961576736411773627346697615666
539213482934564239912928078599798788152042922151909141690785497361
872516930999132270006749972335155765795143664747023748766149644 04
926134860829976097836260492782317388949792246852097759950804988269
723924957659872230646951187677991605495672699690851525822652952273
858854393021734274755743918744113766339941285948312343848488127945
760136710066761659743958963255453067081684294512114091221200910866
698998915001020556924884523722554213107166139198282765742981882917
518337208417523869676828059102315199253128014453772216474368259508
608886364434672080407995745610429010196560880839309828716061604912
163604586908622289737564557413574307159108936724233166447733282968
241883149217164949725140119493690567095296152704329196175641010185
140596083954221011253004320324477290450956867286869283797899445334
732540783200542835488045130887413631936955816828746079046566945900
407442884187381232567699671646926799869558860520806372983832112386
246812028817043481558140629498830626345933449988840386526057374223
073857866400023774153128859094551257535393369408694442939407522182
847100107766580951275670201477540829825943655390077790618030037104
030191092185293284782411655189092287029012404160045214931709357753
608163420856552332014438453889583422068417138823995322706356387242
611330217236088753196924820117906522275084815465306346843208 35251
951083321606843173343658468059130157408787018229598765822830020425
283556693204501981988171458261171598400011723232484622368023378498
390571958420833941883302500041002600378834221148367305474960967792
429704499983799479044054349710896265896766913002849909603860630462
400933379790920357551625516664005711218771723903001503960954051845
816999386430449804010399161286593474495582760668348248909337338629
266989646970531741560892296662428914381927372356726030305011034159
701503907594115991561792511656228924417675577202639271089785260599
471315337004590483012453586022457077160582123321852958758220 30519
372890200177343206194287342147523786083007029979653155681030 11287
992589391833877964700675202703688772405840664369190902874387633882
097145801017495101346458402812780113168139897806509007407674642209
638998045332620765149608259774522758423904134502684618616814579533
717594622683030636661453659920280300843252851498178817712725738675
355028513383679230567432436869620272756904956947214224246798843604
119226316915567882764842223911962740367145989741445431800616886293
376356239752548161092018062894420650865088651743884451744029361570
891066530518191344083524173853908952947331269090022881476173592405
472755741008722118602480706552734785464670810033252880494872818846
476645138719484647002739836639678691108722490689445254499301361359
823021009664966265824979074179330260447961646789612176304735470941
059054767787436276981114648195946765395331326016045188056852 01238
185383599352509055867304816958939312668888710724516375807869185298
046443759849390149864088672912156151469350544680039277537716280028
444617088728346133201602784693514171037189813592856544404738893533
643422529953563067148643575822661507084722421213957490588123647260
807956653918210780697591919627299613768250527190168013501825936503
904314892374222182997294359105047665101984354967715836390356050902
744094547376200086625518953789873986955249442094528368937291622558
644588185723220050973402112402427013381380975063870736878622 41346
162660761418658903675756728049468513929492469474976704482862785037
993942832787912203329713975438436447227794195248300533133083265941

```
26816548143183672418519071645371183945618853767186114634510098763556103968824034693227431638685638936692078262878666463162305865623208034467033224148965844290862011919779577518360789811784708762629615319400347815464050634565985845395933678392047177816196115197815991533483239756111621222104528968308713835459980658578013548593749042639560201729578681154940798879989527859449531291247582481713710885909691407061933061800303323891913216840242371178559414793817512261537355292820484620119087835578241076795897282648380188363060516258745813238071702127070311601599319566532110559086844637230112193935288299328435695606597198930148418941924696514195047131003620913846840871436768832381248718738058221779691668726770528694917232969297574129371576503104861498264996394254251535522789265581765932812281351990499862833917695098649870938852865224641624149800913360480941616720693342425001725333590241224520696627428380607915709746101932343274422842790300921971678197965979059549127210553864472407600831000588081819072447870343657454279475046660211686153282079367042283157677410987706565288958092151207900910624889386465174860336630480808385858365475419590635290169607959866719791951547267539998847762188847851073660556792237455158009612734637037295470996414489544035707005097959712497079149894057504201650307392100837573941328165780857198028511304247961345145042777636660548705739016497996388006749276335699901742142470860427633687015388954255448605196615601145707431101267836061897633765408595584416739699898991714686664840902419001493111173462062958230778705794867646385567587210995136468309977716094546557201681228539377673740994283039515574945316920658203714520458277357833798271161575355474759598809028882500151326903062183735558815228008049946219926313951475900767150444120102864042232346757214652225543337464540769554429637336518329440811481655311231788856853449362565109233822325088751970064021785626240504392039311551274241981278661180457520379031352263821500210772130524066241830028624776559111141308947497641704427632877747366695141529627972984736229019636223154363191418417996968962803592775061551398755785367266353781400817153183187933147980316630735418382498547746143475821220350330394913462672508437397313313461349718786522154847952113280655897451002032487297922392568927537490270425986685614904053752845046626144264259912957699498459561886612934274152168604536950858277105538068424706396860778132899310628551128799543943367009919152088861445556457442279253309475103278639998286086647782469776693646959682093306304832523027286162884091854021075857505952335491745175635055894316749129117086207384696004878978263910905625739599487492495979011090191614659080207484962639358279265058364767670838301196885550505186157980972185298078202754679077735284594885548642095718480957735502641837966220105606201767241016475961823177144419881009610279477760819625624682085457499375939175577255504390164427090909940333682021018189188094314468725119448839760726106428947637705083816809284728704530854716107278666310122036687582906462496532944215040426089607955960284837681158331065639818871541022291856363755468086146768060626175912547513262658963341657062651172681705493010940658630266922042298948302376443236714219463649003200189102951055373197420393990308094287078665529147692881385645878149664779808233148266402166554846713406240185971412175244409787127718287785341343837382580995377745556686390309700061492840773024700917201995246206245391985859237134507423999851718249542889513234350318233448378831929595533487901099211718992253652942936533625825953909465529635813744972936997465118753385374870942177080817457017422516040904388461215741244528502023798390369991138969673477880497042088863931284389157986861499535720637694821492093062812513122800499666262553  2
```

```
24283839917352025667452522990840994632586464683411130420845898803241
42878241486082621057749475330037706021516825542168588825520528 9137
19387724986908202539336294047304750500997044070946935891969900 5334
78304463581196491048316381606807432397475188737745048539320801 1892
09217620032541285900192128507800878010809612186997215672787878 3603
78342850502233591047386100379003368195821534795312420332192379 1186
97973810932850103678278806081274528288310391831570441480372715 2691
11958913827350206266167881367389300589434987192675421758678377 586
16929115641969549780500502717441482142253177166456489762559437 5826
76430949126055292857753556527311492956087911082159619401757024 9204
46262077946805377695544163790238444286270760013358829372290589 5613
53109924487923773970012638010390621036297100540090233266205286 8551
29238893654007663966398392572450824496898926245992439438450876 5578
90902818985683433451099619638409116437670596054841952535056878 7230
52067916205797398008695875004656119615450401629767770096547018 5284
33497764467949602803722422923120925815523806451507317582639784 8971
65956107629449587379456851984590609369134973227024282382935848 3476
20097279573203973908244049026524593739625729544911772960859885 9109
79831916191923715574314777305613275865030186712879223339994092 2106
26790946258508116928279669238172379855127629935238608831771468 9728
57155910479691135290085367737548995512471868903957446600048479 5401
44780288223208242567018451147545838594639977604121232182945120 7207
79081768233151618455421959874974455890151199270623605189634073 5393
48756409531560340706935958257608166769558749209824048066652756 2455
19232200325145294175539646827190235219576379637897594175052158 6754
20192853655966620145045633855278357125671205128227519609295390 9245
78418855401271282860622031840304162523045733499198620336839418 5491
91744312814170274683480533123636546408009522798679980816786143 8767
02299176420421935770303028892406338233711883166689234725665314 7154
26197369248818567744423683067628580803557766708524939432726759 1827
13058028204744986831092388451839656929128269141358022850879202 6381
55759445885778391763041538247774502736300479678568959057429077 532
82403183887419532847250575823699898418557360973793479262107584 8001
27606600568485925962703650334072849924570712616060043085192144
99399461592740186790670249250918808425497538250005736411527656 2788
20683168374561361164661059452960987647876178106573256994413006 9604
04412757484805908154315252191475930781041409918043677066395667 2634
43535624561935640751356546727167909411879488480868092309383287 3822
50042851308615564673823134489119765303305903494885070904364085 5117
08968159681885355596836776708287592695900122268130634079052180 8314
17534288387501316529218766333357431437101016347796658883618869 8834
99832898116400702596550204761190688459306411880137433528093795 109
83052205865755190255331324739355184215726088231016831817640972 4179
66428217055392357331823599721055914675809906015712545362591465 735
83451080849769670800717266943718308124966413928529324205814835 22627
44693758585695716870345022377577783598158580954566745546272979 473
07975693205085626405035280255672286677544482840862099813897930 370
92532642596403853499617054638608372301489481001371999013197012 628
01084969868327908059952507493775423599978787344657783712375357 578
52677710638143561367890794737247924261815992801915542363584092 2410
92695194986758370140080691259459445559254670473203928004701116 0015
59541702028795035929201770396860113456304449233397743545571654 5727
14951735345290462215877669321039725654053386823913058096600212 1232
48311387049072616349881777250633988037352830441378850405352914 195
73448626221480332949544888908545079248054268374194066918855516 7572
16622110920899731852667678293526612904276171207173433002345258 919
53735574750926874315293634284496407717856739958438148942104628 5181
```

0384964342773551924438540110560036409186090659830023373684591499 58
4014449901293693725893952889834811556455810610307945458047566465 04
8935767852752111834079945987442056755069846162829748169274340319 57
4481121269219891324355031983705466444249609636337484865587143693 42
4000842683069466472686782160543076055555157113010549963694214120 14
5286056715492814503563608857935420449883125571959955870785833653 30
5512108392849984112684790571297220246550138708205244749272341919 50
3603039394603476770851534725433807691354302103233118270994105254 37
3163717918996081338444036735092091110631733765874016000186973042 52
9842024488852703317251469249747539319823503525226176160943848097 05
3512457087513186892673700507442774120709790407346312262052900063 91
8929099033196435333533778277303380095643552023728118934142222131 63
8412466218762656292621316537474409523054540169190591210298332548 73
8443149969008179176662444562571055001406036680013324958090641028 34
8771641935647143040955057638038573852209871616795910485222080708 39
5443816652953500877460681136027308248856626139286677283717030323 78
3233467164064186510599162481767070634565314676407449265899040024 92
9433820347665482730341522657904235101310929756783048481363297639 76
3227467327299098939274496385721441290848706448070466163067183262 69
7301895505226175036704437656063860897547480919952639440353604654 39
9823773561902465026931295891402221059887340881632225625868617445 32
4411589493035550997748247415150737341194757333735565276274185191 64
2451462010498782629453689508844623211763580035118418359267598642 97
1281398538414469096917190799516740467818935875027443503551180799 67
7762498706284759291327261688448884939141128745320572483591623606 74
1616344638801312351161263321415735073587378908986460331910104790 49
5108805327624363438019532053136413435545936470419843997327319281 83
0257600857675302583216967146468343588400391420370724267082601761 62
5339029898671526756221981306035295948446464040396885600648176610 90
3305607906503876896844673169485434389183689353793341689876461040 50
6024109359855532664312999759390263679696925137693692615910228511 72
1654148892157262235977366770146398458552104707476388972254902217 95
5783473853630081933437898874815680276975999495121254415702713764 90
2775150787779949109561489574262273987940332212825753245784561955 271
4971773748923110717580044852610875339714409334236416700073947476 05
3387663802542958635529369130347698689906133362459084073580529919 69
5237406505765703934901547390655652892580819446928401221392455111 9
8760380740566099410523116436019256847220532851072587588370887878 35
4074617797601531730495005829381247505250302170023610957367090784 02
2351162225972381301444079847918133032105443244311027197910059137 38
0934837758636139977194367200655924569938147027619184666121180429 61
7186652831069577660924377161598315124593617280103901636552046619 37
0925251253631396559201177821427680194280476586534858158747031199 26
7709791335049110720516524324623125383157448751295415603552750263 67
9614546109344416853578102731389969995468673435181034432552595169 30
0233005059257279978159048202235890526047920348250750421717345546 64
2531252852594784406842133378979724559983814529024913412772434245 09
7179511864461506281528392865023721292643684081326894231693151888 18
9538526818004763103077803899244121518719858272225449899677875145 8
7916023970766604413330594001772519682882761813890254014214115403 2
2218807522149313873039438948386348804885872573129605440226754011 94
4434427123955690237907150071386106419858388795688054863351728084 4
4644724813277238595610521301309101510626492932763162472222859852 5710
2637159462999401322655051880446573989800377544218462997919330400 60
5176161879860265557607689149567962403302092035338230064198575121 28
0549087681264999866296820216008393577425692390014509676551896830 01
1498580395006624633861680225506687075912748319753000145540601541 19

807841134948294656806017074182194482694202914591931179729442535235
139331011218688316780023266376919519389893049565596364430499826362
332222131737958633752729015980267624382084908943642831249679621625
001635299668930446258458041672490710904142795447432277640558606449
799377481597906129222029306198335261800426117966549675805482901810
689473722161202657162630436353022821293372450839435343709678543243
805831288950527866356571712880369852845487149507985624665557793170
507902899986859714364593077973507014015227544766934198239263898929
535343190218016938758502877868797020461682319735199280766975865127
606468238391696014867111500960384593882005106152664625627270863739
947150257718107230896204362641552557152127904583542959059101205185
086051998335829520276445242512357735153614513291221335783411967187
075856606350002976645872189965684680983542255567976997861529583162
065743207372109968440619460852752139972077460283796182940677826598
099698358660897438651036562425562508423543545630151219711116732833
655070583247917273565142769410984986357066618802528434536119774234
900016041091359806582532510477723487375858846669785802999922419736
650411551196281600473215765070051662898453996379194144719612753684
963848418407835392194951607607529847670841382746044030177075799966
676756861253610514003917168172567805013897837186583796897615017209
848060227215120876367111635529356196130402092739641852869360472651
396687556304008753585686831314128686092282555124226959567993035024
901136677093640349903748458741989108901894570519857812478440357578
671393197085549893809997065410579169020959889749873844727261372435
180656164993163897351119703310393978040928094799734337726502122497
143409823782365196589288627922327799039418205068569837671166237721
514412022766337949173743734228317972794011937453904905797144617183
602567322140552194621862859145438965623402489453798119559649687070
730218607805131930946785284844202128432499307154135644230793862 72
526585208492269484399394853053527270682335863948608170577407516973
852120210628959417716079254130699134608143824632866935231265907343
036680953859560845016739322909654282885409786377872218259072743419
564661165959340871344812029957960400057641468485638419208402583268
552123795496248911586260094009876541358587061925113653719481486085
710770837602097237465955311440307339494234844861525237226662531720
908162269400021122759183425529828168997196876101438519190128988074
242805283555533252325715485875614477520119468011155094405429657310
193621595918758219482207475615310783348030085499433087398213402707 0
003112588792796739627366092071269711513819537715564106337455 5849
196316917552555991892240897978331242735453841796027845958986470600
952841808664677110946415984315000959749470220759587493696093489235
131553087952267531922887519326905699269590112428008437808975802237
272111281427715809215786190314382328222158431197363867972722768495
813632814701827652361699870383165480571461752017797801074900520098
622253867134378987984881044503027177386068210671823485666103281598
409185714908477074125773721529623628951428193949344923100247552946
876881422826882633819921070500314822969078127068502360967952456156
317625378443908683885454717662505486886145388589401906509184101588
520883369612987731672752691975623864276095136945838426185218338957
051864132632025229313913483808212879643388136298455390423731285738
559006232871979159091218171033492088287365725960067510345169173034
840664773124728536498697032255058028512103145813971655005402199912
584671247522962330479476204174835733965129338846259860546690206872
743107989200936008629962585264955692634224434907588987120754055723
917788898374740062831103598936397536831431637915535084459949981517
903571916645957972640535635796228522232309995625290729565968625666
476118217436889365526584209735880483823563270384629174104274634032

7640442472179196338923330045235292002875730135630382111728971331691
4363722061750858152029084972463690556676289218426265178197651953851
2464303642562032129591608958533598154070650245252165708822643889691
5532003307123860177199426979987427119660353048528358184414608549131
4506444317130866665673247447943228054733913760627581890428365658651
9895466488561709859023357189364711022191554480141608108632865265721
0250373477965869802896975687596956655171572997817414912551945083371
7949744669806026864318152342292431677632651015505374677709204156471
6462475124967230114288483953970606056072465314227321889583835501391
8502247980616382349453661289940409355917809265868236064198494786391
4927392551467596218556484340287163998424165640792243204992151935271
0942749255097209837640554799507636962370089615853142082854978064401
6575694610740124283011677091754088048806266575048744970010064481721
8170337185716876990520504312691267589423546424263219268161260713521
5593779984687684876663746373708483091302303187597551925243991782621
6402799661636709436911253008628435029788667148387735570095408509511
0925426723708716285087204991001466660693435254396813242277505204121
0843117783620864259137414037018939058491308853076718033777597798151
4504060045084281692653954942424173439682579794296332233121321810781
0129321979360275038885263104587257887904993301724937169929033635451
2907496514640560912754875288157487485046656478857133643242701577121
2065088264725709115452935541510645510350947107201788001792464135971
2138429948710459775527984274506977426564148834068300809230546462601
3894832672239604062464659457402052210842881282668896752789802434681
2655789626566637974536891092934689209248410970235713162753302389011
2076986731432584276094818388124585758734014097068718956181311222911
4700219784482415815445098198891529424289069346605626079565664394331
9342799835882357116757511632925562149947095183522331245810913158651
5773591758470369414848815038632640986605244160899442142372446731851
7685405261645960803590461604594774723205628789108869923420195755261
4555491518628810370985562898184920845362817607417557822466638790721
6046775548345174348189049688056376503250353592671374514988624054
8295624736933344962330902739113708105840712372655403944406661654661
6981279401611743803144254583611313870018005106422504742126749539912
7075909715271031416553633477320054963549146671949925664377111351961
4712248442133833448299147401916929709782733048209657023657441662161
4041385975719940110755054813835675097536770208621480224769057593121
8457961205201060652722159599745589563929274161013544777148660272221
2807878919031049330486064234888941265365091980468047266792907970771
0229050202576713844368458156348290022665872245389242075867812648011
7425984310372314483507393491632856870879893530898303553843839500791
7078015089931667721215355785047682448066812060081609252490055065601
6882005394397529404297779977390954812182338828159978628439344893721
9186155563845847942592989490543845037369764733322568524240216019591
0447240163994449258915452220947381972857356081416294420120829692341
2136751905692105337359237781600665668763641463665790435737824436651
1668510493519577657907919335490054245374836258264105168437864450291
5918358983964405685936888263686371050276878385312777705665995603001
1572358237147154721905671426014336879664684364914394999572722150581
0428992181009895079934494421419902144689255392867691751039824675821
4637343805239735083028068718734460641876299320312170407048304612911
6426319820862850786951729018997001434289682624417807819162644171951
0445075766685632424567458175518591360435999585745988250355384667411
3282045253701080509023511484048195305888064160408235523512941281401
4845448810370856942626000271639230100860372142424842912649571956981
7321905242756339490162246454625934745670300567283750846724982527981
3673495617708983651654782788942618610518327692085036036217800339151

24933714844455014157911625050689091071382758022446505098609868327
67797118325793918716216767883562241988675386839315756589776865201 6
39452827388674406517875660068949821735574807444325577590692736378 4
81805133570962701897152058909708119862005227679349913304058284567 2
0358566472410588945530875223646183843964025960112548528766088662 84
830763601287006667228026700036149423026125416550458296169931638437
05829675070532229269109161196749361273729163120586368847905250952 73
51543806222193273002895992407939074438573669093529492586894401073 4
2217802437077152816124253190882271732715433823740147454362184333 25
68029599407713014983323704510969965453202745335070217703707061138 1
9105163588030747770819808265319510552403434618908040877285588710 2
61912991092295950882251819205851887441986348625188245665450780329 5
36348102634843303083724181136556278301939101618351740322384509791 4
68752162387714423922323245576364107974700125539832471226019053048 8
66664933322848632905380868351709643540440256866791168844434216940 2
51772691672005423658795245864872919319419639837059108346595565457 3
74554274722525638720491964846804561216346755578001839114580507202 9
10409177461978829650486123555287269755200042382038183207642553640 9
63208933924544967598152309215189473050197853510015299573530542811 2
83648423659474359596095956980162027530239594199533446282082649792 3
60794218868041106024158741508575194580615688808343018541253781954 5
96974142367787418706672158427522319352770701887762803032337402862 6
60420730505237852035421042577244255914042700874907643524826938681 0
71637669307303727237417175424585224773575827029599664985410231151 0
13874323704799159178790299448550168255865451538812548574254146042 9
12012322855614889532717717240122627994410826869139972987438255681 5
81112623873262610426424919146730313932407899673786143290414208441 1
46741535167426897337032190690287477060200884221903212516552891171 7
38567477731136615373439175196270795492161709378005434045787378968 9
59740658402609222670666397470647461914851144652443807415205521286 8
62020067172326368471796723154915335949245342892887485931766426993 6
20967340749774505307056843141013326328777592130576231470087437384 5
07626030587577497873242071406651361799495694560108192843193736732 8
41798935189595423519702289347297697710497535864995673185046950987 3
96628013953152473366074595746536734225096595010987669623734140606 8
39350348198382718211868440601761576560254011953735726783452694 55
96079177094497172723469473343678038722377547916868955520413621538
01428254867377695283703841427934004400130568978355622798607136070 5
96604468533433322470819960517276152201080667106523795019070974937 4
18216335299386518917007788988347636092361880526906006408280797134 3
49789427595928872026107851555411239737304609759231788346880725383 5
10590800218660449028979118967259367552139647290685797350736757182 1
69740366706989613457874506109712035014795653751641661531216473254 4
16789277507245943628192382562336298103756532891328239232227250679 4
17094691318566996226763008474933294923772482025168055066631619903 4
57800502962160950971278313497549748497080750146928617797205392087 7
35573542634465404691750787836297830371222126344995376045870682546 6
56732927753972286036781924732607587537503639605557551524704479046 8
92790074174408099162153535237955159316825039170841157338947214833 7
70587893695415348273160717030232024929094546655312055250126322531 7
41427372940893582323130414035967091049257183835201953577511103030 1
89373873667295688347590028046690150280415692206279410789768280962 6
96610121374881195563119677798046812493064783740531627476062834586 8
47164594382436775342760826955765323442760533997129870805208989856 1
44206593472215753513573135315096432568632699760118167688723309047 8
47387826108830027187650260826292523319447690994041670026400655559 7
13699181466979113567780657451057296471196382643806989602338811353 0

```
721498585368708628587178926879629780160894163936301209416355230277
734299630152634357751250413519834118736205833454731185380745726843
372069052208562550105061009379428561404741845592117933927270859725
115288005694028053614114492402092462087948741836224854453701673479
359020150069908947111950095477169960645156934098095760872306116798
593054474249458559276375426550790985078262274524142805641961957947
016181410188593967029288408817507132694912645147924587138834722095
701254537628711546135844710131132320149549094464014760003023763285
717139536547149001355586963306925811264047920053172809211791287009
678813893732959490687691623091782228643533340593396791602428932748
444663155945748561132045178306464916622418132462957675091859029883
332306551450236294043474054925561176422160938847117341895740719985
035273669869338669851702573938066023027910628085352549353166194585
293885401347619818297901927026997553976270972133207752142888313638
279403779548104363968462169524948229844322968969208533555308531740
953971002744873252835275736247945801278044550361060645585780357362
625255636064773490568638324600588264572996728670647068819718804899
591820953876986724126105812313371883281538730532406351716048837318
634831944878552453402131059605432697837627899027362358152686677286
484137632175406689989734882611860180029360022362615884959038938183
834781502164731089138369537380683164369908798085930128373527876220
600536227587287679465791680576358143240925305502388654829492572512
760977104308414241327149223014555024915380116515701072599196608891
033445877802018420198687255798348589279411579165489841807965598165
292440028600089283308995984612515413473641247553705658072496073372
896863956551034497585830017188013929340815934657740749168731401990
382842771226233324460588756739838593500769513118556316845738386555
122929408030684220362567245918113860635048015522616706356496428673
234596566937992435872932911668849839364206797039019159319455970362
125926270637083717136079722292444838973659949263221859430952934455
705400945927487032843519938140267085915289496359507636380732347051
346230932441509575691850408091957173919165310002415712493566869097
067553848502610804074340645742634283252211020710345037453834072171
927286090797090877640274037560341962032609518023331944660470439343
800540635869102941831438198076626369229201519626745478890548730085
334220881597403289253567824780457234485556638842993651785938154287
147347054077625040798071086832571272096595247028093129849059790306
196750805994421798850698316109638043185573493208970279214433939134
282900983890292760099810349716753400553502665754851358206981718943
173652187372727038665243420592696839958587716580753629304917458210
273301267023622733052137092747575492754032248665362392842887880
718119434477544394315746337377421905144626384014838452230601326365
027884514717047905831805834890485694942499441515548386334237720406
996019335803137534497602844499515410901138156066413232943105354035
663349825009005341362145974752980282398461972836700621058461397781
582746765798260178472965764639589418774249633169588422839119159056
564022819349680175816384013942920814208820454690299463765205998819
783175448012711996556221317324427160802193166446071845067024516046
120117976382723921134833943879896290584017968636094325553006506288
897323925136163270239075239598265348939946806580594876864627514109
406499311534198732172991431259100977718868694557124444935828613812
597646375511342798457376202343562568983122530420590214907099967416
032154670753881650296586399155315134290551333165324830885034701954
905567448410103218765899567583945582382668883108141862835473194755
252747115754025434804661774803878685983787156949134278530829472887
354120431902320905952954328610661326976076266926611352114662527698
412773408524191382685828095507583757875182944195381669964759337805
```

पाई के पहले दस लाख अंक (π)

8109744197040887688325257373438561825911089750196431479372572070809
4058960553970982858004455630785998611082978451980399882309416250980
6802635168228076081650704834896441683618365946329769197332664504
4332702652964407332608359487129720563680362999226920555502193613
3094392925616898258938095311543481328951849165428725462863519781030
2373003490379917930768861220453265131810138168987919567846678661
4331058014381259912791415886676170290675999071222928172745278544310
9176377518648854469055214182947546075537345606855634642039617667
09575287454949012046603519646368735772929742823475054967865445927366
06276089924697824189071366910300926667819130305591951169569317831975
4079624033842110466446524045818686393260964653530334711292131543
95714422067237270190321612831636606835353591402798852609531474419
67057640109075306047213865706766549972656139956259081850853030455
928407614124652218099654353071631850748864789313715980401910580102
42554171356618961206011069761203387121769536277481470240462879594
4796568929166656151629117736946184946177683166359452851171641400879
6109655867194211638165457893559437474165960191040265069965376089110
884905409088076624223644252531328521785687211710750728725802437027
4958356646245635139772059647787347672137096977874372222228544415051
62581475900160010349873421642873794152091728087438528706874529967585
0634623615656838065684685866591288392993987491928045097599357621915
30345333964024162816375645733798596901282927418796276250380640305799
822393935095892199527851029164638047832936209192780407715041873006891
78573817825379312653226956429848057505704433859369934339345604496232
59372433043576671477116642620566716193777375770182049361597820655
1775960445574271401595850624208614320221027947003286440974985311949
3397220525601724380678398080630198033038714010823737020217802399919
69594847420810041624631399989387267812969837139653343697806394667642
86002415282487378563941292793538360770760830075008546883668496834473
8138000194809994639279397254809261755712323072287991472949962782931
81211799531191393368291421708003917108392039962532465712426711480762
1873238886630273263260510227485587685824829962737856303750205262948
831690894012916313726348858049819248754553524887326239439450501654768
934020682145856556617105077511943738058941342569604131394758191970668
230263242340902445054095883410876889880583600190580085619949103323884
50133139601945468828359061480627917027425505698363038681904080769860
746508844236776170546226084543972221940355420265203310445526900704688
27745821456966366744699942884173471148070234795179430778361527574001
16754238104978226516996793270179099132535969256413102120317675960263
67955108692598919360515293161163999379060522162182625734473633402630
7505726425225525500696250372133805324484465377149717057771217385550
2140364109117838972141797635473176486099732370208765716623286273640
66666525224448442370474312602701940529325392038812456116783922607147
800119571847504556116152503844822082691866745295001945479554742670311
953388463367504753411924305172890558306396064273009317899033971343931
584059161008586393822138202271708192477782100150391638486660170908139
091359533406190146269042409568052624010705647776618407365199659831201
591486191247910453282084900376962357904520492814748144846581726874291
60111256780098117726912220907023785148661124371445919846685763094737
512094243352004465053297391251670830182554297130226067466098005260391
962755798389509069243190047375640183607454934859101794475577162863150
5548876102867291818675864766444786596278272940399932099053354969138475
743042203580266820050183524856515170342099431107260374750821643495885
4143210457355741980118294006516384590778313094730092929935418271818059
97731995522537656235226168798804828472031495890625696894424278407617
19747852121117086752944603670533555703336195 2

```
6994064352330819095743708046560784123500619341564951004973317383620
0400422734437891578965349586115919181358972444956070703223227828011
5791485580886632670092404234203139271646896301370562218550399034622
9467917697832970152412757358458013089759525863985502154636770509007
0332907975583265256973309925199423352342674324526287834348780393209
9014786974131728112549644590427779736912668770753379381052959792195
6009451964724521456644781129408884259739950228931567320489003595653
1488181813352488448698694800612536474277550005042040462103442555580
8662144252379324645861308670915261439688781633677349695124090077391
6726414094124216456185364620858380521948089887377463428514000439792
3506702424670667069730792355322976556684570476290256322597831961833
3972491546952552514351434797307250589853935034414301037276933082870
1075552612213237948915324248501547845700977456836739570646245323167
8342716059951325335038447646180452988910089257614236456892093712162
3357779190101698527465074331339403860558383560512529911464752510497
4008392381880409524665697821906750077451273404137469485989032430384
2177375760809258836398494285249166123974213403066399683994573153145
9218956185429736941639291274586601491932560629083547889453870589099
1028776842634490942758195382277154455075508282078488360093885750407
1338064314464351066357725420010721512821487380127832552194772666696
4351963995138809766453243327235576842641531380978229804632131537746
2523540429060358017056192744688484775984917808674554983296585195346
1620010812542242676672446591985003737246700094531418328513802244338
6726425015956759211414749624518491204720646756094059335988791797905
9001367488538645068696206561499083496822578568113455648395727288903
7685647348587027874709244378417015400337456982748232469221776707380
5998507558616687137871868309680967655837021661114077220785221064026
8269888730728960516843783520367402250033012942208799728073355203320
8498251879476366174290552837591285641649741372819365114332541321596
6544797508896637844058341384482455733859312236750877569174580777066
6376143138370336043345867465015719999493570926314983135394760109974
6000005376581449457332674586106330493215029738393935442737099386415
0604817313381076058253094394198785753236572332304759249575058023465
5485760174078300407648946768258640951038804374399260953150692609552
0996684963621960097541990255668927300183039884115526354875841019186
2585651958949917543670137752629612355626089075981447245106345316843
7420392693641251225494255324466039223854149218025474882876575364066
9566568544990494814915280503825352855644672004452228943146357459705
6054132111347761834591435006804097516578939671178548516522920677835
7107525513953145282312224607743264857802147106967125824905495325200
2980118743298038560982084749878105162425738536217494683456079440138
6804272597372177995976134849268369259049454472854534855547672855092
6269663335154395319199262090222901179165035405320535415573239628658
7788501001210509448364369355456565298702510427337311270368643270185
3930462298639018498497790852704663810074106064199346768348792149018
2379262315357767600452539830948834995312973156738110357671380950602
6898810326066044317643550299533074351217835363742263073089411890983
3411963860551522024968443939425305314272823845197724460166040399583
5472791372579948769056309963892047062937605056521820542134579977355
4893538368033652820760812514894362469001742501483694891032497863941
9114600540230621618556990861024673154864609880202781073473737704918
8343981529606960617171547709155804539147213794488630702751062591007
9537399951394861744903022978921815233955882101576496402094591940900
1606116587411111980734335103381902040120299293240314432987716472194
1875892567634592321990922901557239337288860713694061776164509345671
5228049982747509278302635993198163991685562604495679935194832038447
03965009
```

8998538011265861333379477552130328891619787933732768447413283162 15
38213505022329824795198558425306440627327567040485421579537173 3438
30136579227169765815254227253190269172158356347906550143393222 1184
54577433731865452718559410210622948825204347308783812222983168 7235
77837337344515599482329233926957892944799824200949392664270739 4323
27471320097160347570744107285030796303907527028380502095916175 507
00050166277924293181245052386723996858519317795903884046755651 3325
57582149431535179594987901759399540186995861620669715389333257 5600
18092077957850127158525013243702679838153216831510588027374558 9398
22516507965568067405529335804164586928523165289250624410345072 5475
17466969576647599120655684798317788386244416469541919134116638 3135
95094269840789705549465807294598318386546217752106311455104336 3353
66177573050374063429208912775022362094183093820379420494301832 5648
81514621747314953122724966519403326669465481748253417252291247 4970
51146161600542818805403541989472345725590790141985182981481459 9027
14051432660710262296349194812593421453378987245830976048618886 6958
51303907291733920772256896098365209127931148217974750644655976 1340
38757592240223960347357084918337811498925829532335444378531833 36
10174372171270755616191438053272660244948668475034380752518392 2459
23957178302347141902235035038079411272774872895040023080474072 2455
60012476207315992125045788619133864990339126851472433091060855 9436
60562484867647533010336365985774896315464134652817637412615811 0078
17367012495447965411601224900939460349933099402392749438135040 080
29448991687939366761086755035469238657089414703946164778455893 0701
18950360169684300781588665329135620556891697251578127543955416 2151
95210530013133622187193814571974435467846367988318741333305512 9221
00157473047822274735436233806082009833664536855868925633157469 2024
31516831234067297731417050798536830021146553627357812063386973 2468
79064859587581672286764887437654650449048380565180229732111795 4056
54379446150420215634066456080621749083449296578888295379303504 7260
86216823201549849336065885036959606666076136341254667714265766 9669
38253333538296866778018554763758741375614974085168362938644445 4372
82528212759657334188069780403863756243213593533382769143640318 7220
51944488269989986780437905031726519533324288476168006516298029 9075
02324788344342406567828812886076963740649602563071565676750520 3705
30839136164628392164184509828446743051228442259833464130153027 39217
50420119266145727508281390376733635763925446052971601765375773 8989
46913977067171842130296681287204971364532552899308640123305232 260
54081611387889253194878617232763152748020476997010841422239979 2911
01028956919632942803327708353525389035143185882863193742926542 2212
92762852600422545397998100595536678399989239291809150387773614 0092
81530819407860664748423822595763528517849241474448436843425206 6821
56596691976972880573667036215635512499443612266893305803948045 4627
75097887356727161237582571383913941087243195519516053376515555 8925
35518269797147560668931735310531915212298359173023026758392741 6493
14224393897443100874491196222448073715852494755275828413716873 3885
68451397193571743513766510489523902901706309271226468406692783 4839
98862859594239679364564173558718401990187572546346067620706262 7896
23220348053718363517946910877638519911078379366902264789614265 2819
89949894409583646926514431656582124717920789203351405936678284 9401
77989652979815047543580317758562255869061012302340109361295535 357
63584329974630792884081670233667889701281459588474281994287498 6614
37711859701046078611831222856749469131900448256430282620072487 8752
53943979012522035179906701088644441733329427038504777629594843 8149
90998912625348880022470112685386605943766222703650826722123222 3515
72550376503854095253101757586873383531199693602416600396509280 7274
38071375470484844568686489196871231098199098730747953205414010 0395

```
9736196967523052442164056190052674275993979137268686278535430551 79
1257504715766018492371822393484939196929539449988380196572662503 65
1757494033119695979411721257623713831651147962605579178440278188 12
2553834089639827049789072574304430334117910810905995054171220773 73
7974775030368125820309958441194867999857940111713933242395262703 61
9927063772417033978111333238271568277342014790547261654340193226 71
4421801961053370502633374273190455187948713485249862668222111113 1
8914455762210422898347390349981259778110809013186425670889103674 29
8030491363651421324982033989238262331145775400763163825126866684 85
0315841111141155886426790721346040922170507459824720702455243140 35
2011956531392458331009142536349587897907439371365970955272555666 60
0702402832839100745946246631307454467511305993777512041192805564 9729
1512349150553278102298643060840537644098917444310769987172760038 15
1634428606521830692100917992794170931936294247745806817335335970 17
5989328603148532015687697915652124189670040309591727757081603018 69
4597140799824436333287543192214073599695266830385659584520895655 4
9778101327453943408643865269541406604205250151308378086645729974 92
5690376170930028161622503187003032737144860512516407239007008823 82
3906811473995804355590351241221823298274366777890385385862391814 78
1588353258137893191305164723901590515007329258274620428914392667 53
4952154942924092785612941425869372951468931427054442270009324161 09
3344478176261888491644169256081359077579447386206015924040120633 74
9989542529116340952448531423182474586867921351026966287517052106 46
0784704974666154518814151035167349815783088805062902524727849132 88
3585857196877031633009755390490488456644897468888248422504227410 76
9069154782415861985184219579094591392694553934970741708260129913 61
3729331990899612447611270277043889271701723488617631963685024672 08
2669876084819752651511784683974330831726048785403033294278644360 91
1489762879741302033675392689318594580161832917944010095832498058 75
0645836641276952928598265770333006234582654955532316653230563737 35
1219528492148963929423810595598227092759973032994737505687449872 81
2934702606624477615834666170491626975717975872429291141879750748 78
2171533419974526805573225600314170463422031897578207730237386246 97
8504165097975844527164585220435513975928752950895465322806626969 434
4990148802004181186420397742204042702669554460329909254959435202 52
7964887345800543458468494529753539158379291130570376177366337579 52
3977108739337954733211854879061926854224008395361036877899152210 45
2106502003800518083477093161510544129726850899664228464489776423 2
3194767560243809769463100168877605725679893692800865024874467608 24
5459575013283810001229747305653999137661127606785834512958030384 05
0253041663117398222113792207474393966300340704960764328821987339 87
7333802859793609821535465591007243170971570609710596868690664790 6
7951508101151970513635751636112075963738637573858499837864530579 0
3044394301295041097437837274732158210702226767570396641860877443 9
6909624777614298268125725518207382106291429179289825779700233074 92
9888582353993193563942526806194864206708332451046817067040554213 41
8765164192197761886802958921872436739129792967021700260470795407 59
9880696538294706826294750079920917805450108721318367103021403412 39
9398867410140472913176444209080110919803524432113336535828527182 84
3262367250370024116259482255974488083176067370154856289118665446 55
0456305213779045057328185120197966540943027004974463254612122414 11
2832936643794032198447927665610927170763559401220553590244673070 73
7840681089160484022631613165378822613062347649322815522919522340 92
5183960171495570625333930191906745971899007765435853945373057085 876
7339377522556188759086266557260714813602684304809463378108948705 33
2533469315286522818485015039938003366387897338934112884345773523 32
1999762575438761947829060841049231708697927266856501771784535760 14
```

पाई के पहले दस लाख अंक (π)

```
4406871716869009528068034318933563042709727787065088633337297031001
5932022324797004101814946764613369688447909453611490174462989749323
0037580253191769550524162500655284261143730762265420826822134594
6753703366218421816566443477572096300136885151459679472036012139394
6326114541444682752648661586756681602323921704745125701348659061
6430860058855687920478336062463041958464174708303366065330053420620
4283686318888324266816035175214007464026900787610894794635150844
9596170005018277089668242632747552939134464826875600962762224250729
6272188378746955853968086987312689237481269813501280259485298709
3853722712995055630159371662858218865916052074038057260330451319721
6792914771867563052935572768823902922662197305804873114011175308133
89217011861801173372514366353087565734208941704807219335988747973
642686198794102854212952941043654806166446560935350681267986083772
342685220615877477450454408597241235728136293950248772132291814474
6035282409050040101773662698641702181670351818974670512042796054366
279452174941485648640342337595905490601360969309168410629163679
468923218912091274019517061803872122843070879607731137254413060541729899
505048378827727046663864191137798869740632776799960810327556528709067
701614858118516715255720673109259432660248555938871841243042256167746
15108389728834242258914850508472905176061899777583007065652520847408
208842173373910767398114880773332201658891141005158542238840636728656
72508971288503845294031629188371445378786613054000917050111154718543
635583103320721198133485863115342360192029371830435261690844019550048
1450658937687152384712418582070564413530487420515614512086668096886553
64730701451711555839964583567800349094903932744514411779916379631033
8254450612672966298207689283473834827563761713839607939250893828751938
89083742482839533422566401300588877665791783597740406707501771087193
91145784682542500121104011567813812956625725510917646036596778057996130
862820011501251679248494760484988420373339395434686685902354575230954
073815304116759191964033950082322121220319485821924434755293375301739
3518181466920530067683549832608976267360301178458554875270307322003532
41223910296706648167195592545322134782497402500270274805998168376214118
18338760834879258098138151661601464208075202053745495801305135529753878
3179556066095345275028999528430525995863149779903125959268523867599757
644136022576047065119871932352626491081301935915996762477542005468332913
608093323184530910326642695702736368861586841986355898696621612636934432
6980706529516460365908897763094369532892149718025971263107919863423433
683379854278159243753610595231367670588425147268669259622556233388254449
15338951480780353160096236272362629321093838121344292596168977607129610
65328581263856352840691870726909508719908487588059768061543438498330786
223732995053859544652872580091738482163952476186691942844092020325285863
597342736521084177924065337699487091904006536284002657991027808588169428
1124198678032126766119082120687694390256898318550295073581362832588129349
787561199657064770323354601359330157371869985275952788401552313044666467
00704457016737473029447784258379713395798102341927430114166335631047200206
2303466720043473633620918607406379387410837798372659102262266281668368174
6145088810586794020916962370702672270785567024669662152359232489065565411
42321653001230668315813709501175164974741770771047867114423127030825964970
2806523097265225953502609376032046418104012825702971529099663017972874967
160781873864346043656031260091308019905591344969824305981044812142232391
988233305174876177610603802422486933607826983487990531871201936565718811
3798828547000366180337646164180800562110656657135445738035572162702066987
0665961163026692813351285972342273474043550450301843661570597586025918972
97177629378207585152143663005844137543530152873638639375592024940199122961478
```

3120533902040215249571623751771139207404812163206956168783744067514
2766118193570409262254428125724467479356699022400016162793569997 73
7936222932889951096671881472547244744233245083281611358850626177 81
3475226377416689306796189069817385426207116834520208661722554021 51
3152030142615363529241762488724019384328470314533568553211634603 24
1191096900498066163653704830044010118129186561089746980695576919 13
5851555938337915890679818785736968733491665317029348327448262349 67
8936713440726772268408403907850447337091690161948341749284476857 66
0558238949976266570726059917281026112370882204240489674179817610 59
7121652434189876973254051835763906896752464304945981403996019833 68
1862821705860733720146993569728500023185154135769991300289798454 6
3872060925991656750042574557721385582160662381881843260855908648 84
2305772902458375483327194659221890608225577193031024284508802380 4
1182458774545954059911879389866524346777606716241118610010104090 734
9130306713696907321594348481297454532146506161170158707923782677 67
5224366356639191960427312642890214401873475928547074256703449969 17
6752335984781388655657058999833186012346150364759381711586038569 70
4789249935904441279760418898209130483302149530678261969030240608 2
5099184094962411171475019366825471966844473398515303878500511069 79
0200649735354559385757078833367688924611079346271444198027290305 96
6709465426946680003655724825053853726570034645529843754856057664 36
5484689591987032555090859093742098048624130992674323728635611761 80
9716368736588525875429289986840706674091310523331169139017590611 77
9084055504104097301267508771676860043264047173173087489445795368 28
0651668288418809763876877516772540150700393369379883713582313675 5
0158528752403375539868709478397561579463085259914621207238560952 29
2201024194226436550096437281621236592956492120341931085580480579 25
2070560970733110036108725733655124436397417268775153220654225639 33
9142498791922029924304015133261830425163982175998799403271770630 6
5296019659466033166091932252139785174202756045328225580091107055 70
1608519778065710143163012118809125580649860309480491466761077207 45
5026345069561581532830704419644626440197895304167380833292384654 5
1537251333168403315256389658947110087988118295323464800461339453 76
7014912177042821942828505066221884630508804097835701153266549162 55
2495263850962757967494757716034923473596280176155626743906233034 70
0445381194095286975509385806797026611456848448463089914943151524 88
1780244169740998906039084394418502530473572469373056161853793406 88
2946014254022114233731397240857449458623776193225518556891103646 37
6840705160036061406435708118477977040599564120010460141300089078 8
0893775952957450476550390531835991468545540757025419445358817282 30
2171840873401560659477066982172966386591321277165192516662912421 60
0260824045564181828420715559304141284792123814859514483996567150 5
7646027136104073454888170722718008329681401203966223752409176259 30
5011964574375389928646189021874107501694155173074879655579434122 13
4018619457111141451434767911050873858437954322814623925103215251 78
0610220029850611715115229246844062336709270892264532410781178623 493
0020364861529930701368469705066369587621303871918496736262861287 73
1353077213166220888069011784522319949365327244317747904408052101 2
4268282757760576852072110323533635517332228465838557907259299765 8
4978688690119345292746422752555850487824174159627743927269508630 03
7391972324328096423320985806746974551157236703879559324457584531 22
6002395645181634241370010986150265195096501276333828196736597643 559
4000089837050721922683756253424579642152081415381403528342327457 45
2821886539984540277441222545229422654145010246288388525706463919 90
4127385863747237719701816615015593065525804024490929824495350132 77
8095325642634262634327989951686692296919787694623076382134287918 53
4016638265861398810556650674010634208285394781800204536422696790 16

```
34799177968142697019624314183701793323920820696391145686534357517 8
93702466426959525960065432609160427090327733412487937622089785456 9
43184741943451062039746655514720561706101946122686681596904838394
29043099283167735414442937221925763921777923422773397148488181910
16998201827862113181284536326398438621565509677653198854178318558 6
74158239004305345117073737286728018823345785306959967788067417964
30097938413254054481238083190305865408515322785423135428374235375 8
72168823632205507065270649525135696367521210463206418432239356377 9
52099896545472001696835107430770193988419787070947694987486420085 5
47074572670602171274095669266543143833776902401314278999775677872 4
17957135722306063230523856351476313255726446759773377698628417509 4
03393812169214267356386462354340206694306350751394027442889765823 7
00307564930106573451869821269475788504119196136104609343164407415 3
37439577243588525650231378094754319577305451878520720986386116227 3
04334532958754748551273383279722191850350478718978842492871068961 8
21089941715867761208380151618886514540012858597164630136449651605 5
14938227928344490837674328198921142910431061110868692165527920798 2
01649329374581342150765511878489276738254879351178323516112085517 8
41083762117528150078518547781860767942864148432332331910972668500 3
29341289140458582044315576107787857625774238384899315723739598381 1
06078124677863585568996527368845240942528704596435920760579346684 3
24145325596356248748821179120818397034784641754929142248619881698 3
58368191292319024071712957000768746334505854605361897413652911487 4
87882667012766317504121007203157810889243766403677309117553090409 2
81711961362105392341387334225937678768526257135122434134824492437 8
63318852768275374310490354455242143571369313856402904000656993625 3
68177991878558718447307705825297435057486641270846544260384727445 3
31835298489368389889780289018623074484047084490852849403039434295
54638527408547590152688160003747725228117811611574237139819507406 7
41753431841463505443424383574519248611580880039606683439401908987 3
78192440400219832284520765154792113692550747874165836602422185462 1
94643077515218613558151988754046355176140590543738570052501358093
90485967216202160698441615690787716840681274143766140911181396310 8
55991516614810795445153249599213668254996327123735625684147454143 1
23120604881956549350282357979943767757183566590069020417993369091
72824104906231327124429491601428516096280779063603833584141992709 1
54227684258177499221993057258032595123771201299442484070122796867 9
44473418067925826579349589147678883789154409326316567006088947310 9
32561056198803086054865208774564545247485353154050111681242847495 7
90437215941553943670290712577865368975422894964011618502443713140 8
43463035435806477212711435043136254843866092436155003196510855005 0
90715833704150255688910245840041819335202521244984571676792556822 1
80232663962315709645890796869949413734326211814954738978562488217 2
01055827898453333136548489450888785675190404459592653195215811924
48981135290221345503835659827193694931765657818676004700773169181 6
45503419476677438018159033099302566595666806010250926530115150160
62246861638971930902143214170400219145772685840786520972216809806 3
40340974308690729882230975195198310029861267048908177882768775796 1
17833022329018460019071608747684231522405077436077933069971420826 6
18840794046925806327424727504156574254671472330996260395728653859 0
55288800591122257746897621928238904065552137197494522321276833845 1
55145768466112776688207883478858600648865735763165275569994119108
34661445618670681274946339286427366151155891224086859707892700750 3
39421987583653597343004106955922676103553305993105917631279351162 9
71407906065012532936194013665063079415700502111880435814945337913 20
85873254843046365963575445347023689576405477044155714931768679302
27775311988218483730191178628930694011158935995127482991205306812 9
```

```
5519298249382721477955410129443773451756425117165262161669991858356
4687464935792409772455133280236293667570990769785251422664119119358
5434501374096079376005086552834228065726478022042061307951699639533
2476166228915466846940969145152525634154269767270965428923669684031
9253509490673845090202972431809123127018255195138346002937882176207
7676614701791056987095327706600308416181059206587486560051483952184
8249925432548561325085851974364170725538031964069280715632213221733
4545187661557552639031833939656842002946070111912900374032234397670
1062591895494110816617775621921623121137090313971995109300060103007
1533334529015978893587985958847841800525379600879834711092657875489
5419075386106622018995978954059343787394706384236767750218336928872
8660527834544522020458057113629600759746651977711112630969469503423
8465105314336670951107606862905878290788220871334642003643903663329
8098850085133781496316618857710806631255804432420769864751221658236
1620834681484140831525275396050627066696526301902593848744034126606
3574737719247252151652293940669552453422481299918326565944237591205
5988200472864204206707422287275907409713982157237963214549916729673
0802864864484068322190336849026989929710200920411865787025178591835
7505527033476887756385854627396075099761474005721928981829667262012
0311458260815855382692225101382561102542944306796243640089978100544
0067802134276707642549925936710102284674866225941175294051667555818
6269417505939971153767539966509833016157369709227005573096959556492
7238518257578755341788875263978855596462447492326407482162854233803
6335949374899526806016754142197883509023731057687503281918259052125
3318493183061007022026785805278515630243241955539385657113306225224
6234147971144793257899373626522022284579923034601177104157440941246
8197295002911413986761550352599194807352391545285811182229815649447
9275635533223506290496237602188857729408189351450563943338935339776
5545634086655528265813600081646333452544948450595556670516310770887
2505206626022560736292144516747211388601691629300542051242064155552
7240194558735950975262553372909389990752880852423425526878962326127
4535575780817153091024596353553948147627719691641984261118275886258
9050804366154875620681637434080047600164419843802937341468286777176
1604142854126064256415809374396159129242713631367317761244589933859
1777306113329884665524574828349252311945870699891238106008382022702
6598562576333919033672940001264290699668384238179436127469866593189
6190453222232936031663296014943687182809327430491523893225625519111
4730075314812880720642684222698113618552015447980876010728760945026
9249454061487952597780986360069669101377814123490020686919838926415
3767225517687495152040148830312041130202278064596458948058713779967
6887349391870379821439167206459086965189722569169850999031020309665
7363301877215791078781426445725617411584185877699635635291576611517
1611755619121463772138011365226362712785035214533306584240427193465
7080561805642862699883193272737246850808063725345867743143564713432
9913610845871145670176806024156398745240385833637939835633934944595
0307144276942139216593351516100280682600186217108027589091634546246
0226985867174542310977297306019504557502121786672926863366512580710
5050017472133692072698071927790633012919033429182201301171302068612
4637361536176394805561122679035959983458207368030321560508366401669
1546402608726050665198490757496212963311920460864247010599662752040
6799085211118873939526222171718394567435843662502594075677874552068
8317702101822639289293331994618955621433939875377741823349077638559
9354008719353215578106343492646921668019730695877934717222544807911
8111119639263927648001235177257192747883057839711366906064552543319
1903222891936095497184324910090454066272923850274056338385485901882
6814943584364584398026261111617176584281609795765250678761179511632
3992635
```

पाई के पहले दस लाख अंक (π)

1700326195341509297500553404886640965835191659794919350863488821926
1598144843692437545565112204194805526823075332476974088472778743 54
5235927210880405262583536868919931984460989716084467426367359 16800
5528478634062691271721731175601677171463475561619807884390311358
4777164260510474745766361438320854993672197457399797866522775 03539
8061891408888385909321374375272033623025787795610472928563860 85130
9157784649600087363339203104897781691990454837211576932614722 10169
3733956770865691376111086915327835405568948605071082295424809 18055
8080958528406673528781480386538021466467571438965475808604345 12955
3935513095869321108629931110605839939424965760106574952402644 94636
5524442407305990365284908966648040467945517605689027631717191 87687
2772574890336567177856382321653056921291150503264128157327075 01138
3551978930940891074880342610908827414137119409123094371678696 13636
0724776571046234861504060685470464577187891660382140143475097 30536
9103110440799550456237753811982755215952136501877563397073543 958
0120471966019512882510545033173051621634109051819226052554631 22643
5532259295747572882001626270808236042444590358136199045960449 16754
0375537272061819889995147771614932760979999354053231793037435 27584
9954268171872137473000259335615361921111292616389162184695669 56203
3564970596509332371688551878420333041807503066505506251741605 0526
2331664091925223825887095521890288129575052171165579171308253 4046
0843307977465476881666919681447689732848391792177677642710321 51745
2447950735880763289054167316031811926102417003817756596118256 54152
5180967987602616343017278370327961732925081347047654857656059 01072
7673521385459827689298733297583299446853656599192720272312841 96896
6632593594772667223500113719502646730844926286095985262052240 95218
2235920031470698269779266722504236559291924920543035444239094 0880
5762010504653092697731349410857279976380113049279739865584198 98876
5833201593343961046875079635201784729873173044084272669658406 09618
0546546563193025050149598840192508559631880923328014730387912 9195
7958251012920437765334741089180758072471272402761666296862622 22231
6607044875229214715071461596077335123827216691545527291307887 61367
0400334477105207700594289972711773659192429913212080970648963 12558
8439119442642483455020727461522672099256445652843478899490060 3417
4136847615577313440734698003798042141226713203724653210732173 57376
0491932062755646766549039130286899780152779120272475105329245 95527
3986420662452957180086809157335553970196512931004832314704135 04942
9359651182657240498204431397567031470537098506131461559915459 67908
0382063327112705397643894613068335246691567644480584790531856 26495
7839354546836297097508864072557823669299065081270643207674253 90436
8857138109407458556596741811348102672978012876597705816267284 57561
5932812660645753286983567541694373351718691544942980395328095 62532
9671764742784192171054963853414283219862148618952679148304004 54230
2437244624942769588188513047879480515092402218472726874326028 96204
8598568318074375214862909921339139921806953807443634711062302 10202
3990801664283121979039310889890286812774491398778160123696349 35383
7904833738861649739886424085640388600121735603712566302824193 28441
3937152603550255365006846913799512533015708816931761980597660 9611
3281453624863814374708137609973392793407138710218356044379465 59576
3210859726380561131738627799618662828106580006360605669651605 00275
4632000642838339004706861062158978013591870802388375768955791 1171
3270218719138612446092285094662178800912356646714252845813168 83233
4386170263454531063573268617141732682521099271958324907832321 92898
0485122982303379378592697226931958950333541260677368451920279 9011
2943513290085258960490613481768461244818586345267324944123950 33702
4289552856674557637765483130391544907241744699033348963010032 696085
1264053688782221214621521942382509078188940264353675156891044 88568

```
32921283602581574800998458320548765308408242561350893597229603185 8
8388580383581856641215386708767601248310104630844744321880144790 9
33674746884478564148174459091245398103230088592063710156358756516 4
30959611273964015861769781314087950737142883177604366898196264134 7
50069719405651950455051677423979401968998625278900852374458073288 6
70697417739635725450609854234567898520425073228607094202639484182 8
66925660616654440720457756839393212265407812478316668018030184 22
50452005355186868485055845308525384975426120579430535330807477508 2
64960885294455727850034413955893793350511840302252987061629150596 4
22599960058564895723365317986913669699442786657891252568462604147 9
81108656855717390721330789331085259033331137185877287034926279027 1
56732916866271667490819931825831668328285001575707801611931692219 3
15147549377551598046540928399910949374201037170856086058817854490 0
57041041360404351376424689981526806092554011234653295043491805374 7
73561666671046929830956789203164820639317392212484055120347806321 1
13168133722406321645541558823784609194273808850283831236226654974
43005580998982995742584323537642986314656350552835604770907574732 8
26367704396309792346562979493445664139608514643713039321367742124 7
09044527215406879215426306425972602920189946552981151426126049007 6
38671417302357272768390415597234506666938664605882920124711441788 3
17822348215338918760583632761818194332276955531125819048475174629 0
56200134689964407161982320543471846110205113155509302268251074919 9
01496081785626051088590365847451503763849151340003295163991062192 4
05572830081035217619796168322139816924083576395562116571261121929 0
50871632552585586496166382541935914821818761959232920569955063764 5
81826855752211527870118029943354674153627620774978540541333031363 3
54236824101084647637490638852798414900764646976485400947963589549 7
54614481376369705916356998368119875250547930693532075707667801484 4
77014247162419081668224900742071118648815477289171865359677653957 9
93350334272821460541696496009847069795855926430428703636647130713 1
47823306115764199132224206460998988307626858360555274099047846761 0
76042417842150628515573529996478625529544283674298706645794337580 1
01407402116186144843297657442634285287047785563083096314352787830 4
19450197029465757777328167468580874539316039372533158992805794346 3
14087358608617788263349277461511849116551306818467136773488233410 8
51364039479392088768863363394613823583447940815696109142938773471 3
89343237736191096460564244447790820760496602713561689541064448321 3
65980829389097296189121183429149061638963861069375208953468839833 4
44671898212434780723874074576975545074368467471350248588183996655 6
81963445288119418331726368250506118649003941255205745712036035578 0
25141904352671837219213848299058032246958424323158984432510396544 3
53505354322921674704077861464848597625574461535118800314305699549 27
84716745449726976128393325183819722328360705227812928130106569 41
26294873063426883733818174217060864754827639424239140275321804295 1
90341163517046980742335155605785756245099925320178749963664047347 7
03898558730650760387099773184312810989789882085435595509432539023 7
18952168202334424557257530787926339855090164559423733966252233516 4
87505895569421729724489599882508923211203479589415465460303787861 7
59157166139886932687374968473054965329378214756481057938082853005 3
24470805065692942234001095934829461453907889066162640215013073533 0
03319207456372637707709993999228862122432488020626348508885303601 0
72343689013606427581425283987859491799796112196379757651924521867 0
96088092137111977500087815930430729344883930957574159241375285977 7
97291893453850508038319867745900251865791237080857416429715380788
40607130686803619824197157747638950725346840456919275953193722370 2
22901558006560760473854735990447799674874996769427137668695533195
12533776409858709668386326392164945608684140374568420719405950701
```

पाई के पहले दस लाख अंक (π)

```
7430354691821509004664939985517413893851975731215682616228622
31881
0967297476060130283311937161140874727067625585677751199566674
86151
9649129701933180849941096181392964927893609021253544332737506
42606
2429941203273625582441749834509473094534366159072841631936830
75719
7980682315357371555718161221567879364250138871170232755577930
2266
7858031999308108305763076523320507400139390958079016377176292
59283
7648747901772741256781905555621805048767469911408399779193765
42320
6233747173247033697633579258915152603156140333212728491944184
37150
6965520875424505989567879613033116462839963464604220901061057
79458
151
```